Stefan Lang · Christian Heumann ·
Angelika Caputo · Ludwig Fahrmeir ·
Rita Künstler · Janette Walde

Arbeitsbuch Statistik

Aufgaben & Lösungen zur Datenanalyse – mit Übungen in R

6., vollständig überarbeitete und erweiterte Auflage

Stefan Lang
Institut für Statistik
Universität Innsbruck
Innsbruck, Österreich

Christian Heumann
Institut für Statistik
LMU München
München, Deutschland

Angelika Caputo
Novartis Pharma AG
Basel, Schweiz

Ludwig Fahrmeir
Institut für Statistik
LMU München
München, Deutschland

Rita Künstler
Lachen SZ, Schweiz

Janette Walde
Institut für Statistik
Universität Innsbruck
Innsbruck, Österreich

ISBN 978-3-662-73271-7 ISBN 978-3-662-73272-4 (eBook)
https://doi.org/10.1007/978-3-662-73272-4

Die Deutsche Nationalbibliothek verzeichnet diese Publikation in der Deutschen Nationalbibliografie; detaillierte bibliografische Daten sind im Internet über https://portal.dnb.de abrufbar.

Planung/Lektorat: Iris Ruhmann
Springer Spektrum ist ein Imprint der eingetragenen Gesellschaft Springer-Verlag GmbH, DE und ist ein Teil von Springer Nature.
Die Anschrift der Gesellschaft ist: Heidelberger Platz 3, 14197 Berlin, Germany

Wenn Sie dieses Produkt entsorgen, geben Sie das Papier bitte zum Recycling.

Arbeitsbuch Statistik

Vorwort

Die vorliegende sechste Auflage des Arbeitsbuchs dient zur Vertiefung der Lehrinhalte des 2024 in neunter Auflage im Springer-Verlag erschienenen Lehrbuchs *Statistik – Der Weg zur Datenanalyse* von L. Fahrmeir, C. Heumann, R. Künstler, I. Pigeot und G. Tutz. Es enthält sämtliche der 99 in diesem Buch bereitgestellten Aufgaben und deren ausführliche Lösungen. Zusätzlich werden weitere 128 Aufgaben mit Lösungen angegeben, die sich in Übungen bewährt haben oder in Klausuren zum Einsatz kamen. Insgesamt enthält das Buch also 227 Übungsaufgaben. Dabei werden sämtliche Kapitel des Lehrbuchs abgedeckt, d. h. im Einzelnen werden Aufgaben zu Methoden der deskriptiven und explorativen Datenanalyse, der induktiven Statistik, der Regressions- und Varianzanalyse sowie der Analyse von Zeitreihen und zu den Grundlagen der Stochastik gestellt. Bei den Lösungen wird auf die entsprechenden Abschnitte des Lehrbuchs verwiesen, um so eine Nutzung beider Materialien als Lehreinheit zu ermöglichen. Selbstverständlich kann diese Aufgabensammlung auch völlig unabhängig vom obigen Lehrbuch zur Einübung statistischer Methoden genutzt werden. Ein größerer Teil der Aufgaben kann und soll mit Hilfe des Statistikprogramms `R` gelöst werden. Im Buch gibt es dazu ausführliche Lösungshinweise inklusive Verweise auf den vollständigen und kommentierten `R` Code der Lösungen sowie der dazugehörigen Datensätze. Der `R` Code sowie sämtliche benötigte Datensätze finden sich übersichtlich in einem zum Buch begleitenden `gitHub` Verzeichnis:

https://github.com/sn-code-inside/Statistik-AB-CFHKLW

Bei der Erstellung dieser Aufgabensammlung sind zahlreiche Aufgaben aus früheren Übungen und Klausuren eingeflossen, deren Urheber uns im Einzelnen nicht mehr bekannt waren. Ihnen allen gilt unser ganz besonderer Dank. Bedanken möchten wir uns zudem bei all denjenigen, die uns reale Daten zur Verfügung gestellt haben, die in früheren Auflagen an der Erstellung des LaTeX-Manuskripts beteiligt waren, oder die uns Hinweise auf Fehler oder Verbesserungen gegeben haben. Schließlich gilt unser Dank dem Springer-Verlag für die stets gute Zusammenarbeit und besonders Bianca Alton und Iris Ruhmann für die großartige Hilfe und Geduld bei der Fertigstellung dieses Buchs.

Innsbruck und München
im Dezember 2025

Stefan Lang
Christian Heumann
Angelika Caputo
Ludwig Fahrmeir
Rita Künstler
Janette Walde

Competing Interests Die Autor*innen haben keine relevanten Interessenkonflikte im Zusammenhang mit dieser Publikation.

Inhaltsverzeichnis

Einführung 1

Dieses Kapitel beinhaltet Übungsaufgaben zu wichtigen Grundbegriffen der Statistik. Konkret behandeln die Aufgaben verschiedene Merkmale und Merkmalstypen und deren Unterscheidung in stetige und diskrete Merkmale, quantitative und qualitative Merkmale sowie in unterschiedliche Skalenniveaus. Darüber hinaus werden unterschiedliche Methoden der Datengewinnung thematisiert.

Bei den Aufgaben 1.1–1.4 handelt es sich um die Aufgaben aus Kap. 1 des Lehrbuchs Fahrmeir et al. (2024). Zusätzlich findet man in diesem Kapitel zwei weitere Aufgaben 1.5 und 1.6.

Aufgaben

Aufgabe 1.1 (Aufgabe 1.1 Lehrbuch)
Diskutieren Sie die im Rahmen des Münchener Mietspiegels erhobenen Merkmale Nettomiete, Wohnfläche, Baualter, Zentralheizung, Warmwasserversorgung, Lage der Wohnung und Ausstattung des Bads hinsichtlich ihres jeweiligen Skalenniveaus. Entscheiden Sie zudem, ob es sich um diskrete oder stetige bzw. quantitative oder qualitative Merkmale handelt.

Aufgabe 1.2 (Aufgabe 1.2 Lehrbuch)
Um welchen Studientyp handelt es sich bei

(a) dem Münchener Mietspiegel,
(b) den Aktienkursen,
(c) dem IFO-Konjunkturtest?

Aufgabe 1.3 (Aufgabe 1.3 Lehrbuch)
Eine statistische Beratungsfirma wird mit folgenden Themen beauftragt:

S. Lang et al., *Arbeitsbuch Statistik*, https://doi.org/10.1007/978-3-662-73272-4_1

(a) Qualitätsprüfung von Weinen in Orvieto,
(b) Überprüfung der Sicherheit von Kondomen in der Produktion,
(c) Untersuchung des Suchtverhaltens Jugendlicher.

Als Leiterin oder Leiter der Abteilung Datenerhebung sollen Sie zwischen einer Vollerhebung und einer Stichprobenauswahl zur Gewinnung der benötigten Daten entscheiden. Begründen Sie Ihre Entscheidung.

Aufgabe 1.4 (Aufgabe 1.4 Lehrbuch)
Eine Firma interessiert sich im Rahmen der Planung von Parkplätzen und dem Einsatz von firmeneigenen Bussen dafür, in welcher Entfernung ihre Beschäftigten von der Arbeitsstätte wohnen und mit welchen Beförderungsmitteln die Arbeitsstätte überwiegend erreicht wird. Sie greift dazu auf eine Untersuchung zurück, die zur Erfassung der wirtschaftlichen Lage der Mitarbeiterinnen und Mitarbeiter durchgeführt wurde. Bei der Untersuchung wurden an einem Stichtag 50 Beschäftigte ausgewählt und zu folgenden Punkten befragt:

- Haushaltsgröße (Anzahl der im Haushalt lebenden Personen),
- monatliche Miete,
- Beförderungsmittel, mit dem die Arbeitsstätte überwiegend erreicht wird,
- Entfernung zwischen Wohnung und Arbeitsstätte,
- eigene Einschätzung der wirtschaftlichen Lage mit $1 =$ sehr gut, ..., $5 =$ sehr schlecht.

(a) Geben Sie die Grundgesamtheit und die Untersuchungseinheiten an.
(b) Welche Ausprägungen besitzen die erhobenen Merkmale, und welches Skalenniveau liegt ihnen zugrunde?
(c) Welcher Studientyp liegt vor?

Aufgabe 1.5
Im Rahmen der WVS (World Values Survey oder weltweite Werte-Erhebung) werden Fragen zu soziokulturellen, moralischen, religiösen und politischen Werten in verschiedenen Ländern der Welt gestellt. Ein Ziel ist die Veränderung des subjektiven Wohlbefindens (SWB) zu beobachten und Variablen zu identifizieren, die das SWB erhöhen oder negativ beeinflussen. Der WVS-Fragebogen besteht aus etwa 250 Fragen und erhebt damit zahlreiche messbare Variablen. Bestimmen Sie für die folgende Auswahl, ob die Variable stetig oder diskret ist und auf welchem Skalenniveau sie gemessen wird.

(a) Aus der Frage „Wenn Sie einmal alles berücksichtigen, wie zufrieden sind Sie insgesamt zurzeit mit Ihrem Leben?" wird die Variable „Lebenszufriedenheit" auf einer Skala von 1 (überhaupt nicht zufrieden) bis 10 (völlig zufrieden) gemessen.

(b) Mit der Frage „Ganz allgemein, würden Sie sagen, Sie sind zurzeit: Sehr glücklich, ziemlich glücklich, nicht sehr glücklich oder überhaupt nicht glücklich?" wird die Variable „Glück" auf einer Skala von 1 bis 4 gemessen.
(c) Soziodemographische Variablen sind zum Beispiel das „Alter" oder der „Familienstand" .
(d) Interessant ist auch die Variable „Vertrauen". Man erhält sie als Antwort auf die Frage „Würden Sie ganz allgemein sagen, dass man den meisten Menschen vertrauen kann, oder dass man im Umgang mit Menschen nicht vorsichtig genug sein kann?", wobei die Antwort „Man kann den meisten Menschen vertrauen." mit 1 kodiert ist und „Man kann nicht vorsichtig genug sein." mit 2.

Aufgabe 1.6
Die Shell Jugendstudie 2019 untersucht, wie die Generation der 12- bis 25-Jährigen in Deutschland aufwächst. Unter anderem geht es um die Rolle von Familie und Freunden bzw. Schule und Beruf. Es sollen darüber hinaus Einsichten in den Stand der Digitalisierung in dieser Altersgruppe sowie in deren Freizeitverhalten gewonnen werden. Ganz allgemein wird versucht herauszufinden, wie junge Menschen zu Politik, Gesellschaft und Religion stehen.

Folgende Fragen sind Teil des standardisierten Fragebogens:

- „Wie viele Stunden sind Sie pro Woche alles in allem im Internet? (privat, in der Ausbildung, im Beruf)?"
- Auf die Frage „Was machen Sie hauptsächlich, wenn Sie im Internet sind?" können bestimmte Antworten ausgewählt werden (z. B. E-Mail verschicken, Musik herunterladen, Computerspielen). Es können auch nicht angeführte Tätigkeiten selbst aufgeführt werden.
- „Informieren Sie sich aktiv über das, was in der Politik los ist?"
- „Und wie informieren Sie sich über Politik?" Zu dieser Frage gibt es auch vorgegebene Antwortmöglichkeiten, von denen auch mehrere genannt werden können.

Aus diesen Fragen werden die Variablen „Nutzung des Internets" in Stunden pro Woche, „Art der Aktivität im Internet", „Aktive Einholung Informationen zu politischen Themen" mit ja/nein Kodierung und „Informationsquellen zu politischen Themen" ermittelt. Sind diese Variablen stetig oder diskret und welches Skalenniveau besitzen sie?

Lösungen

Lösung 1.1

Nettomiete, Wohnfläche und Baualter sind verhältnisskalierte, stetige und quantitative Merkmale. Bei den Merkmalen Zentralheizung, Warmwasserversorgung und Ausstattung des Bads handelt es sich um nominalskalierte (oder ordinalskalierte), diskrete und qualitative Merkmale. Die Lage der Wohnung ist ordinalskaliert, diskret und qualitativ.

Lösung 1.2

(a) Bei dem Mietspiegel handelt es sich um eine Querschnittstudie.
(b) Die Aktienkurse stellen eine Zeitreihenanalyse dar.
(c) Hier liegt eine Längsschnittstudie vor.

Lösung 1.3

(a) Da bei der Überprüfung der Weine die Untersuchungseinheit zerstört wird, kann nur eine Stichprobe gezogen werden.
(b) In diesem Fall ist eine Vollerhebung unerlässlich.
(c) Da nicht alle süchtigen Jugendlichen untersucht werden können, muss man sich hier auf eine Stichprobe beschränken.

Lösung 1.4

(a) Die Mitarbeiter der Firma stellen die Grundgesamtheit dar, die 50 ausgewählten Mitarbeiter sind die Untersuchungseinheiten.
(b) Die Ausprägungen und das Skalenniveau der erhobenen Merkmale entnimmt man folgender Tabelle:

Merkmal	Ausprägungen	Skalenniveau
Haushaltsgröße	1,2,3,4, ... , (Obergrenze)	Verhältnisskaliert
Miete	$\mathbb{R}_0^+$	Verhältnisskaliert
Beförderungsmittel	Bus, Bahn, Auto usw.	Nominalskaliert
Entfernung	$\mathbb{R}_0^+$	Verhältnisskaliert
Einschätzung der Lage	1, 2, 3, 4, 5	Ordinalskaliert

(c) Es handelt sich um eine Querschnittstudie.

Lösung 1.5

(a) Die Variable „Lebenszufriedenheit“ ist ein diskretes Merkmal mit 10 verschiedenen Werten, und sie ist ordinalskaliert.
(b) Die Variable „Glück“ ist ein diskretes Merkmal mit 4 verschiedenen Werten, und sie ist ordinalskaliert.
(c) Beim „Alter“ handelt es sich um ein stetiges und verhältnisskaliertes Merkmal, während es sich beim „Familienstand“ um ein diskretes und nominalskaliertes Merkmal handelt.

(d) Bei der Variable „Vertrauen“ handelt es sich um ein diskretes und nominalskaliertes Merkmal mit lediglich zwei verschiedenen Ausprägungen.

Lösung 1.6

- Die Variable *„Nutzung des Internets“* in Stunden ist ein stetiges und verhältnisskaliertes Merkmal.
- Die Variable *„Art der Aktivität im Internet“* ist ein diskretes und nominalskaliertes Merkmal.
- Bei der Variable *„Aktive Einholung Information zu politischen Themen“* handelt es sich um ein diskretes und nominalskaliertes Merkmal mit lediglich zwei verschiedenen Ausprägungen.
- Bei der Variable *„Informationsquellen zu politischen Themen“* handelt es sich um ein diskretes und nominalskaliertes Merkmal.

Univariate Deskription und Exploration von Daten

2

Dieses Kapitel beinhaltet Übungsaufgaben zur beschreibenden bzw. deskriptiven Statistik und explorativen Datenanalyse in Form von Kennzahlen und grafischen Darstellungen. Konkret behandeln die Aufgaben Häufigkeitsverteilungen univariater Daten und ihre grafischen Darstellungen, wie Kreisdiagramme, Histogramme und Stamm-Blatt-Diagramme, Maßzahlen zu Lage, Streuung, Schiefe und Konzentration sowie Techniken der explorativen Datenanalyse wie Box-Plots, Dichtekurven und Quantil-Plots.

Bei den Aufgaben 2.1–2.10 handelt es sich um die Aufgaben aus Kap. 2 des Lehrbuchs Fahrmeir et al. (2024). Zusätzlich findet man in diesem Kapitel weitere 21 Aufgaben 2.11–2.31. Bei den Aufgaben 2.8, 2.9 und 2.10 handelt es sich um „R Aufgaben", die mit dem Statistikprogramm R gelöst werden sollen.

Aufgaben

Aufgabe 2.1 (Aufgabe 2.1 Lehrbuch)
Um die zukünftige Bonität eines potenziellen Kreditnehmers abschätzen zu können, wurden von einer großen deutschen Bank Daten von früheren Kreditkunden erhoben. Neben der Bonität der Kunden wurden unter anderem die folgenden Merkmale erhoben:

- X_1 Laufendes Konto bei der Bank (nein (kein Konto) = 1, mittel (Konto mit mittlerem Vermögen) = 2, gut (Konto mit großem Vermögen) = 3),
- X_2 Laufzeit des Kredits in Monaten,
- X_3 Kredithöhe in Euro,
- X_4 Rückzahlung früherer Kredite (gut/schlecht),
- X_5 Verwendungszweck (privat/beruflich),
- X_6 Geschlecht (weiblich/männlich).

S. Lang et al., *Arbeitsbuch Statistik*, https://doi.org/10.1007/978-3-662-73272-4_2

Die folgende Tabelle gibt für 300 schlechte ($Y = 1$) und 700 gute ($Y = 0$) Kredite jeweils die Prozentzahlen der Ausprägungen einiger ausgewählter Merkmale an:

X_1: laufendes Konto	$Y = 1$	$Y = 0$
Nein	45.0	19.9
Mittel	39.7	30.2
Gut	15.3	49.7
X_3: Kredithöhe in Euro	$Y = 1$	$Y = 0$
$0 < \cdots \leq 500$	1.00	2.14
$500 < \cdots \leq 1000$	11.33	9.14
$1000 < \cdots \leq 1500$	17.00	19.86
$1500 < \cdots \leq 2500$	19.67	24.57
$2500 < \cdots \leq 5000$	25.00	28.57
$5000 < \cdots \leq 7500$	11.33	9.71
$7500 < \cdots \leq 10000$	6.67	3.71
$10000 < \cdots \leq 15000$	7.00	2.00
$15000 < \cdots \leq 20000$	1.00	.29
X_4 : Frühere Kredite	$Y = 1$	$Y = 0$
Gut	82.33	94.85
Schlecht	17.66	5.15
X_5: Verwendungszweck	$Y = 1$	$Y = 0$
Privat	57.53	69.29
Beruflich	42.47	30.71

(a) Stellen Sie die Information aus obiger Tabelle auf geeignete Weise graphisch dar. Beachten Sie dabei insbesondere die unterschiedliche Klassenbreite des gruppierten Merkmals „Kredithöhe in Euro“.

(b) Berechnen Sie die Näherungswerte für das arithmetische Mittel, den Modus und den Median der Kredithöhen.

Aufgabe 2.2 (Aufgabe 2.2 Lehrbuch)
26 Mitglieder des Data-Fan-Clubs wurden zur Anzahl der gesehenen Folgen der Serie Star-Trek befragt. Die Mitglieder machten folgende Angaben:

183	194	202	176	199	201	208	186	194
209	166	203	177	205	173	207	202	199
172	200	198	195	203	202	208	196	

Erstellen Sie ein Stamm-Blatt-Diagramm mit neun Blättern.

Aufgabe 2.3 (Aufgabe 2.3 Lehrbuch)
Die Fachzeitschrift *Mein Radio und Ich* startet alljährlich in der Weihnachtswoche eine Umfrage zu den Hörgewohnheiten ihrer Leser. Zur Beantwortung der Frage „Wie viele Stunden hörten Sie gestern Radio?“ konnten die Teilnehmer zehn Kategorien ankreuzen. In den Jahren 1950, 1970 und 1990 erhielt die Redaktion folgende Antworten:

Stunden	[0,1)	[1,2)	[2,3)	[3,4)	[4,5)
1950	5	3	10	9	13
1970	6	7	5	20	29
1990	35	24	13	8	9
Stunden	[5,6)	[6,7)	[7,8)	[8,9)	[9,10)
1950	18	21	27	12	3
1970	27	13	5	3	2
1990	4	2	1	0	1

(a) Bestimmen Sie aus den gruppierten Daten die Lagemaße arithmetisches Mittel, Modus und Median.
(b) Wie drücken sich die geänderten Hörgewohnheiten durch die drei unter (a) berechneten Lagemaße aus?

Aufgabe 2.4 (Aufgabe 2.4 Lehrbuch)
Die folgende Zeitreihe beschreibt die Zinsentwicklung deutscher festverzinslicher Wertpapiere mit einjähriger Laufzeit im Jahr 1993:

Monat	Jan	Feb	Mrz	Apr	Mai	Jun
Zinsen (%)	7.13	6.54	6.26	6.46	6.42	6.34
Monat	Jul	Aug	Sep	Okt	Nov	Dez
Zinsen (%)	5.99	5.76	5.75	5.45	5.13	5.04

Berechnen Sie den durchschnittlichen Jahreszinssatz.

Aufgabe 2.5 (Aufgabe 2.5 Lehrbuch)
Bernd legt beim Marathonlauf die ersten 25 km mit einer Durchschnittsgeschwindigkeit von 17 km/h zurück. Auf den nächsten 15 km bricht Bernd etwas ein und schafft nur noch 12 km/h. Beim Endspurt zieht Bernd nochmals an, so dass er es hier auf eine Durchschnittsgeschwindigkeit von 21 km/h bringt.

(a) Berechnen Sie Bernds Durchschnittsgeschwindigkeit über die gesamte Strecke von 42 km.
(b) Wie lange war Bernd insgesamt unterwegs?

Aufgabe 2.6 (Aufgabe 2.6 Lehrbuch)
Fünf Hersteller bestimmter Großgeräte lassen sich hinsichtlich ihrer Marktanteile in zwei Gruppen aufteilen: Drei Hersteller besitzen jeweils gleiche Marktanteile von 10 Prozent, der Rest des Marktes teilt sich unter den verbleibenden Herstellern gleichmäßig auf. Zeichnen Sie die zugehörige Lorenzkurve, und berechnen Sie den (unnormierten) Gini-Koeffizienten. Betrachten Sie die Situation, dass in einer gewissen Zeitperiode vier der fünf Hersteller kein Großgerät verkauft haben. Zeichnen Sie die zugehörige Lorenzkurve, und geben Sie den Wert des Gini-Koeffizienten an.

Aufgabe 2.7 (Aufgabe 2.7 Lehrbuch)
In einer Branche konkurrieren zehn Unternehmen miteinander. Nach ihrem Umsatz lassen sich diese in drei Klassen einteilen: fünf kleine, vier mittlere und ein großes

Unternehmen. Bei den mittleren Unternehmen macht ein Unternehmen im Schnitt einen Umsatz von 1.5 Mio EUR. Insgesamt werden in der Branche 15 Mio Umsatz jährlich gemacht. Bestimmen Sie den Umsatz, der in den verschiedenen Gruppen erzielt wird, wenn der Gini-Koeffizient 0.42 beträgt.

Aufgabe 2.8 (R Aufgabe 2.8 Lehrbuch)
Wir betrachten die Mietspiegeldaten von 2015. Die Daten finden sich in der Datei `mietspiegel2015.txt` und sind online verfügbar unter:
https://github.com/sn-code-inside/Statistik-AB-CFHKLW/blob/main/daten/mietspiegel2015.txt

(a) Erzeugen Sie eine Tabelle der absoluten Häufigkeiten der Variablen `rooms` (Anzahl der Zimmer) und das zugehörige Säulendiagramm.
(b) Erstellen Sie die Fünf-Punkte-Zusammenfassung für die Variable Baujahr (`bj`). Erzeugen Sie eine neue Variable `bj.cat`, die den Wert 1 annimmt, wenn das Baujahr älter als 1958 ist und den Wert 2, wenn das Baualter 1958 oder jünger ist.
(c) Berechnen Sie die Fünf-Punkte-Zusammenfassung, sowie Standardabweichung, Varianz und Interquartilsabstand für die Variablen `nm` und `nmqm`, geschichtet nach der Variablen `bj.cat`. Plotten Sie entsprechende Histogramme und Box-Plots. Interpretieren Sie die Ergebnisse.
(d) Führen Sie die Analysen der vorhergehenden Teilaufgabe mit der Variable `rooms` statt mit `bj.cat` durch. Interpretieren Sie die Ergebnisse.
(e) Erstellen Sie für die Variable `nmqm` einen Normal-Quantil-Plot und eine Grafik, welche ein mit einer Kerndichteschätzung überlagertes Histogramm enthält. Erstellen Sie eine analoge Grafik, bei der statt der Kerndichteschätzung eine Normalverteilung angepasst wird. Vergleichen Sie die beiden Grafiken.
(f) Berechnen und vergleichen Sie Schiefe und Wölbung für die Variablen `nm` und `nmqm` des gesamten Datensatzes.

Aufgabe 2.9 (R Aufgabe 2.9 Lehrbuch)
Analysieren Sie die Verteilung der logarithmierten Tagesrenditen der BMW-Aktie vor und nach dem allgemeinen Kurseinbruch an der Börse im Jahr 2008 mit Hilfe von `R`. Die Aktienkurse der BMW-Aktie sind bereits in `R` verfügbar und über die Funktion `get.hist.quote` einlesbar.

(a) Lesen Sie dazu zunächst die Aktienkurse für die beiden Zeitpunkte August 2007 bis Juli 2008 und August 2008 bis Dezember 2009 ein und berechnen Sie die Renditen.
(b) Bestimmen Sie für beide Zeiträume jeweils das arithmetische Mittel, den Median und die Standardabweichung.
(c) Erstellen Sie für die Daten (wiederum für beide Zeiträume) Histogramme mit verschiedenen Klasseneinteilungen. Probieren Sie auch andere Darstellungen der empirischen Verteilung in `R` aus.
(d) Berechnen Sie Maßzahlen der Schiefe und Wölbung (für beide Zeiträume). Können Sie diese Ergebnisse in den bisher erstellten Grafiken erkennen?

(e) Interpretieren Sie die in b)-d) erzielten Ergebnisse hinsichtlich möglicher Unterschiede in den beiden betrachteten Zeiträumen?

Aufgabe 2.10 (R Aufgabe 2.10 Lehrbuch)
Simulieren Sie mit der R-Funktion `rnorm()` 10 Zufallszahlen aus einer Standardnormalverteilung. Berechnen Sie das arithmetische Mittel, den Median sowie die Stichprobenvarianz. Zeichnen Sie ein Histogramm und die Dichte der Standardnormalverteilung. Erstellen Sie ferner einen Normal-Quantil-Plot. Wiederholen Sie dies für 100 und 1000 Zufallszahlen. Wie verändern sich Mittelwerte und Stichprobenvarianz?

Aufgabe 2.11
Die linke Grafik von Abb. 2.1 zeigt die Verteilung der Buchstaben A-Z in Texten, die in deutscher Sprache verfasst sind.

(a) Bestimmen Sie (approximativ) die relative Häufigkeit, mit der Vokale und Konsonanten in Texten der deutschen Sprache vorkommen.
(b) Bestimmen Sie (approximativ) die relative Häufigkeit, mit der die Buchstaben A-X in Texten der deutschen Sprache vorkommen.
(c) Welche der Ihnen bekannten Lagemaße sind zur Beschreibung der Verteilung der Buchstaben geeignet, welche sind nicht geeignet (mit Begründung)? Bestimmen Sie die von Ihnen gewählten Lagemaße.

Die rechte Grafik von Abb. 2.1 zeigt die Verteilung der Buchstaben A-Z für einen längeren deutschen Text, der in einer Geheimsprache verfasst wurde. Der folgende kleine Ausschnitt gibt den ersten Satz des Textes in Geheimsprache wieder:

IEL XCEIN DGFIZA 90 RELFAIL.

Bei der verwendeten Geheimsprache wurden die Buchstaben des Alphabets zufällig permutiert. Beispiel: Dem ursprünglichen Buchstaben a wird der Buchstabe g zugewiesen, dem Buchstaben b der Buchstabe t, usw.

(d) Wie könnte man die statistischen Informationen in Abb. 2.1 nutzen, um den verschlüsselten Text zu dekodieren?
(e) Versuchen Sie obigen Textausschnitt zu entschlüsseln.

Aufgabe 2.12
Um die Berufsaussichten von Absolventen des Studiengangs Soziologie einschätzen zu können, wurde am Institut für Soziologie der LMU ein spezieller Fragebogen konzipiert, der insgesamt 82 Fragen umfasst. Der Fragebogen deckt zahlreiche inhaltliche Aspekte ab wie etwa den Studienverlauf, den Studienschwerpunkt, mögliche Zusatzqualifikationen, aber auch Aspekte zur Person.

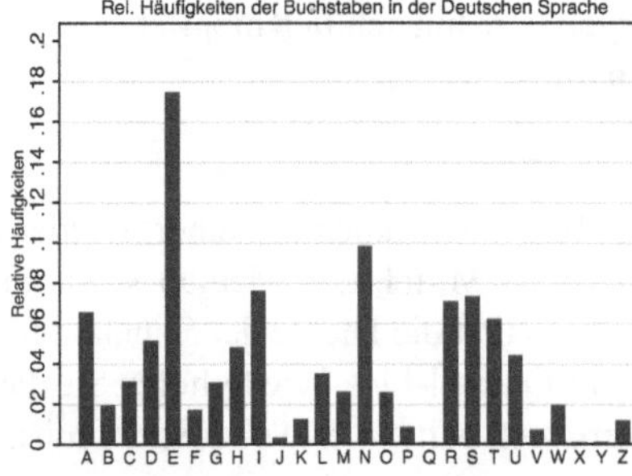

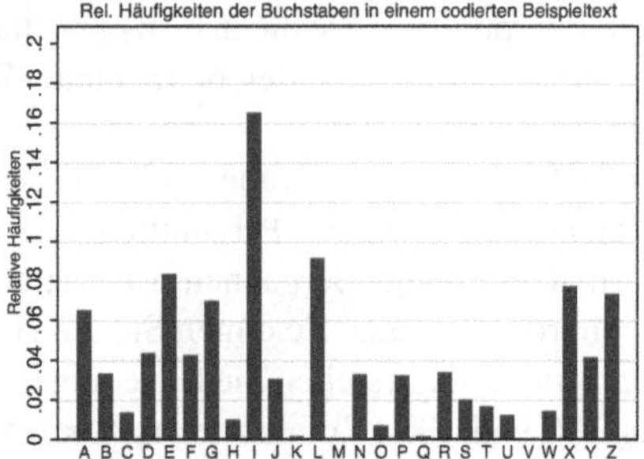

Abb. 2.1 Säulendiagramme der relativen Häufigkeiten des Auftretens der Buchstaben A-Z in Texten, die in deutscher Sprache (links) und einer Geheimsprache (rechts) verfasst sind

Der in den folgenden beiden Tabellen abgedruckte Teildatensatz mit 36 Absolventen und fünf Variablen soll nun für eine erste Analyse mit Hilfe von grafischen Verfahren dargestellt werden.

G : Geschlecht (1 = weiblich, 2 = männlich)
S : Studiendauer in Semestern
E : Engagement im Studium mit 5 Kategorien:
1 = sehr engagiert
⋮
5 = gar nicht engagiert
D : Ausrichtung der Diplomarbeit mit 4 Kategorien:
1 = empirisch-Primärerhebung
2 = empirisch-Sekundärerhebung
3 = empirisch-qualitativ
4 = Literaturarbeit
N : Note der Diplomprüfung

Person i	G	S	E	D	N	Person i	G	S	E	D	N
1	1	12	1	3	2	19	2	12	2	2	2
2	1	13	3	4	2	20	1	15	2	3	3
3	1	12	5	4	3	21	1	13	3	4	2
4	1	12	2	3	3	22	2	13	4	3	3
5	1	9	3	4	2	23	1	15	1	4	2
6	1	12	2	1	1	24	1	13	3	2	2
7	2	14	5	3	5	25	2	15	4	4	3
8	2	10	1	4	2	26	1	12	2	4	2
9	1	18	3	3	1	27	1	14	1	3	2
10	2	10	3	4	3	28	1	10	2	4	2
11	1	13	4	4	3	29	1	12	3	3	2
12	1	15	4	3	2	30	1	17	2	3	2
13	2	13	2	2	2	31	1	11	1	4	2
14	1	16	3	3	2	32	1	14	3	2	3
15	1	14	3	4	2	33	1	11	2	1	2
16	1	13	2	3	2	34	2	13	2	4	3
17	1	13	2	4	2	35	2	11	3	4	3
18	1	17	1	4	3	36	2	7	1	4	2

(a) Erstellen Sie eine Häufigkeitstabelle für das Merkmal „Note“, bestehend aus den absoluten, relativen und kumulierten Häufigkeiten.
(b) Erstellen Sie nun ein Säulendiagramm des Merkmals „Note“.
(c) Unterteilen Sie die Stichprobe in Absolventen mit Prädikatsexamen (Note 1 oder 2) und Absolventen ohne Prädikatsexamen (Note 3 und schlechter). Zeichnen Sie nun für beide Gruppen getrennt das Säulendiagramme der Studiendauer, und interpretieren Sie das Ergebnis.
(d) Erstellen Sie die empirischen Verteilungsfunktionen der jeweiligen Studiendauer der Absolventen mit und ohne Prädikatsexamen. Wie viele Semester benötigten die 25 % schnellsten Studierenden in jeder Teilstichprobe höchstens? Wieviele Semester brauchen dagegen die 25 % langsamsten Studenten mindestens?

Aufgabe 2.13
Die folgende Tabelle zeigt die Anzahl der Privathaushalte in München aufgeteilt nach ihrer Haushaltsgröße.

Haushaltsgröße	Anzahl der Haushalte
1	380131
2	182838
3	87444
4	52033
5	20235
$\sum$	722681

(a) Bestimmen Sie zunächst die relativen Häufigkeiten, und zeichnen Sie anschließend ein Säulendiagramm für die angegebenen Daten.
(b) In der Süddeutschen Zeitung konnte man (nicht ganz wörtlich) folgende Zeilen nachlesen:

In nahezu 100 Jahren haben sich die Lebensformen stark gewandelt. Anfang dieses Jahrhunderts war das Miteinander in der Großfamilie Normalität. Fast die Hälfte der Bevölkerung wohnte in Haushalten mit fünf und mehr Personen. Ganz anders heute: mehr als die Hälfte der Bevölkerung lebt allein.

Können Sie dieser Aussage zustimmen? Zeichnen Sie dazu ein Säulendiagramm mit dem prozentualen Anteil der *Personen,* die in 1–5 Personenhaushalten leben.

Aufgabe 2.14
Die folgende Abb. 2.2 zeigt für $n = 100$ Beobachtungen eines Merkmals X die empirische Verteilungsfunktion:

(a) Welche verschiedenen Merkmalsausprägungen wurden für X beobachtet?
(b) Bestimmen Sie mit Hilfe der Grafik sowohl die relative als auch die absolute Häufigkeitsverteilung von X.
(c) Berechnen Sie $\bar{x}$ und $\tilde{s}^2$.

Abb. 2.2 Empirische Verteilungsfunktion eines Merkmals X mit $n = 100$ Beobachtungen

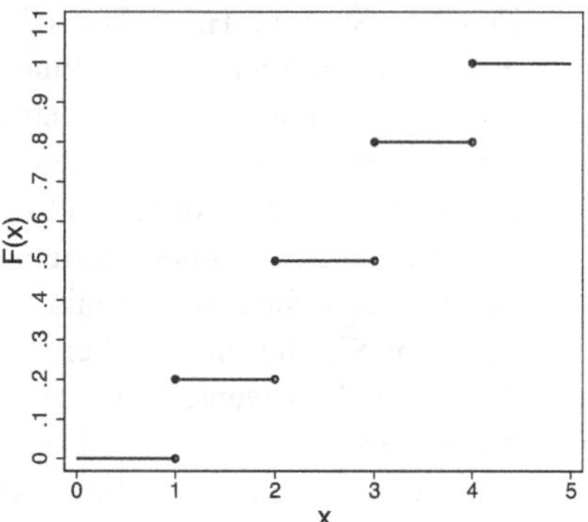

(d) Es wird eine Stichprobe mit zehn weiteren Beobachtungen erhoben. Alle zehn Beobachtungen haben den Wert $X = 4$. Wie lautet die neue relative Häufigkeitsverteilung für die nunmehr $n = 110$ Beobachtungen?

Aufgabe 2.15
Welche der Funktionen in Abb. 2.3 können *keine* empirischen Verteilungsfunktionen darstellen? Begründung!

Aufgabe 2.16
Um die Entwicklung der Telefonkosten X des letzten Jahres zu analysieren wird Tochter Bärbel von ihrem Vater beauftragt, die mittleren Telefonkosten und deren Streuung zu berechnen. Die Rechnungen betrugen jeweils in Euro:

Jan	Feb	Mrz	Apr	Mai	Jun
35.46	33.60	40.44	34.20	36.18	36.84
Jul	Aug	Sep	Okt	Nov	Dez
31.44	30.18	41.04	33.60	38.16	132.30

(a) Berechnen Sie das arithmetische Mittel und die Standardabweichung der monatlichen Telefonkosten.
(b) Bärbel, die im Monat Dezember auf Anraten ihrer Freundinnen häufig bei den teuren 0190-Talklines angerufen hat, ist entsetzt über den hohen Mittelwert und befürchtet Taschengeldentzug durch den Vater. Können Sie Bärbel aus der Patsche helfen?
(c) Wieviele Einheiten wurden im Mittel jeden Monat telefoniert? Eine Einheit kostet 0.06 EUR und die monatliche Grundgebühr beträgt 12.30 EUR. Bestimmen Sie ferner die Standardabweichung der pro Monat telefonierten Einheiten.

Aufgabe 2.17
Die neugegründete Firma SAFERSEX hat sich auf die Herstellung von Kondomen spezialisiert. Insgesamt sind $n = 9$ verschiedene Kondomtypen im Angebot. In der folgenden Tabelle sind jeweils die Preise (X) für eine Packung (mit 10 Kondomen)

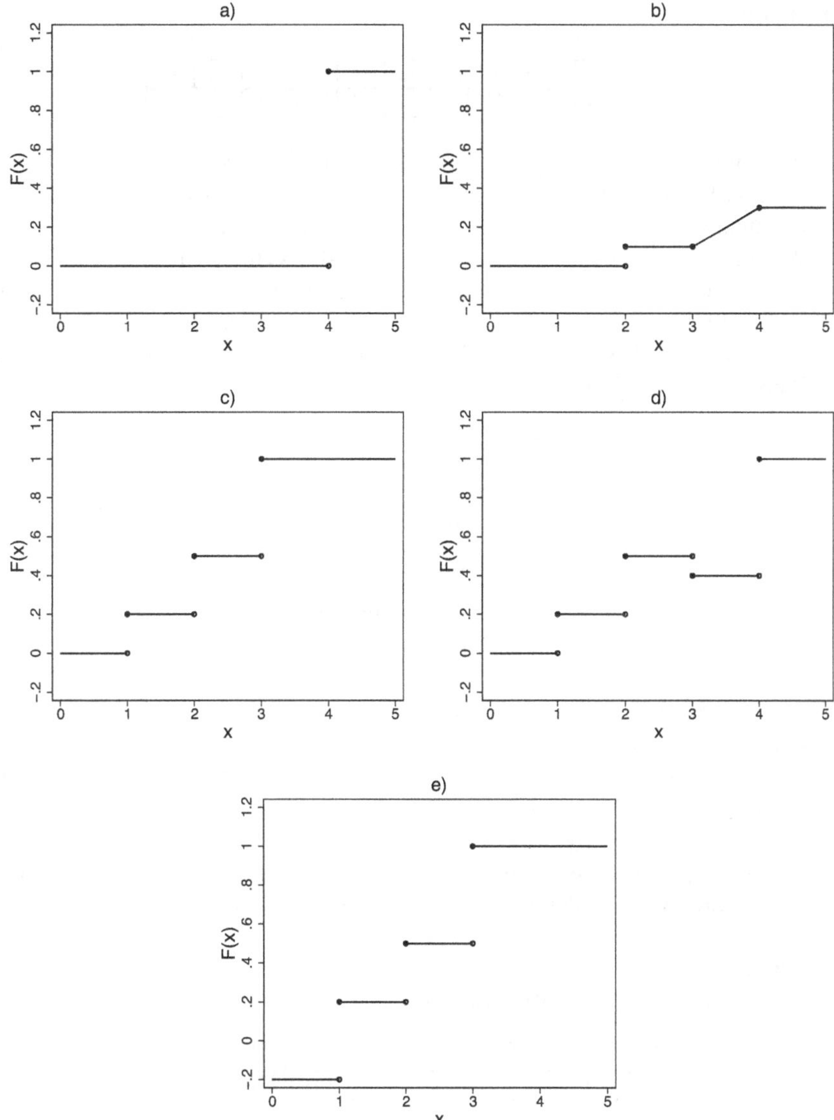

Abb. 2.3 Verschiedene stückweise konstante Funktionen

aufgeführt:

x_i	x_1	x_2	x_3	x_4	x_5	x_6	x_7	x_8	x_9
Preis in Euro	3.75	4.43	5.50	3.50	3.00	3.00	6.50	6.25	2.50

(a) Bestimmen Sie den Durchschnittspreis für eine Packung Kondome (arithmetisches Mittel). Bestimmen Sie auch den häufigsten Preis (Modus).
(b) Bestimmen Sie auch die 25, 50 und 75 % Quantile $x_{0.25}$, $x_{0.5}$ und $x_{0.75}$.
(c) Welchen Verteilungstyp (symmetrisch, links oder rechtssteil) vermuten Sie aufgrund Ihrer Ergebnisse in (a) und (b)? Begründung!
(d) SAFERSEX will nun die Preise ihrer Kondome mit den Preisen der alteingesessenen Firma ENJOY vergleichen, die ebenfalls Kondome herstellt. Für die Preise (Y) von ENJOY gilt:

$$\begin{aligned} \bar{y} &= 6.10, \\ y_{0.25} &= 4.60, \\ y_{0.5} &= 5.50, \\ y_{0.75} &= 7.60, \\ y_{(1)} &= 3.80 \text{ (minimaler Wert)}, \\ y_{(n)} &= 8.80 \text{ (maximaler Wert)}. \end{aligned}$$

Zeichnen Sie nun für beide Merkmale X und Y jeweils einen Boxplot in dieselbe Grafik, und vergleichen Sie beide Boxplots.
(e) Wie ändern sich $\bar{x}$, $x_{0.5}$ und x_{mod}, wenn SAFERSEX die Preise aller 9 Kondomtypen um jeweils 20 % erhöht?
(f) Wie ändern sich $\bar{x}$, $x_{0.5}$ und x_{mod}, wenn der Preis für die teuerste Kondompackung ($\hat{=} x_7 = 6.50$) verdoppelt wird? Es reicht anzugeben, ob die Werte größer oder kleiner werden oder gleich bleiben. Begründen Sie Ihre Antwort!

Aufgabe 2.18
Elf Filialen eines Kaufhauskonzerns erzielten 2022 folgende Umsätze (in Mio. Euro):

Filiale i	1	2	3	4	5	6	7	8	9	10	11
Umsatz x_i	110	75	70	65	55	70	140	90	90	55	90

Hinweis:

$$\sum_{i=1}^{11} x_i = 910, \sum_{i=1}^{11} x_i^2 = 81700$$

(a) Geben Sie das arithmetische Mittel, die (empirische) Standardabweichung und den Variationskoeffizienten an.
(b) Zeichnen Sie die zugehörige empirische Verteilungsfunktion.

(c) Bestimmen Sie graphisch das untere und obere Quartil sowie den Median. Zeichnen Sie den zugehörigen (einfachen) Box-Plot.
(d) Geben Sie eine lineare Transformation $y_i = a \cdot x_i$ der x_i an, so dass die empirische Varianz der y-Werte gleich 1 ist. Wie ändern sich die Quartile und der Median? Welchen Wert besitzt der Variationskoeffizient der y-Werte (Begründung oder Berechnung)?

Aufgabe 2.19
Der Markt für Computerhersteller lässt sich in drei Kategorien einteilen: Billiganbieter (Kategorie 1), Direktanbieter (Kategorie 2) und Markenhersteller (Kategorie 3). In einer von Greenpeace gesponserten Studie wurden alle angebotenen Computer hinsichtlich ihres Stromverbrauchs untersucht. Es ergaben sich die folgenden mittleren Stromverbräuche und Standardabweichungen, geschichtet nach Herstellerkategorie:

Kategorie	Absolute Häufigkeiten der Klasse j : n_j	$\bar{x}_j$	$\tilde{s}_j$
1	45	2.3 kW	0.3
2	35	1.6 kW	0.4
3	50	1.4 kW	0.2

(a) Interpretieren Sie obige Tabelle.
(b) Berechnen Sie das arithmetische Mittel $\bar{x}$ und die Standardabweichung $\tilde{s}$ für den gesamten Datensatz.

Aufgabe 2.20
Zeigen Sie, dass sich die Summe der Abweichungen der Daten vom arithmetischen Mittel zu null aufsummiert, d. h.

$$\sum_{i=1}^{n}(x_i - \bar{x}) = 0.$$

Aufgabe 2.21
Beweisen Sie, dass das arithmetische Mittel bei Schichtenbildung durch

$$\bar{x} = \frac{1}{n}\sum_{j=1}^{r} n_j \bar{x}_j$$

bestimmt werden kann, wenn r Schichten mit Umfängen $n_1, \ldots, n_r$ und arithmetischen Mitteln $\bar{x}_1, \ldots, \bar{x}_r$ vorliegen.

Aufgabe 2.22
Gegeben sei eine geordnete Urliste $x_1 \leq \cdots \leq x_n$ eines Merkmals X.

(a) Zeigen Sie, dass für die Fläche F unter der Lorenzkurve

$$F = \frac{1}{2n}(2V - 1)$$

gilt, wobei $V = \sum_{j=1}^{n} v_j$ die Summe der kumulierten relativen Merkmalssummen ist.

(b) Zeigen Sie unter Verwendung von Teilaufgabe (a), dass für G^*

$$G^* = \frac{n + 1 - 2V}{n - 1}$$

gilt.

Aufgabe 2.23

In einer Großgemeinde gibt es zehn Facharztniederlassungen, die sich bezüglich ihres Einkommens in drei Gruppen mit kleinem, mittlerem und großem Einkommen einteilen lassen (wobei einfachheitshalber angenommen wird, dass innerhalb jeder Gruppe das gleiche Einkommen erzielt wurde). Im Jahre 2010 erzielten alle Ärzte zusammen ein Gesamteinkommen von insgesamt 1.5 Mio. EUR. Allein 40 % davon entfielen auf die einzige große Facharztniederlassung, während die fünf kleinen Niederlassungen nur ein Einkommen von insgesamt 300.000 EUR erzielten.

(a) Bestimmen Sie die Werte der Lorenzkurve, und zeichnen Sie diese anschließend. Berechnen Sie außerdem den Gini-Koeffizienten.
(b) Die größte Facharztniederlassung konnte im darauffolgenden Jahr ihr Einkommen noch einmal um 50 % steigern, während der Umsatz der übrigen Niederlassungen stagnierte. Wie ändern sich die Lorenzkurve und der Gini-Koeffizient?
(c) Wir schreiben inzwischen das Jahr 2025. Um der großen Facharztniederlassung Paroli zu bieten, schließen sich die 4 mittleren zu einer Praxisgemeinschaft zusammen. Bestimmen Sie wiederum die Lorenzkurve und den Gini-Koeffizienten.

Aufgabe 2.24

Wir betrachten den Umsatz von vier Unternehmen. Bei welchen der in Abb. 2.4 abgedruckten Kurven handelt es sich um Lorenzkurven? Welche Kurven können keine Lorenzkurven darstellen? Bestimmen Sie gegebenenfalls den normierten Ginikoeffizienten. Begründen Sie Ihre Antwort genau.

Aufgabe 2.25

Für die Nettomieten von Wohnungen des Münchner Mietspiegels, das Lebensalter von Magenkrebspatienten und Renditen der BMW-Aktie sind die folgenden Schiefemaße und das Wölbungsmaß nach Fisher bestimmt worden, wobei die Information verlorenging, welche Ergebnisse zu welchen Daten gehören:

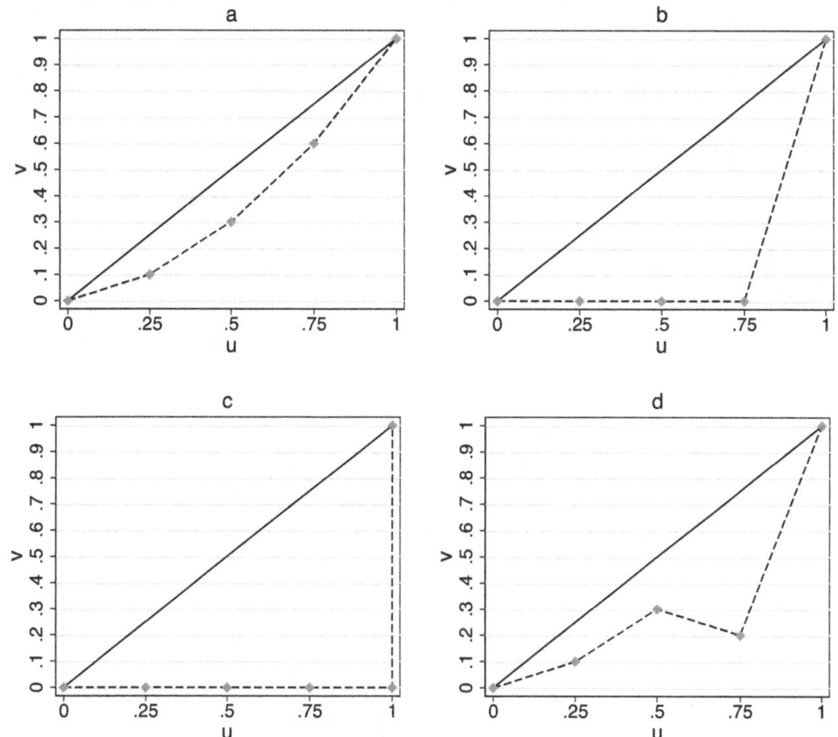

Abb. 2.4 Vier mögliche Lorenzkurven

$g_{0.25}$	0.16	0.06	0.00
g_m	1.72	−0.17	−0.49
γ	6.58	8.01	0.17

Können Sie mit Hilfe der NQ-Plots in Abb. 2.5 die Werte den einzelnen Datensätzen zuordnen?

Aufgabe 2.26

Die folgende Abb. 2.6 zeigt zwei Kerndichteschätzer der Zinsen deutscher festverzinslicher Wertpapiere, wobei die Bandbreite gleich 1 bzw. 2 gewählt wurde. Welche Bandbreite gehört zu welcher Grafik?

Aufgabe 2.27

Das folgende Histogramm in Abb. 2.7 zeigt die Ergebnisse einer Klausur, bei der 20 Studierende zwischen 125 und 150 Punkte erzielten:

Wie viele Studierende haben insgesamt teilgenommen?

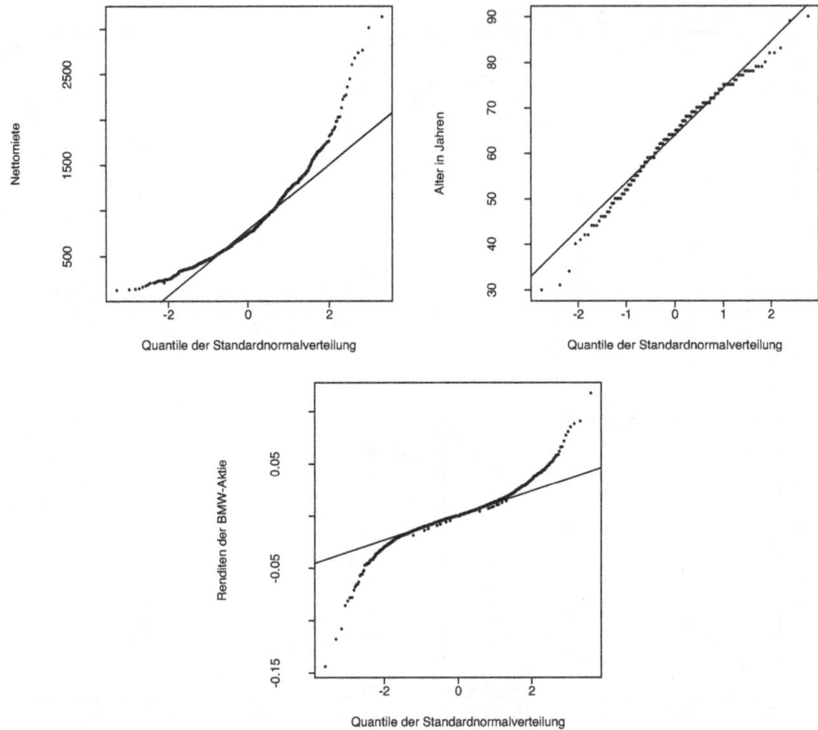

Abb. 2.5 Verschiedene NQ-Plots

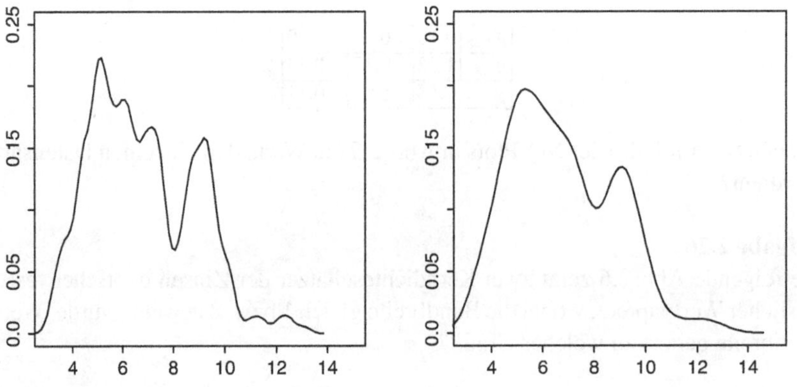

Abb. 2.6 Verschiedene Kerndichteschätzer der Zinsen deutscher festverzinslicher Wertpapiere

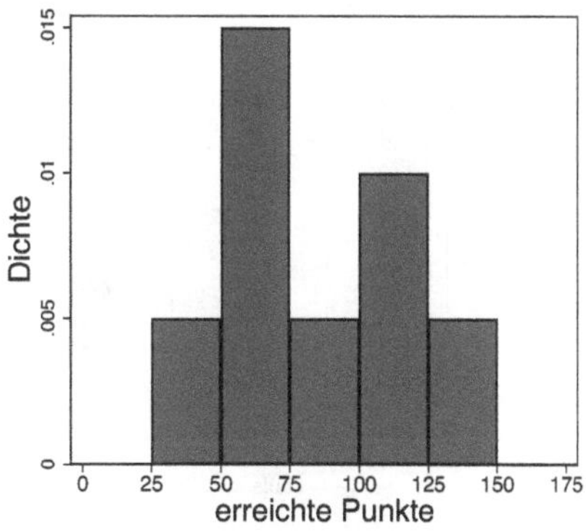

Abb. 2.7 Histogramm Klausurergebnisse

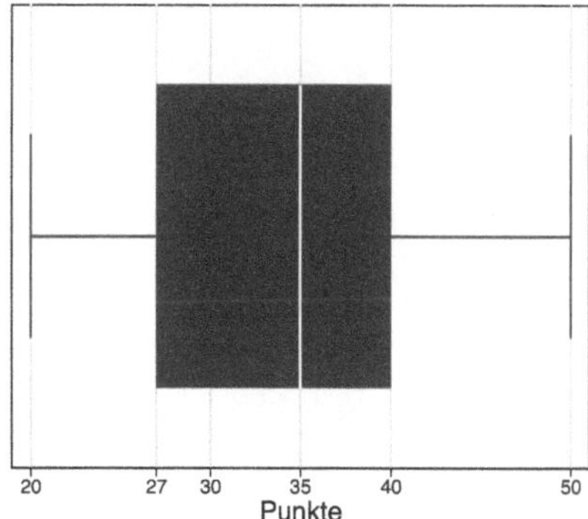

Abb. 2.8 Boxplot der Punkteverteilung einer Klausur

Aufgabe 2.28

Ein bestimmtes Merkmal wurde 16 Mal beobachtet. Dabei ergab sich ein arithmetisches Mittel von 31.65. Nun kommt eine neue Beobachtung mit dem Wert 40 hinzu. Bestimmen Sie das neue arithmetische Mittel.

Aufgabe 2.29

Von n = 201 Werten sind das arithmetische Mittel $\bar{x} = 18$ und die empirische Varianz $s^2 = 343229$ bekannt. Berechnen Sie die neue empirische Varianz, wenn folgende Werte hinzukommen:

$$115, \quad -268, \quad 646, \quad -873$$

Aufgabe 2.30

Abb. 2.8 zeigt einen Boxplot der Punkteverteilung einer Klausur:

(a) Bestimmen Sie die 25 %, 50 % und 75 % Quantile der Punkteverteilung.
(b) Um wieviele Punkte ist die Spannweite größer als der Interquartilsabstand?
(c) Bestimmen Sie den Quartilskoeffizienten $g_{0.25}$ zur Beurteilung der Schiefe.

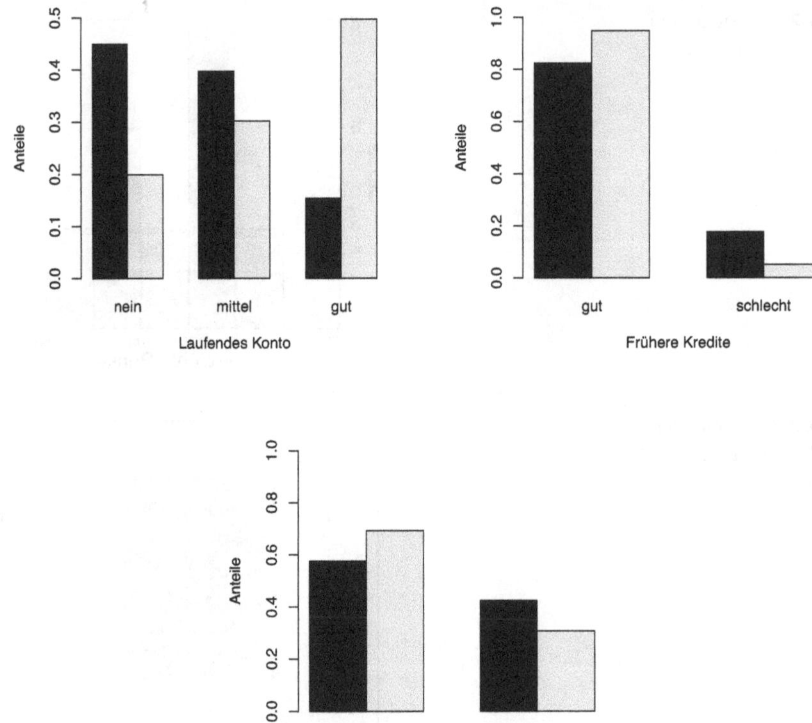

Abb. 2.9 Säulendiagramme der Variablen X_1, X_4 und X_5. Die dunklen Balken entsprechen Beobachtungen mit schlechter Bonität ($Y = 1$), die hellen Balken entsprechen Beobachtungen mit guter Bonität ($Y = 0$)

Aufgabe 2.31

Bei der Bahn betreffen negative Rückmeldungen von Kunden oft die Pünktlichkeit der Züge. Über einen längeren Zeitraum wurden die Verspätungen der Züge notiert und in Klassen je nach Verspätung zusammengefasst. In folgender Tabelle finden Sie den Anteil der verspäteten Züge in jeder Klasse:

Verspätung	Anteil in %
5–25 min	25
25–45 min	22
45–65 min	23
65–85 min	10
85–105 min	20

Berechnen Sie approximativ die durchschnittliche Verspätung der Züge.

Lösungen

Lösung 2.1

(a) Für die Variablen X_1, X_4 und X_5 werden Säulendiagramme erstellt, vergleiche Abb. 2.9. Die Variable X_3 wird in zwei Histogrammen getrennt nach guten ($Y = 0$) und schlechten ($Y = 1$) Krediten graphisch dargestellt.

Zur Erstellung der Histogramme für die Variable X_3 wird zunächst die folgende Tabelle ermittelt:

Klasse	Breite d_j	Höhe: $Y = 1$	Höhe: $Y = 0$
[0, 500)	500	0.00002	0.0000428
[0, 500)	500	0.00002	0.0000428
[500, 1000)	500	0.00022	0.0001828
[1000, 1500)	500	0.00034	0.0003972
[1500, 2500)	1000	0.00019	0.0002457
[2500, 5000)	2500	0.0001	0.00011428
[5000, 7500)	2500	0.000044	0.00003884
[7500, 10000)	2500	0.0000268	0.00001484
[10000, 15000)	5000	0.000014	0.000004
[15000, 20000)	5000	0.000002	0.00000058

Mit Hilfe der Tabelle erhält man schließlich die in Abb. 2.10 abgedruckten Grafiken.
Den R code zur Erzeugung der Grafiken findet man unter:
https://github.com/sn-code-inside/Statistik-AB-CFHKLW/blob/main/code/loes2_1.R

(b) Die Näherungswerte für die Lagemaße werden wie folgt berechnet.
Arithmetisches Mittel:

$$\begin{aligned} \bar{x}_{Y=1} &= 0.01 \cdot 250 + 0.1133 \cdot 750 + \ldots + 0.01 \cdot 17500 = 3972.625, \\ \bar{x}_{Y=0} &= 0.0214 \cdot 250 + 0.0914 \cdot 750 + \ldots + 0.0029 \cdot 17500 = 3117.18, \\ \bar{x} &= 0.3 \cdot 3972.625 + 0.7 \cdot 3117.175 = 3373.81. \end{aligned}$$

Modus und Median:

	x_{mod}	x_{med}
$Y = 1$	3750	3750
$Y = 0$	3750	2000
Gesamt	3750	2000

Lösung 2.2

Das resultierende Stamm-Blatt-Diagramm hat die folgende Gestalt:

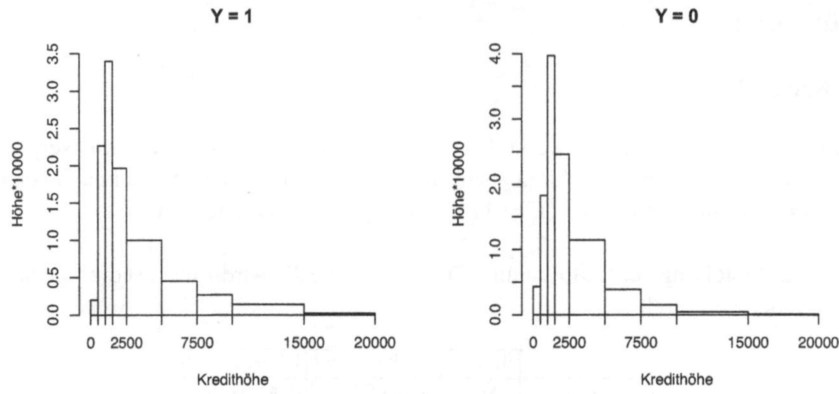

Abb. 2.10 Histogramme für X_3

Einheit 16	6=166
16	6
17	23
17	67
18	3
18	6
19	44
19	56899
20	0122233
20	57889

Lösung 2.3

(a) Man bestimmt die folgenden Lagemaße:

$$\begin{aligned}
\bar{x}^{1950} &= \frac{1}{121}(0.5 \cdot 5 + \cdots + 9.5 \cdot 3) = 5.71,\\
\bar{x}^{1970} &= \frac{1}{117}(0.5 \cdot 6 + \cdots + 9.5 \cdot 2) = 4.63,\\
\bar{x}^{1990} &= \frac{1}{97}(0.5 \cdot 35 + \cdots + 9.5 \cdot 1) = 2.13,\\
x_{med}^{1950} &= 6 + \frac{1 \cdot (0.5 - 0.48)}{0.17} = 6.12,\\
x_{med}^{1970} &= 4 + \frac{1 \cdot (0.5 - 0.32)}{0.25} = 4.72,\\
x_{med}^{1990} &= 1 + \frac{1 \cdot (0.5 - 0.36)}{0.25} = 1.56,\\
x_{mod}^{1950} &= 7.5,\\
x_{mod}^{1970} &= 4.5,\\
x_{mod}^{1990} &= 0.5.
\end{aligned}$$

(b) An den im Laufe der Jahre kleiner werdenden Lagemaßen lässt sich ablesen, dass die Leser der Zeitschrift immer weniger Zeit mit Radiohören verbringen.

Lösung 2.4
Die monatlichen Zinssätze r_i sind Wachstumsraten. Den durchschnittlichen Jahreszins für 1993 erhält man als geometrisches Mittel der Wachstumsfaktoren $x_i = 1 + r_i$:

Monat	Jan	Feb	Mrz	Apr	Mai	Jun
x_i	1.0713	1.0654	1.0626	1.0646	1.0642	1.0634

Monat	Jul	Aug	Sep	Okt	Nov	Dez
x_i	1.0599	1.0576	1.0575	1.0545	1.0513	1.0504

$$\begin{aligned}\bar{x}_{geom} &= (x_1 \cdot x_2 \cdot \ldots \cdot x_{12})^{\frac{1}{12}} \\ &= (1.0713 \cdot 1.0654 \cdot \ldots \cdot 1.0504)^{\frac{1}{12}} \\ &= 1.0602.\end{aligned}$$

Der durchschnittliche Jahresumsatz beträgt somit 6.02 Prozent.

Lösung 2.5

(a) Als sinnvoller Durchschnittswert für Bernds Laufgeschwindigkeit wird ein gewichtetes harmonisches Mittel bestimmt. Seien dazu l_i = Länge des i-ten Streckenabschnitts und x_i = Geschwindigkeit auf dem i-ten Streckenabschnitt, $i = 1, 2, 3$. Dann gilt:

$$\bar{x}_{har} = \frac{l_1 + l_2 + l_3}{\frac{l_1}{x_1} + \frac{l_2}{x_2} + \frac{l_3}{x_3}} = \frac{25 + 15 + 2}{\frac{25}{17} + \frac{15}{12} + \frac{2}{21}} = 14.916.$$

Bernds durchschnittliche Laufgeschwindigkeit beträgt somit 14.9 km/h.

(b) Bernd war $42/14.916 = 2.816$ Stunden unterwegs.

Lösung 2.6
Aus den Angaben erstellt man die folgende Tabelle:

j	u_j	$\frac{x_j}{x_1 + \cdots + x_5}$	v_j
1	0.2	0.1	0.1
2	0.4	0.1	0.2
3	0.6	0.1	0.3
4	0.8	0.35	0.65
5	1.0	0.35	1.0

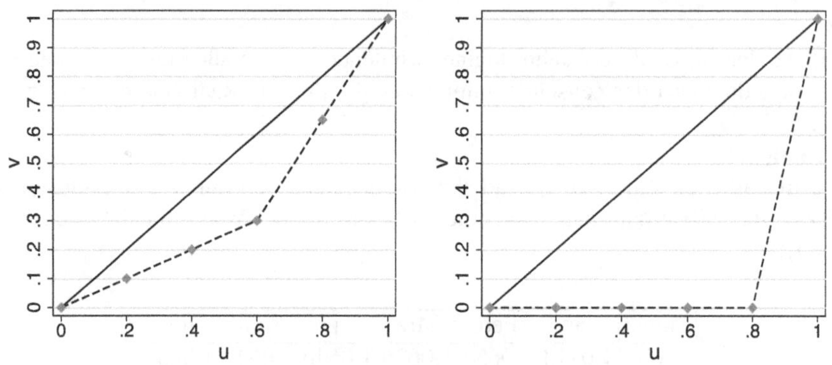

Abb. 2.11 Links: Lorenzkurve der Marktanteile der Hersteller. Rechts: Lorenzkurve wenn vier der fünf Hersteller kein Großgerät verkaufen

Mit Hilfe der Tabelle erhält man die dazugehörige Lorenzkurve in Abb. 2.11 (links).

Den Gini-Koeffizienten erhält man mit

$$\begin{aligned} G &= \frac{2\sum\limits_{j=1}^{n} j x_j}{n\sum\limits_{k=1}^{n} x_k} - \frac{n+1}{n} = \frac{2}{n}\sum_{j=1}^{n} j \frac{x_j}{\sum_{k=1}^{n} x_k} - \frac{n+1}{n} \\ &= \frac{2}{5}(1\cdot 0.1 + 2\cdot 0.1 + 3\cdot 0.1 + 4\cdot 0.35 + 5\cdot 0.35) - \frac{6}{5} \\ &= 0.3. \end{aligned}$$

Haben vier der fünf Hersteller kein Großgerät verkauft, so ergibt sich die Tabelle:

j	u_j	$\frac{x_j}{\sum_{j=1}^{5} x_j}$	v_j
1	0.2	0	0
2	0.4	0	0
3	0.6	0	0
4	0.8	0	0
5	1.0	1.0	1.0

und daraus der Gini-Koeffizient als

$$G = \frac{2}{5}\cdot 5\cdot 1 - \frac{6}{5} = 0.8.$$

Die Lorenzkurve findet sich wieder in Abb. 2.11 (rechts).

Lösung 2.7
Aus den Angaben erstellt man die folgende Tabelle:

	h_i	f_i	u_i	$h_i a_i$
klein	5	0.5	0.5	$5 \cdot a_1$
mittel	4	0.4	0.9	6
groß	1	0.1	1	a_3
				Summe = 15

Damit berechnet sich aus dem Gini-Koeffizient $G = 0.42$ mit

$$\begin{aligned} G &= \frac{\sum_{j=1}^{k}(u_{j-1}+u_j)h_j a_j}{\sum_{j=1}^{k} h_j a_j} - 1 \\ &= \frac{0.5 \cdot 5a_1 + 1.4 \cdot 6 + 1.9a_3}{15} - 1 \\ &= \frac{1}{15}(2.5a_1 + 1.9a_3) - 0.44 = 0.42. \end{aligned}$$

Daraus folgt $2.5a_1 + 1.9a_3 = 12.9$. Ferner gilt $5a_1 + 6 + a_3 = 15$, d. h. $a_3 = 9 - 5a_1$. In obige Gleichung eingesetzt ergibt sich:

$$\begin{aligned} 2.5a_1 + 1.9(9 - 5a_1) &= 12.9 \\ \Longleftrightarrow \qquad 7a_1 &= 4.2 \\ \Longleftrightarrow \qquad a_1 &= 0.6. \end{aligned}$$

Man erhält

$$a_3 = 9 - 5 \cdot 0.6 = 6.$$

Die fünf kleinen Unternehmen erzielen somit zusammen einen Umsatz von 3 Mio Euro, die vier mittleren erreichen zusammen 6 Mio. EUR, und das größte erwirtschaftet alleine 6 Mio. EUR.

Lösung 2.8
Den vollständigen und dokumentierten `R` Code der Lösung findet man als Datei `loes2_8.R` unter:

https://github.com/sn-code-inside/Statistik-AB-CFHKLW/blob/main/code/loes2_8.R

Wir lesen zunächst die Daten in `R` als `data.frame` mit dem `read.table` Befehl ein:

```
daten<-read.table(file="mietspiegel2015.txt",header=TRUE,dec=".")
```

Dabei signalisiert die Option `header=TRUE`, dass die erste Zeile des Datensatzdokuments die Variablennamen enthält.

Damit das alles auch funktioniert, muss sich die Datei `mietspiegel.txt` im sogenannten Arbeitsverzeichnis von `R` befinden. Das aktuelle Arbeitsverzeichnis lässt sich über den Befehl

```
getwd()
```

auslesen und mit dem Befehl `setwd` auch ändern. Befinden sich beispielsweise die Mietspiegeldaten auf einem Windows Rechner im Verzeichnis `c:\daten` kann dieses durch den Befehl

```
setwd("c:/daten")
```

zum aktuellen Arbeitsverzechnis bestimmt werden. Man beachte, dass in `R` bei der Angabe von Verzeichnissen das in Windows übliche Backslash Symbol \ durch / ersetzt werden muss.

(a) Die Tabelle der absoluten Häufigkeiten und das Säulendiagramm erhält man mit den Befehlen `table` und `barplot`, vergleiche das oben verlinkte `R` Skript. Abb. 2.12 enthält das resultierende Säulendiagramm. Die exakten absoluten Häufigkeiten sind 282, 1049, 1175, 442, 99, 16, 2 Wohnungen mit 1, 2 ..., 6, 8 Zimmern. Wohnungen mit 7 Zimmern kommen tatsächlich im Datensatz nicht vor.

(b) Für die Fünf-Punkte-Zusammenfassung kann man die `summary` Funktion verwenden:

```
summary(daten$bj)
```

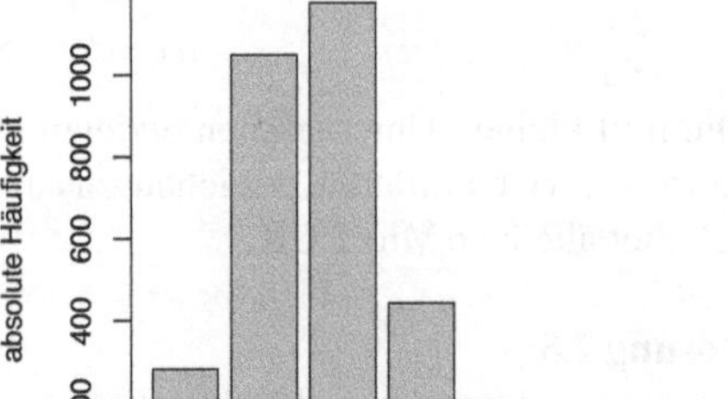

Abb. 2.12 Säulendiagramm für die Variable `rooms`

Als Ausgabe erhält man in R:

```
Min. 1st Qu.  Median    Mean 3rd Qu.    Max.
1918    1958    1958    1964    1983    2012
```

Die binäre Variable `bj.cat` kann z. B. mit Hilfe von `ifelse` erzeugt werden:

```
daten$bj.cat <- ifelse(daten$bj<1958, 1, 2)
```

Falls das Baujahr kleiner als 1958 ist, wird der Wert 1 zugewiesen, ansonsten der Wert 2.

(c) Grundsätzlich können Analysen eines Merkmals geschichtet nach einem weiteren Merkmal in R auf unterschiedliche Art und Weise durchgeführt werden. Wir stellen hier drei verschiedene Varianten vor, alle haben Vor- und Nachteile bzw. deren Verwendung hängt vielleicht auch ein bisschen von den individuellen Vorlieben ab. Wir illustrieren die Varianten Anhand der Fünf Punkte Zusammenfassung der Nettomiete (Variable `nm`) geschichtet nach den Werten der in a) erzeugten Variable `bj.cat` mit den Werten 1 und 2:

– *Verwende logische Bedingungen*
Der Befehl

```
summary(daten$nm[daten$bj.cat==1])
```

wendet die `summary` Funktion nur auf Beobachtungen an, bei denen die Bedingung `daten$bj.cat==1`, also `bj.cat = 1`, erfüllt ist. Man erhält als Ergebnis die Fünf Punkte Zusammenfassung der Nettomiete für alle vor 1958 erbauten Wohnungen:

```
Min. 1st Qu.  Median    Mean 3rd Qu.    Max.
  174.8   511.0   677.4   731.4   872.0  3200.0
```

Analog ergibt sich mit

```
summary(daten$nm[daten$bj.cat==2])
```

die Fünf Punkte Zusammenfassung für 1958 oder später erbaute Wohnungen:

```
Min. 1st Qu.  Median    Mean 3rd Qu.    Max.
 187.6   590.0   735.0   796.4   950.0  6000.0
```

Diese soeben skizzierte Vorgehensweise ist universell in allen Situationen anwendbar, in denen Analysen nur für Teildatensätze durchgeführt werden sollen. Allerdings kann die Vorgehensweise etas umständlich sein, wenn beispielsweise bezüglich relativ vieler Werte geschichtet werden soll, etwa weiter unten in Aufgabe d).

– *Verwende Teildatensätze*

Hier erzeugen wir aus den vollständigen Daten 'daten' unter Verwendung der subset Funktion mit Hilfe der Befehle

```
daten_bj1 <- subset(daten, bj.cat==1)
daten_bj2 <- subset(daten, bj.cat==2)
```

die beiden Teildatensätze daten_bj1 und daten_bj2. Der erste Datensatz enthält nur die vor 1958 erbauten Wohnungen, der zweite Datensatz die 1958 und später erbauten Wohnungen. Damit erhält man die geschichtete Fünf Punkte Zusammenfassung durch:

```
summary(daten_bj1$nm)
summary(daten_bj2$nm)
```

Auch hier stößt man womöglich an Grenzen wenn bezüglich vieler Werte geschichtet werden soll.

– *Verwende die tapply Funktion*

Die tapply Funktion erlaubt auf einfache und elegane Art und Weise geschichtete Analysen. Beispielsweise wird durch

```
tapply(daten$nm,daten$bj.cat,summary)
```

der summary Befehl für die Variable 'nm' jeweils geschichtet nach den Werten der Variable bj.cat ausgeführt. Als Ergebnis des Aufrufs erhalten wir:

```
$`1`
```

```
  Min. 1st Qu.  Median    Mean 3rd Qu.    Max.
 174.8   511.0   677.4   731.4   872.0  3200.0

$`2`
  Min. 1st Qu.  Median    Mean 3rd Qu.    Max.
 187.6   590.0   735.0   796.4   950.0  6000.0
```

Einziger Nachteil von `tapply` ist, dass der Befehl nicht in allen Situationen anwendbar ist.

Im oben verlinkten `R` Skript bestimmen wir für sowohl für die Nettomiete als auch die Nettomiete pro Quadratmeter die Fünf Punkte Zusammenfassung, Standardabweichung, Varianz und Interqartilsabstand jeweils getrennt für vor 1958 und 1958 und später erbaute Wohnungen. Verwendet werden die Standardbefehle `summary` für die Fünf Punkte Zusammenfassung (plus den Mittelwert), `sd` für die Standardabweichung, `var` für die Stichprobenvarianz und `IQR` für den Interquartilsabsstand. Die Ergebnisse sind übersichtlich in Tab. 2.1 zusammengetragen.

Separate Histogramme und Boxplots für Nettomiete und Nettomiete pro Quadratmeter können z. B. mit dem `hist` und `boxplot` Befehl relativ einfach erstellt werden, für Details betrachte man das verlinkte `R` Skript. Die resultierenden Grafiken finden sich in den Abb. 2.13 und 2.14.

Unsere Ergebnisse lassen sich wie folgt interpretieren:

- *Nettomiete*
  - Wohnungen jüngeren Baujahrs haben im Mittel (arithmetisches Mittel und Median) höhere Nettomieten als ältere Wohnungen.
  - Dagegen unterscheiden sich die Streuungen nur wenig. Das gilt wenn man die Standardabweichungen bzw. Varianzen betrachtet (etwas höher bei jüngeren

Tab. 2.1 Deskriptive Kennzahlen für Nettomiete und Nettomiete pro Quadratmeter für vor 1958 und 1958 und später erbaute Wohnungen

	Nettomiete		Nettomiete pro qm	
Kennzahl	Vor 1958	1958 und jünger	Vor 1958	1958 und jünger
Minimum	174.8	187.6	2.47	4.24
25 % Quantil	511	590	8.38	9.73
Median	677.4	735	10.28	11.17
Arith. Mittel	731.4	796.4	10.27	11.21
75 % Quantil	872	950.0	12.19	12.62
Maximum	3200	6000	22.13	21.01
Standardabw	329.63	343.9	2.75	2.5
Varianz	108655.1	118267.4	7.58	6.25
IQ-Abstand	361	360	3.81	2.88

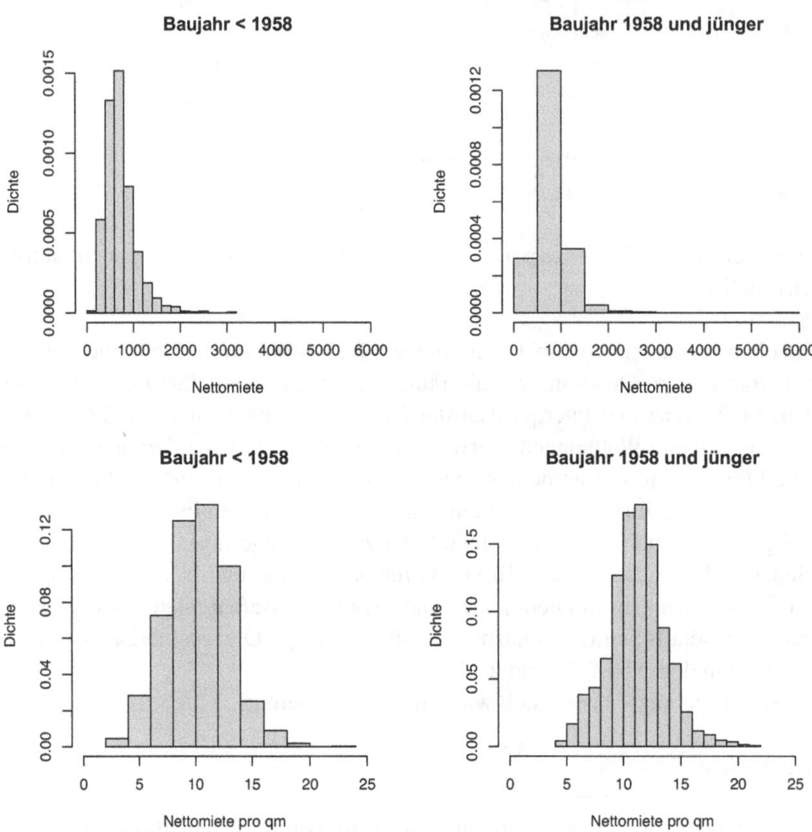

Abb. 2.13 Histogramme für Nettomiete (obere Reihe) und Nettomiete pro Quadratmeter (untere Reihe) für vor 1958 (links) und 1958 oder später (rechts) erbaute Wohnungen

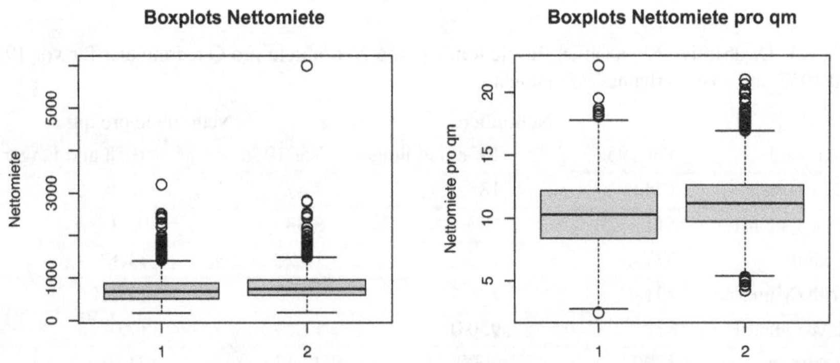

Abb. 2.14 Boxplots für Nettomiete und Nettomiete pro Quadratmeter für vor 1958 (jeweils linker Boxplot) und 1958 oder später (jeweils rechter Boxplot) erbaute Wohnungen

Tab. 2.2 Deskriptive Kennzahlen für die Nettomiete in Abhängigkeit von der Anzahl der Räume

Kennzahl	1	2	3	4	5	6	8
Minimum	187.6	174.8	185	274	452	614.6	1167
25 % Quantil	360	520	640	783.3	887.6	992.1	1233
Median	421.5	623	785	990	1142.4	1462	1299
arith. Mittel	435.9	624.3	810.6	1028.1	1244.4	1766.6	1299
75 % Quantil	499.2	720	958	1200	1592.5	2012.5	1365
Maximum	1115	1423.1	2430	2820	2800	6000	1431
Standardabw.	112.32	173.36	266.97	362.8	491.07	1323.01	187.33
IQ-Abstand	139.23	200	318	416.68	704.93	1020.36	132.46

Wohnungen), aber erst recht für die Interquartilsabstände, die praktisch gleich sind.
- Auffallend ist auch der sehr hohe Wert von 6000 EUR bei den 1958 und später erbauten Wohnungen, der insbesondere die Form der Boxplots beeinflusst.

- *Nettomiete pro Quadratmeter*

  - Wohnungen jüngeren Baujahrs haben im Mittel (arithmetisches Mittel und Median) etwas höhere Nettomieten pro Quadratmeter als ältere Wohnungen.
  - Die Streuungen sind dagegen bei den jüngeren Wohnungen etwas geringer. Letzteres gilt für die Standardabweichungen (Varianzen) und für die Interquartilsabstände.

(d) Jetzt führen die Analyse mit der Variable `rooms` statt `bj.cat` durch und verwenden dieselben `R` Befehle wie für die vorangegangenen Teilaufgaben, man vergleiche und verwende wieder das verlinkte `R` Skript. Deskriptive Kennzahlen finden sich in den Tab. 2.2 und 2.3. Die resultierenden Histogramme und Boxplots sind in den Abb. 2.15, 2.16 und 2.17 dargestellt.
Die Ergebnisse lassen sich wie folgt interpretieren:

- *Nettomiete*

  - Nicht sehr überraschend sind die Mieten im Mittel (Mittelwert, Median) höher für Wohnungen mit mehr Zimmern. Ausnahme sind die nur zwei 8-Zimmer Wohnungen. Für letztere machen die Maßzahlen allerdings auch keinen großen Sinn.

Tab. 2.3 Deskriptive Kennzahlen für die Nettomiete pro Quadratmeter in Abhängigkeit von der Anzahl der Räume

Kennzahl	1	2	3	4	5	6	8
Minimum	5.78	3.61	2.47	2.88	4.11	6.02	5.07
25 % Quantil	11.13	9.58	8.6	8.44	7.96	7.98	5.62
Median	12.58	11.09	10.43	10.18	10	9.13	6.17
arith. Mittel	12.56	10.94	10.39	10.2	9.88	10.04	6.17
75 % Quantil	14.12	12.5	12.17	11.89	11.78	10.25	6.72
Maximum	20.62	22.13	20	21.01	16.7	20	7.27
Standardabw.	2.49	2.48	2.66	2.65	2.72	3.75	1.56
IQ-Abstand	2.99	2.92	3.57	3.45	3.81	2.27	1.1

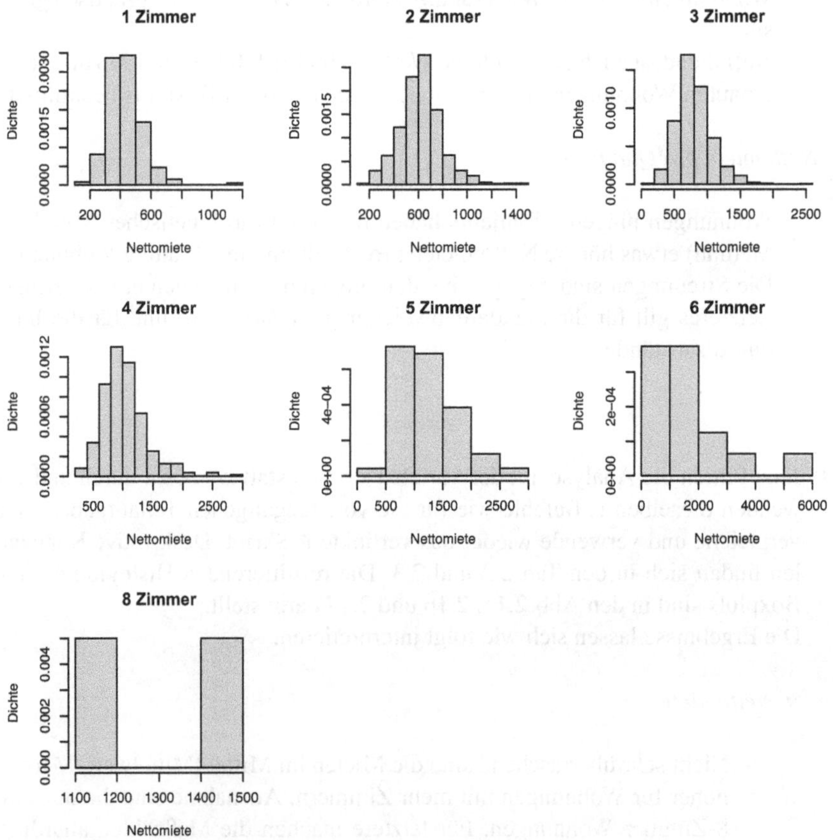

Abb. 2.15 Histogramme für die Variable `nm` geschichtet nach `rooms`

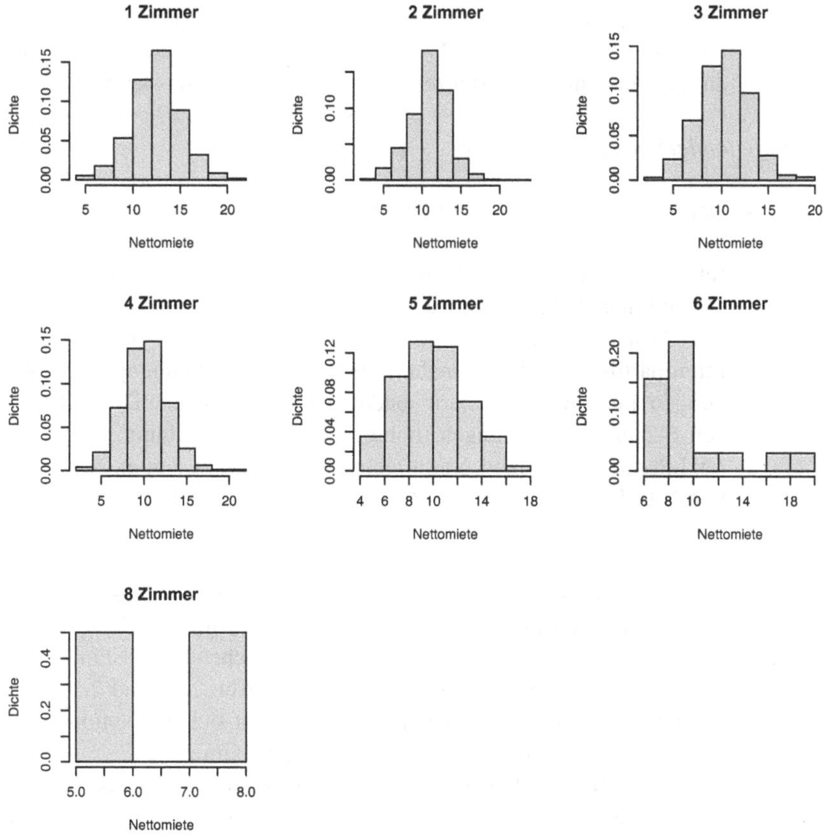

Abb. 2.16 Histogramme für die Variable nmqm geschichtet nach rooms

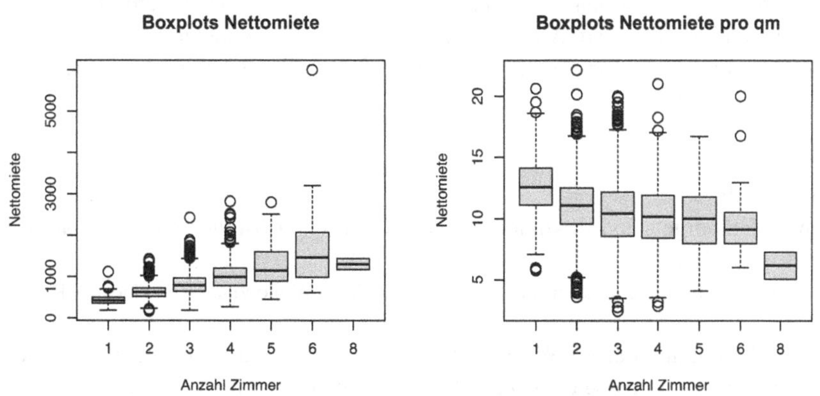

Abb. 2.17 Boxplots für die Nettomiete und Nettomiete pro Quadratmeter geschichtet nach Anzahl der Zimmer

  - Die Streuungen werden mit der Zahl der Zimmer größer (wiederum mit Ausnahme der 8-Zimmer Wohnungen). Dies gilt wieder für die Standardabweichungen (Varianzen) und die Interquartilsabstände.

- *Nettomiete pro Quadratmeter*

  - Der Median der Mieten pro Quadratmeter wird kleiner für Wohnungen mit mehr Zimmern. Für die arithmetischen Mittel gilt dies nur eingeschränkt (die 6-Zimmer Wohnungen sind im Mittel wieder teurer als die 5-Zimmmer Wohnungen, wenn auch nur minimal).
  - Mit Ausnahme der 8-Zimmer Wohnungen sind die Streuungen und Interquartilsabstände (Ausnahme auch 6-Zimmer Wohnungen) bei Wohnungen mit mehr Zimmern tendenziell etwas höher. Der Effekt bei den 6-Zimmer Wohnungen (höhere Standardabweichung, aber kleinerer Interquartilsabstand ergibt sich offenbar durch den extremen Wert von 6000 EUR, der zu den 6-Zimmer Wohnungen gehört.

(e) Ein QQ-Plot kann mit Hilfe der Funktionen `qqnorm` und `qqline` erstellt werden, Histogramme, Kerndichteschätzer und Normalverteilungsdichte mit den Funktionen `hist`, `density` und `curve`. Entsprechende vollständig kommentierte Befehle findet man im verlinkten Skript. Abb. 2.18 und 2.19 zeigen die erzielten Ergebnisse. Im Großen und Ganzen lässt sich die Nettomiete pro Quadratmeter gut durch eine Normalverteilung approximieren.

(f) Wir berechnen Schiefe und Wölbung unter Verwendung des Pakets `moments` mit Hilfe der Funktionen `skewness` und `kurtosis`. Als Ergebnis erhalten wir $g_m = 2.59$, $\gamma = 22.47$ (nm) bzw. $g_m = 0.04$, $\gamma = 0.34$ (nmqm) für den Momentenkoeffizient der Schiefe und das Wölbungsmaß von Fisher. Die genauen Definitionen findet man in Fahrmeir et al. (2024), Abschn. 2.2.4. Offenbar sind Schiefe und Wölbung bei nm deutlich ausgepägter als bei nmqm. Die Verteilung von nmqm ist annähernd symmetrisch geringfügig spitzer als eine Normalverteilung.

Lösung 2.9

Den vollständigen und dokumentierten `R` Code der Lösung findet man als Datei `loes2_9.R` unter:

https://github.com/sn-code-inside/Statistik-AB-CFHKLW/blob/main/code/loes2_9.R

(a) Die Akienkurse der BMW Aktie sind bereits in `R` verfügbar und über die Funktion `get.hist.quote` einlesbar. Wir verwenden die um Dividenden bereinigten Kurse. Für den ersten Zeitraum erhalten wir

```
bmw_vor <- get.hist.quote(start="2007-08-01", end="2008-07-31",
```

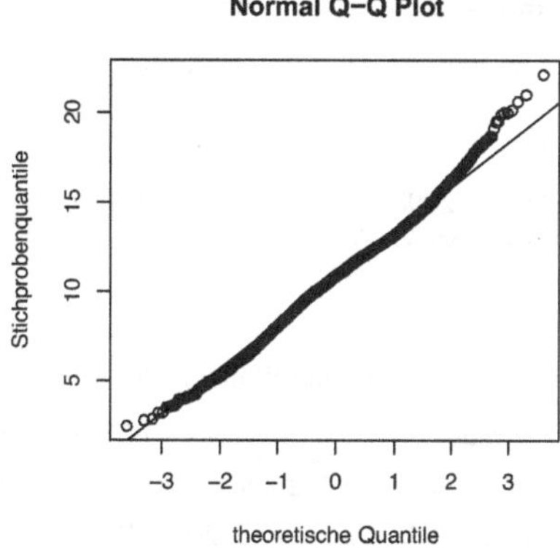

Abb. 2.18 Normal-Quantil-Plot für die Variable nmqm

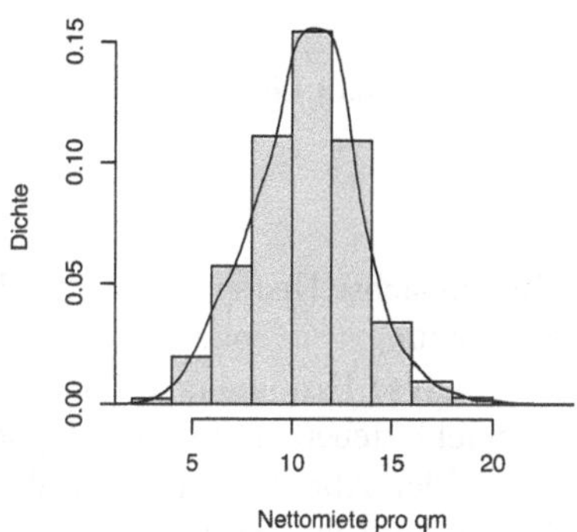

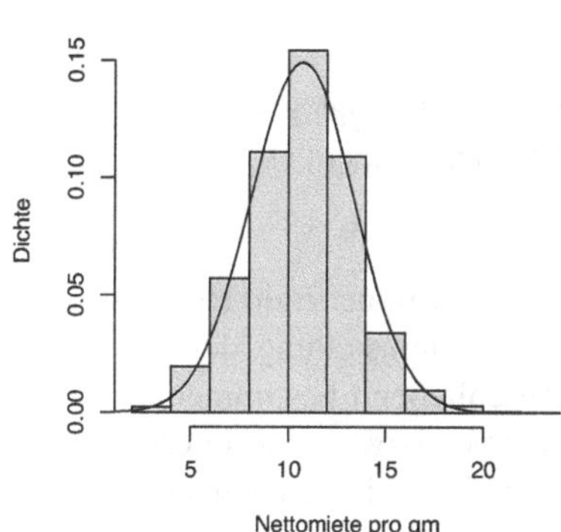

Abb. 2.19 Histogramm und Kerndichteschätzer (links) sowie Histogramm und angepasste Normalverteilungskurve (rechts) für die Variable nmqm

```
                    instrument="bmw.de", quote="AdjClose")
r.bmw_vor <- diff(log(bmw_vor$Adjusted))
```

so dass die (logarithmierten) Renditen in der Variable `r.bmw_vor` gespeichert sind. Völlig analog erhalten wir die Renditen `r.bmw_nach` für den zweiten Zeitraum nach dem Kurseinbruch (siehe R Skript).

(b) Die geforderten Größen lassen sich im ersten Zeitraum beispielsweise mit Hilfe der Befehle

```
print(mean(r.bmw_vor))
print(median(r.bmw_vor))
print(sd(r.bmw_vor))
```

Tab. 2.4 Deskriptive Kennzahlen der Renditen der BMW Aktie

Zeitraum	Mittelwert	Median	Std.
August 2007 – Juli 2008	−0.001442903	−0.0002419429	0.01919285
August 2008 – Dezember 2009	0.0004541255	−0.001043962	0.03426681

Tab. 2.5 Schiefe und Wölbung der Renditen der BMW Aktie

Zeitraum	Quartilskoeffizient $g_{0.25}$	Wölbung γ
August 2007 – Juli 2008	−0.1127062	0.2955809
August 2008 – Dezember 2009	0.07557144	2.190068

berechnen, analog im zweiten Zeitraum. Tab. 2.4 enthält die Ergebnisse übersichtlich zusammengefasst.

(c) Wir bestimmen mit Hilfe des `hist` Befehls zunächst Histogramme mit der Standardeinstellung der Anzahl der zur Berechnung verwendeten Intervalle. Anschließend bestimmen wir als Sensitivitätsanalyse Histogramme mit etwas weniger bzw. mehr Intervallen, im `hist` Befehl steuerbar über die Option `breaks`. Die berechneten Histogramme sind in den Abb. 2.20 und 2.21 abgebildet. Zur besseren Vergleichbarkeit der beiden betrachteten Zeiträume zeigt Abb. 2.22 die Histogramme vor und nach dem Kurseinbruch nebeneinander (jeweils basierend auf den Standardeinstellungen für die `breaks` Option). Als Alternative zum Histogramm bieten sich beispielsweise Boxplots an. Diese können in `R` mit dem `boxplot` Befehl einfach erzeugt werden, die Ergebnisse findet man in Abb. 2.23.

(d) Wir bestimmen den Quartilskoeffizient $g_{0.25}$ und das Wölbungsmaß von Fisher γ, vergleiche hierzu auch Abschn. 2.2.4 in Fahrmeir et al. (2024). In `R` bestimmen wir $g_{0.25}$ unter Verwendung des `quantile` bzw. `median` Befehls und γ mit Hilfe des `kurtosis` Befehls:

```
((quantile(r.bmw_vor,prob=0.75)-median(r.bmw_vor))-
(median(r.bmw_vor) - quantile(r.bmw_vor,prob=0.25)))/
(quantile(r.bmw_vor,prob=0.75)-quantile(r.bmw_vor,prob=0.25))

kurtosis(r.bmw_vor)-3
```

Hier am Beispiel der Kurse vor dem Kurseinbruch, in Tab. 2.5 findet man die Ergebnisse für beide Zeitperioden.

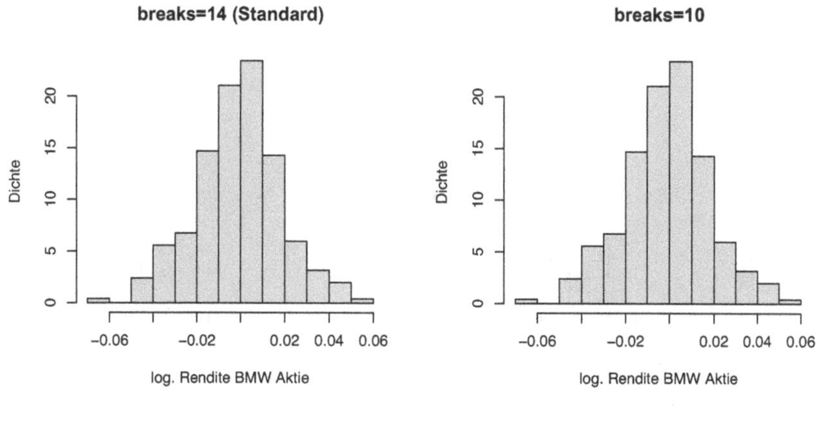

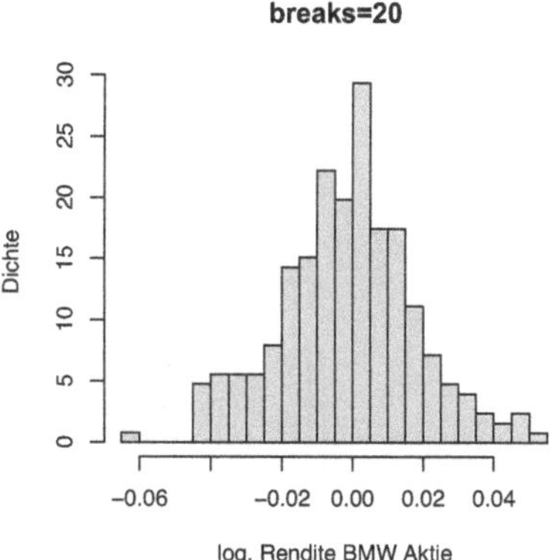

Abb. 2.20 Histogramme der ersten Zeitperiode mit unterschiedlicher Anzahl an Intervallen

(e) Die Ergebnisse aus den Aufgaben b)-d) lassen sich wie folgt interpretieren:

- Die durchschnittlichen log-Renditen gemessen durch das arithmetische Mittel bzw. den Median sind in beiden Zeiträumen nahe 0.
- Die Streuung der Renditen gemessen durch die Standardabweichung ist deutlich höher im zweiten betrachteten Zeitraum. Die stärkere Streuung lässt sich auch im Vergleich der Histogramme in Abb. 2.22 und der Boxplots in Abb. 2.23 gut beobachten.
- Die Gestalt der Histogramme bleibt durch Variation der Anzahl der Intervalle relativ stabil, vergleiche die Abb. 2.20 und 2.21.
- Die Verteilung der Renditen sind relativ symmetrisch, im ersten Zeitraum leicht rechtssteil.
- Die Wölbung ist in der zweiten Periode deutlich ausgeprägter.

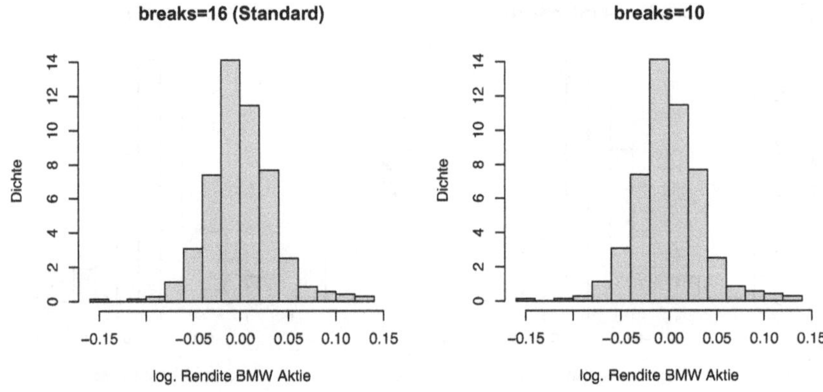

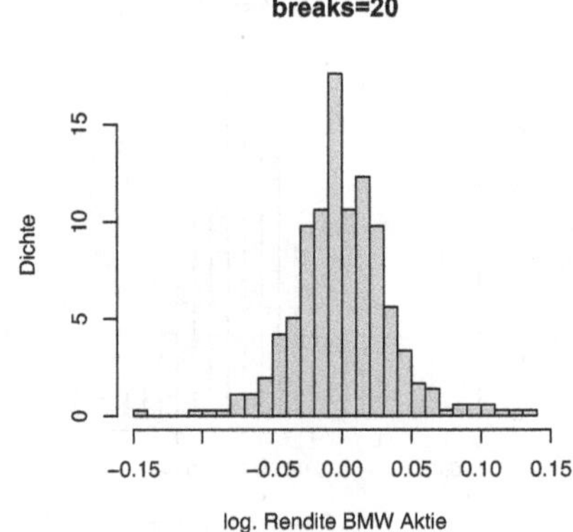

Abb. 2.21 Histogramme der zweiten Zeitperiode mit unterschiedlicher Anzahl an Intervallen

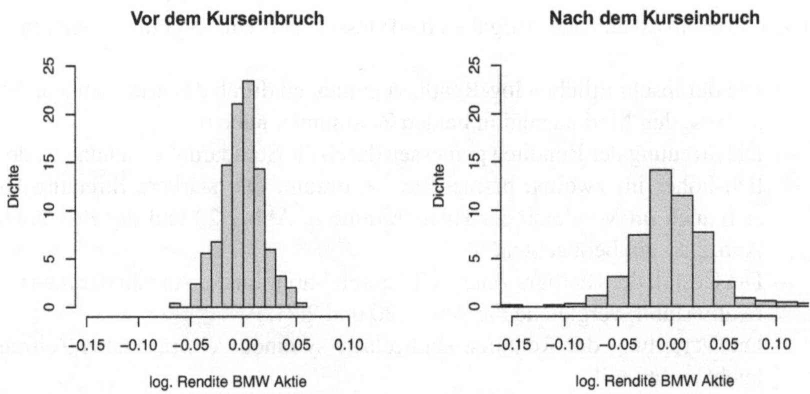

Abb. 2.22 Histogramme zum Vergleich der beiden Zeiträume

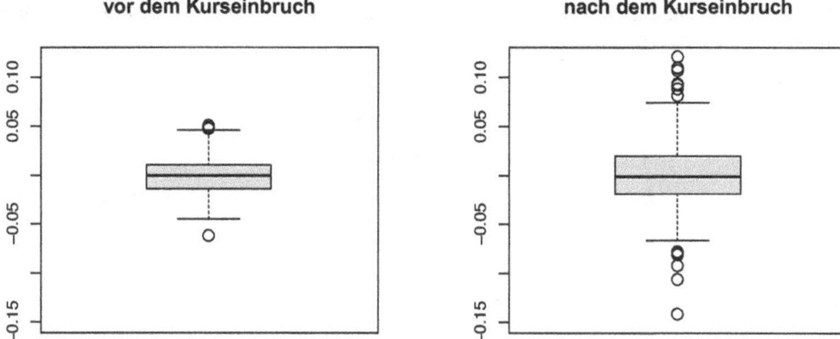

Abb. 2.23 Boxplots zum Vergleich der beiden Zeiträume

Lösung 2.10

Den vollständigen und dokumentierten `R` Code der Lösung findet man als Datei `loes2_10.R` unter:

https://github.com/sn-code-inside/Statistik-AB-CFHKLW/blob/main/code/loes2_10.R

Das Simulieren von Zufallszahlen ist eine einfache Möglichkeit, künstlich Daten zu erzeugen. Normalverteilte Daten lassen sich mit der Funktion `rnorm` erzeugen. Die Funktion hat die Argumente `n` für die Anzahl der zu erzeugenden Zufallszahlen, `mean` für den Erwartungswert der Normalverteilung (mit Voreinstellung `mean=0`) und `sd` für die Standardabweichung (mit Voreinstellung `sd=1`).

Wir setzen zunächst den sogenannten `seed` mit `set.seed`, um eine reproduzierbare Folge von Zufallszahlen zu erzeugen, d. h. nach Setzen des seeds wird immer die gleiche Folge von Zufallszahlen erzeugt. Damit können Ergebnisse jederzeit nachvollzogen und reproduziert werden. Wir erzeugen $n = 10$, $n = 100$ und $n = 1000$ Zufallszahlen aus einer $N(0, 1)$ Verteilung:

```
set.seed(5178123)
n1 <- 10
x1 <- rnorm(n1)
n2 <- 100
x2 <- rnorm(n2)
n3 <- 1000
x3 <- rnorm(n3)
```

Mittelwert, Median und Varianz werden berechnet, einmal durch direkte Berechnung, einmal durch Aufruf entsprechender `R`-Funktionen. Man beachte, dass die Funktionen `sd` und `var` jeweils den Faktor $1/(n-1)$ anstatt $1/n$ verwenden. Für die Variable `x1` (basierend auf $n = 10$ Zufallsvariablen) ergibt sich (inklusive Ausgabe) folgender `R` Code:

```
# Mittelwert
> sum(x1)/n1
[1] -0.1337353
```

Tab. 2.6 Mittelwert, Median und Varianz der simlierten $N(0, 1)$ verteilten Zufallszahlen für Stichprobenumfänge $n = 10, 100, 1000$

Stichprobengröße n	Mittelwert	Median	Varianz
10	−0.1337353	−0.02989245	0.6370598
100	0.04668679	0.195804	0.9744993
1000	0.07780008	0.06712008	0.9769391

```
# oder
> mean(x1)
[1] -0.1337353
> # Median
> median(x1)
[1] -0.02989245
> # Varianz
> sum( (x1-mean(x1))^2 )/n1
[1] 0.6370598
> # oder
> var(x1)*(n1-1)/n1
[1] 0.6370598
```

Entsprechenden `R` Code erzeugen wir für `x2` und `x3`. Als Ergebnis erhalten wir die in Tab. 2.6 abgedruckten Kennzahlen. Für größer werdendes n, insbesondere für $n > 10$, nähern sich arithmetisches Mittel und Varianz an die wahren Werte (0 und 1) an. Für $n = 10$ ist noch eine große Differenz zu den wahren Werten zu beobachten.

Die grafischen Darstellungen (Histogramm und Normal-Quantil-Plot) für `x1`, `x2` und `x3` erhält man mit Hilfe des `histogram` Befehls, sowie den Befehlen `qqnorm` und `qqline`, vergleiche den zu Beginn der Lösung verlinkten `R` Code `loes2_10.R` für konkrete Aufrufe. Die resultierenden Grafiken finden sich in Abb. 2.24. Auch hier zeigt sich, dass die Annäherung an die theortische Verteilung mit wachsendem Stichprobenumfang immer besser wird.

Lösung 2.11

(a) Durch Ablesen aus Abb. 2.1 (linke Grafik) erhält man die relativen Häufigkeiten:

$$\begin{aligned} f(A) &\approx 0.065 \\ f(E) &\approx 0.175 \\ f(I) &\approx 0.075 \\ f(O) &\approx 0.025 \\ f(U) &\approx 0.045 \end{aligned}$$

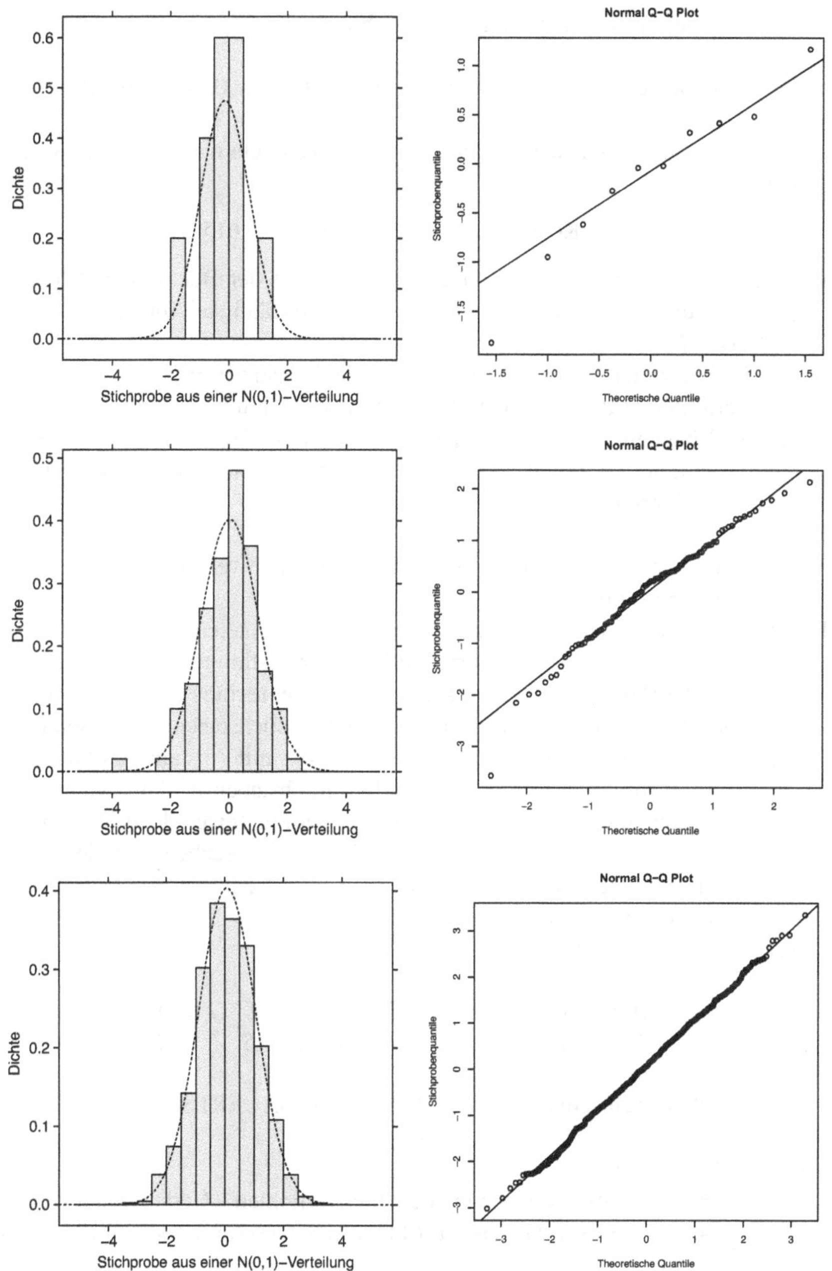

Abb. 2.24 Histogramm und Normal-Quantil-Plot von $N(0, 1)$-verteilten Zufallszahlen für $n = 10$, $n = 100$ und $n = 1000$

Daher beträgt die relative Häufigkeit der Vokale etwa

$$f(\text{Vokale}) = 0.065 + 0.175 + 0.075 + 0.025 + 0.045 = 0.385.$$

Durch Übergang zum Gegenereignis ergibt sich die relative Häufigkeit für Konsonanten:

$$f(\text{Konsonanten}) = 1 - 0.385 = 0.615.$$

(b) Durch Ablesen erhält man die relative Häufigkeit der Buchstaben Y und Z: $f(Y) \approx 0$ und $f(Z) \approx 0.01$. Somit ist die relative Häufigkeit für die Buchstaben A-X etwa $f(A - X) = 1 - 0 - 0.01 = 0.99$.

(c) Von den bekannten Lagemaßen kommt nur der Modalwert in Frage. Median und arithmetisches Mittel sind nicht geeignet, da es sich um ein nominalskaliertes Merkmal handelt. Zur sinnvollen Berechnung des Median ist ein mindestens ordinalskaliertes Merkmal nötig, für das arithmetische Mittel wird sogar ein metrisches Merkmal benötigt.

Der Modus ist die Beobachtung mit der größten relativen Häufigkeit, also hier der Buchstabe E mit $f(E) \approx 0.175$.

(d) In hinreichend großen Stichproben sollten die beobachteten relativen Häufigkeiten in etwa mit den in Abb. 2.1 dargestellten übereinstimmen (linke Grafik). Ein Vergleich der Häufigkeiten der linken mit denen der rechten Grafik von Abb. 2.1 lässt also Rückschlüsse auf den verschlüsselten Buchstaben zu. Beispiel: Der Buchstabe I kommt in dem verschlüsselten Text mit Abstand am häufigsten vor, daher entspricht er wahrscheinlich dem Buchstaben E. Am zweithäufigsten kommt der Buchstabe L vor, könnte also dem in Texten deutscher Sprache am zweithäufigsten auftauchenden Buchstaben N entsprechen. Auf diese Weise lassen sich zumindest die häufigsten Buchstaben entschlüsseln und der Rest aus dem Kontext bzw. durch Probieren herausfinden.

(e) Verschlüsselte Buchstaben:

$$\begin{array}{llllll} A = T & C = P & D = D & E = I & F = U & G = A \\ I = E & L = N & N = L & R = M & X = S & Z = R \end{array}$$

Damit heißt der entschlüsselte Satz: EIN SPIEL DAUERT 90 min.

Lösung 2.12

Die nachfolgenden Grafiken können mit dem hier verlinkten R Code erzeugt werden: https://github.com/sn-code-inside/Statistik-AB-CFHKLW/blob/main/code/loes2_absolventen.R

(a) Man erhält folgende Häufigkeitstabelle für das Merkmal Note:

Note	Absolute H.	Relative H.	Kumulierte H.
1	2	2/36	2/36
2	22	22/36	24/36
3	11	11/36	35/36
4	0	0	35/36
5	1	1/36	1
$\sum$	36	1	

(b) Das Säulendiagramm für das Merkmal Note findet man in der nachfolgenden Abb. 2.25:

(c) Die Säulendiagramme des Merkmals Studiendauer für Studierende mit und ohne Prädikatsexamen finden sich in der oberen Reihe von Abb. 2.26. Zum Vergleich findet man zusätzlich in der unteren Reihe das Säulendiagramm des Merkmals Studiendauer mit allen Daten.
Interpretation: Die Verteilung der Studiendauer ohne Prädikat ist gegenüber der Verteilung der Studiendauer mit Prädikat etwas nach rechts verschoben. Absolventen ohne Prädikatsexamen studieren also im Mittel etwas länger als Absolventen mit Prädikatsexamen.

(d) Zur Erstellung der empirischen Verteilungsfunktionen der jeweiligen Studiendauer werden zunächst die entsprechenden Häufigkeitstabellen ermittelt, vergleiche die nachfolgenden Tab. 2.7, 2.8 und 2.9.
Aus der entsprechenden Häufigkeitstabelle lässt sich nun die Verteilungsfunktion des Merkmals Studiendauer für Studierende *mit* und *oben* Prädikatsexamen ermitteln, vergleiche die obere Reihe von Abb. 2.27. Zum Vergleich findet man in der unteren Reihe die Verteilungsfunktion des Merkmals Studiendauer mit allen Daten.

Tab. 2.7 Häufigkeitstabelle des Merkmals Studiendauer *mit* Prädikat

Studiendauer	h_i	f_i	$F(x_i)$
7	1	0.0417	0.0417
8	0	0	0.0417
9	1	0.0417	0.0833
10	2	0.0833	0.1667
11	2	0.0833	0.25
12	5	0.2083	0.4583
13	6	0.25	0.7083
14	2	0.0833	0.7917
15	2	0.0833	0.8750
16	1	0.0417	0.9167
17	1	0.0417	0.9583
18	1	0.0417	1
$\sum$	24	1	

Tab. 2.8 Häufigkeitstabelle des Merkmals Studiendauer *ohne* Prädikat

Studiendauer	h_i	f_i	$F(x_i)$
7	0	0	0
8	0	0	0
9	0	0	0
10	1	0.0833	0.0833
11	1	0.0833	0.1667
12	2	0.1667	0.3333
13	3	0.2500	0.5833
14	2	0.1667	0.75
15	2	0.1667	0.9167
16	0	0	0.9167
17	1	0.0833	1
18	0	0	1
$\sum$	12	1	

Tab. 2.9 Häufigkeitstabelle des Merkmals Studiendauer für alle Daten

Studiendauer	h_i	f_i	$F(x_i)$
7	1	0.0278	0.0278
8	0	0	0.0278
9	1	0.0278	0.0556
10	3	0.0833	0.1389
11	3	0.0833	0.2222
12	7	0.1944	0.4167
13	9	0.25	0.6667
14	4	0.1111	0.7778
15	4	0.1111	0.8889
16	1	0.0278	0.9167
17	2	0.0556	0.9722
18	1	0.0278	1
$\sum$	36	1	

Der nachfolgenden Tabelle können Sie entnehmen, wie viele Semester die 25 % schnellsten/langsamsten Studierenden höchstens/mindestens benötigen:

	Mit Prädikat	Ohne Prädikat
Schnellsten	11	12
Langsamsten	14	15

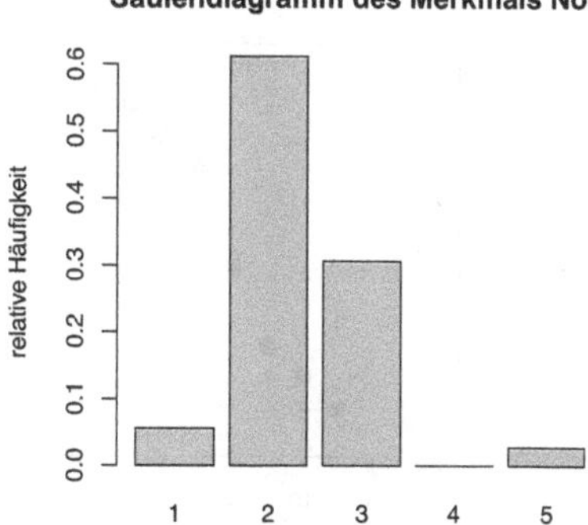

Abb. 2.25 Säulendiagramm des Merkmals Note

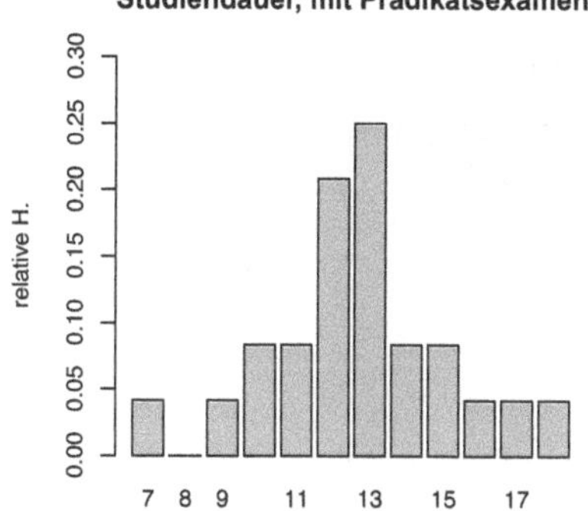

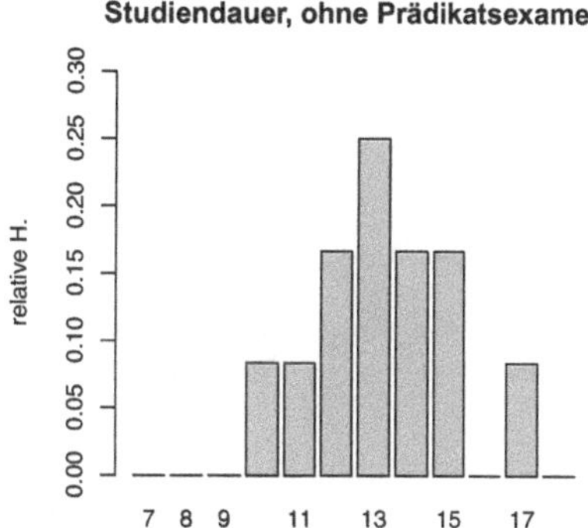

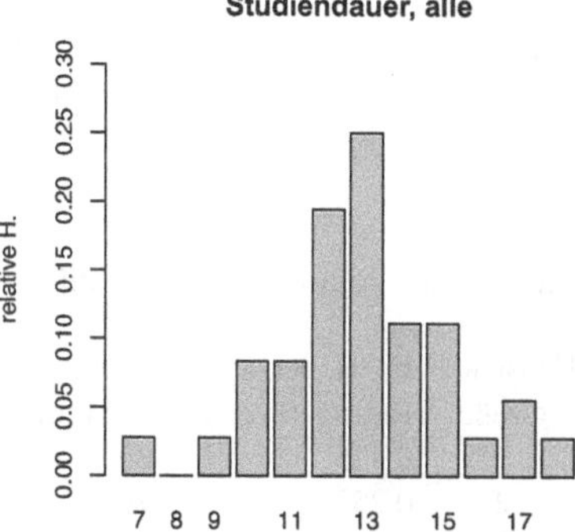

Abb. 2.26 Säulendiagramme des Merkmals Studiendauer für Studierende mit und ohne Prädikatsexamen (obere Reihe). Zum Vergleich zusätzlich ein Säulendiagramm mit allen Daten (untere Reihe)

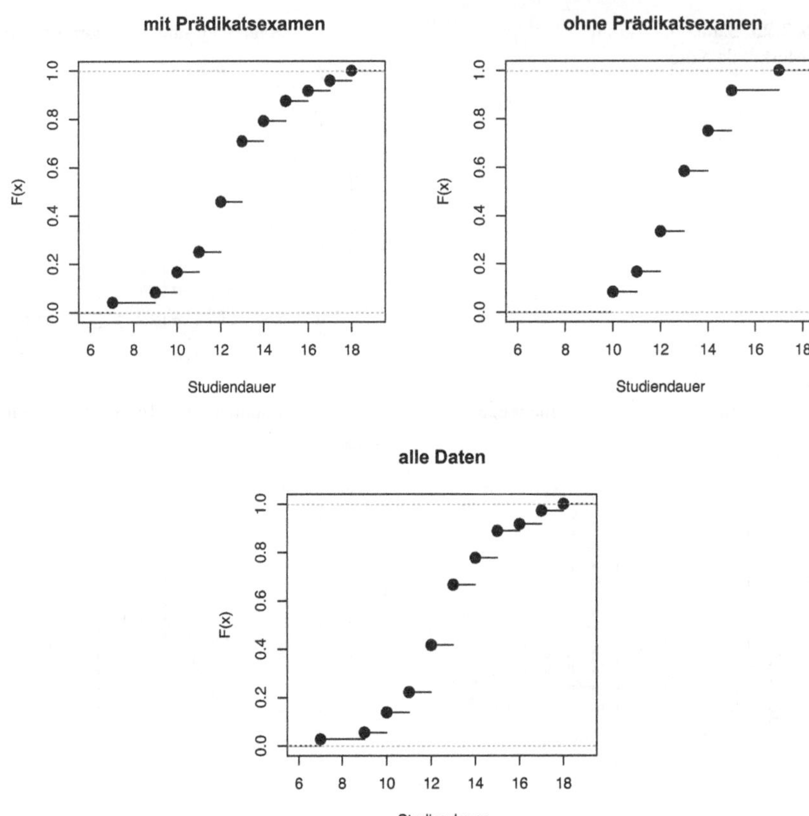

Abb. 2.27 Verteilungsfunktion des Merkmals Studiendauer für Studierende mit und ohne Prädikatsexamen (obere Reihe). Zum Vergleich zusätzlich die Verteilungsfunktion basierend auf allen Daten (untere Reihe)

Lösung 2.13

Man erhält folgende Tabelle mit den relativen Häufigkeiten:

Haushalts-Größe	rel. H. der Haushalte (a)	rel. H. der Personen (b)
1	0.526	0.2885
2	0.253	0.2776
3	0.121	0.1991
4	0.072	0.158
5	0.028	0.0768
$\sum$	1	1

Die nachfolgenden beiden Grafiken in Abb. 2.28 wurden mit dem `R` Skript `loes2_haushalte.R` erstellt. Es findet sich unter:

https://github.com/sn-code-inside/Statistik-AB-CFHKLW/blob/main/code/loes2_haushalte.R

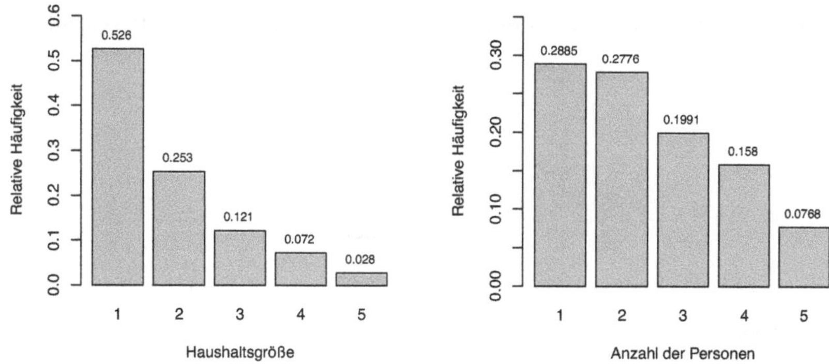

Abb. 2.28 Säulendiagramm der Haushalte (links) und der Personen (rechts)

(a) Mit obigen Angaben erhält man in Abb. 2.28 (linke Grafik) das Säulendiagramm der Haushalte.

(b) Entsprechend zeichnet man das Säulendiagramm der Personen, vergleiche die rechte Grafik in Abb. 2.28. Aus dem Säulendiagramm ist abzulesen, dass lediglich 28.85 % aller Personen in Single-Haushalten leben, demnach ist die Behauptung der Süddeutschen Zeitung nicht korrekt.

Lösung 2.14

(a) Für X wurden vier Merkmalsausprägungen beobachtet, nämlich $X = 1$, $X = 2$, $X = 3$ und $X = 4$.

(b) Als absolute und relative Häufigkeitsverteilung von X erhält man:

x	f_j	h_j
1	0.2	20
2	0.3	30
3	0.3	30
4	0.2	20
$\sum$	1	100

(c) Das arithmetische Mittel und die empirische Varianz berechnen sich als:

$$\begin{aligned}
\bar{x} &= 1 \cdot 0.2 + 2 \cdot 0.3 + 3 \cdot 0.3 + 4 \cdot 0.2 = 2.5, \\
\tilde{s}^2 &= (1-2.5)^2 \cdot 0.2 + (2-2.5)^2 \cdot 0.3 \\
&\quad + (3-2.5)^2 \cdot 0.3 + (4-2.5)^2 \cdot 0.2 \\
&= 1.05.
\end{aligned}$$

(d) Die relative Häufigkeitsverteilung von X nach 10 weiteren Beobachtungen ergibt sich als:

x	f_j
1	0.18
2	0.27
3	0.27
4	0.27
$\sum$	1

Lösung 2.15

(a) Hier liegt eine korrekte empirische Verteilungsfunktion vor.
(b) Diese Darstellung ist nicht korrekt, da es sich nicht um eine Treppenfunktion handelt.
(c) Hier liegt erneut eine korrekte empirische Verteilungsfunktion vor.
(d) Diese Darstellung ist nicht die einer empirischen Verteilungsfunktion, da die dargestellte Funktion nicht monoton steigend ist.
(e) Auch diese Darstellung ist nicht korrekt, da die Funktion nicht ausschließlich größer oder gleich null ist.

Lösung 2.16

(a) Arithmetisches Mittel, Varianz, Standardabweichung ergeben sich als:

$$\begin{aligned} \bar{x} &= 43.62 \text{ EUR}, \\ \tilde{s}_x^2 &= 724.76 \text{ EUR}^2, \\ \tilde{s}_x &= 26.92 \text{ EUR}. \end{aligned}$$

(b) Verwende als Mittelwert den ausreißerunempfindlichen Median:

$$x_{med} = 35.82 \text{ EUR} \quad (\text{vergleiche dazu } \bar{x}_{\text{ohne Dez.}} = 35.56 \text{ EUR}).$$

(c) Sei Y = Anzahl der telefonierten Einheiten, d. h.

$$Y = \frac{X - 12.30 \text{ EUR}}{0.06 \text{ EUR}} = \frac{1}{0.06} X - 205\,.$$

Unter Verwendung der Regeln für lineare Transformationen erhält man

$$\begin{aligned} \bar{y} &= \frac{1}{0.06}\bar{x} - 205 = 522\,, \\ \tilde{s}_y &= \frac{1}{0.06}\tilde{s}_x = 448.69\,. \end{aligned}$$

Lösung 2.17

(a) Als Durchschnittspreis und als häufigsten Preis ermittelt man

$$\begin{aligned} \bar{x} &= 4.27, \\ x_{mod} &= 3.00. \end{aligned}$$

(b) Bestimme zunächst eine geordnete Urliste:

$x_{(i)}$	$x_{(1)}$	$x_{(2)}$	$x_{(3)}$	$x_{(4)}$	$x_{(5)}$
Preis (Euro)	2.50	3.00	3.00	3.50	3.75
$x_{(i)}$	$x_{(6)}$	$x_{(7)}$	$x_{(8)}$	$x_{(9)}$	
Preis (Euro)	4.43	5.50	6.25	6.50	

Mit Hilfe der geordneten Urliste erhält man

$$\begin{aligned} x_{0.25} &= x_{(3)} = 3.00, \\ x_{0.5} &= x_{(5)} = 3.75, \\ x_{0.75} &= x_{(7)} = 5.50. \end{aligned}$$

(c) Wegen $\bar{x} > x_{med} > x_{mod}$ lassen die Lageregeln in Abschn. 2.2.1 in Fahrmeir et al. (2024) auf eine linkssteile Verteilung schließen.

(d) Die Boxplots finden sich in Abb. 2.29. Die Kondome von ENJOY sind im Mittel teurer als Kondome von SAFERSEX. Außerdem streuen die Preise von ENJOY mehr als die Preise von SAFERSEX.

(e) Definiere $Z =$ Preis der Kondome nach der Preiserhöhung $= 1.2X$.
Damit erhält man

$$\begin{aligned} \bar{z} &= 5.12, \\ z_{0.5} &= 4.50, \\ z_{mod} &= 3.60. \end{aligned}$$

(f) $\bar{x}$ wird größer, $x_{0.5}$ und x_{mod} bleiben gleich, da sich in der geordneten Urliste lediglich $x_{(9)}$ ändert.

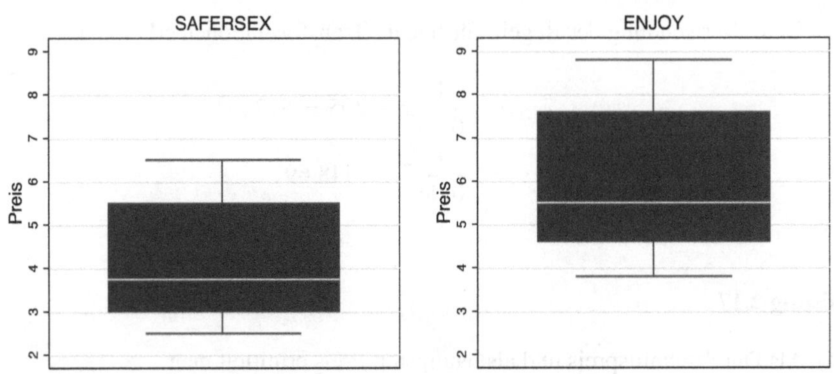

Abb. 2.29 Boxplots SAFERSEX (links) und ENJOY (rechts)

Lösung 2.18

(a) Die geforderten Maßzahlen berechnen sich wie folgt:

$$\begin{aligned} \bar{x} &= \frac{910}{11} = 82.7273, \\ \tilde{s}^2 &= \frac{1}{11}\sum_{i=1}^{n} x_i^2 - \bar{x}^2 = \frac{81700}{11} - 82.7273^2 = 583.4666, \\ \tilde{s} &= 24.1551, \\ \upsilon &= \frac{\tilde{s}}{\bar{x}} = 0.292. \end{aligned}$$

(b), (c) Die empirische Verteilungsfunktion inklusive graphischer Darstellung der Quantile findet sich in Abb. 2.30.

Der Box-Plot der Umsätze findet sich in Abb. 2.31.

(d) Setze $y_i = \frac{x_i}{\tilde{s}}$, d. h. $a = \frac{1}{\tilde{s}} = \frac{1}{24.155}$. Für die Quartile und den Variationskoeffizienten erhält man:

$$\begin{aligned} y_{0.25} &= \frac{x_{0.25}}{24.155} = \frac{65}{24.155} = 2.69, \\ y_{med} &= \frac{x_{med}}{24.155} = \frac{75}{24.155} = 3.105, \\ y_{0.75} &= \frac{x_{0.75}}{24.155} = \frac{90}{24.155} = 3.726, \\ \upsilon_y &= \frac{\tilde{s}_y}{\bar{y}} = \frac{1}{\bar{x}/\tilde{s}_x} = \frac{\tilde{s}_x}{\bar{x}} = \upsilon_x = 0.292. \end{aligned}$$

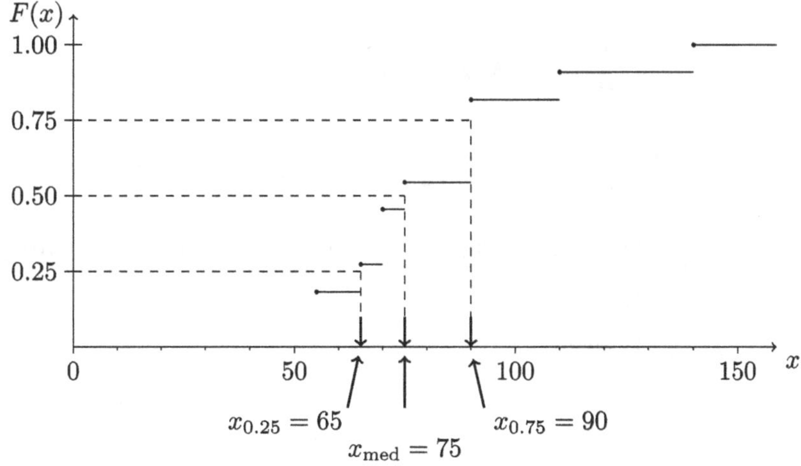

Abb. 2.30 Empirische Verteilungsfunktion

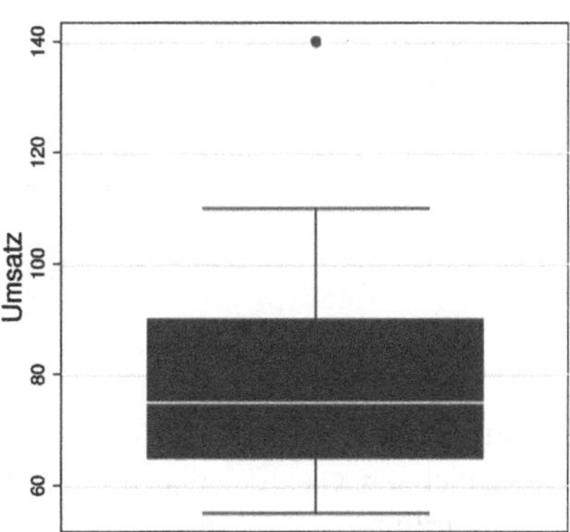

Abb. 2.31 Boxplot der Umsätze

Lösung 2.19

(a) Den geringsten Stromverbrauch weisen Geräte von Markenherstellern auf. Auch Computer von Direktanbietern haben einen geringeren Stromverbrauch als Computer von Billiganbietern, die mit Abstand den größten Stromverbrauch aufweisen. Die Streuung ist bei Direktanbietern am größten, gefolgt von den Billiganbietern und den Markenherstellern.

(b) Das arithmetische Mittel und die empirische Standardabweichung bestimmt man als:

$$\begin{aligned}
\bar{x} &= \frac{1}{45+35+50}(45 \cdot 2.3 + 35 \cdot 1.6 + 50 \cdot 1.4) \\
&= 1.76, \\
\tilde{s}^2 &= \frac{1}{130}\left(45 \cdot 0.3^2 + 35 \cdot 0.4^2 + 50 \cdot 0.2^2\right) + \\
&\quad \frac{1}{130}\left(45 \cdot (2.3-1.76)^2 + 35 \cdot (1.6-1.76)^2 + 50 \cdot (1.4-1.76)^2\right) \\
&= 0.247, \\
\tilde{s} &= \sqrt{\tilde{s}^2} = 0.497.
\end{aligned}$$

Lösung 2.20
Es gilt

$$\begin{aligned}
\sum_{i=1}^{n}(x_i - \bar{x}) &= (x_1 - \bar{x}) + (x_2 - \bar{x}) + \ldots + (x_n - \bar{x}) \\
&= x_1 + x_2 + \ldots + x_n - n \cdot \bar{x} \\
&= x_1 + x_2 + \ldots + x_n - n \cdot \frac{1}{n}(x_1 + x_2 + \ldots + x_n) \\
&= 0.
\end{aligned}$$

Lösung 2.21
Es bezeichnen $x_{j1}, \ldots, x_{jn_j}$ die Daten in der j-ten Schicht, $j = 1, \ldots, r$. Dann gilt für das arithmetische Mittel

$$\begin{aligned}
\bar{x} = &\frac{1}{n}(x_{11} + x_{12} + \ldots + x_{1n_1} + \\
&x_{21} + x_{22} + \ldots + x_{2n_2} + \\
&\ldots \\
&x_{r1} + x_{r2} + \ldots + x_{rn_r}) \\
= &\frac{1}{n}(n_1 \cdot \bar{x}_1 + n_2 \cdot \bar{x}_2 + \ldots + n_r \cdot \bar{x}_{n_r}) \\
= &\frac{1}{n}\sum_{j=1}^{r} n_j \bar{x}_j.
\end{aligned}$$

Lösung 2.22

(a) Es gilt mit $u_j = j/n$, $v_j = \sum_{i=1}^{j} x_i / \sum_{i=1}^{n} x_i$, $\tilde{V} = \sum_{i=1}^{n} x_i$:

$$\begin{aligned}
F &= \frac{1}{2}u_1v_1 + (u_2 - u_1)v_1 + \frac{1}{2}(u_2 - u_1)(v_2 - v_1) + \dots \\
&= \frac{1}{2}u_1v_1 + \sum_{i=2}^{n}(u_i - u_{i-1})v_{i-1} + \frac{1}{2}(u_i - u_{i-1})(v_i - v_{i-1}) \\
&= \frac{1}{2}\frac{1}{n}v_1 + \sum_{i=2}^{n}\left\{\frac{1}{n}v_{i-1} + \frac{1}{2}\frac{1}{n}\frac{x_i}{\tilde{V}}\right\} \\
&= \frac{v_1}{2n} + \frac{1}{n}\sum_{i=1}^{n-1}v_i + \frac{1}{2n\tilde{V}}\sum_{i=2}^{n}x_i \\
&= \frac{v_1}{2n} - \frac{v_n}{n} + \frac{1}{n}V - \frac{x_1}{2n\tilde{V}} + \frac{1}{2n\tilde{V}}\sum_{i=1}^{n}x_i \\
&= \frac{v_1 - 2v_n}{2n} + \frac{1}{n}V - \frac{v_1}{2n} + \frac{1}{2n} \\
&= \frac{-2v_n}{2n} + \frac{1}{n}V + \frac{1}{2n} = \frac{1}{n}V - \frac{1}{2n} \\
&= \frac{1}{2n}(2V - 1).
\end{aligned}$$

(b) Daraus folgt

$$G = \left(\frac{1}{2} - \frac{1}{2n}(2V - 1)\right)/\frac{1}{2} = \frac{1}{n}(n + 1 - 2V)$$

und damit

$$G^* = \frac{n}{n-1}G = \frac{n + 1 - 2V}{n - 1}.$$

Lösung 2.23

(a) Bezeichne x_i den Umsatz der i-ten Facharztniederlassung. Jede der 5 kleinen Praxen hat einen Umsatz von $0.3/5 = 0.06$ Mio EUR. Die große Praxis hat insgesamt 0.6 Mio. EUR Umsatz. Schließlich haben die 4 mittleren Praxen zusammen einen Umsatz von $1.5 - 0.3 - 0.6 = 0.6$ Mio EUR, jede einzelne also 0.15 Mio. UR Umsatz.
Als Tabelle ergibt sich:

Praxis i	u_i	x_i	$\sum x_i$	v_i
1	0.1	0.06	0.06	0.04
2	0.2	0.06	0.12	0.08
3	0.3	0.06	0.18	0.12
4	0.4	0.06	0.24	0.16
5	0.5	0.06	0.3	0.2
6	0.6	0.15	0.45	0.3
7	0.7	0.15	0.6	0.4
8	0.8	0.15	0.75	0.5
9	0.9	0.15	0.9	0.6
10	1	0.6	1.5	1

Die Lorenzkurve findet sich in Abb. 2.32 (links).

Mit den Formeln aus Aufgabe 2.22 ergibt sich:

$$G^* = \frac{n+1-2V}{n-1} = \frac{11-2\cdot 3.4}{9} = 0.46 \qquad \text{mit} \quad V = \sum_{i=1}^{10} v_i = 3.4.$$

Aus der Häufigkeitstabelle

Klasse	h_i	a_i	u_i	$h_i a_i$	v_i
Klein	5	0.06	0.5	0.3	0.2
Mittel	4	0.15	0.9	0.6	0.6
Groß	1	0.6	1	0.6	1

ergibt sich der Gini-Koeffizient aus

$$\begin{aligned} G &= \frac{\sum_{j=1}^{k}(u_{j-1}+u_j)h_j a_j}{\sum_{j=1}^{k} h_j a_j} - 1 \\ &= \frac{0.5\times 0.3 + 1.4\times 0.6 + 1.9\times 0.6}{0.3+0.6+0.6} - 1 \\ &= 0.42, \\ G^* &= \frac{n}{n-1}G = \frac{10}{9}0.42 = 0.46. \end{aligned}$$

(b) Die neue Tabelle hat die Form:

Praxis i	u_i	x_i	$\sum x_i$	v_i
1	0.1	0.06	0.06	0.033
2	0.2	0.06	0.12	0.066
3	0.3	0.06	0.18	0.099
4	0.4	0.06	0.24	0.133
5	0.5	0.06	0.3	0.166
6	0.6	0.15	0.45	0.25
7	0.7	0.15	0.6	0.33
8	0.8	0.15	0.75	0.41
9	0.9	0.15	0.9	0.5
10	1	0.9	1.8	1

Die dazugehörige Lorenzkurve findet sich in der rechten Grafik von Abb. 2.32.

Unter Berücksichtigung der Formeln aus Aufgabe 2.22 berechnet sich der Gini-Koeffizient als

$$G^* = \frac{11 - 2V}{9} = \frac{11 - 2 \cdot 2.987}{9} = 0.558 \quad \text{mit} \quad V = \sum_{i=1}^{10} v_i = 2.987.$$

Ein Vergleich der beiden Gini-Koeffizienten zeigt, dass die Konzentration zunimmt.

(c) Es gibt nunmehr nur noch sieben Praxen, fünf kleine Praxen mit einem Umsatz von jeweils 0.06 Mio. EUR, eine mittlere mit 0.6 Mio. EUR Umsatz und eine große Praxis mit 0.9 Mio. EUR Umsatz.

Klasse	n_i	jew. Umsatz
Klein	5	0.06
Mittel	1	0.6
Groß	1	0.9

Als Tabelle ergibt sich:

Praxis i	u_i	x_i	$\sum x_i$	v_i
1	0.143	0.06	0.06	0.033
2	0.286	0.06	0.12	0.066
3	0.429	0.06	0.18	0.099
4	0.571	0.06	0.24	0.133
5	0.714	0.06	0.3	0.166
6	0.857	0.6	0.9	0.5
7	1	0.9	1.8	1

Damit erhält man die in Abb. 2.33 abgebildete Lorenzkurve:

Der Gini-Koeffizient bestimmt sich durch

$$G^* = \frac{8 - 2V}{6} = \frac{8 - 2 \cdot 2}{6} = \frac{2}{3} \quad \text{mit} \quad V = \sum_{i=1}^{7} v_i = 2.$$

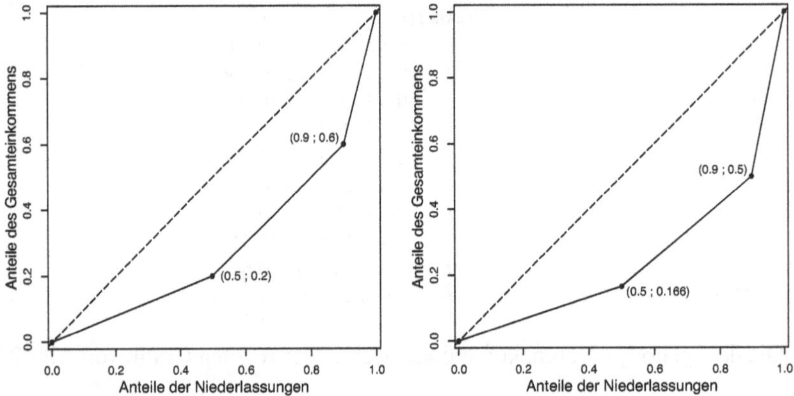

Abb. 2.32 Lorenzkurven zur Umsatzkonzentration der Facharztniederlassungen. Links basierend auf den ursprünglichen Umsätzen. Rechts unter Berücksichtigung der Umsatzsteigerung der größten Niederlassung

Abb. 2.33 Lorenzkurve zu den Daten aus Aufgabe c)

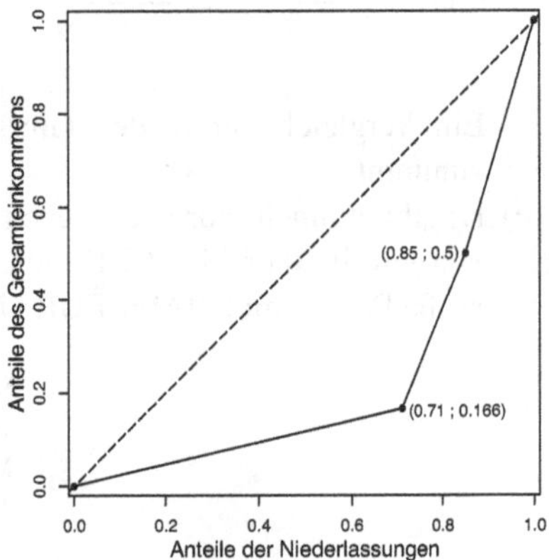

(Hinweis: Im vorliegenden Fall lassen sich keine allgemeinen Aussagen treffen, d. h. die Konzentration kann zu- oder abnehmen.)

Lösung 2.24

Grafik a) ist eine Lorenzkurve. Es handelt sich um eine monotone konvexe Kurve. Das kleinste Unternehmen hat einen Umsatz von 10 %, das 2. kleinste von 20 %, das Nächste einen Umsatz von 30 % und das größte Unternehmen von 40 %. Grafik b) ist ebenfalls eine Lorenzkurve. Die Funktion ist wieder monoton und konvex. Die drei kleinsten Unternehmen haben keinen Umsatz, das größte Unternehmen macht 100 % des Umsatzes (maximale Konzentration). Grafik c) stellt keine Lorenzkurve dar, da die Funktion nicht durch den Punkt (1,0) gehen darf. Grafik d) ist ebenfalls keine Lorenzkurve, da die dargestellte Funktion nicht monoton steigend ist.

Der Ginikoeffizient für die Lorenzkurve aus Grafik a) ist gegeben durch

$$G^* = \frac{n+1-2V}{n-1} = \frac{4+1-2(4+1-2(0.1+0.3+0.6+1)}{3} = \frac{1}{3}.$$

Für Grafik b) erhalten wir

$$G^* = \frac{4+1-2(0+0+0+1)}{3} = 1.$$

Zur Berechnung von G^* haben wir die Ergebnisse aus Aufgabe 2.22 verwendet.

Lösung 2.25
Ein Momentenkoeffizient von $g_m = 1.72$ in der linken Spalte weist auf eine linkssteile Verteilung hin, genauso wie ein positiver Quartilskoeffizient von $g_{0.25} = 0.16$. Das Wölbungsmaß $\gamma = 6.58$ spricht für eine überdurchschnittlich gewölbte Verteilung. Dies trifft unter den drei Datenbeispielen auf die Nettomieten zu, die in dem NQ-Plot eine unsymmetrische linkssteile Verteilung zeigen. In der mittleren Spalte stehen $g_{0.25} = 0.06$ und $g_m = -0.17$ für eine eher symmetrische Verteilung, die aber aufgrund von $\gamma = 8.01$ relativ spitz ist und über breitere Enden als die Normalverteilung verfügt. Wegen der vielen Ausreißer trifft dies auf die Renditen der BMW-Aktie zu. In der rechten Spalte weist ein negativer Momentenkoeffizient $g_m = -0.49$ auf eine rechtssteile Verteilung hin, die wegen $\gamma = 0.17$ wenig gewölbt ist. Dies paßt zu der Lebensalterverteilung der Magenkrebspatienten, die um den Median eher symmetrisch ist, so dass $g_{0.25} = 0$ gilt, aber aufgrund des hohen Alters mehrerer Patienten ansonsten eine rechtssteile Gestalt zeigt.

Lösung 2.26
Das rechte Bild zeigt einen glatteren Verlauf des Kerndichteschätzers, was einer größeren Bandbreite, hier also 2, entspricht. Dem linken Bild liegt die kleinere Bandbreite gleich 1 zugrunde.

Lösung 2.27
20 Studierende erzielten Punkte im Intervall 125 und 150. Die Fläche des Rechtecks zwischen 125 und 150 entspricht der relativen Häufigkeit der Studierenden mit 125–150 Punkten:

$$(150 - 125) \cdot 0.005 = 0.125.$$

Wir wissen also die relative Häufigkeit und die absolute Häufigkeit von Studierenden mit 125-150 Punkten und erhalten die Gleichung $0.125 = \frac{20}{n}$. Auflösen nach dem Stichprobenumfang n liefert $n = \frac{20}{0.125} = 160$.

Lösung 2.28
Das arithmetische Mittel berechnet sich durch

$$\bar{x} = \frac{1}{n}\sum_{i=1}^{n} x_i .$$

Die Summe der Werte vor der neuen Beobachtung erhält man durch

$$\sum_{i=1}^{n} x_i = n \cdot \bar{x},$$

also

$$\sum_{i=1}^{16} x_i = 16 \cdot 31.65 = 506.4.$$

Nun kann der Wert der neuen Beobachtung addiert werden, die neue Summe der Beobachtungen beträgt

$$\sum_{i=1}^{17} x_i = 506.4 + 40 = 546.4$$

und somit das neue arithmetische Mittel

$$\bar{x} = \frac{1}{17}\sum_{i=1}^{17} x_i = \frac{546.4}{17} = 32.14.$$

Lösung 2.29
Die empirische Varianz s^2 von n Werten x_1 , ..., x_n ist definiert als

$$s^2 = \frac{1}{n-1}\sum_{i=1}^{n}(x_i - \bar{x})^2,$$

wobei

$$\bar{x} = \frac{1}{n}\sum_{i=1}^{n} x_i$$

das arithmetische Mittel der x_i ist. Zunächst leiten wir eine alternative Darstellung für die empirische Varianz her:

$$\begin{aligned} s^2 &= \frac{1}{n-1}\sum_{i=1}^{n}(x_i - \bar{x})^2 \\ &= \frac{1}{n-1}\sum_{i=1}^{n}(x_i^2 - 2x_i\bar{x} + \bar{x}^2) \\ &= \frac{1}{n-1}\Big(\sum_{i=1}^{n}x_i^2 - 2\bar{x}\underbrace{\sum_{i=1}^{n}x_i}_{n\cdot\bar{x}} + \sum_{i=1}^{n}\bar{x}^2\Big) \\ &= \frac{1}{n-1}\Big(\sum_{i=1}^{n}x_i^2 - 2n\bar{x}^2 + n\bar{x}^2\Big) \\ &= \frac{1}{n-1}\Big(\sum_{i=1}^{n}x_i^2 - n\bar{x}^2\Big) \end{aligned}$$

Die bisherige empirische Varianz und der bisherige Mittelwert sind bekannt. Daher können wir die bisherige Summe der quadrierten x_i berechnen, indem wir die letzte Zeile umstellen:

$$\sum_{i=1}^{n}x_i^2 = (n-1)s^2 + n\bar{x}^2.$$

Sie beträgt in unserem Fall

$$\sum_{i=1}^{201}x_i^2 = 200 \cdot 343229 + 201 \cdot (18)^2 = 68710924.$$

Mit den vier neuen Werten beträgt die Summe der x_i^2 somit

$$\sum_{i=1}^{201+4}x_i^2 = 68710924 + 115^2 + (-268)^2 + 646^2 + (-873)^2 = 69975418.$$

Der bisherige Mittelwert $\bar{x}$ hatte den Wert 18. Um den neuen Mittelwert zu berechnen, wird zuerst die bisherige Summe der x_i benötigt:

$$\sum_{i=1}^{201}x_i = 201 \cdot 18 = 3618$$

Damit erhalten wir als neuen Mittelwert

$$\bar{x}_{neu} = \frac{1}{201+4} \sum_{i=1}^{201+4} x_i = \frac{1}{201+4}(3618 + 115 - 268 + 646 - 873) = 15.795.$$

Mit diesen Werten können wir nun in die umgeformte Formel für die empirische Varianz einsetzen und erhalten:

$$s_{neu}^2 = \frac{1}{201+4-1}(69975418 - (201+4) \cdot 15.795^2) = 342766.05.$$

Lösung 2.30

(a) Die Quantile lassen sich unmittelbar aus dem Boxplot ablesen, wir erhalten $x_{0.25} = 27$, $x_{0.5} = 35$ und $x_{0.75} = 40$.
(b) Für die Spannweite erhalten wir $50 - 20 = 30$ und der Interquartilsabstand ergibt sich zu $d_Q = 40 - 27 = 13$. Damit ist die Spannweite um 17 Punkte größer als der Interquartilsabstand.
(c) Der Quartilskoeffizient ergibt sich zu

$$g_{0.25} = \frac{(40-35) - (35-27)}{40-27} = -0.23 < 0.$$

Es handelt sich also um eine rechtssteile Verteilung.

Lösung 2.31
Als approximatives arithmetisches Mittel der Daten kann das gewichtete arithmetische Mittel $\bar{x}_{grupp}$ der Klassenmittelwerte m_i berechnet werden:

$$\bar{x}_{grupp} = \sum_{i=1}^{k} f_i m_i = 15 \cdot 0.25 + 35 \cdot 0.22 + 55 \cdot 0.23 + 75 \cdot 0.1 + 95 \cdot 0.2 = 50.6$$

Multivariate Deskription und Exploration

3

Dieses Kapitel beinhaltet Übungsaufgaben zur multivariaten, insbesondere bivariaten, beschreibenden Statistik für diskrete und stetige Merkmale. Bei diskreten Merkmalen werden die Daten in Form von Kontingenztafeln zusammengefasst und geeignete Zusammenhangsmaße (etwa relative Chancen, χ^2-Koeffizienten und Kontingenzkoeffizienten) abgeleitet. Stetige Merkmale lassen sich in Streudiagrammen visualisieren. Die Stärke des Zusammenhangs je zweier Merkmale wird dann durch Korrelationskoeffizienten erfasst. Das Kapitel beinhaltet auch Aufgaben zur (deskriptiven) bivariaten Regressionsanalyse.

Bei den Aufgaben 3.1–3.8 handelt es sich um die Aufgaben aus Kap. 3 des Lehrbuchs Fahrmeir et al. (2024). Zusätzlich findet man in diesem Kapitel weitere acht Aufgaben 3.9–3.16. Bei den Aufgaben 3.7 und 3.8 handelt es sich um „R Aufgaben", die mit dem Statistikprogramm R gelöst werden sollen.

Aufgaben

Aufgabe 3.1 (Aufgabe 3.1 Lehrbuch)
In der sogenannten Sonntagsfrage wird regelmäßig die folgende Frage gestellt: *„Welche Partei würden Sie wählen, wenn am nächsten Sonntag Bundestagswahl wäre?"* Für den Befragungszeitraum 11.1.–24.1.1995 ergab sich die folgende Kontingenztafel

	CDU/CSU	SPD	FDP	Grüne	Rest	
Männer	144	153	17	26	95	435
Frauen	200	145	30	50	71	496
	344	298	47	76	166	931

S. Lang et al., *Arbeitsbuch Statistik*, https://doi.org/10.1007/978-3-662-73272-4_3

Bei der Untersuchung des Zusammenhangs zwischen dem Geschlecht und der Parteipräferenz betrachte man die sich ergebenden (2×2)-Tabellen, wenn man die CDU/CSU jeweils lediglich einer anderen Partei gegenüberstellt. Bestimmen und interpretieren Sie jeweils die relativen Chancen, den χ^2-Koeffizienten und den Kontingenzkoeffizienten.

Aufgabe 3.2 (Aufgabe 3.2 Lehrbuch)
In einem Experiment zur Wirkung von Alkohol auf die Reaktionszeit wurden insgesamt 400 Versuchspersonen zufällig in zwei Gruppen aufgeteilt. Eine der beiden Gruppen erhielt dabei eine standardisierte Menge Alkohol. Abschließend ergab sich die folgende Kontingenztabelle

	Reaktion		
	Gut	Mittel	Stark verzögert
Ohne Alkohol	120	60	20
Mit Alkohol	60	100	40

(a) Bestimmen Sie die Randhäufigkeiten dieser Kontingenztabelle, und interpretieren Sie diese, soweit dies sinnvoll ist.
(b) Bestimmen Sie diejenige bedingte relative Häufigkeitsverteilung, die sinnvoll interpretierbar ist.
(c) Bestimmen Sie den χ^2- und den Kontingenzkoeffizienten.
(d) Welche relativen Chancen lassen sich aus dieser Kontingenztafel gewinnen?

Aufgabe 3.3 (Aufgabe 3.3 Lehrbuch)
Für die zehn umsatzstärksten Unternehmen Deutschlands ergaben sich 1995 folgende Umsätze Y (in Milliarden Euro) und Beschäftigungszahlen X (in Tausend):

Unternehmen	Umsatz (Y)	Beschäftigte (X)
1	52.94	311.0
2	45.38	373.0
3	45.06	242.4
4	37.00	125.2
5	33.49	135.1
6	26.67	161.6
7	25.26	106.6
8	23.59	115.8
9	22.79	142.9
10	21.44	83.8

Die dahinterstehenden Firmen sind Daimler-Benz, Siemens, Volkswagen, VEBA, RWE, Hoechst, BASF, BMW, Bayer und VIAG.

(a) Zeichnen Sie ein Streudiagramm für die zehn Unternehmen, und interpretieren Sie dieses.
(b) Man bestimme den Bravais-Pearson- und den Spearmanschen Korrelationskoeffizienten.

(c) Wie ändern sich die Korrelationskoeffizienten, wenn man in absoluten Euro-Umsätzen und absoluten Beschäftigungszahlen rechnet?

Aufgabe 3.4 (Aufgabe 3.4 Lehrbuch)
In einer Studie zur Auswirkung von Fernsehprogrammen mit gewalttätigen Szenen auf das Sozialverhalten von Kindern wurden ein Aggressivitätsscore Y, die Zeitdauer in Minuten X, während der das Kind pro Tag gewöhnlich solche Sendungen sieht, und das Geschlecht Z des Kindes mit $1 =$ weiblich und $0 =$ männlich erfasst. Sowohl der Aggressivitätsscore als auch die Zeitdauer lassen sich wie metrische Variablen behandeln. Nehmen wir folgende Beobachtungen für eine zufällig ausgewählte Kindergartengruppe an:

i	1	2	3	4	5	6	7	8	9	10	11	12	13
y_i	4	5	2	6	6	8	7	2	7	3	5	1	3
x_i	10	50	30	70	80	60	90	40	10	20	30	50	60
z_i	0	0	0	0	0	0	0	1	1	1	1	1	1

(a) Zeichnen Sie ein Streudiagramm für die 13 Kinder, und berechnen Sie den Korrelationskoeffizienten nach Bravais-Pearson zwischen X und Y ohne Berücksichtigung des Geschlechts.
(b) Zeichnen Sie nun für Jungen und Mädchen getrennt jeweils ein Streudiagramm, und berechnen Sie für beide Geschlechter den Korrelationskoeffizienten.
(c) Vergleichen Sie Ihre Ergebnisse aus (a) und (b). Welche Art von Korrelation beobachten Sie hier, und wie ändert sich Ihre Interpretation des Zusammenhangs zwischen aggressivem Verhalten und dem Beobachten gewalttätiger Szenen im Fernsehen?

Aufgabe 3.5 (Aufgabe 3.5 Lehrbuch)
In einem Schwellenland wurde eine Studie durchgeführt, die den Zusammenhang zwischen Geburtsgewicht von Kindern und zahlreichen sozioökonomischen Variablen untersucht. Hier sei speziell der Zusammenhang zwischen dem Geburtsgewicht und dem monatlichen Einkommen von Interesse. Es wurden acht Kinder zufällig ausgewählt und für diese sowohl das Geburtsgewicht Y in Pfund als auch das monatliche Einkommen X der Eltern in 1000 Einheiten der Landeswährung erfasst. Die Daten sind in der folgenden Tabelle zusammengefasst.

Kind i	1	2	3	4	5	6	7	8
Einkommen x_i	2.7	1.9	3.1	3.9	4.0	3.4	2.1	2.9
Geburtsgewicht y_i	5	6	9	8	7	6	7	8

(a) Tragen Sie die Beobachtungen in ein Streudiagramm ein.
(b) Man möchte nun anhand des Einkommens mit Hilfe eines linearen Regressionsmodells $y_i = \alpha + \beta x_i + \varepsilon_i, \quad i = 1, \ldots, n$, das Geburtsgewicht vorhersagen. Schätzen Sie die Regressionsgerade, und zeichnen Sie diese in das Streuungsdiagramm.
Ein Ehepaar verdient 3×1000 Einheiten der Landeswährung im Monat. Welches Geburtsgewicht prognostizieren Sie?

(c) Berechnen Sie das Bestimmtheitsmaß. Was sagt es hier aus? Glauben Sie, dass das Einkommen zur Vorhersage des Geburtsgewichts geeignet ist (mit Begründung)?

Hinweis:

$$\sum_{i=1}^{8} x_i = 24, \sum_{i=1}^{8} x_i^2 = 76.1, \sum_{i=1}^{8} y_i = 56, \sum_{i=1}^{8} y_i^2 = 404,$$

$$\sum_{i=1}^{8} x_i y_i = 170.3, \sum_{i=1}^{8} \hat{y}_i^2 = 393.3, \quad SQR = 10.7.$$

Aufgabe 3.6 (Aufgabe 3.6 Lehrbuch)
Ein Medikament zur Behandlung von Depressionen steht im Verdacht, als Nebenwirkung das Reaktionsvermögen zu reduzieren. In einer Klinik wurde deshalb eine Studie durchgeführt, an der zehn zufällig ausgewählte Patienten teilnahmen, die das Präparat in verschiedenen Dosierungen verabreicht bekamen. Das Reaktionsvermögen wurde mit Hilfe des folgenden Experiments gemessen: Der Patient musste einen Knopf drücken, sobald er ein bestimmtes Signal erhalten hat. Die Zeit zwischen Signal und Knopfdruck wurde als Maß für das Reaktionsvermögen betrachtet. Es ergeben sich folgende Werte für die Dosierung X in mg und die dazugehörige Reaktionszeit Y in Sekunden:

i	1	2	3	4	5	6	7	8	9	10
x_i	1	5	3	8	2	2	10	8	7	4
y_i	1	6	1	6	3	2	8	5	6	2

(a) Was sagt das Streudiagramm über den Zusammenhang von X und Y aus?
(b) Passen Sie eine Gerade an die beobachteten Datenpunkte unter Verwendung der Kleinste-Quadrate-Methode an. Beurteilen Sie die Güte Ihrer Anpassung. Nutzen Sie, dass der Korrelationskoeffizient nach Bravais-Pearson r_{XY} hier 0.8934 beträgt. Was sagt dieser Wert über den Zusammenhang von X und Y aus?
(c) Ein Patient wird mit einer Dosis von 5.5 mg des Medikaments behandelt. Welche Reaktionszeit prognostizieren Sie?
(d) Wie lässt sich der in (b) geschätzte Steigungsparameter interpretieren?

Hinweis:

$$\sum_{i=1}^{10} x_i = 50, \sum_{i=1}^{10} x_i^2 = 336, \sum_{i=1}^{10} y_i = 40, \sum_{i=1}^{10} y_i^2 = 216, \sum_{i=1}^{10} x_i y_i = 262.$$

Aufgabe 3.7 (R Aufgabe 3.7 Lehrbuch)
Betrachten Sie die Messwerte von Stickoxiden, CO, Feinstaub, Lufttemperatur, Ozon und SO_2 aus Kap. 1 in Fahrmeir et al. (2024). Die Daten finden sich in der Datei `luftschad.txt` und sind online verfügbar unter
https://github.com/sn-code-inside/Statistik-AB-CFHKLW/blob/main/daten/luftschad.txt

(a) Wie stark sind diese Variablen über die Zeit mit sich selbst korreliert? Wo ist die Korrelation am kleinsten, wo am stärksten? Berechnen Sie dazu mithilfe von `R` die Bravais-Pearson-Korrelationskoeffizienten von $(y_t, y_{t+1}), t = 101, \ldots, 301$ für den Zeitraum Mai 1999 bis Februar 2016, der keine fehlenden Werte (NA) enthält.
(b) Bestimmen Sie paarweise die Korrelationskoeffizienten der einzelnen Messreihen untereinander.

Aufgabe 3.8 (R Aufgabe 3.8 Lehrbuch)
Wir betrachten die Mietspiegeldaten von 2015. Die Daten finden sich in der Datei `mietspiegel2015.txt` und sind online verfügbar unter
https://github.com/sn-code-inside/Statistik-AB-CFHKLW/blob/main/daten/mietspiegel2015.txt

(a) Erstellen Sie ein Streudiagramm von `bj` und `nmqm`.
(b) Berechnen Sie eine lineare Einfachregression mit `nmqm` als abhängigem Merkmal Y und `bj` als Einflussgröße X. Wie lauten die Schätzungen für α und β?
(c) Welches Bestimmtheitsmaß ergibt sich? Interpretieren Sie das Ergebnis.
(d) Zeichnen Sie die Ausgleichsgerade in das Streudiagramm.
(e) Erstellen Sie einen Normal-Quantil-Plot der Residuen. Interpretieren Sie das Ergebnis.

Aufgabe 3.9
Die im Folgenden gegebene Kontingenztafel mit relativen Häufigkeiten ist unvollständig. Vervollständigen Sie die Tabelle unter der Annahme, dass die beiden Merkmale *unabhängig* sind.

	b_1	b_2	b_3	
a_1	0.16			0.8
a_2			0.06	

Aufgabe 3.10

(a) Zeigen Sie

$$\chi^2 = n \sum_{i=1}^{k} \sum_{j=1}^{m} \frac{(f_{ij} - f_{i.}f_{.j})^2}{f_{i.}f_{.j}}$$

(b) Wie ändert sich χ^2, wenn der Stichprobenumfang verdoppelt wird (bei gleichbleibenden relativen Häufigkeiten)?

Aufgabe 3.11
Der Fachserie 16 „Bildung und Wissenschaft“ des statistischen Bundesamts können Sie folgende gemeinsame Verteilung der Merkmale Schulart und Staatsangehörigkeit von Schülern an bayerischen weiterführenden Schulen entnehmen:

Schulart	Staatsangehörigkeit Deutsch	Ausländisch
Hauptschule	173244	145917
Realschule	154255	7323
Gymnasium	290057	10043

Bestimmen Sie

(a) die gemeinsame Verteilung von Schulart und Staatsangehörigkeit und die Randverteilung der beiden Merkmale in relativen Häufigkeiten.
(b) die bedingten Verteilungen der Schulart gegeben die Staatsangehörigkeit.

Beschreiben Sie mit Hilfe der berechneten Verteilungen, welcher Zusammenhang zwischen den beiden Merkmalen der Tendenz nach besteht.

(c) Beurteilen Sie diesen Zusammenhang mit einem geeigneten statistischen Maß.

Aufgabe 3.12
Bei einer Studie zur Situation ausländischer Kinder in deutschen Kindergärten wurden zehn ausländische Kinder eines Münchner Kindergartens untersucht. Dabei interessierte vor allem, welche Bedeutung der Erwerb der deutschen Sprache für die Integration der Kinder in die Gruppe hat.

Dazu wurde der Grad der Integration über verschiedene Variablen, wie zum Beispiel die Anzahl der Spielkontakte mit deutschen Kindern, erfasst. Jedes Kind erhielt einen Integrationsscore auf einer Skala von 0 (völlige Isolation) bis 10 (völlige Integration).

Außerdem nahmen die zehn Kinder an einem Sprachtest teil. In diesem Test konnten die Kinder 0 (keinerlei Kenntnisse der deutschen Sprache) bis 20 (mit gleichaltrigem deutschen Kind vergleichbare Kenntnisse der deutschen Sprache) Punkte erzielen.

Die Tabelle zeigt die Ergebnisse für die zehn Kinder:

Kind	1	2	3	4	5	6	7	8	9	10
Ergebnis des Sprachtests	15	4	10	7	20	5	0	3	8	12
Integrationsscore	9	0	8	7	10	2	1	3	4	6

(a) Tragen Sie die Daten in ein Streudiagramm ein.
(b) Berechnen Sie den Rangkorrelationskoeffizienten nach Spearman. Verteilen Sie dazu zunächst die Ränge in beiden Datenreihen.
(c) In einem anderen Kindergarten ergab sich für vier ausländische Kinder das Streudiagramm in Abb. 3.1.
Welchen Wert würden Sie hier für den Rangkorrelationskoeffizienten erwarten (Rechnung ist nicht erforderlich)? Wäre der Korrelationskoeffizient von Bravais-Pearson hier kleiner, gleich oder sogar größer als der von Spearman? Begründen Sie Ihre Antworten.

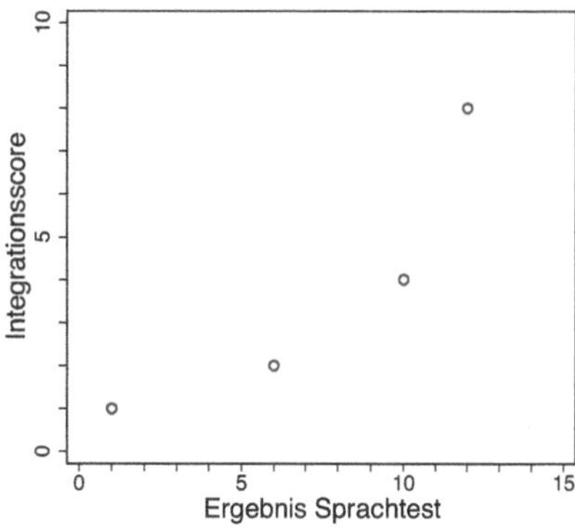

Abb. 3.1 Streudiagramm der vier ausländischen Kinder

Aufgabe 3.13

Bei der Untersuchung des Zusammenhangs zwischen zwei Variablen X und Y ergaben sich folgende Beobachtungen

i	1	2	3	4	5	6	7	8	9	10	11
x_i	1	2	3	4	5	6	7	8	9	10	20
y_i	−.09	2.37	3.14	4.26	5.48	4.77	7.3	6.45	9.14	11.13	0

Wenn nur die ersten zehn Beobachtungen berücksichtigt werden, erhält man als Korrelationskoeffizient nach Bravais-Pearson $r_{XY} = 0.9654$ und als Rangkorrelationskoeffizient nach Spearman $r_{SP} = 0.9758$.

(a) Zeichnen Sie zunächst ein Streudiagramm zwischen Y und X unter Berücksichtigung *aller* Daten (also auch der elften Beobachtung).
(b) Bestimmen Sie nun beide Korrelationskoeffizienten unter Berücksichtigung aller elf Daten. Verwenden Sie dabei folgende Größen, die man bei der Berechnung der Korrelationskoeffizienten mit lediglich den ersten zehn Datenpunkten erhalten hat: $\bar{x} = 5.5$, $\bar{y} = 5.396$, $\sum x_i y_i = 383.46$, $\sum x_i^2 = 385$, $\sum y_i^2 = 388.88$.
(c) Interpretieren Sie die in (a) und (b) erhaltenen Ergebnisse.

Aufgabe 3.14

Die Grafik in Abb. 3.2 zeigt das Streudiagramm zwischen zwei Merkmalen y und x. Insgesamt sind fünf Punkte abgebildet, die alle auf einer Geraden liegen.

(a) Welchen Wert nehmen r_{XY} und r_{SP} an?
(b) Wie ändern sich r_{XY} und r_{SP}, wenn

(b1) alle y_i $(i = 1, \ldots, 5)$ quadriert werden?
(b2) der Punkt $(x, y) = (5, 5)$ ersetzt wird durch (8,5), d. h. der Punkt nach rechts verschoben wird?
(b3) alle y_i $(i = 1, \ldots, 5)$ mit -1 multipliziert werden?
(b4) alle y_i und x_i $(i = 1, \ldots, 5)$ mit -1 multipliziert werden?

Abb. 3.2 Streudiagramm zwischen zwei Merkmalen y und x

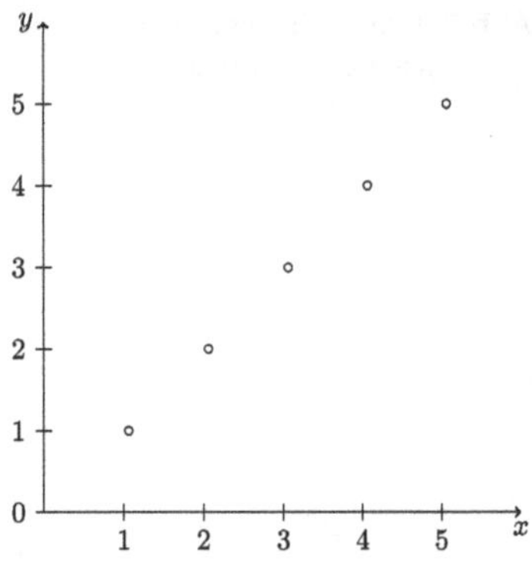

Aufgabe 3.15

Wir betrachten den folgenden Datensatz mit $n = 11$ Beobachtungen der Variablen X_1, X_2, Y_1, Y_2, Y_3 und Y_4 (Anscomb Daten) (Tab. 3.1):

(a) Die empirische Kovarianzmatrix der Variablen X_1, X_2, Y_1, Y_2, Y_3 und Y_4 besitzt die folgende Gestalt:

	X_1	X_2	Y_1	Y_2	Y_3	Y_4
X_1	11.00					
X_2	−5.50	11.00				
Y_1	5.50	−3.57	4.13			
Y_2	5.50	−4.84	3.10	4.13		
Y_3	5.50	−2.32	1.93	2.43	4.12	
Y_4	−2.12	5.50	−2.02	−1.97	−0.64	4.12

Die Matrix gibt die empirischen Kovarianzen zwischen allen beteiligten Variablen an. Aufgrund der Symmetrie der Kovarianz müssen die Elemente oberhalb der Diagonalen nicht angegeben werden. Zum besseren Verständnis beachten Sie bitte noch das folgende Ablesebeispiel. Die empirische Kovarianz zwischen X_1 und Y_1 beträgt 5.50, d. h. $\tilde{s}_{X_1,Y_1} = 5.50$. Die Varianzen der Variablen befinden sich auf der Diagonalen der obigen Kovarianzmatrix. Die Varianz $\tilde{s}^2_{X_1}$ von X_1 ist beispielsweise 11.00.

(i) Berechnen Sie unter Zuhilfenahme der gegebenen Kovarianzmatrix die Korrelationskoeffizienten (nach Bravais-Pearson) r_{X_1,Y_1}, r_{X_1,Y_2}, r_{X_1,Y_3} und r_{X_2,Y_4}. Runden Sie bitte Ihre Ergebnisse auf die zweite Nachkommastelle.

(ii) Interpretieren Sie Ihre bisherigen Ergebnisse.

(b) Abb. 3.3 zeigt die Streudiagramme der Variablenpaare (X_1, Y_1), (X_1, Y_2), (X_1, Y_3) und (X_2, Y_4). Zusätzlich wurden die jeweiligen Regressionsgeraden

Tab. 3.1 Datensatz mit den Beobachtungen der Variablen X_1, X_2, Y_1, Y_2, Y_3 und Y_4

x_1	x_2	y_1	y_2	y_3	y_4
10.00	8.00	8.04	9.14	7.46	6.58
8.00	8.00	6.95	8.14	6.77	5.76
13.00	8.00	7.58	8.74	12.74	7.71
9.00	8.00	8.81	8.77	7.11	8.84
11.00	8.00	8.33	9.26	7.81	8.47
14.00	8.00	9.96	8.10	8.84	7.04
6.00	8.00	7.24	6.13	6.08	5.25
4.00	19.00	4.26	3.10	5.39	12.50
12.00	8.00	10.84	9.13	8.15	5.56
7.00	8.00	4.82	7.26	6.42	7.91
5.00	8.00	5.68	4.74	5.73	6.89

bestimmt. Diese sind bei allen Variablenpaaren identisch, d. h. die geschätzten Regressionsparameter sind genau gleich mit Werten $\hat{\alpha} = 3$ und $\hat{\beta} = 0.5$.

(i) Zeichnen Sie die Regressionsgeraden in Abb. 3.3 ein.
(ii) Wie ändert sich Ihre Interpretation aus Aufgabenteil (a), wenn Abb. 3.3 in Ihre Überlegungen einfließt? Welches Fazit können Sie ziehen?

Aufgabe 3.16

Shepard und Cooper haben Experimente entwickelt, mit denen sich die Vorstellung räumlicher Bewegungen näher untersuchen lässt: Die Versuchsteilnehmer sollten jeweils zwei vom Computer erzeugte perspektivische Strichzeichnungen miteinander vergleichen. Bei einigen Zeichnungen waren die beiden Objekte identisch, aber aus verschiedenen Perspektiven dargestellt. Die Probanden mussten nun möglichst schnell die beiden Figuren miteinander vergleichen und dann kenntlich machen, ob sie gleich sind oder nicht. Sei X die Drehung einer Zeichnung in der Bildebene, gemessen in Grad, und Y die Reaktionszeit in Sekunden. Beobachtet wurden folgende Werte:

x_i	0	20	40	60	80	100	120	140	160	180
y_i	1.15	1.65	2.00	2.46	2.77	3.15	3.66	3.95	4.45	4.69

Nehmen Sie an, dass sich der Zusammenhang zwischen X und Y durch folgende Beziehung beschreiben läßt:

$$y_i = \alpha + \beta x_i + \epsilon_i, \quad i = 1, \ldots, 10.$$

(a) Schätzen Sie α und β aus den obigen Beobachtungen. Wie sieht damit die geschätzte Regressionsgerade aus?

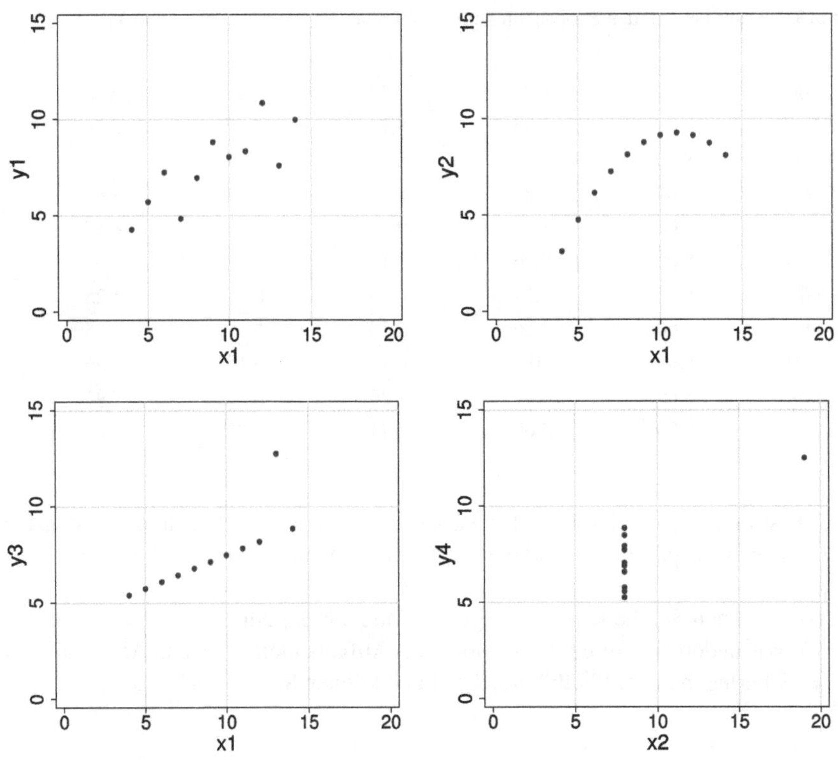

Abb. 3.3 Streudiagramme für X_1 vs. Y_1, X_1 vs. Y_2, X_1 vs. Y_3 und X_2 vs. Y_4

(b) Was lässt sich über die Güte der Modellanpassung sagen? Berechnen Sie dazu das Bestimmtheitsmaß.

Lösungen

Lösung 3.1
Zunächst betrachtet man die (2 × 2)-Tabelle, die sich ergibt, wenn man die CDU/CSU der SPD gegenüberstellt:

	CDU/CSU	SPD	∑
Männer	144	153	297
Frauen	200	145	345
∑	344	298	642

Daraus berechnet man

$$\gamma = \frac{144/153}{200/145} = \frac{0.9412}{1.3793} = 0.6828,$$

$$\chi^2 = \frac{642 \cdot (144 \cdot 145 - 153 \cdot 200)^2}{297 \cdot 344 \cdot 298 \cdot 345} = 5.7745,$$

$$K = \sqrt{\frac{5.7745}{642 + 5.7745}} = 0.0944,$$

$$K^* = \frac{K}{K_{\max}} = \frac{K}{\sqrt{\frac{M-1}{M}}} = \frac{0.0944}{\sqrt{0.5}} = 0.1335 \quad \text{mit} \quad M = \min\{2, 2\} = 2.$$

Entsprechend erhält man die (2 × 2)-Tabelle CDU/CSU vs. FDP:

	CDU/CSU	FDP	∑
Männer	144	17	161
Frauen	200	30	230
∑	344	47	391

mit

$$\gamma = 1.2706, \ \chi^2 = 0.5528, \ K = 0.0376, \ K^* = 0.0532.$$

Abschließend ergibt sich die (2 × 2)-Tabelle CDU/CSU vs. Grüne als:

	CDU/CSU	Grüne	∑
Männer	144	26	170
Frauen	200	50	250
∑	344	76	420

mit

$$\gamma = 1.3846, \ \chi^2 = 1.5112, \ K = 0.0599, \ K^* = 0.0847.$$

Lösung 3.2

(a) Man erhält die folgende Kontingenztafel inklusive Randhäufigkeiten; bei den Werten in Klammern handelt es sich um die absoluten Häufigkeiten, wenn Unabhängigkeit vorliegt. Diese werden in der Lösung von Teilaufgabe (c) benötigt.

	Reaktion			
	Gut	Mittel	Stark verzögert	
Ohne Alkohol	120	60	20	200
	(90)	(80)	(30)	
Mit Alkohol	60	100	40	200
	(90)	(80)	(30)	
	180	160	60	400

Die 400 Personen wurden jeweils zu gleichen Anteilen in die beiden Gruppen mit und ohne Alkohol eingeteilt. Insgesamt zeigten die allermeisten Versuchspersonen eine gute oder mittlere Reaktionszeit. Lediglich 60 (15 %) zeigten eine stark verzögerte Reaktionszeit.

(b) Als bedingte relative Häufigkeitsverteilung, gegeben die Person war alkoholisiert, ergibt sich:

	Reaktion			
	Gut	Mittel	Stark verzögert	
Mit Alkohol	0.3	0.5	0.2	1

Entsprechend ermittelt man als bedingte relative Häufigkeitsverteilung, gegeben die Person war nicht alkoholisiert:

	Reaktion			
	Gut	Mittel	Stark verzögert	
Ohne Alkohol	0.6	0.3	0.1	1

Ein Vergleich der beiden relativen Häufigkeitsverteilungen zeigt, dass die Reaktionszeiten bei alkoholisierten Personen insgesamt schlechter sind als in der Gruppe ohne Alkohol. Während in der Gruppe der nicht alkoholisierten Personen insgesamt 60 % eine gute Reaktionszeit aufweisen, sind dies in der Gruppe der alkoholisierten Gruppe lediglich 30 %.

(c) Die Assoziationsmaße berechnen sich als

$$\chi^2 = \frac{(120-90)^2}{90} + \frac{(60-80)^2}{80} + \frac{(20-30)^2}{30} + \frac{(60-90)^2}{90} + \frac{(100-80)^2}{80} + \frac{(40-30)^2}{30} = 36.67,$$

$$K = \sqrt{\frac{36.67}{400+36.67}} = 0.29,$$

$$K^* = \frac{0.29}{\sqrt{\frac{1}{2}}} = 0.41.$$

(d) Relative Chancen lassen sich jeweils für (2×2)-Tafeln berechnen:

- Für die Kategorien der Reaktion gut/mittel ergibt sich

$$\gamma = \frac{120/60}{60/100} = 3.33.$$

- Für die Kategorien gut/stark verzögert erhält man

$$\gamma = \frac{120/20}{60/40} = 4.$$

- Für die Kategorien mittel/stark verzögert erhält man

$$\gamma = \frac{60/20}{100/40} = 1.2.$$

Lösung 3.3

(a) Das Streudiagramm in Abb. 3.4 verweist auf einen monotonen Zusammenhang zwischen der Zahl der Beschäftigten und dem Umsatz. Je mehr Beschäftigte ein Unternehmen hat, desto größer ist sein Umsatz.

(b) Zur Berechnung des Korrelationskoeffizienten nach Bravais-Pearson r_{XY} ermittelt man zunächst die folgenden Hilfsgrößen:

$$\bar{x} = 179.74\,, \quad \bar{y} = 33.36\,,$$

$$\sum_{i=1}^{10} x_i^2 = 406865.4\,, \quad \sum_{i=1}^{10} y_i^2 = 12267.87\,, \quad \sum_{i=1}^{10} x_i y_i = 68258.2\,.$$

Damit folgt

$$r_{XY} = \frac{\sum_{i=1}^{10} x_i y_i - 10 \cdot \bar{x}\bar{y}}{\sqrt{\left(\sum_{i=1}^{10} x_i^2 - 10 \cdot \bar{x}^2\right) \cdot \left(\sum_{i=1}^{10} y_i^2 - 10 \cdot \bar{y}^2\right)}} = 0.8494\,.$$

Zur Bestimmung des Rangkorrelationskoeffizienten nach Spearman entnimmt man der folgenden Tabelle die notwendigen Größen:

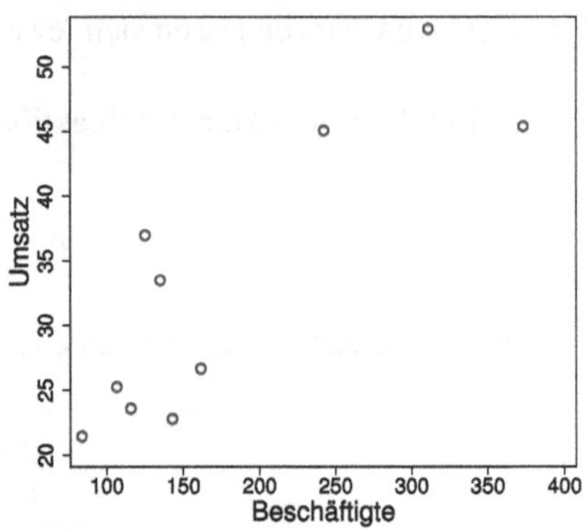

Abb. 3.4 Streudiagramm Umsatz versus Beschäftigte

Unternehmen	1	2	3	4	5	6	7	8	9	10
Rang (Umsatz)	10	9	8	7	6	5	4	3	2	1
Rang (Besch.)	9	10	8	4	5	7	2	3	6	1
d_i^2	1	1	0	9	1	4	4	0	16	0

Schließlich erhält man

$$r_{SP} = 1 - \frac{6 \cdot \sum_{i=1}^{10} d_i^2}{(10^2 - 1) \cdot 10} = 1 - \frac{6 \cdot 36}{(100 - 1) \cdot 10} = 0.7818\,.$$

(c) Die beiden Korrelationskoeffizienten ändern sich nicht, da r_{XY} und r_{SP} gegenüber linearen Transformationen invariant sind.

Lösung 3.4

(a) Das Streudiagramm für die 13 Kinder findet sich in Abb. 3.5.
Der Korrelationskoeffizient von Bravais-Pearson berechnet sich unter Verwendung der folgenden Hilfsgrößen:

$$\bar{x} = 46.15\,, \quad \bar{y} = 4.54\,,$$

$$\sum_{i=1}^{13} x_i^2 = 35600\,, \quad \sum_{i=1}^{13} y_i^2 = 327\,, \quad \sum_{i=1}^{13} x_i y_i = 2950$$

als

$$r_{XY} = \frac{\sum_{i=1}^{13} x_i y_i - 13 \cdot \bar{x}\bar{y}}{\sqrt{\left(\sum_{i=1}^{13} x_i^2 - 13 \cdot \bar{x}^2\right) \cdot \left(\sum_{i=1}^{13} y_i^2 - 13 \cdot \bar{y}^2\right)}} = 0.3316\,.$$

(b) Die Streudiagramme für Jungen und Mädchen getrennt sind in der folgenden Abb. 3.6 zu finden.
Der Korrelationskoeffizient von Bravais-Pearson für die Jungen berechnet sich unter Verwendung folgender Hilfsgrößen:

$$\bar{x} = 55.71\,, \quad \bar{y} = 5.43\,,$$

$$\sum_{i=1}^{7} x_i^2 = 26500\,, \quad \sum_{i=1}^{7} y_i^2 = 230\,, \quad \sum_{i=1}^{7} x_i y_i = 2360$$

als

$$r_{XY} = \frac{\sum_{i=1}^{7} x_i y_i - 7 \cdot \bar{x}\bar{y}}{\sqrt{\left(\sum_{i=1}^{7} x_i^2 - 7 \cdot \bar{x}^2\right) \cdot \left(\sum_{i=1}^{7} y_i^2 - 7 \cdot \bar{y}^2\right)}} = 0.722.$$

Entsprechend berechnet sich der Korrelationskoeffizient von Bravais-Pearson für die Mädchen unter Verwendung folgender Hilfsgrößen:

$$\bar{x} = 35\,, \bar{y} = 3.5\,,$$

$$\sum_{i=1}^{6} x_i^2 = 9100\,, \quad \sum_{i=1}^{6} y_i^2 = 97\,, \quad \sum_{i=1}^{6} x_i y_i = 590$$

als

$$r_{XY} = \frac{\sum_{i=1}^{6} x_i y_i - 6 \cdot \bar{x}\bar{y}}{\sqrt{\left(\sum_{i=1}^{6} x_i^2 - 6 \cdot \bar{x}^2\right) \cdot \left(\sum_{i=1}^{6} y_i^2 - 6 \cdot \bar{y}^2\right)}} = -0.715.$$

(c) Ohne Berücksichtigung des Geschlechts scheint zunächst nur ein schwacher Zusammenhang zwischen Aggressivität und Fernsehdauer zu bestehen. Jedoch zeigt Teilaufgabe (b), in der zusätzlich zwischen den beiden Geschlechtern unterschieden wird, dass der Zusammenhang nur verdeckt war (verdeckte Korrelation). Dabei scheint bei Jungen eine positive Korrelation zwischen Aggressiviät und Zeitdauer zu bestehen, d. h. je länger gewalttätige Szenen im Fernsehen angesehen werden, desto größer die Aggressivität. Bei Mädchen hingegen besteht genau der umgekehrte Zusammenhang, längere Zeitdauern vermindern augenscheinlich die Aggressivität.

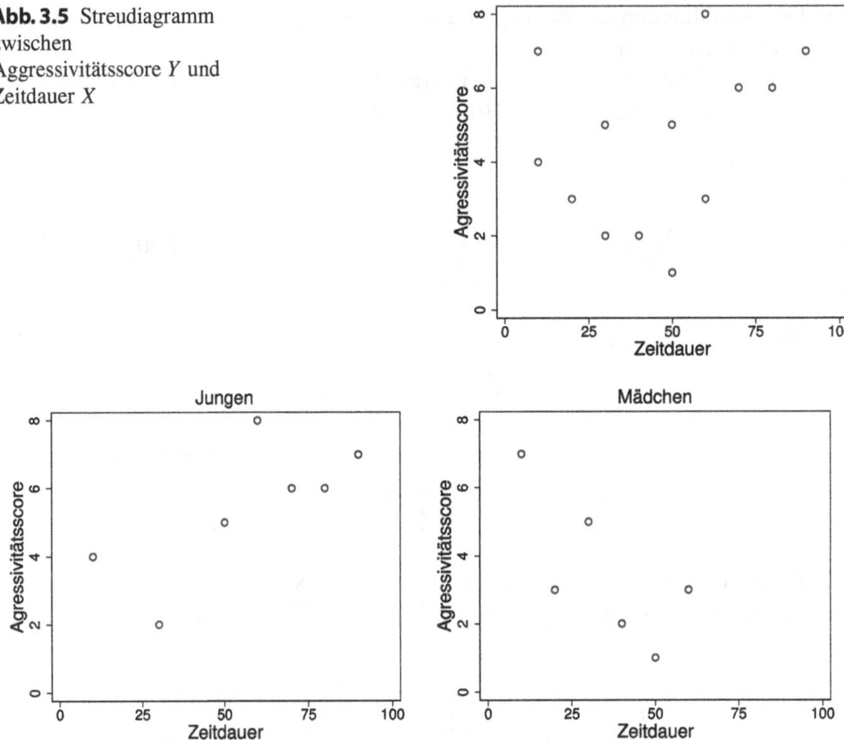

Abb. 3.5 Streudiagramm zwischen Aggressivitätsscore Y und Zeitdauer X

Abb. 3.6 Streudiagramm zwischen Aggressivitätsscore Y und Zeitdauer X getrennt nach Jungen und Mädchen

Lösung 3.5

(a) Man erhält das Streudiagramm in Abb. 3.7 inklusive der in b) berechneten Regressionsgerade.

(b) Zu bestimmen sind $\hat{\beta}$ und $\hat{\alpha}$ mit

$$\hat{\beta} = \frac{\sum(x_i - \bar{x})(y_i - \bar{y})}{\sum(x_i - \bar{x})^2} = \frac{\sum x_i y_i - n\bar{x}\,\bar{y}}{\sum x_i^2 - n\bar{x}^2},$$
$$\hat{\alpha} = \bar{y} - \hat{\beta}\bar{x}.$$

Mit $\bar{y} = 56/8 = 7$, $\bar{x} = 24/8 = 3$ ergibt sich:

$$\hat{\beta} = \frac{170.3 - 8 \cdot 7 \cdot 3}{76.1 - 8 \cdot 9} = \frac{170.3 - 168}{76.1 - 72} = \frac{2.3}{4.1} = 0.56,$$
$$\hat{\alpha} = 7 - 0.56 \cdot 3 = 5.32$$

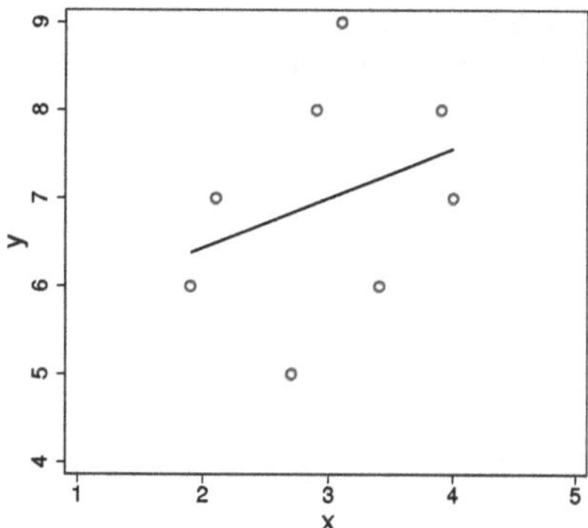

Abb. 3.7 Streudiagramm zwischen Einkommen y und Geburtsgewicht x

und damit folgende Regressionsgerade:

$$\hat{y} = 5.32 + 0.56x.$$

Für $x = 3$ erhält man $\hat{y} = 5.32 + 0.56 \cdot 3 = 7$.
Bei einem Einkommen von 3000 Einheiten würde man somit ein Geburtsgewicht von 7 Pfund prognostizieren.

(c) Das Bestimmtheitsmaß kann beispielsweise als Quadrat des Korrelationskoeffizienten ermittelt werden mit

$$\begin{aligned} r_{XY} &= \frac{\sum x_i y_i - n\bar{x}\,\bar{y}}{\sqrt{(\sum x_i^2 - n\bar{x}^2)(\sum y_i^2 - n\bar{y}^2)}} \\ &= \frac{2.3}{\sqrt{4.1}\sqrt{12}} = \frac{2.3}{2.025 \cdot 3.464} \\ &= 0.33, \end{aligned}$$

woraus folgt:

$$r_{XY}^2 = R^2 = 0.33^2 = 0.1089.$$

Das R^2 beträgt lediglich 0.1089, d. h. nur 10 % der Variabilität wird durch die Regression erklärt. Insgesamt ist zwar tendenziell ein leichter Zusammenhang zwischen Geburtsgewicht und Einkommen zu sehen. Es ist aber eher anzunehmen, dass auch Variablen, die wiederum auch vom Einkommen abhängen, das Geburtsgewicht beeinflussen.

Lösung 3.6

(a) Aus den Daten ergibt sich das in Abb. 3.8 abgebildete Streudiagramm.
Im Streudiagramm ist ein starker, positiver, linearer Zusammenhang von X und Y zu erkennen. Die Reaktionszeit scheint mit wachsender Dosis des Medikaments zuzunehmen.

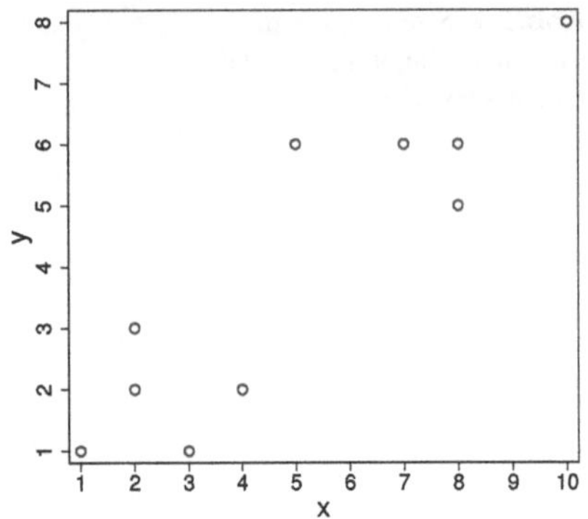

Abb. 3.8 Streudiagramm zwischen Reaktionszeit Y und Dosierung X

(b) Betrachtet man das Regressionsmodell

$$y_i = \alpha + \beta x_i + \epsilon_i, i = 1, ..., 10,$$

ergeben sich folgende Schätzer für die Regressionsparameter:

$$\hat{\beta} = \frac{\sum x_i y_i - n\bar{x}\,\bar{y}}{\sum x_i^2 - n\bar{x}^2} = \frac{262 - 10 \cdot 5 \cdot 4}{336 - 10 \cdot 25} = \frac{262 - 200}{336 - 250} = \frac{62}{86} = 0.72,$$

$$\hat{\alpha} = \bar{y} - \hat{\beta}\,\bar{x} = 4 - 0.72 \cdot 5 = 4 - 3.6 = 0.4.$$

Damit ergibt sich die geschätzte Regressionsgerade zu $\hat{y} = 0.4 + 0.72x$.
Zur Beurteilung der Güte der Anpassung ist das Bestimmtheitsmaß geeignet:

$$R^2 = r_{XY}^2 = 0.798 \approx 0.8,$$

d. h., dass etwa 80 % der Gesamtvarianz durch das Regressionsmodell erklärt werden. Die Anpassung des Modells an die Daten ist also sehr gut.

(c) Für einen Patienten, der mit einer Dosis von 5.5 mg behandelt wird, prognostiziert man eine Reaktionszeit von $0.4 + 0.72 \cdot 5.5 = 4.36$ Sekunden.

(d) Eine Erhöhung der Dosis des Medikaments um 1 mg erhöht die Reaktionszeit im Mittel um $\hat{\beta} = 0.72$ Sekunden.

Lösung 3.7

Den vollständigen und kommentierten `R` Code der Lösung findet man als Datei `loes3_7.R` unter:

https://github.com/sn-code-inside/Statistik-AB-CFHKLW/blob/main/code/loes3_7.R

Zunächst muss der Datensatz `luftschad.txt` in `R` importiert werden. Generelle Hinweise zum Import von Datensätzen finden sich zu Beginn der Lösung von Aufgabe 2.8.

(a) Die Teildaten im Zeitraum $t = 101, \ldots, 301$ speichern wir in `teildaten`

```
teildaten <- daten[101:301,]
n <- nrow(teildaten)
```

und überprüfen anschließend mit Hilfe der Funktion `complete.cases`, ob fehlende Werte vorhanden sind, vergleiche das verlinkte `R` Skript. Tatsächlich enthält der Teildatensatz keine fehlenden Werte.
Jetzt berechnen wir die Korrelationen innerhalb der Messreihen. Man nennt dies auch Autokorrelationen. Diese Autokorrelationen lassen sich in `R` sehr einfach mit Hilfe der Funktion `acf` bestimmen. Beispielsweise erhalten wir für die Variable `Stickoxide` mit Hilfe des Befehls

```
acf(teildaten$Stickoxide, plot=FALSE, lag.max=1,
type="correlation")
```

einen relativ hohen Autokorrelationskoeffizienten von 0.607. Da wir die Korrelation zwischen den Werten zum Zeitpunkt t und $t-1$ bestimmen wollen, setzen wir im obigen Befehl die Option `lag.max=1`. Alternativ lässt sich der geforderte Korrelationskoeffizient auch über die Funktion `cor` bestimmen:

```
cor(teildaten$Stickoxide[1:(n-1)], teildaten$Stickoxide[2:n],
method="pearson")
```

Hier wird der Korrelationskoeffizient nach Bravais-Pearson für die Beobachtungen $1,\ldots,n-1$ und $2,\ldots,n$ im Teildatensatz `teildaten` berechnet. Völlig analog erhalten wir die Autokorrelationen für alle anderen Variablen im Datensatz, vergleiche Tab. 3.2 und zur Berechnung das verlinkte `R` Skript.
Alle Korrelationen sind deutlich positiv. Die stärkste Autokorrelation liegt bei `SO2`, gefolgt von `Lufttemperatur`, die geringste bei `Ozon`, gefolgt von `Feinstaub`.

(b) Jetzt bestimmen wir die paarweisen Korrelationen der Variablen. Diesmal verwenden wir alle Beobachtungen, wir schließen lediglich Zeitpunkte mit fehlenden Werten aus durch Angabe der Option `complete.obs` für das Argument `use`:

```
cor(daten[,2:7], use="complete.obs")
sum(complete.cases(daten))
```

Es werden $n = 202$ Zeitpunkte zur Berechnung der paarweisen Korrelationen verwendet. Wir erhalten die in Tab. 3.3 abgedruckten Werte. Die stärkste positive Korrelation ist zwischen `CO` und `SO2` (0.86), sowie `CO` und `Stickoxide` (0.83). Es finden sich aber auch negative Korrelationen, zum Beispiel zwischen `Stickoxide` und `Lufttemperatur` (-0.65).

Tab. 3.2 Autokorrelationen der `luftschad` Daten

Variable	Autokorrelation
`Stickoxide`	0.607
`CO`	0.761
`Feinstaub`	0.474
`Lufttemperatur`	0.818
`Ozon`	0.434
`SO2`	0.869

Tab. 3.3 Paarweise Korrelationen der Luftschadstoff Daten

	`Stickoxide`	`CO`	`Feinstaub`	`Lufttemperatur`	`Ozon`	`SO2`
`Stickoxide`	1	0.83	0.63	−0.65	−0.40	0.64
`CO`	0.83	1	0.70	−0.53	−0.30	0.86
`Feinstaub`	0.63	0.70	1	−0.49	−0.09	0.67
`Lufttemperatur`	−0.65	−0.53	−0.49	1	0.63	−0.57
`Ozon`	−0.40	−0.30	−0.09	0.63	1	−0.25
`SO2`	0.64	0.86	0.67	−0.57	−0.25	1

Lösung 3.8

Den vollständigen und kommentierten `R` Code der Lösung findet man als Datei `loes3_8.R` unter:

https://github.com/sn-code-inside/Statistik-AB-CFHKLW/blob/main/code/loes3_8.R

Zunächst muss der Datensatz `mietspiegel2015.txt` in `R` importiert werden. Generelle Hinweise zum Import von Datensätzen finden sich zu Beginn der Lösung von Aufgabe 2.8.

(a) Ein Streudiagramm erhält man (zum Beispiel) mit dem `plot` Befehl:

```
plot(daten$bj, daten$nmqm,ylab = "Nettomiete pro qm",
     xlab = "Baujahr")
```

Das resultierende Diagramm findet sich in Abb. 3.9 links.

(b) Für die lineare Einfachregression können wir die Funktion `lm` verwenden:

```
lm.einfach <- lm(nmqm ~ bj, data=daten)
summary(lm.einfach)
```

Die geschätzten Regressionskoeffizienten $\hat{\alpha} = -32.932$ und $\hat{\beta} = 0.0222$ erhält man über den `summary` Befehl.

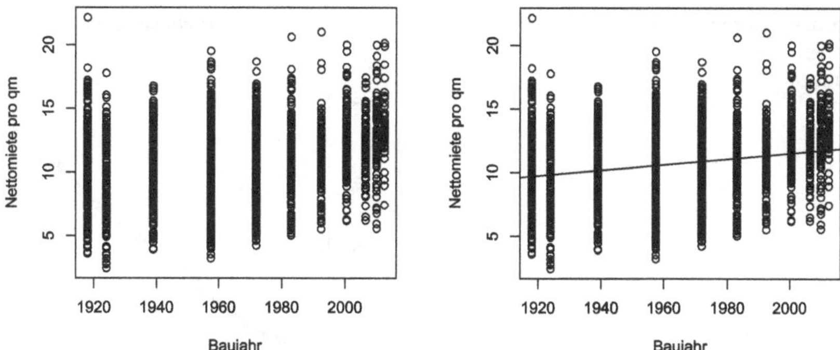

Abb. 3.9 Streudiagramme Nettomiete pro Quadratmeter versus Baujahr, links ohne und rechts mit Ausgleichsgerade

(c) Das Bestimmtheitsmaß $R^2 = 0.04853$ lässt sich ebenfalls über den `summary` Befehl erhalten. Es ist relativ klein, d. h. mit dem Baujahr als einzige erklärende Variable ergibt sich noch keine besonders gute Anpassung an die Daten.

(d) Die Ausgleichsgerade erhält man im Anschluss an den `plot` Befehl mit Hilfe von `abline`:

```
plot(daten$bj, daten$nmqm,
ylab = "Nettomiete pro qm", xlab = "Baujahr")
abline(coefficients(lm.einfach))
```

Die rechte Grafik von Abb. 3.9 zeigt das Ergebnis.

(e) Die Residuen erhält man durch Anwenden der Funktion `resid` auf das Objekt `lm.einfach`, einen Normal-Quantil-Plot durch den Befehl `qqnorm`:

```
eps <- resid(lm.einfach)
qqnorm(eps,ylab="Stichprobenquantile",
xlab="theoretische Quantile")
qqline(eps)
```

Zum besseren Vergleich wird in die Grafik mit Hilfe von `qqline` noch eine Winkelhalbierende eingezeichnet. Abb. 3.10 zeigt den Normal-Quantil-Plot der Residuen mit offenbar relativ deutlichen Abweichungen von den Quantilen einer Normalverteilung.

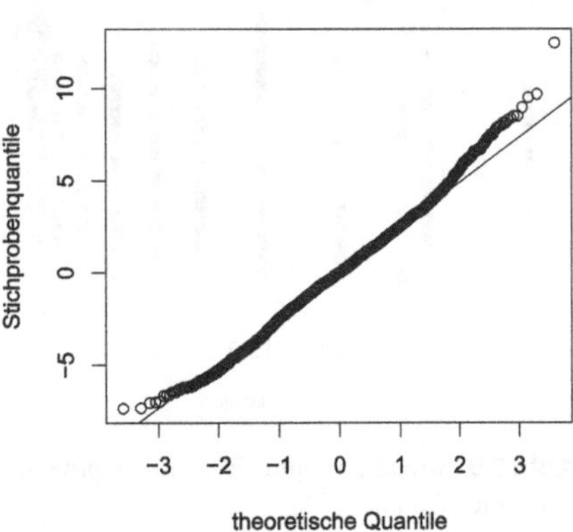

Abb. 3.10 Normal-Quantil-Plot der Residuen

Lösung 3.9

Die fehlenden Werte ergeben sich unter Beachtung der Unabhängigkeit aus den folgenden Berechnungen:

$$\begin{aligned}
f_{2\cdot} &= 1 - 0.8 = 0.2, \\
f_{\cdot 1} \cdot 0.8 = 0.16 \quad &\Rightarrow \quad f_{\cdot 1} = 0.2, \\
f_{21} &= 0.2 - 0.16 = 0.04, \\
f_{22} &= 0.2 - 0.04 - 0.06 = 0.1, \\
f_{2\cdot} \cdot 0.2 = 0.1 \quad &\Rightarrow \quad f_{\cdot 2} = 0.5, \\
f_{12} &= 0.5 - 0.1 = 0.4, \\
f_{\cdot 3} &= 1 - 0.2 - 0.5 = 0.3, \\
f_{13} &= 0.3 - 0.06 = 0.24.
\end{aligned}$$

Schließlich erhält man die vollständige Tabelle:

	b_1	b_2	b_3	
a_1	0.16	0.4	0.24	0.8
a_2	0.04	0.1	0.06	0.2
	0.2	0.5	0.3	1

Lösung 3.10

(a) Es gilt:

$$\chi^2 = \sum_{i=1}^{k} \sum_{j=1}^{m} \frac{(h_{ij} - \frac{h_{i.}h_{.j}}{n})^2}{\frac{h_{i.}h_{.j}}{n}} = \sum_{i=1}^{k} \sum_{j=1}^{m} \frac{n^2(f_{ij} - f_{i.}f_{.j})^2}{nf_{i.}f_{.j}}$$

$$= n \sum_{i=1}^{k} \sum_{j=1}^{m} \frac{(f_{ij} - f_{i.}f_{.j})^2}{f_{i.}f_{.j}}$$

(b) Teilaufgabe (a) entnimmt man, dass sich bei Verdoppelung des Stichprobenumfangs auch χ^2 verdoppelt.

Lösung 3.11

(a) Mit $n = 780839$ ergeben sich folgende relative Häufigkeiten:

		Staatsangehörigkeit		
		Deutsch	Ausländisch	
	Hauptschule	0.222	0.187	0.409
Schulart	Realschule	0.198	0.009	0.207
	Gymnasium	0.371	0.013	0.384
		0.791	0.209	1

Als Berechnungsbeispiel dient die erste Zelle. Man erhält $\frac{173244}{780839} = 0.222$.

(b) Die bedingte Verteilung der Schulart gegeben die Staatsangehörigkeit deutsch ist gegeben als

		deutsch	
		Absolut	Relativ
	Hauptschule	173244	0.281
Schulart	Realschule	154255	0.249
	Gymnasium	290057	0.470
	$\sum$	617556	1

Für die erste Zeile ergibt sich beispielsweise $\frac{173244}{617556} = 0.281$.
Die bedingte Verteilung der Schulart unter der Bedingung, dass die Staatsangehörigkeit ausländisch ist, ergibt sich dagegen als

		Ausländisch	
		Absolut	Relativ
	Hauptschule	145917	0.894
Schulart	Realschule	7323	0.045
	Gymnasium	10043	0.061
	$\sum$	163283	1

Die bedingten Verteilungen der Schulart gegeben die Staatsangehörigkeit unterscheiden sich deutlich von der Randverteilung der Schulart.

Die Wahl der Schulart hängt also von der Staatsangehörigkeit ab: Während nur etwa 28 % der deutschen Schüler die Hauptschule besuchen, sind es unter den ausländischen fast 90 %. Bei den Gymnasiasten stehen 47 % bei den deutschen Schülern nur etwa 6 % bei den ausländischen gegenüber.

(c) Die beiden Merkmale „Schulart“ und „Staatsangehörigkeit“ sind nominal skaliert. Damit ist der Kontingenzkoeffizient K bzw. der korrigierte Kontingenzkoeffizient K^* ein geeignetes Zusammenhangsmaß.

Zur Berechnung von K^* wird zunächst die Größe χ^2 basierend auf den unter Unabhängigkeit erwarteten Besetzungszahlen $\tilde{h}_{ij}$ ermittelt:

	Deutsch	ausl.		Unter Unabhängig-Keit erwartet Deutsch	ausl.
Hauptschule	173244	145917	319161	252420.53	66740.48
Realschule	154255	7323	161578	127790.06	33787.94
Gymnasium	290057	10043	300100	237345.11	62754.51
$\sum$	617556	163283	780839		

Als Berechnungsbeispiel dient auch hier wieder die erste Zelle:

$$\tilde{h}_{11} = \frac{h_{1.} \cdot h_{.1}}{n} = \frac{319161 \cdot 617556}{780839} = 252420.53.$$

Damit ist

$$\begin{aligned}
\chi^2 &= \sum_{i=1}^{k} \sum_{j=1}^{m} \frac{(h_{ij} - \tilde{h}_{ij})^2}{\tilde{h}_{ij}} = \sum_{i=1}^{3} \sum_{j=1}^{2} \frac{(h_{ij} - \tilde{h}_{ij})^2}{\tilde{h}_{ij}} \\
&= \frac{(173244 - 252420.53)^2}{252420.53} + \ldots + \frac{(10043 - 62754.51)^2}{62754.51} \\
&= 24835.23 + 93929.82 + 5480.81 + 20729.08 \\
&+ 11706.77 + 44275.76 \\
&= 200957.47.
\end{aligned}$$

Daraus ergeben sich

$$K = \sqrt{\frac{\chi^2}{n + \chi^2}} = \sqrt{\frac{200957.47}{780839 + 200957.47}} = 0.452$$

und mit $M = \min\{k, l\} = 2$

$$K^* = \frac{\sqrt{\frac{\chi^2}{n+\chi^2}}}{\sqrt{\frac{M-1}{M}}} = \frac{K}{\sqrt{\frac{1}{2}}} = \frac{0.452}{0.707} = 0.639.$$

Es besteht also ein deutlicher Zusammenhang zwischen der Staatsangehörigkeit und der Schulart.

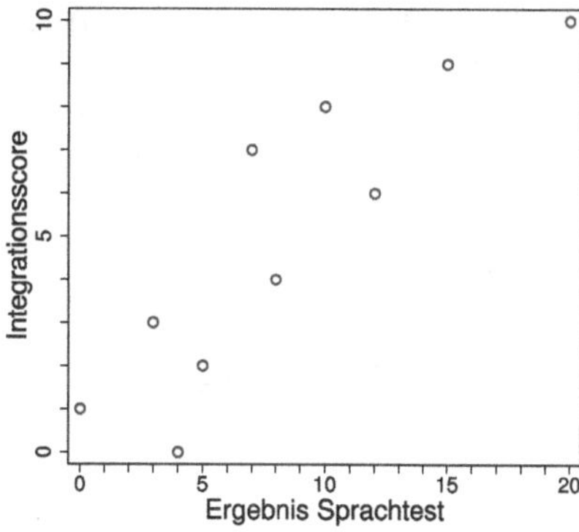

Abb. 3.11 Streudiagramm Integrationsscore versus Eregbnis des Sprachtests

Lösung 3.12

(a) Mit den Daten für die zehn Kinder erhält man das Streudiagramm in Abb. 3.11
(b) Da keine Bindungen vorliegen, kann zur Berechnung des Rangkorrelationskoeffizienten r_{SP} die Kurzformel

$$r_{SP} = 1 - \frac{6 \sum d_i^2}{n(n^2 - 1)}$$

verwendet werden.
Mit den Werten der Arbeitstabelle

Kind i	1	2	3	4	5	6	7	8	9	10
Rang Sprachtest	9	3	7	5	10	4	1	2	6	8
Rang Integrationsscore	9	1	8	7	10	3	2	4	5	6
$\|d_i\|$	0	2	1	2	0	1	1	2	1	2
d_i^2	0	4	1	4	0	1	1	4	1	4

erhält man

$$r_{SP} = 1 - \frac{6 \cdot 20}{10 \cdot 99} = 1 - \frac{120}{990} = 1 - 0.12 = 0.88.$$

(c) Hier wäre $r_{SP} = 1$, da ein streng monoton wachsender Zusammenhang vorliegt. Der Korrelationskoeffizient r_{XY} wäre echt kleiner als r_{SP} (also hier < 1), da die Punkte nicht auf einer Geraden liegen.

Lösung 3.13

(a) Das Streudiagramm unter Berücksichtigung aller elf Datenpunkte findet sich in der folgenden Abb. 3.12:

(b) Unter Berücksichtigung der Angabe erhält man

$$\bar{x} = \frac{10 \cdot 5.5 + 20}{11} = 6.82\,, \quad \bar{y} = \frac{10 \cdot 5.396 + 0}{11} = 4.91\,,$$

$$\sum_{i=1}^{11} x_i y_i = 383.46 + 0 = 383.46\,,$$

$$\sum_{i=1}^{11} x_i^2 = 385 + 20^2 = 785\,, \quad \sum_{i=1}^{11} y_i^2 = 388.88 + 0 = 388.88$$

und damit

$$r_{XY} = \frac{\sum_{i=1}^{11} x_i y_i - 11 \cdot \bar{x}\bar{y}}{\sqrt{\left(\sum_{i=1}^{11} x_i^2 - 11 \cdot \bar{x}^2\right) \cdot \left(\sum_{i=1}^{11} y_i^2 - 11 \cdot \bar{y}^2\right)}} = 0.0844\,.$$

Zur Berechnung von r_{SP} erstelle man folgende Tabelle:

i	1	2	3	4	5	6	7	8	9	10	11
$\text{rg}(x_i)$	1	2	3	4	5	6	7	8	9	10	11
$\text{rg}(y_i)$	1	3	4	5	7	6	9	8	10	11	2
d_i^2	0	1	1	1	4	0	4	0	1	1	81

Damit erhält man:

$$r_{SP} = 1 - \frac{6 \cdot \sum_{i=1}^{11} d_i^2}{(11^2 - 1) \cdot 11} = 1 - \frac{6 \cdot 94}{(121 - 1) \cdot 11} = 0.573\,.$$

(c) Augenscheinlich besteht ein starker linearer Zusammenhang zwischen Y und X. Die elfte Beobachtung scheint ein Ausreißer zu sein. Vergleicht man die berechneten Korrelationskoeffizienten, so zeigt sich, dass die Ausreißerbeobachtung einen enormen Einfluss auf den Wert von r_{XY} besitzt. Wird zusätzlich die elfte Beobachtung bei der Berechnung berücksichtigt, reduziert sich r_{XY} von 0.9654 zu 0.08844, so dass r_{XY} äußerst sensibel auf Ausreißer reagiert. Weitaus unempfindlicher gegenüber Ausreißern verhält sich der Rangkorrelationskoeffizient nach Spearman. Zwar reduziert sich auch r_{SP}, allerdings weniger drastisch.

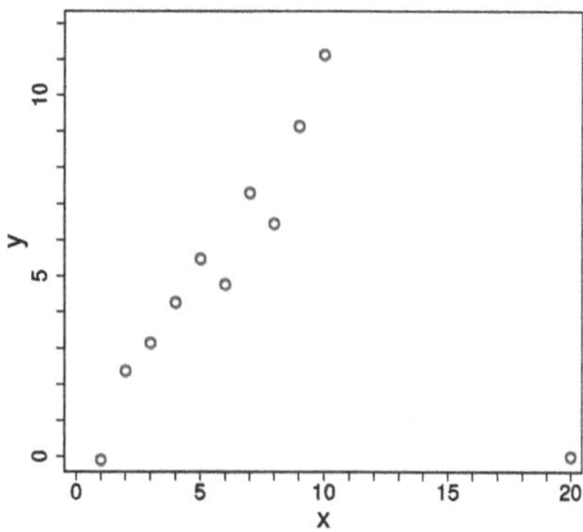

Abb. 3.12 Streudiagramm unter Berücksichtigung aller elf Datenpunkte

Lösung 3.14

(a) $r_{XY} = r_{SP} = 1$

(b)(b1) r_{XY} bleibt positiv, wird aber kleiner, da der perfekte lineare Zusammenhang durch das Quadrieren verloren geht. r_{SP} ändert sich nicht, da die y_i lediglich monoton transformiert werden (die Ränge ändern sich nicht).

(b2) r_{XY} wird etwas kleiner (bleibt aber positiv), da kein perfekter linearer Zusammenhang mehr besteht. Da sich die Ränge durch die Verschiebung des Punktes nicht ändern, gilt weiterhin $r_{SP} = 1$.

(b3) $r_{XY}^{\text{neu}} = r_{SP}^{\text{neu}} = -1 \cdot r_{XY} = -1$.

(b4) r_{XY} und r_{SP} bleiben unverändert, da sich die Vorzeichenänderungen gegenseitig aufheben.

Lösung 3.15

(a) Die Korrelationskoeffizienten berechnen sich wie folgt:

$$r_{X_1,Y_1} = \frac{Cov(X_1, Y_1)}{\sqrt{Var(X_1)}\sqrt{Var(Y_1)}} = \frac{5.50}{\sqrt{11.00}\sqrt{4.13}} = 0.82$$

$$r_{X_1,Y_2} = \frac{5.50}{\sqrt{11.00}\sqrt{4.13}} = 0.82$$

$$r_{X_1,Y_3} = \frac{5.50}{\sqrt{11.00}\sqrt{4.12}} = 0.82$$

$$r_{X_2,Y_4} = \frac{5.50}{\sqrt{11.00}\sqrt{4.12}} = 0.82$$

Da der Korrelationskoeffizient die Intensität des linearen Zusammenhangs zweier Variablen misst, folgern wir, dass in allen vier Fällen die Stärke des linearen Zusammenhangs gleich groß ist.

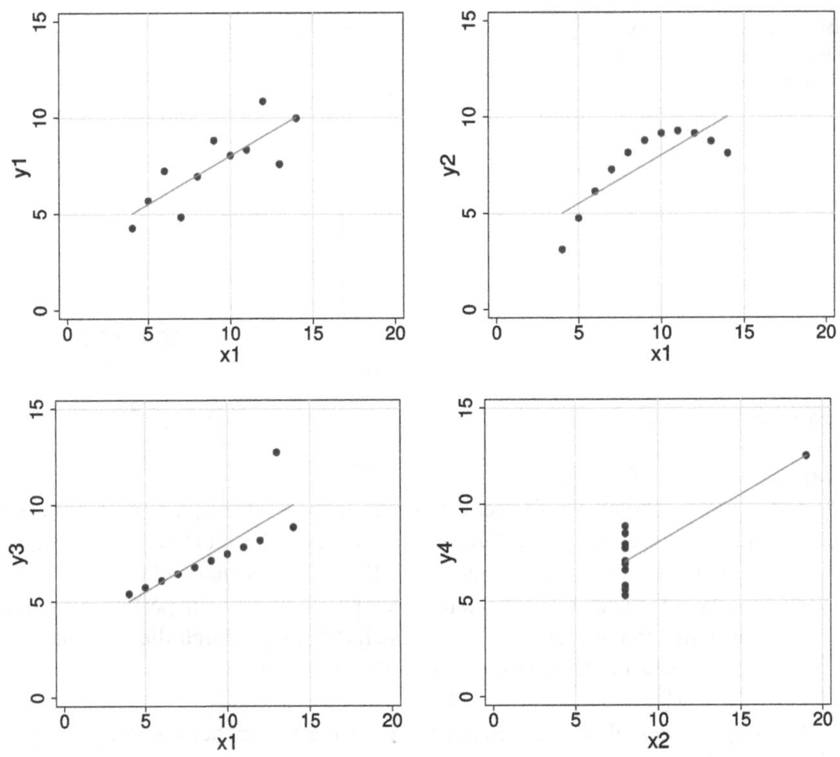

Abb. 3.13 Regressionsgeraden für X_1 vs. Y_1, X_1 vs. Y_2, X_1 vs. Y_3 und X_2 vs. Y_4

(b) Die geforderten Regressionsgeraden sind in Abb. 3.13 eingezeichnet. Die Streudiagramme zeigen, dass ein linearer Zusammenhang lediglich für die Variablenpaare (X_1, Y_1) und (X_1, Y_3) gegeben ist. Zwischen Y_1 und X_1 besteht ein starker linearer Zusammenhang. Zwischen X_1 und Y_3 hingegeben besteht ein perfekter linearer Zusammenhang, der lediglich durch einen Ausreißer gestört ist. Ohne den Ausreißer würde der Korrelationskoeffizient den Wert 1 annehmen. Zwischen X_1 und X_2 besteht ein perfekter nichtlinearer (vermutlich quadratischer) Zusammenhang, während zwischen X_2 und Y_4 eigentlich kein Zusammenhang besteht. Durch den weit vom Zentrum entfernten Ausreißer entsteht lediglich ein Scheinzusammenhang.

Abschließend können wir folgendes Fazit ziehen: Korrelationskoeffizienten und Regressionsgeraden sollten niemals ohne die dazu gehörenden Streudiagramme interpretiert werden.

Lösung 3.16

(a) Die KQ-Schätzer für α und β sind gegeben als (Abschn. 12.1.2 in Fahrmeir et al., 2024)

$$\hat{\beta} = \frac{\sum (x_i - \bar{x})(y_i - \bar{y})}{\sum (x_i - \bar{x})^2} = \frac{\sum x_i y_i - n\bar{x}\,\bar{y}}{\sum x_i^2 - n\bar{x}^2},$$
$$\hat{\alpha} = \bar{y} - \hat{\beta}\bar{x}.$$

Mit den Hilfsgrößen $\bar{x} = 90$, $\bar{y} = 2.993$, $\sum x_i y_i = 3345.6$, $\sum x_i^2 = 114000$ berechnen sich diese als

$$\hat{\beta} = \frac{3345.6 - 10 \cdot 90 \cdot 2.993}{114000 - 10 \cdot 90^2} = \frac{651.9}{33000} = 0.01975,$$
$$\hat{\alpha} = 2.993 - 90 \cdot 0.01975 = 1.2155.$$

Die geschätzte Regressionsgerade lautet somit

$$\hat{y} = 1.2155 + 0.01975x.$$

(b) Gesucht ist das Bestimmtheitsmaß R^2. Dieses lässt sich berechnen als

(b1) $R^2 = r_{XY}^2$ oder

(b2) $R^2 = \frac{\sum (\hat{y}_i - \bar{y})^2}{\sum (y_i - \bar{y})^2} = \frac{SQE}{SQT}.$

Der erste Weg scheint hier der schnellere zu sein. Es gilt:

$$r_{XY} = \frac{s_{XY}}{s_X \cdot s_Y}$$
$$= \frac{\frac{1}{n-1}\left(\sum x_i y_i - n\bar{x}\,\bar{y}\right)}{\sqrt{\frac{1}{n-1}\left(\sum x_i^2 - n\bar{x}^2\right)}\sqrt{\frac{1}{n-1}\left(\sum y_i^2 - n\bar{y}^2\right)}}$$
$$= \frac{\sum x_i y_i - n\bar{x}\,\bar{y}}{\sqrt{\sum x_i^2 - n\bar{x}^2}\sqrt{\sum y_i^2 - n\bar{y}^2}}.$$

Mit $\sum y_i^2 = 102.4887$ berechnet man $\sum y_i^2 - n\bar{y}^2 = 12.90821$. Damit erhält man insgesamt

$$r_{XY} = \frac{651.9}{\sqrt{33000}\sqrt{12.90821}} = 0.999,$$

woraus folgt:

$$R^2 = 0.997,$$

d. h. es werden 99.7 % der Gesamtstreuung durch die Regression erklärt, d. h. dass die Zeit, die für die Erkennung benötigt wird, fast zu 100 % durch die vorgegebene Drehung vorhergesagt werden kann.

4 Wahrscheinlichkeitsrechnung

Dieses Kapitel beinhaltet Übungsaufgaben zu den Grundlagen der Wahrscheinlichkeitsrechnung. Konkret behandeln die Aufgaben die Beschreibung von Zufallsvorgängen und ihres Ergebnisraums zur Konstruktion von Ereignissen und geeigneten Wahrscheinlichkeitsmaßen. Besondere Beachtung finden dabei sogenannte Laplace Experimente. Weitere Themen der Aufgaben sind Grundlagen der Kombinatorik, bedingte Wahrscheinlichkeiten, Unabhängigkeit von Ereignissen sowie der Satz von Bayes.

Bei den Aufgaben 4.1–4.7 handelt es sich um die Aufgaben aus Kap. 4 des Lehrbuchs Fahrmeir et al. (2024). Zusätzlich findet man in diesem Kapitel weitere neun Aufgaben 4.8–4.16.

Aufgaben

Aufgabe 4.1 (Aufgabe 4.1 Lehrbuch)
Ein Experiment bestehe aus dem Werfen eines Würfels und einer Münze.

(a) Geben Sie einen geeigneten Ergebnisraum Ω an.
(b) Zeigt die Münze Wappen, so wird die doppelte Augenzahl des Würfels notiert, bei Zahl nur die einfache. Wie groß ist die Wahrscheinlichkeit, dass eine gerade Zahl notiert wird?

Aufgabe 4.2 (Aufgabe 4.2 Lehrbuch)
Aus einer Grundgesamtheit $G = \{1, 2, 3, 4\}$ wird eine reine Zufallsstichprobe vom Umfang $n = 2$ gezogen. Betrachten Sie die beiden Fälle „Modell mit Zurücklegen“ und „Modell ohne Zurücklegen“.

(a) Listen Sie für beide Fälle alle möglichen Stichproben auf.

S. Lang et al., *Arbeitsbuch Statistik*, https://doi.org/10.1007/978-3-662-73272-4_4

(b) Wie groß ist jeweils für ein einzelnes Element die Wahrscheinlichkeit, in die Stichprobe zu gelangen?
(c) Wie groß ist jeweils die Wahrscheinlichkeit, dass die Elemente 1 und 2 beide in die Stichprobe gelangen?

Aufgabe 4.3 (Aufgabe 4.3 Lehrbuch)
Aus einer Gruppe von drei Männern und vier Frauen sind drei Positionen in verschiedenen Kommissionen zu besetzen. Wie groß ist die Wahrscheinlichkeit für die Ereignisse, dass mindestens eine der drei Positionen mit einer Frau besetzt wird bzw., dass höchstens eine der drei Positionen mit einer Frau besetzt wird,

(a) falls jede Person nur eine Position erhalten kann?
(b) falls jede Person mehrere Positionen erhalten kann?

Aufgabe 4.4 (Aufgabe 4.4 Lehrbuch)
Eine Gruppe von 60 Drogenabhängigen, die Heroin spritzen, nimmt an einer Therapie teil ($A =$ stationär, $\overline{A} =$ ambulant). Zudem unterziehen sich die Drogenabhängigen freiwillig einem HIV-Test ($B =$HIV-positiv, $\overline{B} =$HIV-negativ). Dabei stellen sich 45 der 60 Personen als HIV-negativ und 15 als HIV-positiv heraus. Von denen, die HIV-positiv sind, sind 80 % in der stationären Therapie, während von den HIV-Negativen nur 40 % in der stationären Therapie sind.

(a) Formulieren Sie die obigen Angaben als Wahrscheinlichkeiten.
(b) Sie wählen zufällig eine der 60 drogenabhängigen Personen aus. Berechnen Sie die Wahrscheinlichkeit, dass diese

   (b1) an der stationären Therapie teilnimmt und HIV-positiv ist,
   (b2) an der stationären Therapie teilnimmt und HIV-negativ ist,
   (b3) an der stationären Therapie teilnimmt.

(c) Berechnen Sie $P(B|A)$ und fassen Sie das zugehörige Ereignis in Worte.
(d) Welcher Zusammenhang besteht zwischen $P(A|B)$ und $P(A)$, wenn A und B unabhängig sind?

Aufgabe 4.5 (Aufgabe 4.5 Lehrbuch)
Zeigen Sie:
Sind A und B stochastisch unabhängig, dann sind auch $\overline{A}$ und B stochastisch unabhängig.

Aufgabe 4.6 (Aufgabe 4.6 Lehrbuch)
An einer Studie zum Auftreten von Farbenblindheit nimmt eine Gruppe von Personen teil, die sich zu 45 % aus Männern (M) und zu 55 % aus Frauen ($\overline{M}$) zusammensetzt. Man weiß, dass im Allgemeinen 6 % der Männer farbenblind (F) sind, d. h. es gilt $P(F|M) = 0.06$. Dagegen sind nur 0.5 % der Frauen farbenblind, d. h. $P(F|\overline{M}) = 0.005$.

Verwenden Sie diese Information zum Berechnen der Wahrscheinlichkeit, dass eine per Los aus der Gruppe ausgewählte Person eine farbenblinde Frau ist, d. h. zum Berechnen von $P(F \cap \overline{M})$.

Bestimmen Sie außerdem $P(\overline{M} \cap \overline{F})$, $P(M \cap F)$, $P(F)$ und $P(\overline{M}|F)$, und beschreiben Sie die zugehörigen Ereignisse in Worten.

Aufgabe 4.7 (Aufgabe 4.7 Lehrbuch)
An den Kassen von Supermärkten und Kaufhäusern wird ein zusätzliches Gerät bereitgestellt, mit dem die Echtheit von 100 EUR-Scheinen geprüft werden soll. Aus Erfahrung weiß man, dass 15 von 10000 Scheinen gefälscht sind. Bei diesem Gerät wird durch Aufblinken einer Leuchte angezeigt, dass der Schein als falsch eingestuft wird. Es ist bekannt, dass das Gerät mit einer Wahrscheinlichkeit von 0.95 aufblinkt, wenn der Schein falsch ist, und mit einer Wahrscheinlichkeit von 0.1, wenn der Schein echt ist.

Wie sicher kann man davon ausgehen, dass der 100 EUR-Schein tatsächlich falsch ist, wenn das Gerät aufblinkt?

Aufgabe 4.8
In einer Gruppe von 150 Studierenden sind 40 im 1. Studienjahr, die Hälfte der 30 Studierenden im 4. Studienjahr wohnt in München, 26 der 35 im 2. Studienjahr wohnen nicht in München, 8 im 3. Studienjahr wohnen in München und ein Drittel derjenigen, die in München wohnen, ist im 4. Studienjahr. Erstellen Sie aus diesen Angaben eine (2×4) Kontingenztafel.

Berechnen Sie unter der Annahme, dass jeder Student mit gleicher Wahrscheinlichkeit ausgewählt werden kann, die Wahrscheinlichkeiten für die folgenden vier Ereignisse:

Ein zufällig ausgewählter Student

A: wohnt in München
B: ist im 2. Studienjahr
C: wohnt nicht in München und ist im 3. Studienjahr
D: wohnt in München und ist noch nicht im 4. Studienjahr.

Aufgabe 4.9
Wir betrachten drei faire sechsseitige Würfel. Auf den Seiten der drei Würfel sind folgende Augenzahlen aufgedruckt:

Würfel A: 6,6,2,2,2,2
Würfel B: 5,5,5,5,1,1
Würfel C: 4,4,4,3,3,3

(a) Würfel B wird zweimal hintereinander geworfen.

i) Geben Sie einen geeigneten Ergebnisraum zur Beschreibung dieses Zufallsexperimentes an. Bestimmen Sie die Wahrscheinlichkeiten für die Elementarereignisse.
ii) Bezeichne S die Zufallsvariable „Summe der beiden Augenzahlen". Bestimmen Sie die Wahrscheinlichkeiten $P(S = 6)$ und $P(S \leq 10)$.

(b) Zwei Personen spielen gegeneinander. Jeder Spieler wählt einen der drei Würfel A, B oder C aus und wirft einmal. Der Spieler mit der höchsten geworfenen Augenzahl gewinnt. Bestimmen Sie die Wahrscheinlichkeiten, dass

i) Spieler 1 gewinnt, wenn Spieler 1 Würfel A und Spieler 2 Würfel B gewählt hat,
ii) Spieler 1 gewinnt, wenn Spieler 1 Würfel B und Spieler 2 Würfel C gewählt hat,
iii) Spieler 2 gewinnt, wenn Spieler 1 Würfel A und Spieler 2 Würfel C gewählt hat.

(c) Ist es aufgrund ihrer Ergebnisse aus Aufgabe (b) möglich, eine Aussage zu treffen, welcher der drei Würfel „der Beste" ist.

Aufgabe 4.10
Eine faire Münze wird dreimal geworfen. Wir interessieren uns für die Häufigkeit, mit der „Zahl" erscheint.

(a) Bestimmen Sie einen Ergebnisraum, so dass jedes Ergebnis gleich wahrscheinlich ist.
(b) Wie groß ist die Wahrscheinlichkeit 0, 1, 2 oder 3 Mal Zahl zu werfen.
(c) Wie groß ist die Wahrscheinlichkeit, dass 3 Mal dasselbe Symbol erscheint (Zahl oder Wappen)?

Aufgabe 4.11
Wir betrachten einen 4-seitigen Würfel mit den aufgedruckten Ziffern

$$1, 1, 3, 4.$$

Der Würfel wird zweimal hintereinander geworfen und die Summe aus den erzielten Augenzahlen notiert.

(a) Bestimmen Sie einen Ergebnisraum, so dass jedes Ergebnis gleich wahrscheinlich ist.
(b) Bestimmen Sie die Wahrscheinlichkeiten für die Augensumme

$$2, 3, 4, 5, 6, 7, 8.$$

(c) Wir betrachten einen weiteren 4-seitigen Würfel mit den Augenzahlen

$$1, 1, 1, 6.$$

Sie spielen mit dem ersten Würfel, Ihr Gegner mit dem zweiten. Mit welcher Wahrscheinlichkeit gewinnen Sie, d. h. mit welcher Wahrscheinlichkeit würfeln Sie eine höhere Augenzahl?

Aufgabe 4.12
Bei der Ziehung der Lottozahlen ist die Wahrscheinlichkeit 5 Richtige zu erhalten 1/34808.

(a) Mit welcher Wahrscheinlichkeit hat man mindestens ein Mal 5 Richtige bei 10 Ziehungen?
(b) Mit welcher Wahrscheinlichkeit hat man mindestens ein Mal 5 Richtige bei n Ziehungen? Leiten Sie eine allgemeine Formel her.
(c) Zeichnen Sie die Wahrscheinlichkeit in Abhängigkeit von n. Bei wie vielen Ziehungen ist die Wahrscheinlichkeit größer als 90 %.

Aufgabe 4.13
In einer Stadt sind 85 % der Taxis blau, 15 % sind grün. Ein Taxi ist in einen Unfall verwickelt, der Lenker hat anschließend Fahrerflucht begangen. Ein Zeuge glaubt, ein grünes Taxi gesehen zu haben. Ein anschließender Test mit dem Zeugen ergab, dass er mit 80 %-iger Wahrscheinlichkeit die Farbe eines Taxis richtig erkennen kann. Mit welcher Wahrscheinlichkeit war das Taxi tatsächlich grün?

Aufgabe 4.14
Wir betrachten folgende Aussagen:

(a) Wir haben eine 50 % Chance auf Regen am Samstag und eine 50 % Chance auf Regen am Sonntag. Also wird es am Wochenende mit 100 %-iger Sicherheit regnen.
(b) Mit 80 % Wahrscheinlichkeit regnet es am Samstag, mit 70 % Wahrscheinlichkeit am Sonntag. Mit 40 % Wahrscheinlichkeit regnet es an beiden Tagen.

Zeigen Sie, dass die Aussagen gegen die Regeln der Wahrscheinlichkeitstheorie verstoßen.

Aufgabe 4.15

Betrachten Sie die Ereignisse

A = Mein Nachbar steht wochentags immer um 2.00 Uhr in der Nacht auf.

B = Mein Nachbar ist Bäcker und steht wochentags immer um 2.00 Uhr in der Nacht auf.

Welches Ereignis ist wahrscheinlicher?

Aufgabe 4.16

Der AIDS Test ELISA erkennt einen mit HIV infizierten Patienten in 99.9 % der Fälle. Umgekehrt klassifiziert der Test 99.8 % der gesunden Menschen als gesund. In den Industrieländern sind 0.1 % der Bevölkerung infiziert.

(a) Definiere die im Text gegebenen Wahrscheinlichkeiten.
(b) Mit welcher Wahrscheinlichkeit erhalten wir ein positives Ergebnis, wenn wir eine beliebige Person aus den Industrieländern (etwa im Rahmen einer Reihenuntersuchung) testen?
(c) Wie groß ist die Wahrscheinlichkeit, dass eine positiv getestete Person gesund ist?

Lösungen

Lösung 4.1

(a) Der Ergebnisraum Ω ist gegeben als

$$\Omega = \{(1, W), (2, W), (3, W), (4, W), (5, W), (6, W),\\ (1, Z), (2, Z), (3, Z), (4, Z), (5, Z), (6, Z)\}.$$

Damit ist $|\Omega| = 12$ und somit $p_\omega = \frac{1}{12}$.

(b) Das beschriebene Experiment lässt sich wie folgt in einer Tabelle veranschaulichen:

Ergebnis	1 W	2 W	3 W	4 W	5 W	6 W	1 Z	2 Z	3 Z	4 Z	5 Z	6 Z
notierte Augenzahl	2	4	6	8	10	12	1	2	3	4	5	6

Ist A das Ereignis „Eine gerade Zahl wird geworfen", d. h.

$$A = \{(1, W), (2, W), (3, W), (4, W), (5, W), (6, W), (2, Z), (4, Z), (6, Z)\},$$

dann ist $|A| = 9$, und es ergibt sich

$$P(A) = \frac{|A|}{|\Omega|} = \frac{9}{12} = \frac{3}{4}.$$

Lösung 4.2

(a) Beim Ziehen mit Zurücklegen ist der Ergebnisraum Ω gegeben als

$$\Omega = \{(1, 1), (1, 2), (1, 3), (1, 4), (2, 1), (2, 2), (2, 3), (2, 4),\\ (3, 1), (3, 2), (3, 3), (3, 4), (4, 1), (4, 2), (4, 3), (4, 4)\}.$$

Beim Ziehen ohne Zurücklegen ergibt sich Ω als

$$\Omega = \{(1, 2), (1, 3), (1, 4), (2, 1), (2, 3), (2, 4),\\ (3, 1), (3, 2), (3, 4), (4, 1), (4, 2), (4, 3)\}.$$

(b) Beim Ziehen mit Zurücklegen gilt

$$P(i \text{ ist in Stichprobe}) = \frac{7}{16} \quad \text{für } i = 1, 2, 3, 4.$$

Für das Ziehen ohne Zurücklegen erhält man

$$P(i \text{ ist in Stichprobe}) = \frac{6}{12} = \frac{1}{2} \quad \text{für } i = 1, 2, 3, 4.$$

(c) Zieht man mit Zurücklegen ist

$$P(1 \text{ und } 2 \text{ sind in Stichprobe}) = \frac{2}{16} = \frac{1}{8}$$

und beim Ziehen ohne Zurücklegen

$$P(1 \text{ und } 2 \text{ sind in Stichprobe}) = \frac{2}{12} = \frac{1}{6}.$$

Lösung 4.3
Die Grundgesamtheit ergibt sich hier als $G = \{M, M, M, F, F, F, F\}$, und damit ist $|G| = 7$.

Die drei Positionen sind nach dem Zufallsprinzip zu besetzen. Das entspricht einer Ziehung aus G vom Umfang $n = 3$.

(a) Falls jede Person nur eine Position erhalten kann, liegt eine Ziehung ohne Zurücklegen vor, bei der die Anzahl möglicher Stichproben berechnet wird als

$$\frac{N!}{(N-n)!} = \frac{7!}{4!} = 7 \cdot 6 \cdot 5 = 210.$$

(a1) Bezeichnet man mit A das Ereignis „Mindestens eine der 3 Positionen wird mit einer Frau besetzt", d. h. „1, 2 oder alle 3 Positionen werden mit einer Frau besetzt", dann ist das Ereignis $\overline{A}$ gegeben als „Keine der 3 Positionen wird mit einer Frau besetzt". Die Anzahl aller möglichen Stichproben, die zu $\overline{A}$ führen, ergibt sich als Anzahl aller Permutationen der drei Männer, also als $3! = 3 \cdot 2 \cdot 1 = 6$.
Damit ist $P(\overline{A}) = \frac{6}{210} = 0.0286$, und es folgt $P(A) = 1 - P(\overline{A}) = 1 - 0.0286 = 0.9714$.

(a2) Bezeichnet man mit B das Ereignis „Höchstens eine der 3 Positionen wird mit einer Frau besetzt", d. h. „1 oder keine Position wird mit einer Frau besetzt", dann entspricht B den folgenden Ergebnissen mit der jeweiligen Anzahl von Möglichkeiten:

$$\begin{aligned}(M,M,M):&\quad 6 \text{ Möglichkeiten,}\\(M,M,F):&\quad 3\cdot 2\cdot 4=24 \text{ Möglichkeiten,}\\(M,F,M):&\quad 3\cdot 4\cdot 2=24 \text{ Möglichkeiten,}\\(F,M,M):&\quad 4\cdot 3\cdot 2=24 \text{ Möglichkeiten.}\end{aligned}$$

Insgesamt erhält man: $|B| = 78$ und damit $P(B) = \frac{78}{210} = 0.3714$.

(b) Falls jede Person mehrere Positionen erhalten kann, liegt eine Ziehung mit Zurücklegen vor, bei der die Anzahl möglicher Stichproben berechnet wird als

$$N^n = 7^3 = 343.$$

(b1) Hier ergibt sich für $|\overline{A}| = 3\cdot 3\cdot 3 = 27$ und damit $P(A) = 1 - \frac{27}{343} = 1 - 0.0787 = 0.9213$.

(b2) B entspricht den folgenden Ergebnissen mit der jeweiligen Anzahl von Möglichkeiten:

$$\begin{aligned}(M,M,M):&\quad 3\cdot 3\cdot 3=27 \text{ Möglichkeiten,}\\(M,M,F):&\quad 3\cdot 3\cdot 4=36 \text{ Möglichkeiten,}\\(M,F,M):&\quad 3\cdot 4\cdot 3=36 \text{ Möglichkeiten,}\\(F,M,M):&\quad 4\cdot 3\cdot 3=36 \text{ Möglichkeiten.}\end{aligned}$$

Insgesamt erhält man: $|B| = 135$ und damit $P(B) = \frac{135}{343} = 0.3936$.

Lösung 4.4

(a) Aus den Angaben ergeben sich folgende Wahrscheinlichkeiten: $P(\overline{B}) = \frac{45}{60} = 0.75$, $P(B) = \frac{15}{60} = 0.25$, $P(A|B) = 0.8$ und $P(A|\overline{B}) = 0.4$.

(b) Die gesuchten Wahrscheinlichkeiten sind

(b1) $P(A\cap B) = P(A|B)\cdot P(B) = 0.8\cdot 0.25 = 0.2$,
(b2) $P(A\cap \overline{B}) = P(A|\overline{B})\cdot P(\overline{B}) = 0.4\cdot 0.75 = 0.3$,
(b3) $P(A) = 0.2 + 0.3 = 0.5$.

(c) Diese bedingte Wahrscheinlichkeit berechnet sich als:

$$P(B|A) = \frac{P(A\cap B)}{P(A)} = \frac{0.2}{0.5} = 0.4.$$

Eine zufällig unter den Personen, die in stationärer Behandlung sind, ausgewählte Person ist HIV positiv.

(d) Sind A und B unabhängig, dann gilt $P(A|B) = P(A)$.

Lösung 4.5
Zu zeigen ist, dass

$$P(A \cap B) = P(A)P(B) \Longrightarrow P(\overline{A} \cap B) = P(\overline{A})P(B).$$

Nun gilt aber:

$$\begin{aligned} P(\overline{A} \cap B) &= P(B) - P(A \cap B) = P(B) - P(A)P(B) \\ &= P(B)[1 - P(A)] = P(B)P(\overline{A}). \end{aligned}$$

Lösung 4.6
Bezeichnen M das Ereignis „Mann" und F das Ereignis „Farbenblind". Dann erhält man aus den Angaben $P(M) = 0.45$, $P(F|M) = 0.06$, $P(\overline{M}) = 0.55$ und $P(F|\overline{M}) = 0.005$. Daraus berechnet man die gesuchten Wahrscheinlichkeiten wie folgt:

- $P(F \cap \overline{M}) = P(F|\overline{M}) \cdot P(\overline{M}) = 0.005 \cdot 0.55 = 0.00275$.
- $\overline{M} \cap \overline{F}$: „Eine zufällig ausgewählte Person ist weiblich und nicht farbenblind" mit

$$\begin{aligned} P(\overline{M} \cap \overline{F}) &= P(\overline{F} \cap \overline{M}) = P(\overline{F}|\overline{M}) \cdot P(\overline{M}) = [1 - P(F|\overline{M})] \cdot P(\overline{M}) \\ &= (1 - 0.005) \cdot 0.55 = 0.995 \cdot 0.55 = 0.54725. \end{aligned}$$

- $M \cap F$: „Eine zufällig ausgewählte Person ist männlich und farbenblind" mit

$$P(M \cap F) = P(F|M) \cdot P(M) = 0.06 \cdot 0.45 = 0.027.$$

- F: „Eine zufällig ausgewählte Person ist farbenblind" mit

$$\begin{aligned} P(F) &= P(F|M) \cdot P(M) + P(F|\overline{M}) \cdot P(\overline{M}) = P(F \cap M) + P(F \cap \overline{M}) \\ &= 0.00275 + 0.027 = 0.02975, \end{aligned}$$

  wobei diese Formel zur Berechnung von $P(F)$ gerade aus dem Satz von der totalen Wahrscheinlichkeit resultiert.
- „Eine unter den farbenblinden Personen zufällig ausgewählte Person ist weiblich" mit

$$P(\overline{M}|F) = \frac{P(\overline{M} \cap F)}{P(F)} = \frac{0.00275}{0.02975} = 0.09244.$$

Lösung 4.7
Bezeichnet man mit A das Ereignis „100 EUR Schein ist falsch“ und mit B das Ereignis „Gerät blinkt auf“, dann ergibt sich mit dem Satz von Bayes:

$$P(A|B) = \frac{P(A|B) \cdot P(A)}{P(A|B) \cdot P(A) + P(A|\overline{B}) \cdot P(\overline{A})}.$$

Da hier $P(A) = \frac{15}{10000} = 0.0015$, $P(\overline{A}) = 1 - P(A) = 0.9985$, $P(B|A) = 0.95$ und $P(B|\overline{A}) = 0.1$ gegeben sind, erhält man

$$\begin{aligned} P(A|B) &= \frac{0.95 \cdot 0.0015}{0.95 \cdot 0.0015 + 0.1 \cdot 0.9985} = \frac{0.001425}{0.001425 + 0.09985} \\ &= \frac{0.001425}{0.101275} = 0.0141. \end{aligned}$$

Blinkt das Gerät, kann man also nur mit einer Sicherheit von 1,4 % davon ausgehen, dass der Schein gefälscht ist.

Lösung 4.8
Als (2×4) Kontingenztafel ergibt sich:

	Studienjahr				
Wohnort	1	2	3	4	$\sum$
München	13	9	8	15	45
nicht München	27	26	37	15	105
$\sum$	40	35	45	30	150

Allgemein gilt nach der Abzählregel:

$$P(E) = \frac{\text{\# günstiger Ereignisse}}{\text{\# möglicher Ereignisse}} = \frac{|E|}{|\Omega|},$$

$$\text{d. h.} \quad P(A) = \frac{45}{150} = 0.3, \quad P(B) = \frac{35}{150} = 0.2\overline{3}, \quad P(C) = \frac{37}{150} = 0.24\overline{6}$$

$$\text{und} \quad P(D) = \frac{13 + 9 + 8}{150} = \frac{30}{150} = 0.2.$$

Lösung 4.9

(a) Als Ergebnisraum ergibt sich

$$\Omega = \{(1, 1), (1, 5), (5, 1), (5, 5)\}.$$

Zur Bestimmung der Wahrscheinlichkeiten für die Elementarereignisse berechnen wir zunächst die Wahrscheinlichkeiten für die Augenzahlen 1 und 5 bei einmaligem Würfeln. Offenbar gilt $P(\{1\}) = 1/3$ und $P(\{5\}) = 2/3$. Wegen der Unabhängigkeit der einzelnen Würfe erhalten wir somit

$$
\begin{aligned}
P(\{1,1\}) &= P(\{1\}) \cdot P(\{1\}) = \frac{1}{3} \cdot \frac{1}{3} = \frac{1}{9}, \\
P(\{1,5\}) &= P(\{1\}) \cdot P(\{5\}) = \frac{1}{3} \cdot \frac{2}{3} = \frac{2}{9}, \\
P(\{5,1\}) &= P(\{5\}) \cdot P(\{1\}) = \frac{2}{3} \cdot \frac{1}{3} = \frac{2}{9}, \\
P(\{5,5\}) &= P(\{5\}) \cdot P(\{5\}) = \frac{2}{3} \cdot \frac{2}{3} = \frac{4}{9}.
\end{aligned}
$$

Damit ergeben sich die gesuchten Wahrscheinlichkeiten für die Zufallsvariable S zu

$$P(S = 6) = P(\{(1,5),(5,1)\}) = \frac{2}{9} + \frac{2}{9} = \frac{4}{9}$$

und

$$P(S \leq 10) = 1.$$

(b) Die Wahrscheinlichkeiten berechnen sich wie folgt:

i) Wir beschreiben das Zufallsexperiment durch geordnete Paare, wobei der erste Eintrag das Ergebnis von Spieler 1 darstellen soll. Der Ergebnisraum ist also gegeben durch

$$\Omega = \{(2,1),(2,5),(6,5),6,1)\}.$$

Analog zu Aufgabe a) erhalten wir die Wahrscheinlichkeiten $P(\{2,1)\}) = 2/9$, $P(\{2,5)\}) = 4/9$, $P(\{6,5)\}) = 2/9$ und $P(\{6,1)\}) = 1/9$. Spieler 1 gewinnt bei den Ergebnissen $(2,1)$, $(6,5)$ und $(6,1)$ und wir erhalten $P(\text{Spieler 1 gewinnt}) = 5/9$.

ii) Analog zu i) erhalten wir $P(\text{Spieler 1 gewinnt}) = 6/9$.

iii) In zu ii) analoger Rechnung ergibt sich $P(\text{Spieler 2 gewinnt}) = 3/9$.

(c) Den Ergebnissen i) und ii) der Aufgabe b) entnehmen wir, dass Würfel A Würfel B überlegen ist und Würfel B gegenüber Würfel C überlegen. Eigentlich würde man erwarten, dass damit auch Würfel A gegenüber Würfel C überlegen ist. Die Ergebnisse aus Teil iii) widersprechen jedoch dieser (naheliegenden) Vermutung. Würfel C ist Würfel A überlegen. Die vorliegenden Würfel besitzen also eine Art Intransitivitätseigenschaft. Damit ist der Spieler, der den ersten Würfel wählt immer im Nachteil, da sein Gegner unabhängig von der Wahl des ersten Spielers immer einen überlegenen Würfel aussuchen kann. Entscheidet sich Spieler 1 für Würfel A, so wählt Spieler 2 Würfel C. Wählt Spieler 1 Würfel B so kann sein

Gegner Würfel A wählen. Wenn Spieler 1 mit Würfel C spielt kann Spieler 2 mit Würfel B werfen.

Lösung 4.10

(a) Als Ergebnisraum erhalten wir die folgende Menge von 3-Tupeln ($K =$ Kopf, $Z =$ Zahl):

$$\begin{aligned}\Omega = \{&(Z, Z, Z), (Z, Z, K), (Z, K, Z), (K, Z, Z),\\ &(Z, K, K), (K, Z, K), (K, K, Z), (K, K, K)\}\end{aligned}$$

Insgesamt enthält Ω $2^3 = 8$ Elemente, d. h. $|\Omega| = 8$.

(b) Die gesuchten Wahrscheinlichkeiten sind gegeben durch:

$$\begin{aligned}P(\text{„0 mal Zahl“}) &= P(\{(K, K, K)\}) = \frac{1}{8}\\ P(\text{„1 mal Zahl“}) &= P(\{(Z, K, K), (K, Z, K), (K, K, Z)\}) = \frac{3}{8}\\ P(\text{„2 mal Zahl“}) &= P(\{(Z, Z, K), (Z, K, Z), (K, Z, Z)\}) = \frac{3}{8}\\ P(\text{„3 mal Zahl“}) &= P(\{(Z, Z, Z)\}) = \frac{1}{8}\end{aligned}$$

(c) Wir erhalten

$$P(\text{„3 mal dasselbe Symbol“}) = P(\{(Z, Z, Z), (K, K, K)\}) = \frac{2}{8}.$$

Lösung 4.11

(a) Wir denken uns die zwei Seiten mit Aufdruck 1 zusätzlich markiert, z. B. 1a und 1b. Damit erhalten wir die vier unterscheidbaren Seiten 1a, 1b, 3, 4 und somit den Ergebnisraum

$$\begin{aligned}\Omega = \{&(1a, 1a), (1a, 1b), (1a, 3), (1a, 4),\\ &(1b, 1a), (1b, 1b), (1b, 3), (1b, 4),\\ &(3, 1a), (3, 1b), (3, 3), (3, 4),\\ &(4, 1a), (4, 1b), (4, 3), (4, 4)\}.\end{aligned}$$

(b) Wir erhalten

$$\begin{aligned}
P(AS=2) &= P(\{(1a,1a),(1a,1b),(1b,1a),(1b,1b)\}) = \tfrac{4}{16},\\
P(AS=3) &= 0,\\
P(AS=4) &= P(\{(1a,3),(1b,3),(3,1a),(3,1b)\}) = \tfrac{4}{16},\\
P(AS=5) &= P(\{(1a,4),(1b,4),(4,1a),(4,1b)\}) = \tfrac{4}{16},\\
P(AS=6) &= P(\{(3,3)\}) = \tfrac{1}{16},\\
P(AS=7) &= P(\{(3,4),(4,3)\}) = \tfrac{2}{16},\\
P(AS=8) &= P(\{(4,4)\}) = \tfrac{1}{16}.
\end{aligned}$$

(c) Seien W_1 und W_2 Abkürzungen für „Würfel 1" und „Würfel 2". Sie gewinnen, wenn die Augenzahl des ersten Würfels höher als die Augenzahl des zweiten Würfels ist. Für die Gewinnwahrscheinlichkeit erhalten wir also

$$\begin{aligned}
P(\text{„Gewinn"}) &= P(W_1=3, W_2=1) + P(W_1=4, W_2=1)\\
&= P(W_1=3)\cdot P(W_2=1) + P(W_1=4)\cdot P(W_2=1)\\
&= \frac{1}{4}\cdot\frac{3}{4} + \frac{1}{4}\cdot\frac{3}{4}\\
&= \frac{3}{16} + \frac{3}{16} = \frac{6}{16}.
\end{aligned}$$

Dabei haben wir in Zeile zwei die Unabhängigkeit der Würfe ausgenutzt.

Lösung 4.12

(a) Wir erhalten

$$\begin{aligned}
P(\text{„mindestens 1 mal 5 Richtige"}) &= 1 - P(\text{„keinmal 5 Richtige"})\\
&= 1 - \left(1 - \frac{1}{34808}\right)^{10}\\
&= 1 - \left(\frac{34807}{34808}\right)^{10}\\
&= 0.00028725.
\end{aligned}$$

(b) Als Verallgemeinerung ergibt sich

$$P(\text{„mindestens 1 mal 5 Richtige"}) = 1 - \left(\frac{34807}{34808}\right)^{n}.$$

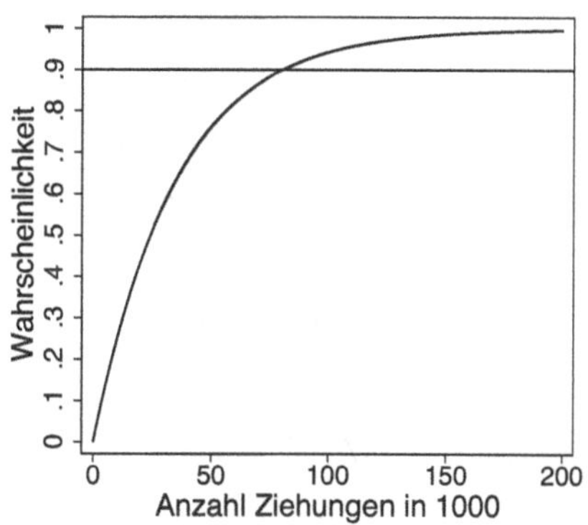

Abb. 4.1 Wahrscheinlichkeit für mindestens einmal 5 richtige in Abhängigkeit von der Anzahl der Ziehungen

(c) Die gesuchte Wahrscheinlichkeit in Abhängigkeit von n findet man in Abb. 4.1. Der Grafik entnimmt man, dass ab circa 80000 Ziehungen die Wahrscheinlichkeit für mindestens einmal 5 Richtige größer als 90 % ist.

Lösung 4.13

Definiere die Ereignisse

$$\begin{aligned} A &= \text{„Taxi blau"} \\ B &= \text{„Zeuge erkennt blaues Taxi"}. \end{aligned}$$

Den Angaben entnehmen wir die folgenden Wahrscheinlichkeiten

$$\begin{aligned} P(\text{„Taxi blau"}) &= P(A) &&= 0.85, \\ P(\text{„Zeuge erkennt blaues T." } \mid \text{ „Taxi blau"}) &= P(B \mid A) &&= 0.8, \\ P(\text{„Zeuge erkennt grünes T." } \mid \text{ „Taxi grün"}) &= P(\bar{B} \mid \bar{A}) &&= 0.8. \end{aligned}$$

Durch Übergang zum Gegenereignis erhalten wir unmittelbar

$$\begin{aligned} P(\text{„Taxi grün"}) &= P(\bar{A}) &&= 0.15, \\ P(\text{„Zeuge erkennt grünes T." } \mid \text{ „Taxi blau"}) &= P(\bar{B} \mid A) &&= 0.2, \\ P(\text{„Zeuge erkennt blaues T." } \mid \text{ „Taxi grün"}) &= P(B \mid \bar{A}) &&= 0.2. \end{aligned}$$

Gesucht ist die Wahrscheinlichkeit

$$P(\text{„Taxi grün" } \mid \text{ „Zeuge erkennt grünes T."}) = P(\bar{A} \mid \bar{B}).$$

Wir veranschaulichen uns die Situation in einem Ereignisbaum, vergleiche Abb. 4.2:

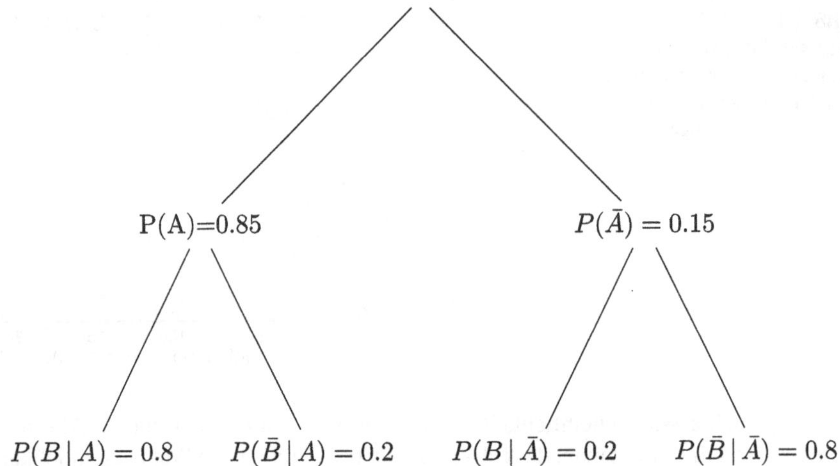

Abb. 4.2 Ereignisbaum im Taxiproblem

Die Wahrscheinlichkeit $P(\bar{A} \cap \bar{B})$ ergibt sich als Produkt der Wahrscheinlichkeiten $P(\bar{A})$ und $P(\bar{B}|\bar{A})$ im Ereignisbaum:

$$P(\bar{A} \cap \bar{B}) = P(\bar{B} \mid \bar{A}) \cdot P(\bar{A}) = 0.8 \cdot 0.15 = 0.12.$$

Die totale Wahrscheinlichkeit $P(\bar{B})$ erhält man nach dem Satz von der totalen Wahrscheinlichkeit bzw. durch Aufsummieren der entsprechenden Pfade im Ereignisbaum als

$$P(\bar{B}) = P(\bar{B}|\bar{A}) \cdot P(\bar{A}) + P(\bar{B}|A) \cdot P(A) = 0.2 \cdot 0.85 + 0.8 \cdot 0.15 = 0.29$$

Damit erhalten wir

$$P(\bar{A} \mid \bar{B}) = \frac{P(\bar{A} \cap \bar{B})}{P(\bar{B})} = \frac{0.12}{0.29} = 0.41.$$

Alternativ können wir den Satz von Bayes direkt anwenden und erhalten:

$$\begin{aligned} P(\bar{A}|\bar{B}) &= \frac{P(\bar{B} \mid \bar{A}) \cdot P(\bar{A})}{P(\bar{B}|\bar{A}) \cdot P(\bar{A}) + P(\bar{B}|A) \cdot P(A)} \\ &= \frac{0.8 \cdot 0.15}{0.8 \cdot 0.15 + 0.2 \cdot 0.85} \\ &= 0.41. \end{aligned}$$

Eine weitere alternative Lösung ergibt sich, wenn wir zu natürlichen Häufigkeiten übergehen und uns beispielsweise 1000 Taxis vorstellen. Die Lösung bestimmen wir dann über den folgenden Häufigkeitsbaum in Abb. 4.3:

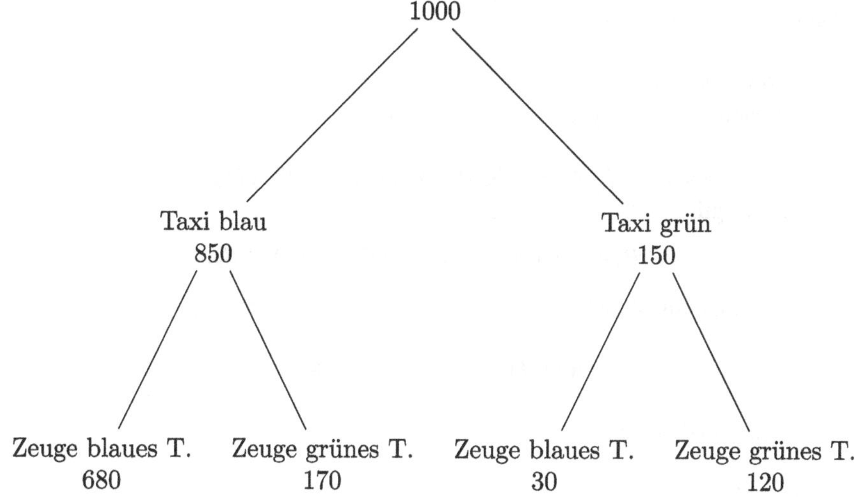

Abb. 4.3 Häufigkeitsbaum im Taxiproblem

In insgesamt 170+120 Fällen erkennt der Zeuge ein grünes Taxi. Davon sind tatsächlich 120 grün. Somit ist die gesuchte Wahrscheinlichkeit

$$P(\text{„Taxi grün“} \mid \text{„Zeuge erkennt grünes T.“}) = \frac{120}{170 + 120} = 0.41.$$

Lösung 4.14

(a) Definiere die Ereignisse

A = „Regen am Samstag“
B = „Regen am Sonntag“.

Es gilt $P(A) = 0.5$ und $P(B) = 0.5$. Es wird behauptet, dass somit

$$P(\text{„Regen am Wochenende“}) = P(A \cup B) = 1.$$

Gemäß Regel gilt allgemein

$$P(A \cup B) = P(A) + P(B) - P(A \cap B).$$

Einsetzen liefert

$$1 = 0.5 + 0.5 - P(A \cap B),$$

d. h.

$$P(A \cap B) = P(\text{„Regen am Samstag und Sonntag“}) = 0.$$

Eine Wahrscheinlichkeit von Null wird im Allgemeinen aber nicht stimmen.

(b) Definiere die Ereignisse

A = „Regen am Samstag“
B = „Regen am Sonntag“.

Gemäß Angaben gilt $P(A) = 0.8$, $P(B) = 0.7$ und $P(A \cap B) = 0.4$. Allgemein gilt

$$P(A \cup B) = P(A) + P(B) - P(A \cap B).$$

Einsetzen der Angaben liefert

$$P(A \cup B) = 0.8 + 0.7 - 0.4 = 1.1,$$

was nicht möglich ist.

Lösung 4.15
Da Bäcker tatsächlich nachts arbeiten müssen, glauben viele, dass Ereignis B wahrscheinlicher ist. Offenbar gilt aber $B \subset A$, so dass gemäß Regel $P(B) \leq P(A)$ gilt, entgegen der Intuition vieler.

Lösung 4.16

(a) Definiere die Ereignisse

$$\begin{aligned} A &= \text{„Person nicht mit dem HIV-Virus infiziert“}, \\ \overline{A} &= \text{„Person infiziert“}, \\ B &= \text{„Testergebnis positiv“}, \\ \overline{B} &= \text{„Testergebnis negativ“}. \end{aligned}$$

Dann gilt also

$$\begin{aligned} P(A) &= 0.999, \\ P(\overline{A}) &= 0.001, \\ P(B|\overline{A}) &= 0.999, \\ P(\overline{B}|A) &= 0.998. \end{aligned}$$

(b) Unter Zuhilfenahme der Rechenregel für das Gegenereignis erhalten wir

$$P(\overline{B}|\overline{A}) = 1 - P(B|\overline{A}) = 1 - 0.999 = 0.001$$

und

$$P(B|A) = 1 - P(\overline{B}|A) = 1 - 0.998 = 0.002.$$

Die gesuchte Wahrscheinlichkeit ergibt sich dann über den Satz von der totalen Wahrscheinlichkeit

$$\begin{aligned} P(B) &= P(B|A) \cdot P(A) + P(B|\overline{A}) \cdot P(\overline{A}) \\ &= 0.002 \cdot 0.999 + 0.999 \cdot 0.001 \\ &= 0.002997. \end{aligned}$$

(c) Die gesuchte Wahrscheinlichkeit $P(A|B)$ lässt sich direkt mit Hilfe des Satzes von Bayes bestimmen:

$$P(A|B) = \frac{P(B|A) \cdot P(A)}{P(B)} = \frac{0.002 \cdot 0.999}{0.002997} = 0.6667.$$

Die Wahrscheinlichkeit für einen falsch positiven AIDS Test ist also sehr hoch. Diese hohe Wahrscheinlichkeit rührt von der sehr niedrigen Prävalenz von 0.1 % der Bevölkerung in den Industrieländern (Suche nach der Nadel im Heuhaufen). Deshalb werden Vorsorgeuntersuchungen (etwa die Mammographie bei Brustkrebs) nur bei Risikogruppen (etwa Frauen ab 40) durchgeführt.

Diskrete Zufallsvariablen 5

Dieses Kapitel beinhaltet Übungsaufgaben zu den Grundlagen von diskreten Zufallsvariablen, insbesondere deren Eigenschaften, die Berechnung von Wahrscheinlichkeiten und Quantilen sowie Kennzahlen wie Erwartungswert und Varianz. Darüber hinaus findet man Aufgaben zu speziellen diskreten Zufallsvariablen wie die diskrete Gleichverteilung, Bernoulli- bzw. Binomialverteilung sowie die Poissonverteilung.

Bei den Aufgaben 5.1–5.10 handelt es sich um die Aufgaben aus Kap. 5 des Lehrbuchs Fahrmeir et al. (2024). Zusätzlich findet man in diesem Kapitel weitere 21 Aufgaben 5.11–5.31.

Aufgaben

Aufgabe 5.1 (Aufgabe 5.1 Lehrbuch)
Sie und Ihr Freund werfen je einen fairen Würfel. Derjenige, der die kleinere Zahl wirft, zahlt an den anderen so viele Geldeinheiten, wie die Differenz der Augenzahlen beträgt. Die Zufallsvariable X beschreibt Ihren Gewinn, wobei ein negativer Gewinn für Ihren Verlust steht.

(a) Bestimmen Sie die Wahrscheinlichkeitsfunktion von X, und berechnen Sie den Erwartungswert.
(b) Falls Sie beide die gleiche Zahl würfeln, wird der Vorgang noch einmal wiederholt, aber die Auszahlungen verdoppeln sich. Würfeln Sie wieder die gleiche Zahl, ist das Spiel beendet. Geben Sie für das modifizierte Spiel die Wahrscheinlichkeitsfunktion für Ihren Gewinn bzw. Verlust Y an.

Aufgabe 5.2 (Aufgabe 5.2 Lehrbuch)
Ein Student, der keine Zeit hat, sich auf einen 20-Fragen-Multiple-Choice-Test vorzubereiten, beschließt, bei jeder Frage aufs Geratewohl zu raten. Dabei besitzt jede Frage fünf Antwortmöglichkeiten.

S. Lang et al., *Arbeitsbuch Statistik*, https://doi.org/10.1007/978-3-662-73272-4_5

(a) Welche Verteilung hat die Zufallsvariable, die die Anzahl der richtigen Antworten angibt? Wie viele Fragen wird der Student im Mittel richtig beantworten?
(b) Der Test gilt als bestanden, wenn zehn Fragen richtig beantwortet sind. Wie groß ist die Wahrscheinlichkeit des Studenten, den Test zu bestehen? Wo müsste die Grenze liegen, wenn die Chance des Studenten, die Klausur durch Raten zu bestehen, größer als 5 % sein soll?

Aufgabe 5.3 (Aufgabe 5.3 Lehrbuch)
Berechnen Sie den Erwartungswert und die Varianz der diskreten Gleichverteilung auf dem Träger $\mathcal{T} = \{a, a+1, a+2, \ldots, b-2, b-1, b\}$.

Aufgabe 5.4 (Aufgabe 5.4 Lehrbuch)
Sind die beiden Zufallsvariablen X und Y, die die Augensumme bzw. die Differenz beim Werfen zweier fairer Würfel angeben, unabhängig?

Aufgabe 5.5 (Aufgabe 5.5 Lehrbuch)
Zeigen Sie für zwei unabhängige binäre Zufallsvariablen $X \sim B(1, \pi)$ und $Y \sim B(1, \rho)$ die Linearität von Erwartungswert und Varianz:

$$E(X+Y) = E(X) + E(Y), \quad Var(X+Y) = Var(X) + Var(Y)$$

sowie die Produktregel für Erwartungswerte:

$$E(X \cdot Y) = E(X) \cdot E(Y).$$

Aufgabe 5.6 (Aufgabe 5.6 Lehrbuch)
Bestimmen Sie den Median der geometrischen Verteilung mit dem Parameter $\pi = 0.5$. Vergleichen Sie Ihr Resultat mit dem Erwartungswert dieser Verteilung. Was folgt gemäß der Lageregel für die Gestalt des Wahrscheinlichkeitshistogramms? Skizzieren Sie das Wahrscheinlichkeitshistogramm, um Ihre Aussage zu überprüfen.

Aufgabe 5.7 (Aufgabe 5.7 Lehrbuch)
Welche Verteilungen besitzen die folgenden Zufallsvariablen:

(a) Die Anzahl der Richtigen beim Lotto „6 aus 49“ (X_1).
(b) Die Anzahl der Richtigen beim Fußballtoto, wenn alle Spiele wegen unbespielbarem Platz ausfallen und die Ergebnisse per Los ermittelt werden (X_2).
(c) Die Anzahl von Telefonanrufen in einer Auskunftstelle während einer Stunde (X_3).
(d) In einer Urne mit 100 Kugeln befinden sich 5 rote Kugeln. X_4 sei die Anzahl der roten Kugeln in der Stichprobe, wenn 10 Kugeln auf einen Schlag entnommen werden.
(e) Die Anzahl der Studierenden, die den Unterschied zwischen der Binomial- und der hypergeometrischen Verteilung verstanden haben, unter 10 zufällig ausgewählten Hörenden einer Statistikveranstaltung, an der 50 Studierenden teilnehmen (X_5).

(f) Die Stückzahl eines selten gebrauchten Produkts, das bei einer Lieferfirma an einem Tag nachgefragt wird (X_6).

Aufgabe 5.8 (Aufgabe 5.8 Lehrbuch)
Bei einem Fußballspiel kommt es nach einem Unentschieden zum Elfmeterschießen. Zunächst werden von jeder Mannschaft fünf Elfmeter geschossen, wobei eine Mannschaft gewinnt, falls sie häufiger getroffen hat als die andere. Nehmen Sie an, dass die einzelnen Schüsse unabhängig voneinander sind und jeder Schütze mit einer Wahrscheinlichkeit von 0.8 trifft. Wie groß ist die Wahrscheinlichkeit, dass es nach zehn Schüssen (fünf pro Mannschaft) zu einer Entscheidung kommt?

Aufgabe 5.9 (Aufgabe 5.9 Lehrbuch)
Aus Erfahrung weiß man, dass die Wahrscheinlichkeit dafür, dass bei einem Digitalcomputer eines bestimmten Typus während 12 h kein Fehler auftritt, 0.7788 beträgt.

(a) Welche Verteilung eignet sich zur näherungsweisen Beschreibung der Zufallsvariable $X =$ Anzahl der Fehler, die während 12 h auftreten?
(b) Man bestimme die Wahrscheinlichkeit dafür, dass während 12 h mindestens zwei Fehler auftreten.
(c) Wie groß ist die Wahrscheinlichkeit, dass bei vier (voneinander unabhängigen) Digitalcomputern desselben Typus während 12 Stunden genau ein Fehler auftritt?

Aufgabe 5.10 (Aufgabe 5.10 Lehrbuch)
Von den 20 Verkäuferinnen eines mittelgroßen Geschäftes sind vier mit längeren Ladenöffnungszeiten einverstanden. Ein Journalist befragt für eine Dokumentation der Einstellung zu einer Änderung der Öffnungszeiten fünf Angestellte, die er zufällig auswählt. Wie groß ist die Wahrscheinlichkeit, dass sich keine der Befragten für längere Öffnungszeiten ausspricht? Mit welcher Wahrscheinlichkeit sind genau bzw. mindestens zwei der ausgewählten Angestellten bereit, länger zu arbeiten?

Aufgabe 5.11
In einer Urne befinden sich $N = 4$ Kugeln, welche die Zahlen 2, 4, 8 und 16 tragen. Es werden nach dem Modell mit Zurücklegen $n = 2$ Kugeln entnommen. Man definiert die Zufallsvariable X als den Durchschnitt der beiden Zahlen, die die beiden entnommenen Kugeln tragen.

(a) Zählen Sie die 16 möglichen Ergebnisse des Zufallsvorgangs in Form von Zahlenpaaren auf, und bestimmen Sie die möglichen Ausprägungen von X.
(b) Ermitteln Sie die Wahrscheinlichkeits- und die Verteilungsfunktion von X.
(c) Bestimmen Sie den Median, das 25 %- und das 75 %- Quantil.

Aufgabe 5.12
Gegeben ist die Wahrscheinlichkeitsfunktion:

x	-1	1	2
$P(X = x)$	0.2	0.1	0.7

(a) Zeichnen Sie die Verteilungsfunktion von X, und berechnen Sie den Erwartungswert und die Standardabweichung von X.
(b) Ermitteln Sie die Wahrscheinlichkeitsfunktion von $Y = 2 + 4X$, und zeichnen Sie die Verteilungsfunktion von Y.
(c) Berechnen Sie den Erwartungswert und die Standardabweichung von Y und zwar direkt aus der Verteilung von Y sowie anhand der Ergebnisse über Erwartungswerte und Standardabweichungen von linear transformierten Zufallsvariablen.

Aufgabe 5.13
Die Firma Dr. L. GmbH hat sich auf die Produktion von Statistiklehrbüchern spezialisiert. Für die Produktion des neuesten Titels „Datenfreie Statistik" hat die Firma die Wahl zwischen den zwei Standorten Leipzig und Dresden. Leider hängt die jährliche Produktion an Büchern von vielen zufälligen Faktoren ab und kann nicht genau bestimmt werden. Bezeichne L die Zufallsvariable „produzierte Stückzahl in Leipzig" und D die Zufallsvariable „produzierte Stückzahl in Dresden". Die beiden folgenden Tabellen geben die Wahrscheinlichkeitsfunktionen für die jährliche Produktion in Leipzig und Dresden (in 1000 Stück) an (Tab. 5.1 und 5.2).

(a) Bestimmen Sie für beide Standorte die Wahrscheinlichkeit, dass
 - mehr als 3000 Bücher produziert werden.
 - mindestens 4000 Bücher produziert werden.
 - zwischen 3400 und 4500 Bücher produziert werden.
(b) Bestimmen Sie für beide Standorte die erwartete Anzahl an produzierten Büchern.
(c) Für welchen Standort entscheiden Sie sich, wenn Sie die erwartete Anzahl an produzierten Büchern maximieren wollen.
(d) Die Kosten für jedes produzierte Buch sind für die beiden Standorte unterschiedlich. In Leipzig entstehen 11 EUR pro Buch, in Dresden entstehen nur 60 % der Kosten in Leipzig. Jedes produzierte Buch bringt einen Erlös von 15 EUR.

Tab. 5.1 Wahrscheinlichkeitsfunktion für die jährliche Produktion (in 1000 Stück) in Leipzig

l	2	3	4	5
$P(L = l)$	0.4	0.3	0.2	0.1

Tab. 5.2 Wahrscheinlichkeitsfunktion für die jährliche Produktion (in 1000 Stück) in Dresden

d	1	2	3	4
$P(D = d)$	0.1	0.4	0.4	0.1

Für welchen Standort entscheiden Sie sich, wenn Sie den erwarteten jährlichen Gewinn maximieren wollen (genaue Begründung)?

Aufgabe 5.14

Aus einer Urne mit 4 Kugeln, die die Zahlen -3, -1, 1 und 3 tragen, wird zweimal mit Zurücklegen gezogen. Man bestimme die Verteilung der Summe der Zahlen auf den gezogenen Kugeln ($= X$).

(a) Wie groß ist die Wahrscheinlichkeit, dass die Summe echt positiv ist?
(b) Wie lautet die Verteilung von $Z = X^2$?
(c) Sei Y die Zufallsgröße „Summe der quadrierten Zahlen auf den gezogenen Kugeln". Wie lautet die Verteilung von Y?
(d) Wie groß ist die Wahrscheinlichkeit, dass Y echt größer als X^2 ist?

Aufgabe 5.15

Die diskrete Zufallsvariable X kann nur die ganzzahligen Werte zwischen -3 und $+4$ annehmen. Ihre Verteilungsfunktion $F(x)$ lautet an diesen Werten:

x	-3	-2	-1	0	1	2	3	4
$F(x)$	0.05	0.15	0.30	0.40	0.65	0.85	0.95	1

(a) Bestimmen Sie die Wahrscheinlichkeiten $P(-1 < X \leq 3)$, $P(-1 < X < 3)$, $P(-1 \leq X < 3)$ und $P(-1 \leq X \leq 3)$.
(b) Bestimmen Sie die Verteilungsfunktion von $Y = X^2$.

Aufgabe 5.16

Sei X eine diskrete Zufallsvariable mit Wahrscheinlichkeitsfunktion $f(x)$ und Verteilungsfunktion $F(x)$. Sei ferner der geordnete Wertebereich von X gleich $x_1 < x_2 < \ldots < x_n$. Sind die folgenden Aussagen richtig oder falsch?

(a) Unter Umständen kann $f(x_i) < 0$ sein.
(b) $F(x) = \sum_{x_i < x} f(x_i)$.
(c) $P(X > x) = 1 - F(x)$.
(d) $\sum_{x_i} F(x_i) = 1$.
(e) Ist $x_i < x_j$ so ist $F(x_i) \leq F(x_j)$.
(f) $f(x_i) = F(x_i) - F(x_{i-1})$ für $i = 2, \ldots, n$.
(g) $f(x_i) < F(x_i)$ für alle $i = 1, \ldots, n$.
(h) $f(x_1) = F(x_1)$.

Aufgabe 5.17
Zwei faire Würfel werden unabhängig voneinander geworfen. Bezeichne X_1 die Augenzahl des ersten und X_2 die des zweiten Würfels. Geben Sie für die daraus abgeleiteten Zufallsvariablen Y und Z zuerst jeweils den Träger $\mathcal{T}_Y$ und $\mathcal{T}_Z$ an. Sind Y und Z stochastisch unabhängig oder abhängig?

(a) $Y = X_1, Z = 2 \cdot X_2$.
(b) $Y = X_1, Z = X_1 + X_2$.
(c) $Y = X_1 + X_2, Z = X_1 - X_2$.

Aufgabe 5.18
Sei X eine diskrete Zufallsvariable mit Erwartungswert $E(X)$ und Varianz $Var(X)$. Sei ferner der geordnete Wertebereich von X gleich $x_1 < x_2 < \ldots < x_n$. Sind die folgenden Aussagen richtig oder falsch?

(a) $Var(X) \geq 0$.
(b) $E(X) \geq x_1$.
(c) $Var(X) \geq x_1$.
(d) $Var(X) \geq E(X)$.
(e) $Var(X) \leq E(X^2)$.
(f) $Var(X) \leq E(X)^2$.

Aufgabe 5.19
Sei X eine diskrete, um null symmetrische Zufallsvariable. Zeigen Sie, dass dann $E(X) = 0$ gilt. Verallgemeinern Sie diese Aussage auf Zufallsvariablen, die um einen Punkt c symmetrisch sind.

Aufgabe 5.20
Eine Teetrinkerin behauptet, schmecken zu können, ob der Tee beim Eingießen auf die Milch gegeben wurde oder umgekehrt. Sie erklärt sich auch zu einem Experiment bereit. Eine Person füllt zehn Tassen mit Milch und Tee. Bei jeder Tasse entscheidet sie rein zufällig, ob zuerst die Milch oder zuerst der Tee in die Tasse gegeben wird. Nachdem alle Tassen gefüllt sind, wird die Teetrinkerin ins Zimmer gelassen und darf probieren.

Nehmen Sie an, sie rät nur und tippt bei jeder Tasse (jeweils unabhängig von den anderen) mit Wahrscheinlichkeit 0.5 auf die richtige Reihenfolge von Tee und Milch. Wie groß ist dann die Wahrscheinlichkeit, dass sie mindestens achtmal richtig tippt?

Aufgabe 5.21
In einer Tüte befinden sich zehn Pralinen: vier aus Nougat und sechs aus Marzipan. Hein, der absolut keine Nougat-Pralinen mag, darf nun drei Pralinen zufällig (ohne Zurücklegen) auswählen.

(a) Wie ist die Anzahl X gezogener Marzipan-Pralinen verteilt? Wie viele Marzipan-Pralinen kann Hein erwarten?

Wie groß ist die Wahrscheinlichkeit, dass Hein

(a) genau 3 Marzipan-Pralinen zieht?
(b) mindestens 1 Marzipan-Praline zieht?

Aufgabe 5.22
Ein Großhändler versorgt acht Geschäfte, von denen jedes eine Bestellung für den nächsten Tag unabhängig vom anderen Geschäft mit Wahrscheinlichkeit $\pi = 0.3$ aufgibt.

(a) Wie viele Bestellungen laufen mit größter Wahrscheinlichkeit ein?
(b) Mit welcher Wahrscheinlichkeit weicht die Zahl der Bestellungen um höchstens eine vom wahrscheinlichsten Wert ab?
(c) Der Großhändler kann an einem Tag nicht mehr als sechs Geschäfte pünktlich beliefern. Die anderen Geschäfte erhalten die Lieferung verspätet.

  (c1) Wie wahrscheinlich ist es, dass nicht alle Geschäfte pünktlich beliefert werden können?
  (c2) Wie viele Geschäfte erhalten die Lieferung im Schnitt zu spät?

Aufgabe 5.23
Eine diskrete Zufallsvariable X nimmt nur die Werte 0, 1 oder 2 an. Die Wahrscheinlichkeitsfunktion $f(x) = P(X = x)$ von X hängt von einem Parameter $\theta \in [0, 1]$ ab:

$$\begin{aligned} P(X = 0) &= 0.36, \\ P(X = 1) &= 0.64 \cdot \theta, \\ P(X = 2) &= 0.64 \cdot (1 - \theta). \end{aligned}$$

Für welchen Wert von θ ist X binomialverteilt?

Aufgabe 5.24
Für welchen Wert von π hat eine binomialverteilte Zufallsvariable $X \sim B(n, \pi)$ bei festem n maximale Varianz?

Aufgabe 5.25
Eine Rückversicherung will die Prämien für Versicherungen gegen Großunfälle kalkulieren. Aus Erfahrung weiß sie, dass im Mittel 3.7 bzw. 5.9 Großunfälle im Winter- bzw. Sommerhalbjahr vorfallen.

(a) Welche Verteilungsannahme erscheint für die Zufallsvariablen

$$X = \text{Anzahl der Großunfälle im Winterhalbjahr}$$
$$Y = \text{Anzahl der Großunfälle im Sommerhalbjahr}$$

sinnvoll?
(b) Wie wahrscheinlich ist es, dass im Winterhalbjahr nicht mehr als zwei Großunfälle vorfallen? Wie wahrscheinlich ist es im Sommerhalbjahr?
(c) Wie wahrscheinlich ist es, dass sowohl im Winter- als auch im Sommerhalbjahr nicht mehr als zwei Großunfälle vorfallen? Welche Annahme unterstellen Sie dabei?

Aufgabe 5.26
Wir betrachten einen 4-seitigen Würfel mit den Seiten 1,2,3,4. Der Würfel wird 2 mal geworfen. Bezeichne die Zufallsvariablen X_1 das Ergebnis des ersten Wurfs und X_2 das Ergebnis des zweiten Wurfs. Bestimmen Sie die Wahrscheinlichkeits- und Verteilungsfunktion der Zufallsvariablen

$$U = min\{X_1, X_2\}$$

und

$$O = max\{X_1, X_2\}.$$

Aufgabe 5.27
Beim sogenannten St. Petersburger Spiel wirft ein Spieler so lange mit einer Münze, bis zum ersten Mal Zahl kommt. Wenn beim ersten Wurf bereits Zahl erscheint, erhält er als Gewinn 2 EUR, beim zweiten Wurf $2^2 = 4$ EUR, usw. Beim i-ten Wurf also 2^i EUR.

(a) Bestimmen Sie die Wahrscheinlichkeitsfunktion des Gewinns G des Spielers.
(b) Man zeige, dass

$$E(G) = \infty$$

und interpretiere das Ergebnis.

Aufgabe 5.28
Um zu verhindern, dass einzelne Sitze bei Flügen leer bleiben, weil Flugpassagiere nicht erscheinen (sog. No-Shows), werden Flüge in der Regel überbucht. Überbuchung bedeutet, dass mehr Sitze verkauft werden als vorhanden sind. Wir gehen von folgender Situation aus:

Ticketpreis T	100 EUR
Anzahl Sitze C	50
Anzahl verkaufter Sitze B	53
Wahrscheinlichkeit, dass Kunde erscheint π	0.9

(a) Wie groß ist die Wahrscheinlichkeit, dass Passagiere zurückgewiesen werden?
(b) Gehen Sie davon aus, dass die Entschädigung für einen abgewiesenen Passagier 200 EUR beträgt. Bestimmen Sie in Abhängigkeit von der Anzahl der erschienen Passagiere die Kompensationskosten.
(c) Welche Kompensationskosten sind zu erwarten?

Aufgabe 5.29
An einer Kreuzung kommt es pro Jahr zu durchschnittlich 7 Autounfällen. Gehen Sie davon aus, dass die Anzahl der Unfälle pro Jahr poissonverteilt ist.

(a) Wie groß ist die Wahrscheinlichkeit, dass es dieses Jahr zu keinem Unfall kommt?
(b) Wie groß ist die Wahrscheinlichkeit, dass es dieses Jahr zu genau 6 Unfällen kommt?
(c) Wie groß ist die Wahrscheinlichkeit, dass es dieses Jahr zu weniger als 3 Unfällen kommt?
(d) Wie groß ist die Wahrscheinlichkeit, dass es dieses Jahr zu mehr als 2 Unfällen kommt?

Aufgabe 5.30
Ein Teilnehmer einer Spielshow im Fernsehen hat die Wahl zwischen zwei Möglichkeiten: Einstreichen eines sicheren Gewinns von 100 EUR oder Teilnahme an einem Glücksspiel (in der Entscheidungstheorie auch als Lotterie bezeichnet). Bezeichne G die Zufallsvariable „Gewinn“. G habe folgende Wahrscheinlichkeitsfunktion:

g	30	60	100	150	200
$P(g)$	0.1	0.1	0.4	0.2	0.2

(a) Bestimmen Sie die Wahrscheinlichkeit, dass
  - der Gewinn g im Glücksspiel höher ist als der sichere Gewinn von 100 EUR.
  - der Gewinn g im Glücksspiel mindestens 100 EUR beträgt.
  - der Gewinn g kleiner als die sichere Auszahlung ist.
(b) Nach der Erwartungswerttheorie entscheidet sich der Teilnehmer so, dass der erwartete Gewinn maximiert wird. Für welche der beiden Varianten (sichere Auszahlung oder Glücksspiel) entscheidet sich der Teilnehmer?

(c) Nach der Erwartungsnutzentheorie entscheidet sich der Teilnehmer so, dass der erwartete Nutzen maximiert wird. Für welche Variante fällt die Entscheidung, falls folgende Nutzenfunktion vorliegt:

$$U(g) = \ln(g)$$

(d) Das Sicherheitsäquivalent S einer Lotterie ist die sichere Auszahlung, bei welcher der Entscheider indifferent zwischen der sicheren Variante und der Lotterie ist. Bestimmen Sie S, falls

$$U(g) = 10 \cdot \ln(g)$$

gilt.

(e) Die Differenz zwischen erwartetem Gewinn und Sicherheitsäquivalent heißt Risikoprämie, d. h.

$$RP = E(G) - S. \tag{5.1}$$

Das Risikoeinstellungsmaß nach Arrow und Pratt ist definiert als

$$r(x) = -\frac{u''(x)}{u'(x)}.$$

Zwischen RP und r existiert (näherungsweise) folgender Zusammenhang:

$$RP \sim \frac{1}{2} Var(G) \cdot r(S) \tag{5.2}$$

Bestimmen Sie RP nach Formel (5.1) und alternativ gemäß Formel (5.2).

Aufgabe 5.31

In einer Klausur werden 20 Multiple-Choice Fragen mit jeweils vier Antwortmöglichkeiten gestellt, wobei immer genau eine Antwort richtig ist. Um die Klausur positiv zu absolvieren, muss mindestens die Hälfte der Fragen korrekt beantwortet werden. Für falsche Antworten werden keine Punkte abgezogen.

(a) Wie groß ist die Wahrscheinlichkeit, die Klausur durch bloßes Raten zu bestehen?
(b) Nehmen Sie an, dass die Bestehensgrenze nun bei 40 % bzw. 60 % liegt. Wie sehen jetzt die Wahrscheinlichkeiten aus?
(c) Ein etwas besser vorbereiteter Student beantwortet eine Frage mit 50 %-iger Wahrscheinlichkeit richtig. Wie groß ist seine Chance, die Prüfung positiv zu absolvieren, wenn man 50 % für eine positive Note erreichen muss?
(d) Berechnen Sie nun die Wahrscheinlichkeit zu bestehen, wenn anstelle der vier Antwortmöglichkeiten nunmehr drei bzw. fünf gegeben werden. Der Student muss wieder raten.

Lösungen

Lösung 5.1

Ein geeigneter Ergebnisraum ist

$$\begin{aligned}\Omega = \{ &(1,1), (1,2), (1,3), (1,4), (1,5), (1,6),\\ &(2,1), (2,2), (2,3), (2,4), (2,5), (2,6),\\ &(3,1), (3,2), (3,3), (3,4), (3,5), (3,6),\\ &(4,1), (4,2), (4,3), (4,4), (4,5), (4,6),\\ &(5,1), (5,2), (5,3), (5,4), (5,5), (5,6),\\ &(6,1), (6,2), (6,3), (6,4), (6,5), (6,6) \}\end{aligned}$$

mit $|\Omega| = 6^2 = 36$.

(a) Abzählen liefert die Wahrscheinlichkeitsfunktion in Tabellenform:

x	−5	−4	−3	−2	−1	0	1	2	3	4	5
$P(X = x)$	$\frac{1}{36}$	$\frac{2}{36}$	$\frac{3}{36}$	$\frac{4}{36}$	$\frac{5}{36}$	$\frac{6}{36}$	$\frac{5}{36}$	$\frac{4}{36}$	$\frac{3}{36}$	$\frac{2}{36}$	$\frac{1}{36}$

Für den Erwartungswert gilt:

$$E(X) = -5 \cdot \frac{1}{36} - 4 \cdot \frac{2}{36} + \ldots + 5 \cdot \frac{1}{36} = 0.$$

(b) Es gilt:

$$\begin{aligned}
P(Y=-10) &= \tfrac{1}{6} \cdot \tfrac{1}{36} &&= \tfrac{1}{216} = P(X=10)\\
P(Y=-8) &= \tfrac{1}{6} \cdot \tfrac{2}{36} &&= \tfrac{2}{216} = P(X=8)\\
P(Y=-6) &= \tfrac{1}{6} \cdot \tfrac{3}{36} &&= \tfrac{3}{216} = P(X=6)\\
P(Y=-5) &= \tfrac{1}{36} &&= \tfrac{6}{216} = P(X=5)\\
P(Y=-4) &= \tfrac{2}{36} + \tfrac{1}{6} \cdot \tfrac{4}{36} &&= \tfrac{16}{216} = P(X=4)\\
P(Y=-3) &= \tfrac{3}{36} &&= \tfrac{18}{216} = P(X=3)\\
P(Y=-2) &= \tfrac{4}{36} + \tfrac{1}{6} \cdot \tfrac{5}{36} &&= \tfrac{29}{216} = P(X=2)\\
P(Y=-1) &= \tfrac{5}{36} &&= \tfrac{30}{216} = P(X=-1)\\
P(Y=0) &= \tfrac{1}{36} \cdot \tfrac{1}{6} &&= \tfrac{6}{216}
\end{aligned}$$

Lösung 5.2

(a) Die Zufallsvariable X = Anzahl der richtigen Antworten ist binomialverteilt mit den Parametern $n = 20$ und $\pi = 0.2$. Es gilt

$$E(X) = 20 \cdot 0.2 = 4.$$

(b) Die Wahrscheinlichkeit, den Test zu bestehen, berechnet sich zu

$$P(X \geq 10) = 1 - P(X \leq 9) = 1 - 0.9974 = 0.0026.$$

Die Wahrscheinlichkeit für $X \leq 9$ liest man aus Vertafelungen der Binomialverteilung ab.
Die Grenze k, bei welcher die Wahrscheinlichkeit, die Klausur zu bestehen, mehr als 5 % beträgt, berechnet sich wie folgt. Es muss

$$P(X \geq k) = 1 - P(X < k) > 0.05$$

gelten. Äquivalentes Umformen dieser Bedingung liefert

$$\begin{aligned} & P(X < k) < 0.95 \\ \Longleftrightarrow\ & P(X \leq k-1) < 0.95 \\ \Longleftrightarrow\ & F_X(k-1) < 0.95 \\ \Longleftrightarrow\ & k - 1 = 6 \\ \Longleftrightarrow\ & k = 7. \end{aligned}$$

Die Grenze müsste also bei $k = 7$ liegen.

Lösung 5.3

Sei X auf $\mathcal{T} = \{a, a+1, \ldots, b-1, b\}$ gleichverteilt. Der Einfachheit halber sei ohne Beschränkung der Allgemeinheit $a, b > 0$. Dann lautet die Wahrscheinlichkeitsfunktion

$$f(x) = \begin{cases} \dfrac{1}{b-a+1} & \text{für } x \in \mathcal{T} \\ 0 & \text{sonst.} \end{cases}$$

Somit ist

$$\begin{aligned} E(X) &= \sum_{x=a}^{b} x \cdot \frac{1}{b-a+1} = \frac{1}{b-a+1} \sum_{x=a}^{b} x \\ &= \frac{1}{b-a+1}(a + b + a + 1 + b - 1 + \ldots) \\ &= \frac{1}{b-a+1}(a+b) \cdot \frac{b-a+1}{2} \\ &= \frac{a+b}{2}. \end{aligned}$$

Dieses Ergebnis gilt auch wegen der Symmetrie der Verteilung. Zur Berechnung der Varianz betrachten wir die Zufallsvariable $Y = X - a$. Dann gilt wegen der Regeln für lineare Transformationen

$$Var(Y) = Var(X)$$

und ferner

$$E(Y) = E(X) - a = \frac{a + b - 2a}{2} = \frac{b - a}{2}.$$

Mit

$$\begin{aligned} E(Y^2) &= \sum_{k=0}^{b-a} k^2 \cdot \frac{1}{b - a + 1} = \frac{1}{b - a + 1} \sum_{k=0}^{b-a} k^2 \\ &= \frac{1}{b - a + 1} \frac{b - a}{6} (b - a + 1)(2(b - a) + 1) \\ &= \frac{b - a}{6} (2(b - a) + 1) \end{aligned}$$

gilt dann

$$\begin{aligned} Var(Y) &= E(Y^2) - (E(Y))^2 \\ &= \frac{b - a}{6}(2(b - a) + 1) - \frac{(b - a)^2}{4} \\ &= \frac{4(b - a)^2 + 2(b - a) - 3(b - a)^2}{12} \\ &= \frac{(b - a)^2 + 2(b - a)}{12} = Var(X). \end{aligned}$$

Lösung 5.4
Seien W_1 = Augenzahl des 1. Würfels und W_2 = Augenzahl des 2. Würfels.
Dann gilt $X = W_1 + W_2$ und $Y = W_1 - W_2$.
Betrachten Sie

$$\begin{aligned} P(X = 12, Y = 0) &= P(W_1 + W_2 = 12, W_1 - W_2 = 0) \\ &= P(W_1 = 6, W_2 = 6) \\ &= \frac{1}{36} \neq \frac{1}{36} \cdot \frac{1}{6} = P(X = 12) \cdot P(Y = 0). \end{aligned}$$

Also sind X und Y stochastisch abhängig.

Lösung 5.5
Da $X \sim B(1, \pi)$ hat X die Wahrscheinlichkeitsfunktion

$$f(x) = \begin{cases} \binom{1}{x} \pi^x (1 - \pi)^{1-x} & x = 0, 1 \\ 0 & \text{sonst} \end{cases}$$

mit Erwartungswert

$$E(X) = \sum_{x=0}^{1} x \cdot f(x) = 0 + 1 \cdot \binom{1}{1} \pi (1-\pi)^0 = \pi$$

und

$$E(X^2) = \sum_{x=0}^{1} x^2 \cdot f(x) = 0 + 1 \cdot 1 = \pi,$$

also mit der Varianz

$$\begin{aligned} Var(X) &= E(X^2) - (E(X))^2 = \pi - \pi^2 \\ &= \pi(1-\pi). \end{aligned}$$

Entsprechend hat $Y \sim B(1, \rho)$ den Erwartungswert ρ und die Varianz $\rho(1-\rho)$. Die Zufallsvariable $Z = X + Y$ hat die Wahrscheinlichkeitsverteilung

$Z = X + Y$	0	1	2
$P(Z = z)$	$(1-\pi)(1-\rho)$	$\pi(1-\rho) + \rho(1-\pi)$	$\pi \cdot \rho$

mit Erwartungswert

$$\begin{aligned} E(Z) &= 0 + 1 \cdot \pi(1-\rho) + \rho(1-\pi) + 2 \cdot \pi \cdot \rho \\ &= \pi - \pi \cdot \rho + \rho - \rho \cdot \pi + 2 \cdot \pi \cdot \rho = \pi + \rho \end{aligned}$$

und

$$\begin{aligned} E(Z^2) &= 0 + 1 \cdot \pi(1-\rho) + \rho(1-\pi) + 4 \cdot \pi\rho \\ &= \pi - \pi \cdot \rho + \rho - \rho \cdot \pi + 4 \cdot \pi \cdot \rho \\ &= \pi + 2 \cdot \pi \cdot \rho + \rho, \end{aligned}$$

also mit der Varianz

$$\begin{aligned} Var(Z) &= E(Z^2) - (E(Z))^2 \\ &= \pi + 2 \cdot \pi \cdot \rho + \rho - (\pi + \rho)^2 \\ &= \pi - \pi^2 + \rho - \rho^2 = \pi(1-\pi) + \rho(1-\rho). \end{aligned}$$

Damit gilt

$$\begin{aligned} E(X+Y) &= E(X) + E(Y) \quad \text{und} \\ Var(X+Y) &= Var(X) + Var(Y). \end{aligned}$$

Die Wahrscheinlichkeitsverteilung von $V = X \cdot Y$ entnimmt man folgender Tabelle:

$V = x \cdot y$	0	1
$P(V = v)$	$(1-\pi)(1-\rho) + \pi(1-\rho) + \rho(1-\pi)$	$\pi \cdot \rho$

Damit erhält man

$$E(V) = 0 + 1 \cdot \pi\rho = \pi \cdot \rho.$$

Also gilt

$$E(X \cdot Y) = E(X) \cdot E(Y).$$

Lösung 5.6

Die Wahrscheinlichkeitsfunktion lautet $f(x) = 0.5^{x-1} \cdot 0.5 = 0.5^x$. Daraus erhält man die Wahrscheinlichkeiten $P(X \leq 1) = 0.5$ und $P(X \leq 2) = 0.75$. Also gilt $F(1) = 0.5$, d.h. $x_{med} = 1$. Wegen $1 = x_{med} < E(X) = 2$ liegt eine linkssteile Verteilung vor. Das Wahrscheinlichkeitshistogramm der Verteilung findet man in Abb. 5.1.

Lösung 5.7

(a) Da die Lottozahlen ohne Zurücklegen gezogen werden, gilt $X_1 \sim H(6, 6, 49)$.
(b) Da die Einzelergebnisse voneinander unabhängig sind und die Wahrscheinlichkeit, ein Einzelergebnis richtig zu tippen, jeweils 1/3 beträgt, gilt $X_2 \sim B(11, 1/3)$.
(c) Falls eher selten angerufen wird, ist, da die einzelnen Anrufe als unabhängig angesehen werden können, X_3 $Po(\lambda)$-verteilt. Dabei ist λ die mittlere Anzahl von Anrufen pro Stunde.
(d) Ziehen auf einen Schlag entspricht dem Modell ohne Zurücklegen, d.h. $X_4 \sim H(10, 5, 100)$.

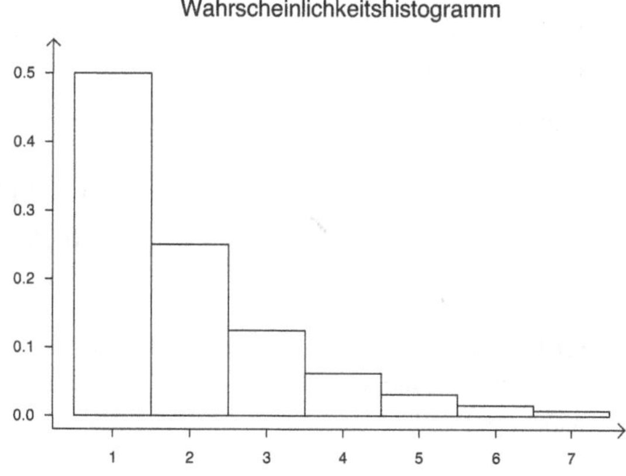

Abb. 5.1 Wahrscheinlichkeitshistogramm der geometrischen Verteilung mit $\pi = 0.5$

(e) Befragungen entsprechen in der Regel dem Ziehen ohne Zurücklegen, d. h. $X_5 \sim H(10, M, 50)$, wobei M Hörer den Unterschied verstanden haben.
(f) Ist λ die Anzahl, die im Mittel an einem Tag nachgefragt wird, dann gilt $X_6 \sim Po(\lambda)$.

Lösung 5.8
Seien X_1 = Anzahl von Treffern der Mannschaft A und X_2 = Anzahl von Treffern der Mannschaft B sowie Y = Anzahl von Schüssen bis zur Entscheidung. Nach $2 \cdot n$ Schüssen gilt $X_1 \sim B(n, 0.8)$ und $X_2 \sim B(n, 0.8)$. Insbesondere lautet die Verteilung nach fünf Schüssen pro Mannschaft in Tabellenform:

x	0	1	2	3	4	5
$P(X_i = x), i = 1, 2$	0.0003	0.0064	0.0512	0.2048	0.4096	0.3277

Die Wahrscheinlichkeit für ein Unentschieden nach insgesamt zehn Schüssen beträgt somit

$$\begin{aligned} P(X_1 = X_2) &= 0.0003^2 + 0.0064^2 + 0.0512^2 \\ &\quad + 0.2048^2 + 0.4096^2 + 0.3277^2 \\ &= 0.3198 \end{aligned}$$

Also gilt $P(Y = 10) = 1 - 0.3198 = 0.6802$.

Lösung 5.9

(a) $X \sim Po(\lambda)$ mit Wahrscheinlichkeitsfunktion

$$f(x) = \frac{\lambda^x}{x!} e^{-\lambda} \text{ für } x = 0, 1, 2, \ldots$$

Wegen $P(X = 0) = f(0) = e^{-\lambda} = 0.7788$ gilt $\lambda = -\log 0.7788 = 0.25$, also $X \sim Po(0.25)$.

(b) Man berechnet

$$\begin{aligned} P(X \geq 2) &= 1 - P(X = 0) - P(X = 1) \\ &= 1 - 0.7788 - \frac{0.25^1}{1!} 0.7788 = 0.0265. \end{aligned}$$

(c) Sei Y = Anzahl der Fehler, die bei vier Computern während 12 h auftreten. Dann ist Y die Summe von vier unabhängigen $Po(0.25)$-verteilten Zufallsvariablen, also $Y \sim Po(1)$.

Lösung 5.10

Sei X = Anzahl der Angestellten, die sich für längere Öffnungszeiten aussprechen. Dann gilt $X \sim H(5, 4, 20)$ und

$$\begin{aligned}
P(X=0) &= \frac{\binom{4}{0}\binom{16}{5}}{\binom{20}{5}} = \frac{1 \cdot 4368}{15.504} = 0.2817,\\
P(X=2) &= \frac{\binom{4}{2}\binom{16}{3}}{\binom{20}{5}} = \frac{6 \cdot 560}{15504} = 0.2167,\\
P(X \geq 2) &= 1 - P(X=0) - P(X=1)\\
&= 1 - 0.2817 - \frac{\binom{4}{1}\binom{16}{4}}{\binom{20}{5}}\\
&= 1 - 0.2817 - \frac{4 \cdot 1820}{15.504}\\
&= 1 - 0.2817 - 0.4696\\
&= 0.2487.
\end{aligned}$$

Lösung 5.11

Die Urne enthält vier Kugeln mit den Zahlen 2, 4, 8, 16. Daraus wird zweimal mit Zurücklegen gezogen, d. h. $G = \{2, 4, 8, 16\}$, $N = 4$ und $n = 2$.

Dabei interessiert die Variable X = Durchschnitt der Zahlen der beiden entnommenen Kugeln.

(a) Der Ergebnisraum ist gegeben als

$$\begin{aligned}
\Omega = \{&(2,2), (2,4), (2,8), (2,16), (4,2), (4,4), (4,8), (4,16),\\
&(8,2), (8,4), (8,8), (8,16), (16,2), (16,4), (16,8), (16,16)\}.
\end{aligned}$$

Damit besitzt X folgende Ausprägungen: 2, 3, 4, 5, 6, 8, 9, 10, 12, 16.

(b) Die Wahrscheinlichkeits- und die Verteilungsfunktion von X lauten:

x	2	3	4	5	6	8	9	10	12	16
$P(X=x)$	$\frac{1}{16}$	$\frac{2}{16}$	$\frac{1}{16}$	$\frac{2}{16}$	$\frac{2}{16}$	$\frac{1}{16}$	$\frac{2}{16}$	$\frac{2}{16}$	$\frac{2}{16}$	$\frac{1}{16}$
$F(x)$	$\frac{1}{16}$	$\frac{3}{16}$	$\frac{4}{16}$	$\frac{6}{16}$	$\frac{8}{16}$	$\frac{9}{16}$	$\frac{11}{16}$	$\frac{13}{16}$	$\frac{15}{16}$	1

(c) – Bestimmen Sie den Median $x_{0.5}$ mit $P(X \leq x_{0.5}) \geq 0.5$ und $P(X \geq x_{0.5}) \geq 1 - 0.5 = 0.5$. Dazu betrachte zunächst $x = 6$:
Hier gelten $P(X \leq 6) = \frac{8}{16} = 0.5$ und $P(X \geq 6) = \frac{10}{16} \geq 0.5$.
Für $x = 8$ erhält man entsprechend $P(X \leq 8) = \frac{9}{16} \geq 0.5$ und $P(X \geq 8) = \frac{8}{16} = 0.5$. Der Median ist also nicht eindeutig bestimmt. Alle Zahlen zwischen 6 und 8 sind Median. Per Konvention wählt man den kleinsten Wert, d. h. $x_{0.5} = 6$.

- Bestimme $x_{0.25}$ mit $P(X \leq x_{0.25}) \geq 0.25$ und $P(X \geq x_{0.25}) \geq 1 - 0.25 = 0.75$. Betrachte zunächst $x = 4$:
  Hier gelten $P(X \leq 4) = \frac{4}{16} = 0.25$ und $P(X \geq 4) = \frac{13}{16} = 0.8125 > 0.75$.
  Für $x = 5$ erhält man entsprechend $P(X \leq 5) = F(5) = \frac{6}{16} = 0.375 \geq 0.25$ und $P(X \geq 5) = \frac{12}{16} = 0.75$.
  Damit sind alle Zahlen zwischen 4 und 5 unteres Quartil; wähle per Konvention $x_{0.25} = 4$.
- Bestimme $x_{0.75}$ mit $P(X \leq x_{0.75}) \geq 0.75$ und $P(X \geq x_{0.75}) \geq 1 - 0.75 = 0.25$. Betrachte zunächst $x = 10$:
  Hier gelten $P(X \leq 10) = F(10) = \frac{13}{16} = 0.8125 \geq 0.75$ und $P(X \geq 10) = \frac{5}{16} = 0.3125 \geq 0.25$. Das obere Quartil ist eindeutig: $x_{0.75} = 10$.

Lösung 5.12

(a) Die Verteilungsfunktion von X lautet

x	-1	1	2
$P(X = x)$	0.2	0.1	0.7
$F(x)$	0.2	0.3	1

und hat folgende graphische Darstellung (Abb. 5.2):
Der Erwartungswert von X ergibt sich als

$$\begin{aligned} E(X) &= \sum_{i=1}^{\infty} x_i \cdot P(X = x_i) = \sum_{i=1}^{3} x_i \cdot P(X = x_i) \\ &= -1 \cdot 0.2 + 1 \cdot 0.1 + 2 \cdot 0.7 = 1.3. \end{aligned}$$

Die Varianz von X ist gegeben als:

$$\begin{aligned} Var(X) &= E(X^2) - [E(X)]^2 \\ \text{mit} \quad E(X^2) &= 1 \cdot 0.2 + 1 \cdot 0.1 + 4 \cdot 0.7 = 3.1. \end{aligned}$$

Damit ergibt sich die Varianz von X zu

$$Var(X) = 3.1 - 1.3^2 = 1.41,$$

und man erhält für die Standardabweichung von X:

$$\sqrt{Var(X)} = 1.187.$$

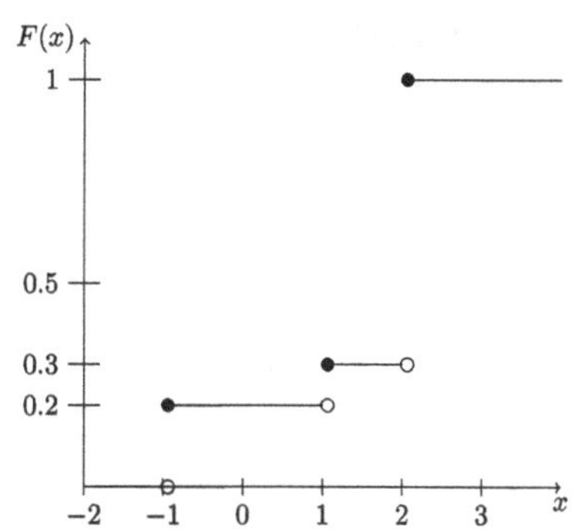

Abb. 5.2 Verteilungsfunktion von X

(b) Mit $Y = 2 + 4X$ ergibt sich für die Wahrscheinlichkeits- und Verteilungsfunktion von Y

y	-2	6	10
$P(Y = y)$	0.2	0.1	0.7
$F(y)$	0.2	0.3	1

und die graphische Darstellung in Abb. 5.3:

(c) Die Berechnung von $E(Y)$ und $\sqrt{Var(Y)}$ kann

– zum einen über die Verteilung von Y erfolgen:

$$E(Y) = -2 \cdot 0.2 + 6 \cdot 0.1 + 10 \cdot 0.7 = 7.2,$$
$$E(Y^2) = 4 \cdot 0.2 + 36 \cdot 0.1 + 100 \cdot 0.7 = 74.4.$$

Damit ist $Var(Y) = 74.4 - (7.2)^2 = 22.56$

und $\sqrt{Var(Y)} = 4.75.$

– und zum anderen anhand der Ergebnisse für X:

$$E(Y) = 2 + 4 \cdot E(X) = 2 + 4 \cdot 1.3 = 7.2,$$
$$Var(Y) = 16 \cdot Var(X) = 16 \cdot 1.41 = 22.56,$$
$$\sqrt{Var(Y)} = 4 \cdot \sqrt{Var(X)} = 4 \cdot 1.187 = 4.75.$$

Lösung 5.13

(a) Für Leipzig erhält man

$$P(L > 3) = P(L = 4) + P(L = 5) = 0.2 + 0.1 = 0.3,$$
$$P(L \geq 4) = P(L = 4) + P(L = 5) = 0.3,$$
$$P(3.4 \leq L \leq 4.5) = P(L = 4) = 0.2.$$

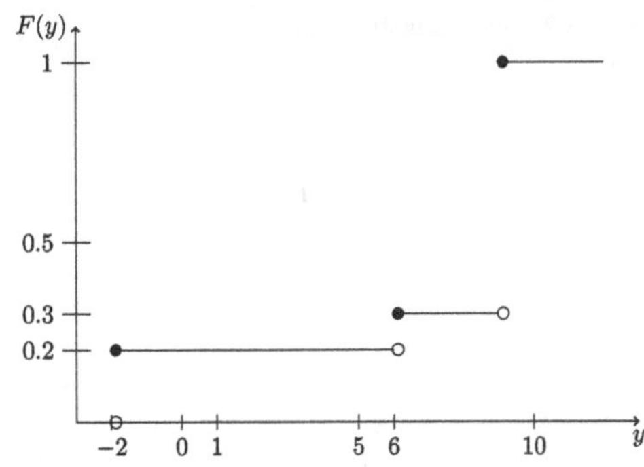

Abb. 5.3 Verteilungsfunktion von Y

Entsprechend ergibt sich für Dresden:

$$\begin{aligned} P(D > 3) &= P(D = 4) = 0.1, \\ P(D \geq 4) &= P(D = 4) = 0.1, \\ P(3.4 \leq D \leq 4.5) &= P(D = 4) = 0.1. \end{aligned}$$

(b) Es gilt:

$$\begin{aligned} E(L) &= 2 \cdot P(L = 2) + 3 \cdot P(L = 3) + 4 \cdot P(L = 4) + 5 \cdot P(L = 5) \\ &= 2 \cdot 0.4 + 3 \cdot 0.3 + 4 \cdot 0.2 + 5 \cdot 0.1 \\ &= 3 \end{aligned}$$

$$\begin{aligned} E(D) &= 1 \cdot P(D = 1) + 2 \cdot P(D = 2) + 3 \cdot P(D = 3) + 4 \cdot P(D = 4) \\ &= 1 \cdot 0.1 + 2 \cdot 0.4 + 3 \cdot 0.4 + 4 \cdot 0.1 \\ &= 2.5 \end{aligned}$$

In Leipzig werden also im Durchschnitt 3000 Bücher hergestellt, in Dresden 2500.

(c) Die erwartete Produktionsmenge ist in Leipzig höher als in Dresden. Daher entscheidet man sich für Leipzig.

(d) Bezeichne GL die Zufallsvariable „Gewinn in Leipzig" und GD die Zufallsvariable „Gewinn in Dresden". Es gilt:

$$GL = (15 - 11) \cdot 1000 \cdot L = 4000 \cdot L$$

$$\begin{aligned} E(GL) &= 4000 \cdot E(L) = 4000 \cdot 3 \\ &= 12.000\,\text{EUR} \end{aligned}$$

und

$$GD = (15 - 0.6 \cdot 11) \cdot 1000 \cdot D = 8400 \cdot D$$

$$\begin{aligned} E(GD) &= 8400 \cdot E(D) = 8400 \cdot 2.5 \\ &= 21.000\,\text{EUR}. \end{aligned}$$

Da der erwartete Gewinn in Dresden höher ist, entscheiden wir uns für Dresden.

Lösung 5.14
Ein geeigneter Ergebnisraum ist

$$\begin{aligned}\Omega = \{\ &(-3,-3),\ (-3,-1),\ (-3,+1),\ (-3,+3),\\ &(-1,-3),\ (-1,-1),\ (-1,+1),\ (-1,+3),\\ &(+1,-3),\ (+1,-1),\ (+1,+1),\ (+1,+3),\\ &(+3,-3),\ (+3,-1),\ (+3,+1),\ (+3,+3)\ \}\end{aligned}$$

mit $|\Omega| = 4^2 = 16$.

(a) Die Wahrscheinlichkeitsfunktion von X erhält man mit folgender Tabelle:

x	–6	–4	–2	0	2	4	6
	$(-3,-3)$	$(-3,-1)$ $(-1,-3)$	$(-3,1)$ $(1,-3)$ $(-1,-1)$	$(-3,3)$ $(3,-3)$ $(-1,1)$ $(1,-1)$	$(3,-1)$ $(-1,3)$ $(1,1)$	$(3,1)$ $(1,3)$	$(3,3)$
$\sum$	1	2	3	4	3	2	1
$P(X=x)$	$\frac{1}{16}$	$\frac{2}{16}$	$\frac{3}{16}$	$\frac{4}{16}$	$\frac{3}{16}$	$\frac{2}{16}$	$\frac{1}{16}$

Damit folgt

$$P(X > 0) = \frac{3}{16} + \frac{2}{16} + \frac{1}{16} = \frac{6}{16}.$$

(b) Es gilt

$$\begin{aligned}P(Z = 36) &= P(X = 6) + P(X = -6) = \tfrac{2}{16},\\ P(Z = 16) &= P(X = 4) + P(X = -4) = \tfrac{4}{16},\\ P(Z = 4) &= P(X = 2) + P(X = -2) = \tfrac{6}{16},\\ P(Z = 0) &= P(X = 0) = \tfrac{4}{16}.\end{aligned}$$

Damit erhält man als Wahrscheinlichkeitsfunktion

$$f(z) = \begin{cases} \frac{2}{16} & \text{für} \quad z = 36 \\ \frac{4}{16} & \text{für} \quad z = 16 \\ \frac{6}{16} & \text{für} \quad z = 4 \\ \frac{4}{16} & \text{für} \quad z = 0 \end{cases}$$

und als Verteilungsfunktion

$$F(z) = \begin{cases} 0 & \text{für } -\infty < z < 0 \\ \frac{4}{16} & \text{für } 0 \le z < 4 \\ \frac{10}{16} & \text{für } 4 \le z < 16 \\ \frac{14}{16} & \text{für } 16 \le z < 36 \\ 1 & \text{für } 36 \le z < +\infty. \end{cases}$$

(c) Die Wahrscheinlichkeitsfunktion von Y entnimmt man folgender Tabelle:

y	2	10	18
	$(-1,-1)$	$(-3,-1)$	$(-3,-3)$
	$(-1,+1)$	$(-1,-3)$	$(-3,+3)$
	$(+1,-1)$	$(+3,-1)$	$(+3,-3)$
	$(+1,+1)$	$(-1,+3)$	$(+3,+3)$
		$(+3,+1)$	
		$(+1,+3)$	
		$(-3,+1)$	
		$(+1,-3)$	
$\sum$	4	8	4
$P(Y=y)$	$\frac{4}{16}=\frac{1}{4}$	$\frac{8}{16}=\frac{1}{2}$	$\frac{4}{16}=\frac{1}{4}$

Damit erhält man als Wahrscheinlichkeitsfunktion für Y

$$f(y) = \begin{cases} \frac{4}{16} & \text{für } y = 18 \\ \frac{8}{16} & \text{für } y = 10 \\ \frac{4}{16} & \text{für } y = 2 \end{cases}$$

und als Verteilungsfunktion

$$F(y) = \begin{cases} 0 & \text{für } -\infty < y < 2 \\ \frac{4}{16} & \text{für } 2 \le y < 10 \\ \frac{12}{16} & \text{für } 10 \le y < 18 \\ 1 & \text{für } 18 \le y < +\infty. \end{cases}$$

(d) Die gesuchte Wahrscheinlichkeit ermittelt man wie folgt:

$$\begin{aligned} P(Y > X^2) &= P(Y = 2\,,\; X^2 = 0) \\ &\quad + P(Y = 10\,,\; X^2 = 0) + P(Y = 10\,,\; X^2 = 4) \\ &\quad + P(Y = 18\,,\; X^2 = 0) + P(Y = 18\,,\; X^2 = 4) \\ &\quad + P(Y = 18\,,\; X^2 = 16) \\ &= \frac{2}{16} + 0 + \frac{4}{16} + \frac{2}{16} + 0 + 0 \\ &= \frac{8}{16}. \end{aligned}$$

Lösung 5.15

(a) Die gesuchten Wahrscheinlichkeiten lassen sich direkt über die angegebenen Werte der Verteilungsfunktion berechnen, und zwar als:

$$P(-1 < X \leq 3) = F(3) - F(-1) = 0.95 - 0.3 = 0.65,$$

$$P(-1 < X < 3) = F(2) - F(-1) = 0.85 - 0.3 = 0.55,$$

$$P(-1 \leq X < 3) = F(2) - F(-2) = 0.85 - 0.15 = 0.7,$$

$$P(-1 \leq X \leq 3) = F(3) - F(-2) = 0.95 - 0.15 = 0.8.$$

(b) Die Verteilungsfunktion entnimmt man folgender Tabelle:

$y = x^2$	0	1	4	9	16
$f_Y(y)$	0.1	0.4	0.3	0.15	0.05
$F_Y(y)$	0.1	0.5	0.8	0.95	1.0

Lösung 5.16

(a) $f(x_i) < 0$ ist falsch, denn $f(x_i) = P(X = x_i)$. Wahrscheinlichkeiten sind aber nach dem Axiom K1 von Kolmogorov immer größer oder gleich 0.

(b) $F(x) = \sum_{x_i < x} f(x_i)$ ist falsch (richtig wäre $F(x) = \sum_{x_i \leq x} f(x_i)$). Betrachte als Gegenbeispiel die Zufallsvariable X mit $P(X = 1) = 1$ (Einpunktverteilung). Hier gilt:

$$F(1) = 1 \neq \sum_{x_i < x} f(x_i) = 0.$$

(c) $P(X > x) = 1 - F(x)$ ist richtig, denn

$$P(X > x) = 1 - P(X \leq x) = 1 - F(x).$$

(d) $\sum_{x_i} F(x_i) = 1$ ist falsch (richtig wäre $\sum_{x_i} f(x_i) = 1$).

(e) $F(x_i) \leq F(x_j)$ ist richtig, denn

$$\begin{aligned} F(x_j) &= P(X \leq x_j) \\ &= P(X \leq x_i) + P(x_i < X \leq x_j) \\ &= F(x_i) + \underbrace{P(x_i < X \leq x_j)}_{\geq 0}. \end{aligned}$$

(f) $f(x_i) = F(x_i) - F(x_{i-1})$ ist richtig, denn

$$\begin{aligned} F(x_i) &= P(X \leq x_i) \\ &= P(X \leq x_{i-1}) + P(X = x_i) \\ &= F(x_{i-1}) + f(x_i). \end{aligned}$$

(g) $f(x_i) < F(x_i)$ ist falsch. Betrachte als Gegenbeispiel wieder die Einpunktverteilung (siehe Teilaufgabe (b)).

(h) $f(x_1) = F(x_1)$ ist richtig, denn $F(x_1) = \sum_{i \leq 1} f(x_i) = f(x_1)$.

Lösung 5.17

(a) $\mathcal{T}_Y = \{1, 2, \ldots, 6\}$,
$\mathcal{T}_Z = \{2, 4, 6 \ldots, 12\}$.
Die Zufallsvariablen Y und Z sind stochastisch unabhängig, da sie aus zwei unabhängigen Würfelwürfen hervorgehen.

(b) $\mathcal{T}_Y = \{1, 2, \ldots, 6\}$,
$\mathcal{T}_Z = \{2, 3, 4, \ldots, 12\}$.
Die Zufallsvariablen Y und Z sind stochastisch abhängig, da z. B.
$P(Y = 1\,, Z = 3) = \frac{1}{36} \neq \frac{1}{6} \cdot \frac{2}{36} = P(Y = 1) \cdot P(Z = 3)$

(c) $\mathcal{T}_Y = \{2, 3, 4, \ldots, 12\}$
$\mathcal{T}_Z = \{-5, -4, \ldots, 3, 4, 5\}$
Die Zufallsvariablen Y und Z sind stochastisch abhängig, da z. B.
$P(Y = 2\,, Z = -5) = 0 \neq \frac{1}{36} \cdot \frac{1}{36} = P(Y = 2) \cdot P(Z = -5)$

Lösung 5.18

(a) $Var(X) \geq 0$ ist richtig, es gilt sogar $Var(X > 0)$ (außer wenn $n = 1$).

(b) $E(X) \geq x_1$ ist richtig. Denn sei

$$\delta_i = x_i - x_1 \geq 0\,, \qquad i = 1, \ldots, n,$$

dann gilt

$$\begin{aligned} E(X) &= \sum_{i=1}^{n} (x_1 + \delta_i) \cdot P(X = x_i) \\ &= x_1 \cdot \underbrace{\sum_{i=1}^{n} P(X = x_i)}_{=1} + \underbrace{\sum_{i=1}^{n} \delta_i \cdot P(X = x_i)}_{>0} \\ &> x_1, \end{aligned}$$

(c) $Var(X) \geq x_1$ ist falsch. Ein Gegenbeispiel ist z. B. die Einpunktverteilung mit $P(X = x_1 = 1) = 1$. In diesem Fall gilt

$$Var(X) = 0 < x_1 = 1.$$

(d) $Var(X) \geq E(X)$ ist falsch, betrachte als Gegenbeispiel wieder die Einpunktverteilung aus Teilaufgabe (c).

(e) $Var(X) \leq E(X^2)$ ist richtig, denn

$$E(X^2) = Var(X) + \underbrace{(E(X))^2}_{\geq 0}.$$

(f) $Var(X) \leq E(X)^2$ ist falsch, da z. B. mit $x_1 = -1\,,\ x_2 = 0\,,\ x_3 = 1$ und $P(X = x_i) = \frac{1}{3}$

$$E(X)^2 = 0 < \frac{2}{3} = Var(X)$$

folgt.

Lösung 5.19

X ist symmetrisch um 0, d. h. $f(-x) = f(x)$ für alle $x \in \mathcal{T}$.

Dann gilt:

$$\begin{aligned}
E(X) &= \sum_{x \in \mathcal{T}} x f(x) \\
&= \sum_{x \in \mathcal{T}, x<0} x f(x) + 0 \cdot f(0) + \sum_{x \in \mathcal{T}, x>0} x f(x) \\
&= \sum_{x \in \mathcal{T}, x>0} -x f(-x) + \sum_{x \in \mathcal{T}, x>0} x f(x) \\
&= \sum_{x \in \mathcal{T}, x>0} -x f(x) + \sum_{x \in \mathcal{T}, x>0} x f(x) \\
&= \sum_{x \in \mathcal{T}, x>0} f(x) \cdot (-x + x) \\
&= 0.
\end{aligned}$$

Sei Y eine diskrete Zufallsvariable und symmetrisch um c.
Dann gilt: $Z = Y - c$ ist symmetrisch um 0 und

$$E(Z) = 0 = E(Y - c) = E(Y) - c,$$

woraus $E(Y) = c$ folgt.

Lösung 5.20
Mindestens acht richtige Tips sind gleichbedeutend mit höchstens zwei falschen Tipps. Die Anzahl X der falschen Tipps unter den zehn Versuchen ist hier aufgrund der Unabhängigkeit binomialverteilt mit den Parametern $\pi = 0.5$ (Wahrscheinlichkeit für einen falschen Tipp in einem Versuch) und $n = 10$ (Anzahl der Versuche insgesamt).

Damit ist die Wahrscheinlichkeit, dass höchstens zwei Tipps falsch sind, gegeben durch:

$$P(X \leq 2) = P(X = 0) + P(X = 1) + P(X = 2).$$

Mit Hilfe der Binomialverteilung ergeben sich diese Wahrscheinlichkeiten als

$$P(X = 0) = \binom{10}{0} 0.5^0 \cdot 0.5^{10} = 0.000977,$$

$$P(X = 1) = \binom{10}{1} 0.5^1 \cdot 0.5^9 = 0.009766,$$

$$P(X = 2) = \binom{10}{2} 0.5^2 \cdot 0.5^8 = 0.043945.$$

Und damit ist schließlich

$$P(X \leq 2) = 0.054688.$$

Alternativ erhält man dieses Ergebnis direkt mit der Verteilungsfunktion der Binomialverteilung (Tab. B in Fahrmeir et al., 2024):

$$P(X \leq 2) = F(2) = 0.054688.$$

Lösung 5.21

(a) Da hier ohne Zurücklegen gezogen wird, ist die Anzahl X der gezogenen Marzipan-Pralinen hypergeometrisch verteilt mit den Parametern $n = 3$ (Anzahl der Züge), $M = 6$ (Anzahl der Marzipan-Pralinen in der Tüte) und $N = 10$ (Anzahl der Pralinen insgesamt).
Der Erwartungswert von X ist gegeben durch $E(X) = n \cdot \frac{M}{N} = 3 \cdot \frac{6}{10} = 1.8$. Hein kann also im Schnitt mit 1.8 Marzipan-Pralinen rechnen.

(b) Mit Hilfe der hypergeometrischen Verteilung ergibt sich die Wahrscheinlichkeit, genau drei Marzipan-Pralinen zu ziehen, als

$$P(X = 3) = \frac{\binom{M}{3}\binom{N-M}{0}}{\binom{N}{n}} = \frac{\binom{6}{3}\binom{4}{0}}{\binom{10}{3}} = 0.167.$$

(c) Die Wahrscheinlichkeit, mindestens eine Marzipan-Praline zu ziehen, berechnet sich als:

$$P(X \geq 1) = 1 - P(X < 1) = P(X = 0) = 1 - \frac{\binom{6}{0}\binom{4}{3}}{\binom{10}{3}} = 0.967.$$

Lösung 5.22

Sei X die Zufallsgröße „Anzahl der Bestellungen“. X ist binomialverteilt mit den Parametern $n = 8$ und $\pi = 0.3$. Die Wahrscheinlichkeits- und Verteilungsfunktion von X ergibt sich aus folgender Tabelle:

x	0	1	2	3	4	5	6	7	8
$P(X = x)$	0.0576	0.1977	0.2965	0.2541	0.1361	0.0467	0.01	0.0012	0.0001
$F_X(x)$	0.0576	0.2533	0.5518	0.8059	0.942	0.9887	0.9987	0.9999	1

(a) Der Modus der Verteilung von X ist bei $x = 2$ (siehe obige Tabelle).

(b) $P(1 \leq X \leq 3) = P(X \leq 3) - P(X = 0) = 0.8059 - 0.0576 = 0.7483$

(c) Zu den Verspätungen gilt:

(c1)

$$\begin{aligned} P(\text{„keine pünktliche Lieferung“}) &= P(X = 7) + P(X = 8) \\ &= 0.0012 + 0.0001 = 0.0013. \end{aligned}$$

(c2) Sei Y die Zufallsgröße „Anzahl der Geschäfte, die verspätet beliefert werden“. Dann gilt für die Wahrscheinlichkeitsfunktion

$$f(y) = \begin{cases} P(X \leq 6) = 0.9887 \text{ für } & y = 0 \\ P(X = 7) = 0.0012 \text{ für } & y = 1 \\ P(X = 8) = 0.0001 \text{ für } & y = 2 \\ 0 & \text{sonst.} \end{cases}$$

Damit folgt

$$E(Y) = 1 \cdot 0.0012 + 2 \cdot 0.0001 = 0.0014.$$

Lösung 5.23
Es gilt $P(X = 0) = 0.36$. Soll X binomialverteilt sein, so muss

$$P(X = 0) = (1 - \pi)^2 = 0.36$$

gelten, woraus $\pi = 0.4$ folgt.
Weiterhin folgt wegen $P(X = 1) = 0.64 \cdot \theta$

$$\binom{2}{1}\pi(1 - \pi) = 2 \cdot 0.4 \cdot 0.6 = 0.64 \cdot \theta$$

und damit durch Auflösen nach θ

$$\theta = \frac{3}{4}.$$

X ist also für $\theta = \frac{3}{4}$ binomialverteilt, d. h. $X \sim B(2, 0.4)$.

Lösung 5.24
Es gilt $Var(X) = n \cdot \pi \cdot (1 - \pi) = n \cdot \pi - n \cdot \pi^2$. Differenzieren und Nullsetzen liefert die Gleichung

$$n - 2 \cdot n \cdot \pi = 0,$$

d. h. die Varianz wird für $\pi = \frac{1}{2}$ maximal.

Lösung 5.25

(a) X und Y sind Poisson-verteilt, d. h. $X \sim Po(\lambda)$ und $Y \sim Po(\mu)$.

(b) Die Wahrscheinlichkeiten dafür, dass nicht mehr als zwei Großunfälle auftreten, berechnen sich jeweils als:

$$\begin{aligned} P(X \leq 2) &= P(X = 0) + P(X = 1) + P(X = 2) \\ &= e^{-3.7} \cdot \left(\frac{3.7^0}{0!} + \frac{3.7^1}{1!} + \frac{3.7^2}{2!} \right) \\ &= e^{-3.7} \cdot (1 + 3.7 + 6.845) = 0.285, \end{aligned}$$

$$\begin{aligned} P(Y \leq 2) &= P(Y = 0) + P(Y = 1) + P(Y = 2) \\ &= e^{-5.9} \cdot \left(\frac{5.9^0}{0!} + \frac{5.9^1}{1!} + \frac{5.9^2}{2!} \right) \\ &= e^{-5.9} \cdot (1 + 5.9 + 17.405) = 0.0666. \end{aligned}$$

(c) Man kann annehmen, dass X und Y unabhängig sind. In diesem Fall folgt

$$\begin{aligned} P(X \leq 2\,,\; Y \leq 2) &= P(X \leq 2) \cdot P(Y \leq 2) \\ &= 0.285 \cdot 0.0666 = 0.0188. \end{aligned}$$

Lösung 5.26

Wir definieren die Ergebnismenge als $\Omega = \{(1, 1), (1, 2), \ldots, (4, 4)\}$ mit gleichen Wahrscheinlichkeiten für die $4^2 = 16$ möglichen Ergebnisse. In den beiden folgenden Tab. 5.3 und 5.4 finden sich die Wahrscheinlichkeitsfunktionen von U und O: Anhand der Wahrscheinlichkeitsfunktionen können die Verteilungsfunktionen leicht erstellt werden. Wir erhalten

$$F_U(u) = \begin{cases} 0 & u < 0 \\ 7/16 & 1 \leq u < 2 \\ 12/16 & 2 \leq u < 3 \\ 15/16 & 3 \leq u < 4 \\ 1 & u \geq 4 \end{cases} \quad \text{und} \quad F_O(o) = \begin{cases} 0 & o < 0 \\ 1/16 & 1 \leq o < 2 \\ 4/16 & 2 \leq o < 3 \\ 9/16 & 3 \leq o < 4 \\ 1 & o \geq 4. \end{cases}$$

Tab. 5.3 Wahrscheinlichkeitsfunktion des Minimums U

$U = u$	Ergebnisse	$P(U = u)$
1	(1, 1), (1, 2), (1, 3), (1, 4), (2, 1), (3, 1), (4, 1)	7/16
2	(2, 2), (2, 3), (2, 4), (3, 2), (4, 2)	5/16
3	(3, 3), (3, 4), (4, 3)	3/16
4	(4, 4)	1/16

Tab. 5.4 Wahrscheinlichkeitsfunktion des Maximums O

$O=o$	Ergebnisse	$P(O=o)$
1	$(1,1)$	1/16
2	$(1,2),(2,1),(2,2)$	3/16
3	$(1,3),(2,3),(3,3),(3,1),(3,2)$	5/16
4	$(1,4),(2,4),(3,4),(4,4),(4,1),(4,2),(4,3)$	7/16

Lösung 5.27

(a) Die Wahrscheinlichkeitsfunktion ist gegeben durch:

$$P(G=2) = P(\text{„beim ersten Wurf Zahl“}) = \frac{1}{2}$$

$$P(G=2^2=4) = P(\text{„beim zweiten Wurf Zahl“}) = \frac{1}{2}\cdot\frac{1}{2} = \left(\frac{1}{2}\right)^2 = \frac{1}{4}$$

$$P(G=2^3=8) = P(\text{„beim dritten Wurf Zahl“}) = \left(\frac{1}{2}\right)^3 = \frac{1}{8}$$

$$\vdots$$

Allgemein gilt also

$$P(G=2^i) = P(\text{„beim } i\text{-ten Wurf Zahl“}) = \left(\frac{1}{2}\right)^i.$$

(b) Für den Erwartungswert berechnen wir

$$\begin{aligned} E(G) &= 2\cdot P(G=2) + 2^2\cdot P(G=2^2) + 2^3\cdot P(G=2^3) + \cdots \\ &= 2\frac{1}{2} + \frac{2^2}{2^2} + \frac{2^3}{2^3} + \cdots + \frac{2^i}{2^i} + \cdots \\ &= 1+1+1+\cdots+1+\cdots = \infty. \end{aligned}$$

Ein Spieler, der seinen erwarteten Gewinn maximieren möchte, sollte also bereit sein, auch sehr hohe Wetteinsätze zu leisten. In der Praxis sind Teilnehmer am St. Petersburg Spiel aber in der Regel nur bereit maximal 10 Euro Einsatz zu leisten.

Lösung 5.28

(a) Definiere

$$X = \text{„Anzahl der Passagiere“} \sim B(53, 0.9).$$

Dann erhalten wir

$$P(X>50) = P(X=51) + P(X=52) + P(X=53) = 0.0898,$$

d. h. in knapp 9 % der Fälle werden in unserem Szenario Passagiere zurückgewiesen.

(b) Die Kompensationskosten sind gegeben durch

$$C(x) = \begin{cases} 0 & x \leq 50 \\ 200 \cdot (x - 50) & 50 < x \leq 53. \end{cases}$$

(c) Die erwarteten Kompensationskosten, d. h. der Erwartungswert von $C(X)$, sind gegeben durch

$$\begin{aligned} E(C(X)) &= \sum_{x=0}^{B} C(x)\, P(X = x) \\ &= 200 \cdot P(X = 51) + 400 \cdot P(X = 52) + 600 \cdot P(X = 53) \\ &= 23.89. \end{aligned}$$

Lösung 5.29

Die Anzahl X der Unfälle pro Jahr ist poissonverteilt mit $\lambda = 7$, d. h. $X \sim Po(7)$. Die gesuchten Wahrscheinlichkeiten berechnen sich wie folgt:

(a) $P(X = 0) = \frac{7^0}{0!} \exp(-7) = 0.00091188$

(b) $P(X = 6) = \frac{7^6}{6!} \exp(-7) = 0.149$

(c)

$$\begin{aligned} P(X < 3) &= P(X = 0) + P(X = 1) + P(X = 2) \\ &= 0.00091188 + 0.00638317 + 0.02234111 \\ &= 0.02963616 \end{aligned}$$

(d)

$$\begin{aligned} P(X > 2) &= 1 - P(X \leq 2) \\ &= 1 - P(X < 3) \\ &= 1 - 0.02963616 \\ &= 0.97036384 \end{aligned}$$

Lösung 5.30

(a) Es gilt:

$$
\begin{aligned}
P(G > 100) &= P(G = 150) + P(G = 200) \\
&= 0.2 + 0.2 \\
&= 0.4 \\
P(\text{„}G \text{ mindestens } 100\,\text{EUR“}) &= P(G \geq 100) \\
&= P(G = 100) + P(G > 100) \\
&= 0.4 + 0.4 \\
&= 0.8 \\
P(G < 100) &= P(G = 60) + P(G = 30) \\
&= 0.1 + 0.1 \\
&= 0.2
\end{aligned}
$$

(b) Als Erwartungswert erhält man

$$
\begin{aligned}
E(G) &= 0.1 \cdot 30 + 0.1 \cdot 60 + 0.4 \cdot 100 + 0.2 \cdot 150 + 0.2 \cdot 200 \\
&= 119,
\end{aligned}
$$

d. h. der erwartete Gewinn ist höher als der Gewinn der sicheren Auszahlung von 100 EUR. Der Teilnehmer wählt also das Glücksspiel.

(c) Der erwartete Nutzen berechnet sich gemäß

$$
\begin{aligned}
E(U(G)) &= 0.1 \cdot \ln(30) + 0.1 \cdot \ln(60) + 0.4 \cdot \ln(100) + \\
&\quad 0.2 \cdot \ln(150) + 0.2 \cdot \ln(200) \\
&= 0.1 \cdot 3.4 + 0.1 \cdot 4.09 + 0.4 \cdot 4.61 + 0.2 \cdot 5.01 + 0.2 \cdot 5.30 \\
&= 4.65.
\end{aligned}
$$

Der Nutzen der sicheren Auszahlung ist $U(100) = \ln(100) = 4.61$, so dass der Teilnehmer sich nach wie vor für die Lotterie entscheidet (der Teilnehmer ist jedoch praktisch indifferent).

(d) Es muss

$$
U(S) = E(U(G)), \tag{5.3}
$$

gelten, d. h. der Nutzen des Sicherheitsäquivalents S ist gleich dem erwarteten Nutzen der Lotterie. Für $U(S)$ gilt

$$
U(S) = 10 \cdot \ln(S). \tag{5.4}
$$

Der erwartete Nutzen ist gegeben durch

$$\begin{aligned} E(U(G)) &= E(10 \cdot \ln(G)) \\ &= 10 \cdot E(\ln(G)) \\ &= 10 \cdot 4.65 \\ &= 46.5. \end{aligned} \tag{5.5}$$

Dabei haben wir ausgenutzt, dass der Erwartungswert von $\ln(G)$ bereits in der vorangegangenen Teilaufgabe berechnet wurde, so dass $E(10 \cdot \ln(G))$ mit Hilfe der Regel über den Erwartungswert linearer Transformationen berechnet werden konnte. Einsetzen der Ergebnisse (5.4) und (5.5) in die Bedingung (5.3) liefert

$$10 \cdot \ln S = 10 \cdot 4.65.$$

Auflösen ergibt schließlich

$$S = \exp(4.65) = 104.58.$$

(e) Erste Variante:

$$RP = E(G) - S = 119 - 104.58 = 14.42$$

Zweite Variante:
Berechne zunächst die Varianz des Gewinns:

$$\begin{aligned} Var(G) &= E\left(G^2\right) - (E(G))^2 \\ &= 0.1 \cdot 30^2 + 0.1 \cdot 60^2 + 0.4 \cdot 100^2 + 0.2 \cdot 150^2 + 0.2 \cdot 200^2 - 119^2 \\ &= 16.950 - 14.161 \\ &= 2789 \end{aligned}$$

Das Risikomaß von Arrow und Pratt ist gegeben durch

$$r(S) = -\frac{u''(S)}{u'(S)} = -\frac{-10\frac{1}{S^2}}{10\frac{1}{S}} = \frac{1}{S} = \frac{1}{104.58}.$$

Damit erhält man

$$RP \approx \frac{1}{2} \cdot 2789 \cdot \frac{1}{104.58} = 13.33.$$

Lösung 5.31
Wir definieren die Zufallsvariable

$$X = \text{„Anzahl korrekt beantworteter Fragen"}.$$

(a) Die Wahrscheinlichkeit π, eine einzige Frage richtig zu beantworten, liegt bei $\pi = 0.25$, d.h. X ist binomialverteilt $X \sim B(20, 0.25)$ mit Parametern $n = 20$ und $\pi = 0.25$. Die gesuchte Wahrscheinlichkeit ist gegeben durch

$$\begin{aligned} P(X \geq 10) &= 1 - P(X < 10) \\ &= 1 - \left(0.25^0 \cdot 0.75^{20} + \ldots + \binom{20}{9} \cdot 0.25^9 \cdot 0.75^{11}\right) \\ &= 0.0139 \end{aligned}$$

Oder mit R:

$$\begin{aligned} P(X \geq 10) &= 1 - \texttt{pbinom(9,size=20,prob=0.25,lower.tail=TRUE)} \\ &= 0.0139 \end{aligned}$$

Damit besteht man durch bloses Raten die Klausur lediglich mit einer Wahrscheinlichkeit von circa 1.4 %.

(b) 40 % von 20 Fragen sind 8 korrekt beantwortete Fragen und wir erhalten

$$\begin{aligned} P(X \geq 8) &= 1 - \texttt{pbinom(7,size=20,prob=0.25,lower.tail=TRUE)} \\ &= 0.1018 \end{aligned}$$

als gesuchte Wahrscheinlichkeit. Bei einer Grenze von 60 % ergibt sich

$$\begin{aligned} P(X \geq 12) &= 1 - \texttt{pbinom(11,size=20,prob=0.25,lower.tail=TRUE)} \\ &= 0.0009. \end{aligned}$$

(c) Jetzt ist die Erfolgswahrscheinlichkeit $\pi = 0.5$, d.h. $X \sim B(20, 0.5)$. Damit erhalten wir

$$\begin{aligned} P(X \geq 10) &= 1 - \texttt{pbinom(9,size=20,prob=0.5,lower.tail=TRUE)} \\ &= 0.5881. \end{aligned}$$

(d) Wieder ändert sich die Erfolgswahrscheinlichkeit, diesmal gilt $\pi = \frac{1}{3}$ bzw. $\pi = 0.2$ und wir erhalten $X \sim B(20, 1/3)$ bzw. $X \sim B(20, 0.2)$. Die gesuchten Wahrscheinlichkeiten ergeben sich zu $P(X \geq 10) = 0.0919$ bzw. $P(X \geq 10) = 0.0026$.

Stetige Zufallsvariablen

6

Dieses Kapitel beinhaltet Übungsaufgaben zu den Grundlagen von stetigen Zufallsvariablen, insbesondere deren Eigenschaften, die Berechnung von Wahrscheinlichkeiten und Quantilen sowie Kennzahlen wie Erwartungswert und Varianz. Darüber hinaus findet man Aufgaben zu speziellen stetigen Zufallsvariablen wie die stetige Gleichverteilung und Normalverteilung.

Bei den Aufgaben 6.1–6.10 handelt es sich um die Aufgaben aus Kap. 6 des Lehrbuchs Fahrmeir et al. (2024). Zusätzlich findet man in diesem Kapitel weitere 15 Aufgaben 6.11–6.25.

Aufgaben

Aufgabe 6.1 (Aufgabe 6.1 Lehrbuch)
Für eine stetige Zufallsvariable X gilt:

$$f(x) = \begin{cases} 4ax & 0 \leq x < 1 \\ -ax + 0.5 & 1 \leq x \leq 5 \\ 0 & \text{sonst.} \end{cases}$$

Bestimmen Sie den Parameter a so, dass $f(x)$ eine Dichtefunktion von X ist. Ermitteln Sie die zugehörige Verteilungsfunktion, und skizzieren Sie deren Verlauf. Berechnen Sie den Erwartungswert sowie die Varianz von X.

Aufgabe 6.2 (Aufgabe 6.2 Lehrbuch)
Das statistische Bundesamt hält für die Wachstumsrate des Bruttosozialproduktes X alle Werte im Intervall $2 \leq x \leq 3$ für prinzipiell möglich und unterstellt für ihre Analyse folgende Funktion

$$f(x) = \begin{cases} c \cdot (x - 2) & 2 \leq x \leq 3 \\ 0 & \text{sonst.} \end{cases}$$

S. Lang et al., *Arbeitsbuch Statistik*, https://doi.org/10.1007/978-3-662-73272-4_6

(a) Bestimmen Sie c derart, dass obige Funktion die Dichtefunktion einer Zufallsvariable X ist.
(b) Bestimmen Sie die Verteilungsfunktion der Zufallsvariable X.
(c) Berechnen Sie $P(2.1 < X)$ und $P(2.1 < X < 2.8)$.
(d) Berechnen Sie $P(-4 \leq X \leq 3 | X \leq 2.1)$, und zeigen Sie, dass die Ereignisse $\{-4 \leq X \leq 3\}$ und $\{X \leq 2.1\}$ stochastisch unabhängig sind.
(e) Bestimmen Sie den Erwartungswert, den Median und die Varianz von X.

Aufgabe 6.3 (Aufgabe 6.3 Lehrbuch)
An der Münchener U-Bahn-Station „Universität" verkehren zwei Linien tagsüber jeweils im 10-Minuten-Takt, wobei die U3 drei Minuten vor der U6 fährt. Sie gehen gemäß einer stetigen Gleichverteilung nach der Vorlesung zur U-Bahn. Wie groß ist die Wahrscheinlichkeit, dass als nächstes die Linie U3 fährt?

Aufgabe 6.4 (Aufgabe 6.4 Lehrbuch)
Sei X eine zum Parameter λ exponentialverteilte Zufallsvariable. Zeigen Sie die „Gedächtnislosigkeit" der Exponentialverteilung, d. h. dass

$$P(X \leq x | X > s) = P(X \leq x - s)$$

für $x, s \in I\!R$ mit $s < x$ gilt.

Aufgabe 6.5 (Aufgabe 6.5 Lehrbuch)
In Aufgabe 5.9 wurde die Zufallsvariable X betrachtet, die die Anzahl der Fehler, die während 12 h an einem Digitalcomputer auftreten, beschreibt.

(a) Welche Verteilung hat unter den gegebenen Voraussetzungen die Zufallsvariable Y=Wartezeit auf den nächsten Fehler?
(b) Wie lange wird man im Mittel auf den nächsten Fehler warten?
(c) Während 12 h ist kein Fehler aufgetreten. Wie groß ist die Wahrscheinlichkeit, dass sich in den nächsten 12 h ebenfalls kein Fehler ereignet?

Aufgabe 6.6 (Aufgabe 6.6 Lehrbuch)
Beweisen Sie die Markov-Ungleichung

$$P(X \geq c) \leq \frac{E(X)}{c}$$

für jede positive Zahl c, falls X nur nichtnegative Werte annimmt.

Aufgabe 6.7 (Aufgabe 6.7 Lehrbuch)
Die Erlang-n-Verteilung wird häufig zur Modellierung von Einkommensverteilungen verwendet. Sie ergibt sich als Summe von n unabhängigen mit Parameter λ

exponentialverteilten Zufallsgrößen. Beispielsweise hat für $n = 2$ die Dichte die Form

$$f(x) = \begin{cases} \lambda^2 x e^{-\lambda x} & x \geq 0 \\ 0 & \text{sonst.} \end{cases}$$

(a) Zeigen Sie, dass $f(x)$ tatsächlich eine Dichtefunktion ist.

(b) Zeigen Sie, dass

$$F(x) = \begin{cases} 0 & x < 0 \\ 1 - e^{-\lambda x}(1 + \lambda x) & x \geq 0 \end{cases}$$

die zugehörige Verteilungsfunktion ist.

(c) Berechnen Sie den Erwartungswert, den Median und den Modus der Erlang-2-Verteilung mit Parameter $\lambda = 1$. Was folgt gemäß der Lageregel für die Gestalt der Dichtefunktion? Skizzieren Sie die Dichte, um Ihre Aussage zu überprüfen.

(d) Bestimmen Sie den Erwartungswert und die Varianz der Erlang-n-Verteilung für beliebige $n \in N$ und $\lambda \in I\!R^+$.

Aufgabe 6.8 (Aufgabe 6.8 Lehrbuch)
In einer Klinik wird eine Studie zum Gesundheitszustand von Frühgeburten durchgeführt. Das Geburtsgewicht X eines in der 28ten Schwangerschaftswoche geborenen Kindes wird als normalverteilte Zufallsvariable mit Erwartungswert 1000 g und Standardabweichung 50 g angenommen.

(a) Wie groß ist die Wahrscheinlichkeit, dass ein in der 28ten Schwangerschaftswoche geborenes Kind ein Gewicht zwischen 982 und 1050 g hat?

(b) Bestimmen Sie das 10 %-Quantil des Geburtsgewichts. Was sagt es aus?

(c) Geben Sie ein um den Erwartungswert symmetrisches Intervall an, in dem mit einer Wahrscheinlichkeit von 95 % das Geburtsgewicht liegt.

Aufgabe 6.9 (Aufgabe 6.9 Lehrbuch)
Eine Firma verschickt Tee in Holzkisten mit jeweils zehn Teepackungen. Das Bruttogewicht der einzelnen Teepackungen sei normalverteilt mit $\mu = 6$ kg und der Standardabweichung $\sigma = 0.06$. Das Gewicht der leeren Holzkiste sei normalverteilt mit dem Erwartungswert $\mu = 5$ kg und der Standardabweichung $\sigma = 0.05$ kg. Geben Sie ein symmetrisch zum Erwartungswert liegendes Intervall an, in dem in 95 % der Fälle das Bruttogewicht der versandfertigen Holzkiste liegt.

Aufgabe 6.10 (Aufgabe 6.10 Lehrbuch)
Da Tagesrenditen von Aktien oft Ausreißer enthalten, wird zu ihrer Modellierung häufig anstelle einer Normalverteilung eine t-Verteilung verwendet. Beispielsweise lassen sich die Renditen der Aktie der Münchner Rückversicherung ($= X$) nach der Transformation $Y = (X - 0.0007)/0.013$ durch eine t-Verteilung mit einem Freiheitsgrad gut approximieren. Wie groß ist demnach die Wahrscheinlichkeit, eine Rendite größer als 0.04 zu erzielen? Wie groß wäre diese Wahrscheinlichkeit, wenn

für X eine $N(0.0007, 0.013^2)$-Verteilung zugrunde gelegt würde? Geben Sie ferner für das Modell mit Normalverteilungsannahme ein zentrales Schwankungsintervall an, in dem mit einer Wahrscheinlichkeit von 99 % die Tagesrenditen liegen. Warum kann bei Annahme einer t-Verteilung für X kein zentrales Schwankungsintervall berechnet werden?

Aufgabe 6.11
Eine stetige Zufallsvariable X habe Dichte

$$f(x) = \begin{cases} 1 - |x| & \text{für } -1 \leq x \leq 1 \\ 0 & \text{sonst.} \end{cases}$$

(a) Überprüfen Sie, ob die Dichte wirklich die Normierungseigenschaft $\int f(x)dx = 1$ besitzt.
(b) Berechnen Sie die Verteilungsfunktion $F(x)$, und skizzieren Sie deren Verlauf.
(c) Berechnen Sie die Wahrscheinlichkeit $P(|X| \leq 0.5)$.

Aufgabe 6.12
Sei X eine stetige Zufallsgröße, für die

$$P(X \geq x) = \begin{cases} x^{-4} & \text{für } x \geq 1 \\ 1 & \text{sonst} \end{cases}$$

gilt.

(a) Berechnen Sie die Verteilungsfunktion von X.
(b) Berechnen Sie die Dichte $f(x)$ von X.
(c) Berechnen Sie Erwartungswert und Varianz von X.

Aufgabe 6.13
Von einer stetigen Zufallsvariable X, die von einem Parameter $\theta \in \left[-\frac{1}{2}, \frac{1}{2}\right]$ abhängt, sei die Verteilungsfunktion gegeben:

$$F(x) = \begin{cases} 0 & \text{für} \quad x < -2 \\ \frac{1}{4}(x+2) + \frac{1}{8}\theta(x^2 - 4) & \text{für} \quad -2 \leq x \leq 2 \\ 1 & \text{für} \quad x > 2. \end{cases}$$

(a) Wie lautet die Dichte $f(x)$ von X?
(b) Welche spezielle Verteilung liegt für $\theta = 0$ vor?
(c) Berechnen Sie den Erwartungswert von X in Abhängigkeit von θ.

Aufgabe 6.14
Die Firma LS (Low Sales) möchte mittels einer einmalig durchgeführten Werbeaktion den Umsatz des Unternehmens punktuell steigern. Der Basisumsatz U_0 sowie der Werbeeffekt W, der bei Durchführung der geplanten Werbeaktion realisiert

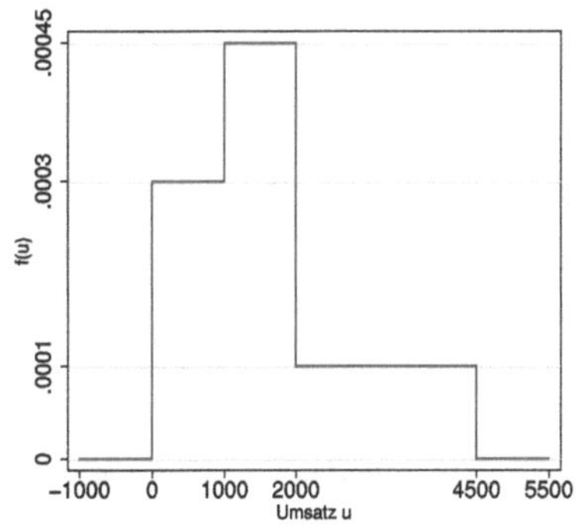

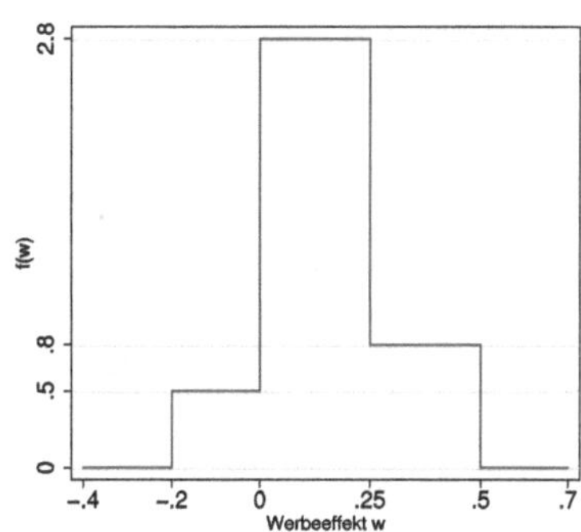

Abb. 6.1 Wahrscheinlichkeitsdichte $f_{U_0}(u)$ für den Basisumsatz (links) und Wahrscheinlichkeitsdichte $f_W(w)$ für den Werbeeffekt (rechts)

würde, werden als unsicher angenommen. Die Zufallsvariablen U_0 und W seien als unabhängig vorausgesetzt. Die Wahrscheinlichkeitsdichten der Zufallsvariablen U_0 und W sind in Abb. 6.1 dargestellt. Der zu erwartende Basisumsatz $E(U_0)$ beträgt 1637.5 EUR.

Der Umsatz U_1, der nach Durchführung der Werbeaktion zu beobachten wäre, ergäbe sich durch:

$$U_1 = U_0(1 + W).$$

Die Kosten für die geplante Werbeaktion betragen 100 EUR.

(a) Zeichnen Sie die Verteilungsfunktion $F_{U_0}(u)$ für den bisherigen Umsatz.
(b) Bestimmen Sie die folgenden Wahrscheinlichkeiten:

- Wahrscheinlichkeit für einen Umsatz U_0 von höchstens 3250 EUR,
- Wahrscheinlichkeit für einen Umsatz U_0 von mindestens 1500 EUR,
- Wahrscheinlichkeit für einen Umsatz U_0 zwischen 2000 und 5000 EUR,
- Wahrscheinlichkeit für einen positiven Werbeeffekt,
- Wahrscheinlichkeit für einen negativen Werbeeffekt.

(c) Bestimmen Sie den erwarteten Werbeeffekt.
(d) Bestimmen Sie den zu erwartenden Umsatz nach Durchführung der Werbeaktion. Würden Sie der Firma LS aufgrund Ihrer Ergebnisse die Durchführung der Werbeaktion empfehlen?

Aufgabe 6.15
In Abb. 6.2 ist die Dichte einer stetigen Zufallsvariable X abgebildet.

Bestimmen Sie

(a) $E(X)$,

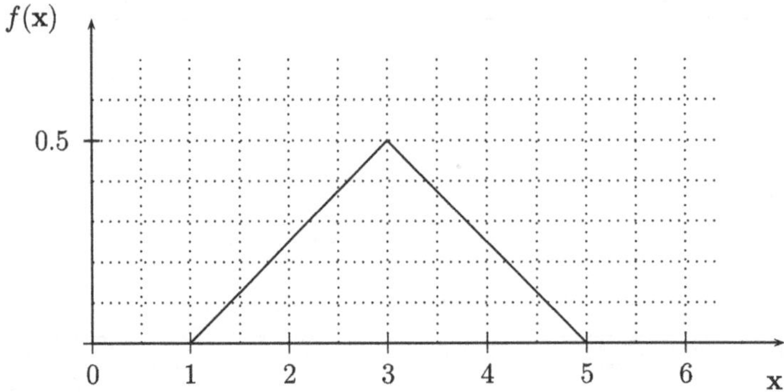

Abb. 6.2 Dichte der Zufallsvariable X

(b) $P(X < 3)$,
(c) $P(0 < X < 3)$,
(d) $P(X > 3)$,
(e) $P(1 < X < 7)$,
(f) $F(3)$.

Aufgabe 6.16
Sei X eine beliebige stetige Zufallsvariable mit Dichte $f(x)$ und Verteilungsfunktion $F(x)$. Sind die folgenden Aussagen richtig oder unter Umständen falsch?

(a) $f(x) \leq 1$ für alle x.
(b) $F(x) \leq 1$ für alle x.
(c) $\int\limits_{x}^{\infty} f(t)dt = 1 - F(x)$.
(d) Ist $x_i < x_j$ so ist $F(x_i) \leq F(x_j)$.

Aufgabe 6.17
Sei Y eine stetige, um $c \in I\!R$ symmetrische Zufallsvariable. Zeigen Sie, dass dann $E(Y) = c$ gilt.

Aufgabe 6.18
Ein Anleger besitzt das Vermögen v. Er möchte einen Betrag x in eine risikobehaftete Anlage investieren mit normalverteilter Rendite $R \sim N(\mu, \sigma^2)$. Der Restbetrag $v - x$ wird zum festen Zinssatz z risikofrei investiert.

(a) Bestimmen Sie das Endvermögen W in Abhängigkeit von v, R, x und z. Welche Verteilung besitzt W?
(b) Mit welcher Wahrscheinlichkeit wächst das Vermögen um mindestens 5 %, wenn $v = 10000$, $\mu = 0.03$, $\sigma^2 = 0.0009$, $z = 0.04$ und $x = 5000$ gilt.
(c) Wie ändert sich die in (b) berechnete Wahrscheinlichkeit, wenn

- μ erhöht wird,
- z erhöht wird,
- σ^2 erhöht wird.

Es reicht die Angabe, ob die Wahrscheinlichkeit größer oder kleiner wird.

(d) Nach dem Erwartungsnutzenprinzip existiert für jeden Anleger eine Nutzenfunktion u, die verschiedene Portfolios aufgrund des zugehörigen Nutzenerwartungswertes beurteilt. Ein Portfolio P mit Rendite R_P wird dann durch die Funktion

$$E(U(R_p))$$

bewertet. Gehen Sie davon aus, dass unser Anleger mit einer exponentiellen Nutzenfunktion

$$U(W) = -\exp(-W/a)$$

sein Endvermögen beurteilt. Der Parameter $a > 0$ wird dabei als Risikoaversionskoeffizient bezeichnet.

- Wie würde man prinzipiell ansetzen, um

$$E(U(W))$$

zu berechnen.
- Bestimmen Sie den optimalen Anlagebetrag x für die Anlage in das risikobehaftete Wertpapier. Dabei dürfen Sie benutzen, dass aus $W \sim N(\mu_W, \sigma_W^2)$

$$E(U(W)) = \mu_W - a\frac{\sigma_W^2}{2}$$

folgt.
- Wie ändert sich der berechnete optimale Anlagebetrag in Abhängigkeit
  - vom Anfangsvermögen,
  - von Erwartungswert und Varianz der unsicheren Anlage,
  - vom Zinssatz der sicheren Anlage,
  - vom Risikoaversionskoeffizienten.

Aufgabe 6.19

Seien $X_1, X_2, \ldots, X_n$ unabhängig und jeweils normalverteilt mit Mittelwert μ und Varianz σ^2.

(a) Wie ist $\bar{X} = \frac{1}{n}(X_1 + X_2 + \ldots + X_n)$ verteilt?

(b) Wie ist

$$\sqrt{n} \cdot \frac{\bar{X} - \mu}{\sigma}$$

verteilt?

(c) Wichtige p-Quantile der Standardnormalverteilung sind in folgender Tabelle gegeben:

p	75 %	90 %	95 %	97.5 %	99 %
Z_p	0.67	1.28	1.64	1.96	2.33

Berechnen Sie an Hand dieser Tabelle die 1, 2.5, 5, 10, 25, 50, 75, 90, 95, 97.5 und 99 % Quantile der Verteilung von $\bar{X}$ für $n = 5$, $\mu = 1$ und $\sigma^2 = 25$.

(d) Leiten Sie schließlich an Hand dieser Berechnungen zentrale Schwankungsintervalle für $\bar{X}$ ab. Geben Sie auch die Wahrscheinlichkeit α an, mit der $\bar{X}$ *nicht* in dem jeweiligen Intervall liegt.

Aufgabe 6.20

Zur Modellierung von seltenen Großschäden wird von Versicherungsunternehmen häufig die sogenannte Burr-Verteilung verwendet. In Abhängigkeit von den Parametern c, k und x_0 besitzt die Burr-Verteilung folgende Verteilungsfunktion

$$F(x) = 1 - \left(1 + \left(\frac{x}{x_0}\right)^c\right)^{-k},$$

wobei x den Schaden in Millionen Euro angibt.

(a) Geben Sie die Verteilungsfunktion im Fall $c = 3$, $k = 1$ und $x_0 = 1000$ an.

(b) Bestimmen Sie ebenfalls für $c = 3$, $k = 1$ und $x_0 = 1000$ die Wahrscheinlichkeiten für folgende Ereignisse:

- Schaden größer als 2 Mrd. EUR.
- Schaden kleiner als 1 Mrd. EUR.
- Schaden zwischen 500 und 1500 Mio. EUR.

Aufgabe 6.21

Die Zufallsvariable X ist gleichverteilt auf $[a; b]$. Die Dichte ist gegeben durch

$$f(x) = \begin{cases} \frac{1}{b-a} & a \leq x \leq b \\ 0 & \text{sonst} \end{cases}.$$

(a) Bestimmen Sie für $a = 2$ und $b = 6$ das 20 %-Quantil.

(b) Bestimmen Sie allgemein in Abhängigkeit von a und b das 20 %-Quantil.

Aufgabe 6.22
Die Renditen eines Portfolios mit fünf Titeln seien unabhängig und normalverteilt mit

$$R_i \sim \begin{cases} N\left(\mu_1, \sigma_1^2\right) & i = 1, 2, 3 \\ N\left(\mu_2, \sigma_2^2\right) & i = 4, 5. \end{cases}$$

(a) Bestimmen Sie Erwartungswert, Varianz und Verteilung der Durchschnittsrendite

$$\bar{R} = \frac{1}{5}\left(R_1 + R_2 + R_3 + R_4 + R_5\right).$$

(b) Bestimmen Sie Erwartungswert, Varianz und Verteilung der Durchschnittsrendite, wenn die fünf Titel mit Gewichten 0.2, 0.3, 0.1, 0.1 und 0.3 gehalten werden.

(c) Gehen Sie jetzt allgemein von einem Portfolio mit n Titeln aus. Die Renditen $R_1, \ldots, R_n$ seien unabhängig und identisch verteilt mit

$$R_i \sim N\left(\mu, \sigma^2\right).$$

– Bestimmen Sie Erwartungswert, Varianz und Verteilung der Durchschnittsrendite

$$\bar{R} = \frac{1}{n}\left(R_1 + \cdots + R_n\right).$$

– Bestimmen Sie für $\mu = 0.1$, $\sigma^2 = 0.3$, $n = 10$ die Wahrscheinlichkeiten $P\left(\bar{R} \leq 0\right)$ und $P\left(\bar{R} > 0\right)$.
– Bestimmen Sie für $\mu = 0.1$, $\sigma^2 = 0.3$, $n = 10$ das 5 % Quantil und interpretieren Sie das Ergebnis.

Aufgabe 6.23
Herr L. hat zwei Kinder, Lukas und Lisa. Lukas wacht am Morgen zwischen 5.30 und 7.30 Uhr auf. Lisa wacht unabhängig von Lukas zwischen 6.00 und 7.00 Uhr auf. Die stetigen Zufallsvariablen

$$X = \text{„Aufwachzeit von Lukas“} \quad \text{(in Minuten nach 5.30)}$$

und

$$Y = \text{„Aufwachzeit von Lisa“} \quad \text{(in Minuten nach 6.00)}$$

haben die in Abb. 6.3 abgedruckten Dichten.

(a) Bestimmen Sie folgende Wahrscheinlichkeiten:

– P („Lukas wacht vor 6.00 auf“)
– P („Lukas wacht zwischen 6.00 und 7.00 auf“)

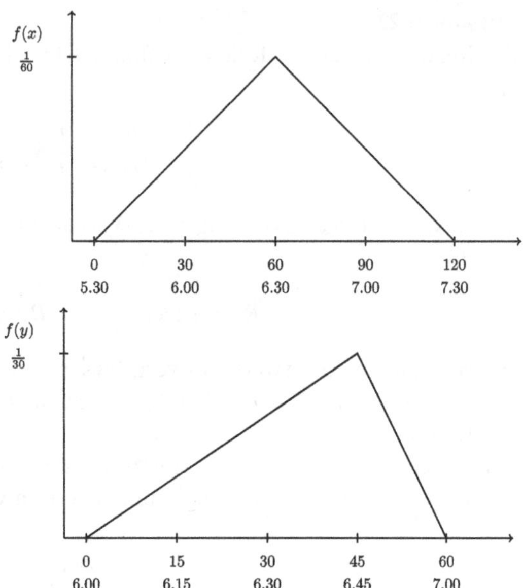

Abb. 6.3 Die Dichten der Zufallsvariablen X (oben) und Y (unten)

- P („Lukas wacht nach 7.00 auf")
- P („Lisa wacht vor 6.30 auf")
- P („Lisa wacht zwischen 6.30 und 6.45 auf")

(b) Bestimmen Sie $E(X)$.
(c) Bestimmen Sie folgende Wahrscheinlichkeiten:

- P („Lukas und Lisa wachen beide vor 6.30 auf")
- P („Lukas wacht nach 7.00 auf und Lisa vor 6.30")
- P („Mindestens einer von beiden wacht vor 6.30 auf")

(d) Die Nachbarskinder Jasmin und Sophie wachen unabhängig voneinander jeweils gemäß einer stetigen Gleichverteilung auf. Betrachte folgende Zufallsvariablen

$$J = \text{„Aufwachzeit von Jasmin"} \quad \text{(in Minuten nach 6.00)}$$

$$S = \text{„Aufwachzeit von Sophie"} \quad \text{(in Minuten nach 6.00)}$$

und

$$Z = \text{„Aufwachzeit des ersten Kindes"} \quad \text{(in Minuten nach 6.00).}$$

J und S haben folgende Dichte

$$f_J(j) = \begin{cases} \frac{1}{120} & 0 \leq j \leq 120 \\ 0 & \text{sonst} \end{cases}$$

und

$$f_S(s) = \begin{cases} \frac{1}{60} & 0 \le s \le 60 \\ 0 & \text{sonst.} \end{cases}$$

- Bestimmen Sie eine Formel für Z in Abhängigkeit von J und S.
- Simulieren Sie Zufallszahlen aus Z. Bestimmen Sie mit Hilfe der gezogenen Zufallszahlen folgende Größen:

$$E(Z), \quad Var(Z), \quad P(Z \le 30), \quad P(Z \ge 45)$$

- Bestimmen Sie die Verteilung von Z analytisch.

Aufgabe 6.24
Die Fahrzeit in Minuten zur Uni sei exponentialverteilt mit durchschnittlicher Fahrzeit $\mu = 10\,\text{min}$.

(a) Berechne zunächst die Wahrscheinlichkeit für eine Fahrzeit

- kleiner oder gleich 10 min
- kleiner als 10 min
- größer als 10 min
- größer oder gleich 10 min
- zwischen 5 und 15 min
- gleich 10 min

(b) Sie fahren sicherheitshalber 20 min vor Vorlesungsbeginn los. Wie groß ist die Wahrscheinlichkeit zu spät zu kommen?

Aufgabe 6.25
Wir betrachten die stetige Zufallsvariable X mit folgender Dichte:

$$f(x) = \begin{cases} 0.046 & 1 \le x < 9 \\ 0.010 & 9 \le x < 10 \\ 0.037 & 10 \le x < 20 \\ 0.042 & 20 \le x < 26 \\ 0 & \text{sonst.} \end{cases}$$

Berechnen Sie den Erwartungswert der Zufallsvariablen $Y = 7.75X + 5.5$.

Lösungen

Lösung 6.1

Damit $f(x)$ Dichte ist, muss $\int_0^5 f(x)\,dx = 1$ gelten:

$$\begin{aligned}\int_0^5 f(x)\,dx &= \int_0^1 4ax\,dx + \int_1^5 (-ax+0.5)\,dx\\ &= \left[2ax^2\right]_0^1 + \left[-0.5ax^2+0.5x\right]_1^5\\ &= 2a - 0 + 0.5(-25a+5+a-1)\\ &= -10a+2 = 1.\end{aligned}$$

Auflösen nach a liefert $a = 0.1$.

Die Verteilungsfunktion erhält man durch $F(x) = \int_{-\infty}^{x} f(y)\,dy$ als:

$$\begin{aligned}F(x) &= \begin{cases} 0 & \text{für } x < 0\\ \int_0^x 0.4y\,dy & \text{für } 0 \le x < 1\\ F(1) + \int_1^x (-0.1y+0.5)\,dy & \text{für } 1 \le x \le 5\\ 1 & \text{für } x > 5\end{cases}\\ &= \begin{cases} 0 & \text{für } x < 0\\ \left[0.2y^2\right]_0^x & \text{für } 0 \le x < 1\\ F(1) + \left[-0.05y^2+0.5y\right]_1^x & \text{für } 1 \le x \le 5\\ 1 & \text{für } x > 5\end{cases}\\ &= \begin{cases} 0 & \text{für } x < 0\\ 0.2x^2 & \text{für } 0 \le x < 1\\ 0.2 - 0.05x^2 + 0.5x + 0.05 - 0.5 & \text{für } 1 \le x \le 5\\ 1 & \text{für } x > 5\end{cases}\\ &= \begin{cases} 0 & \text{für } x < 0\\ 0.2x^2 & \text{für } 0 \le x < 1\\ -0.05x^2 + 0.5x - 0.25 & \text{für } 1 \le x \le 5\\ 1 & \text{für } x > 5.\end{cases}\end{aligned}$$

Den Verlauf von $F(x)$ können Sie der Skizze in Abb. 6.4 entnehmen:

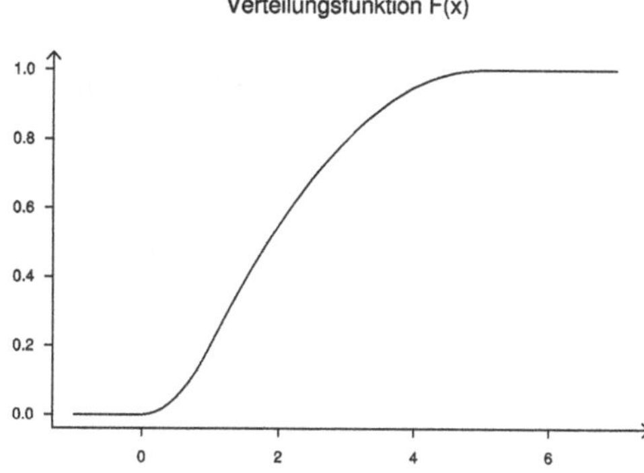

Abb. 6.4 Verteilungsfunktion $F(x)$

Für den Erwartungswert von X gilt:

$$\begin{aligned}E(X) &= \int_0^5 x \cdot f(x)\,dx \\ &= \int_0^1 0.4x^2\,dx + \int_1^5 (-0.1x^2 + 0.5x)\,dx \\ &= \left[\frac{4}{30}x^3\right]_0^1 + \left[-\frac{1}{30}x^3 + \frac{1}{4}x^2\right]_1^5 \\ &= \frac{4}{30} - 0 - \frac{125}{30} + \frac{25}{4} + \frac{1}{30} - \frac{1}{4} \\ &= -\frac{120}{30} + \frac{24}{4} = -4 + 6 = 2\,.\end{aligned}$$

Zur Bestimmung der Varianz von X berechnet man zunächst

$$\begin{aligned}E(X^2) &= \int_0^5 x^2 \cdot f(x)\,dx \\ &= \int_0^1 0.4x^3\,dx + \int_1^5 (-0.1x^3 + 0.5x^2)\,dx \\ &= \left[\frac{4}{40}x^4\right]_0^1 + \left[-\frac{1}{40}x^4 + \frac{1}{6}x^3\right]_1^5 \\ &= \frac{4}{40} + 0 - \frac{625}{40} + \frac{125}{6} + \frac{1}{40} - \frac{1}{6} \\ &= -\frac{62}{4} + \frac{124}{6} = \frac{62}{12} = \frac{31}{6}.\end{aligned}$$

Dann gilt

$$Var(X) = E(X^2) - (E(X))^2 = \frac{31}{6} - 4 = 1.17$$

Lösung 6.2

(a) Damit $f(x)$ Dichte ist, muss $\int\limits_2^3 f(x)\,dx = 1$ gelten. Dies ist äquivalent zu

$$\begin{aligned} &\int\limits_2^3 c \cdot (x-2)\,dx = 1 \\ \Leftrightarrow\quad & c \cdot \left[\frac{x^2}{2} - 2x\right]_2^3 = 1 \\ \Leftrightarrow\quad & c \cdot \left(\frac{9}{2} - 6 - \frac{4}{2} + 4\right) = 1 \\ \Leftrightarrow\quad & \frac{1}{2} \cdot c = 1 \\ \Leftrightarrow\quad & c = 2. \end{aligned}$$

(b) Für die Verteilungsfunktion erhält man

$$F(x) = \begin{cases} 0 & \text{für } x < 2 \\ x^2 - 4x + 4 & \text{für } 2 \leq x \leq 3 \\ 1 & \text{für } x > 3. \end{cases}$$

(c) Die Wahrscheinlichkeiten lassen sich über die Verteilungsfunktion bestimmen als

$$\begin{aligned} P(X > 2.1) &= 1 - P(X \leq 2.1) = 1 - F(2.1) \\ &= 1 - (2.1^2 - 4 \cdot 2.1 + 4) \\ &= 1 - 0.01 = 0.99, \end{aligned}$$

$$\begin{aligned} P(2.1 < X < 2.8) &= P(X \leq 2.8) - P(X \leq 2.1) \\ &= F(2.8) - F(2.1) \\ &= 0.64 - 0.01 = 0.63. \end{aligned}$$

(d) Die bedingte Wahrscheinlichkeit berechnet sich als:

$$\begin{aligned} P(-4 \leq X \leq 3 \mid X \leq 2.1) &= \frac{P(-4 \leq X \leq 3\,,\ X \leq 2.1)}{P(X \leq 2.1)} \\ &= \frac{P(-4 \leq X \leq 2.1)}{P(X \leq 2.1)} \\ &= \frac{F(2.1) - F(-4)}{F(2.1)} \\ &= 1. \end{aligned}$$

Die stochastische Unabhängigkeit der Ereignisse lässt sich nachweisen, indem man zeigt, dass die Wahrscheinlichkeit für das gemeinsame Ereignis mit dem Produkt der Einzelwahrscheinlichkeiten übereinstimmt:

$$\begin{aligned} P(\{-4 \le X \le 3\} \cap \{X \le 2.1\}) &= P(-4 \le X \le 2.1) \\ &= F(2.1) \\ &= P(-4 \le X \le 3) \cdot P(X \le 2.1) \\ &= 1 \cdot F(2.1). \end{aligned}$$

(e) Für den Erwartungswert erhält man

$$\begin{aligned} E(X) &= \int_2^3 (2x^2 - 4x)\,dx \\ &= \left[\frac{2x^3}{3} - \frac{4x^2}{2}\right]_2^3 \\ &= \frac{2 \cdot 27}{3} - \frac{4 \cdot 9}{2} - \frac{2 \cdot 8}{3} + \frac{4 \cdot 4}{2} \\ &= \frac{16}{6}. \end{aligned}$$

Der Median berechnet sich als

$$\begin{aligned} F(x_{med}) &= 0.5 \\ \Leftrightarrow\ x_{med}^2 - 4x_{med} + 4 &= 0.5 \\ \Leftrightarrow\quad (x_{med} - 2)^2 &= 0.5 \\ \Leftrightarrow\ x_{med} &= \sqrt{0.5} + 2 = 2.707. \end{aligned}$$

Die Varianz ermittelt man, indem man zunächst $E(X^2)$ berechnet als

$$\begin{aligned} E(X^2) &= \int_2^3 (2x^3 - 4x^2)\,dx \\ &= \left[\frac{2x^4}{4} - \frac{4x^3}{3}\right]_2^3 \\ &= \frac{2 \cdot 81}{4} - \frac{4 \cdot 27}{3} - \frac{2 \cdot 16}{4} + \frac{4 \cdot 8}{3} \\ &= \frac{43}{6}, \end{aligned}$$

woraus sich die Varianz ergibt als

$$Var(X) = E(X^2) - E(X)^2 = \frac{43}{6} - \left(\frac{16}{6}\right)^2 = \frac{1}{18}.$$

Lösung 6.3

Mit Wahrscheinlichkeit 0.7 ist als letztes eine U6 gefahren, so dass als nächstes mit Wahrscheinlichkeit 0.7 eine U3 fährt.

Lösung 6.4

Für $s < x$ gilt mit der Verteilungsfunktion der Exponentialverteilung

$$\begin{aligned} P(X \leq x | X > s) &= \frac{P(s < X \leq x)}{P(X > s)} \\ &= \frac{P(X \leq x) - P(X \leq s)}{P(X > s)} \\ &= \frac{1 - e^{-\lambda x} - 1 + e^{-\lambda s}}{1 - 1 + e^{-\lambda s}} \\ &= 1 - e^{-\lambda(x-s)} \\ &= P(X \leq x - s). \end{aligned}$$

Lösung 6.5

(a) Wegen $X \sim Po(0.25)$ ist die Wartezeit Y exponentialverteilt mit Parameter $\lambda = 0.25$.
(b) Wegen $E(Y) = \frac{1}{\lambda} = 4$ beträgt die mittlere Wartezeit auf den nächsten Fehler $4 \cdot 12 = 48\,\text{h}$.
(c) Aufgrund der Gedächtnislosigkeit der Exponentialverteilung (vgl. Aufgabe 6.4) gilt:

$$P(Y \leq 24 | Y > 12) = P(Y \leq 12) = 1 - e^{-12/4} = 1 - e^{-3} = 0.95.$$

Mit 95 % Wahrscheinlichkeit tritt somit auch in den nächsten 12 h kein Fehler auf.

Lösung 6.6
Es gilt

$$
\begin{aligned}
c \cdot P(X \geq c) &= \int_c^\infty c \cdot f(x)\, dx \\
&\leq \int_c^\infty x \cdot f(x)\, dx \\
&\leq \int_0^\infty x \cdot f(x)\, dx = E(X),
\end{aligned}
$$

wobei die erste Ungleichung wegen $c > 0$ und $f(x) \geq 0$ gilt und zudem nur über $x \geq c$ integriert wird.

Lösung 6.7

(a) Für $\lambda \geq 0$ gelten $f(x) \geq 0$ und

$$
\int_0^\infty \lambda^2 \cdot x \cdot e^{-\lambda x} = \lambda \int_0^\infty \lambda \cdot x \cdot e^{-\lambda x} = \lambda \cdot \frac{1}{\lambda} = 1,
$$

da das Integral gerade dem Erwartungswert der Exponentialverteilung entspricht. Folglich erfüllt $f(x)$ die beiden Bedingungen an eine Dichtefunktion.

(b) Für $x > 0$ gilt mit der Produktregel der Differentialrechnung

$$
\begin{aligned}
\frac{\partial}{\partial x} F(x) &= \frac{\partial}{\partial x}(1 - e^{-\lambda x}(1 + \lambda x)) \\
&= \lambda e^{-\lambda x}(1 + \lambda x) - \lambda e^{-\lambda x} \\
&= \lambda^2 x e^{-\lambda x} = f(x).
\end{aligned}
$$

Außerdem gilt $f(x) = 0$ und folglich $P(X \leq x) = 0$ für $x \leq 0$. Wegen $F(x) = 0$ für $x < 0$ und $F(0) = 1 - e^0 = 1 - 1 = 0$ gilt $F(x) = P(X \leq x)$ auch für $x \leq 0$. Insgesamt ist also $F(x)$ die zugehörige Verteilungsfunktion.

(c) Für $n = 2$ und $\lambda = 1$ ist

$$
f(x) = \begin{cases} xe^{-x}, & x \geq 0 \\ 0 & \text{sonst.} \end{cases}
$$

Dann gilt:

$$
E(X) = \int_0^\infty x \cdot f(x)\, dx = \int_0^\infty x^2 e^{-x}\, dx = E(Y^2),
$$

wobei Y eine zum Parameter $\lambda = 1$ exponentialverteilte Zufallsvariable darstellt. Wegen

$$\frac{1}{\lambda^2} = Var(Y) = E(X^2) - (E(Y))^2 = E(Y^2) - \frac{1}{\lambda^2}$$

folgt $E(X) = 2/\lambda^2 = 2$.
Für den Median gilt $F(x_{med}) = 0.5$, also

$$\begin{aligned} 1 - e^{-x_{med}}(1 + x_{med}) &= 0.5 \\ \Longleftrightarrow \quad e^{-x_{med}}(1 + x_{med}) &= 0.5. \end{aligned}$$

Diese Gleichung lässt sich numerisch lösen. Man erhält $x_{med} = 1.7$ (vgl. die Abbildung der Verteilungsfunktion).
Für den Modus gilt

$$\frac{\partial}{\partial x} f(x)|_{x=x_{mod}} = 0,$$

also

$$\begin{aligned} e^{-x_{mod}} - x_{mod}\, e^{-x_{mod}} &= 0 \\ \Longleftrightarrow \quad e^{-x_{mod}}(1 - x_{mod}) &= 0 \\ \Longleftrightarrow \quad x_{mod} &= 1. \end{aligned}$$

Wegen $x_{mod} < x_{med} < E(X)$ liegt eine linkssteile (rechtsschiefe) Verteilung vor.
Die folgende Abb. 6.5 zeigt den Verlauf der Dichte und der Verteilungsfunktion:

(d) Sei X Erlang-n-verteilt mit Parameter λ. Dann gilt $X = Y_1 + Y_2 + \cdots + Y_n$, wobei die Y_i für $i = 1, \ldots, n$ unabhängig und exponentialverteilt sind mit Parameter λ. Folglich gelten

$$E(X) = E\left(\sum_{i=1}^{n} Y_i\right) = \sum_{i=1}^{n} E(Y_i) = \frac{n}{\lambda}$$

und

$$Var(X) = Var\left(\sum_{i=1}^{n} Y_i\right) = \sum_{i=1}^{n} Var(Y_i) = \frac{n}{\lambda^2}.$$

Lösung 6.8
Den Angaben entnimmt man, dass für das Geburtsgewicht $X \sim N(1000, 50^2)$ gilt.

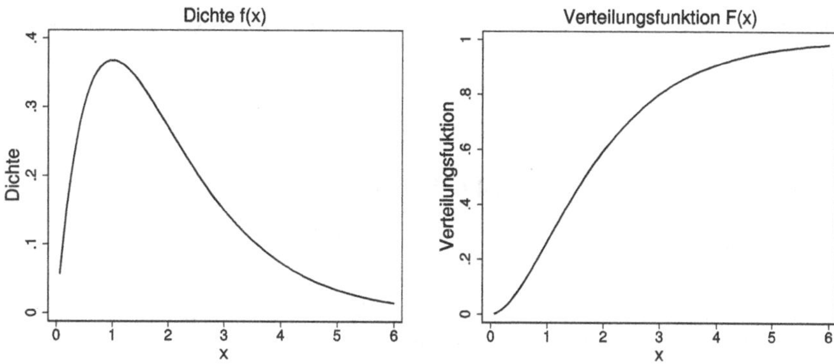

Abb. 6.5 Dichte und Verteilungsfunktion von X

(a) Die gesuchte Wahrscheinlichkeit lässt sich nach Standardisierung über die Verteilungsfunktion der Standardnormalverteilung bestimmen als

$$\begin{aligned} P(982 \leq X \leq 1050) &= P(X \leq 1050) - P(X \leq 982) \\ &= P\left(\frac{X - 1000}{50} \leq 1\right) \\ &\quad - P\left(\frac{X - 1000}{50} \leq -0.36\right) \\ &= \Phi(1) + \Phi(0.36) - 1 \\ &= 0.8413 + 0.6406 - 1 \\ &= 0.4819 \end{aligned}$$

(b) Das 10 %-Quantil ermittelt man als

$$x_{0.1} = \mu + \sigma \cdot z_{0.1} = 1000 + 50 \cdot (-1.28) = 936.$$

(c) Das gesuchte Intervall ist gegeben durch

$$\mu \pm \sigma z_{0.975} = 1000 \pm 50 \cdot 1.96.$$

Man erhält also als Intervall $I = [902, 1098]$.

Lösung 6.9

Seien $X_1, \ldots, X_{10}$ die Gewichte der Teepackungen, Y das Gewicht der Holzkiste und $Z = X_1, \ldots, X_{10} + Y$ das Gewicht der versandfertigen Holzkiste. Es gilt $X_i \sim N(6, 0.06^2)$ und $Y \sim N(5, 0.05^2)$. Damit folgt

$$Z \sim N(10 \cdot 6 + 5, 10 \cdot 0.06^2 + 0.05^2) = N(65, 0.03850).$$

Gesucht ist ein Intervall $I = [\mu_Z - k, \mu_Z + k]$ mit $P(\mu_Z - k \le Z \le \mu_Z + k) = 0.95$. Dies ist äquivalent zu

$$\begin{aligned} \tfrac{k}{\sigma_Z} &= 1.96 \\ \Leftrightarrow \quad k &= 0.38458. \end{aligned}$$

Man erhält also als Intervall $I = [64.61542, 65.38458]$.

Lösung 6.10

(a) Wir beginnen zuerst mit der Annahme, dass X normalverteilt ist. Dann gilt $Y = \frac{X-0.0007}{0.013} \sim N(0, 1)$, und es folgt

$$\begin{aligned} P(X > 0.04) &= 1 - P(X \le 0.04) \\ &= 1 - P\left(Y \le \tfrac{0.04-0.0007}{0.013}\right) \\ &= 1 - P(Y \le 3.023) \\ &= 1 - 0.9987 = 0.0013. \end{aligned}$$

Das zentrale Schwankungsintervall ist gegeben durch

$$\mu \pm \sigma \cdot z_{0.995} = 0.0007 \pm 0.013 \cdot 2.57.$$

Man erhält also als zentrales Schwankungsintervall

$$I = [-0.03271, 0.03411].$$

(b) Empirische Analysen zeigen, dass eine t-Verteilung besser zur Modellierung von Renditen geeignet ist. Wir treffen deshalb die Verteilungsannahme $Y \sim t(1)$. Damit folgt

$$\begin{aligned} P(X > 0.04) &= 1 - P(Y \le 3.023) \\ &\approx 1 - 0.9 \approx 0.1. \end{aligned}$$

Ein zentrales Schwankungsintervall kann hier nicht berechnet werden, weil die t-Verteilung mit einem Freiheitsgrad keinen Erwartungswert besitzt.

Lösung 6.11

Durch Auflösen des Betragszeichens erhält man:

$$f(x) = \begin{cases} 1 + x & \text{für } -1 \le x \le 0 \\ 1 - x & \text{für } \quad 0 < x \le 1. \end{cases}$$

Die folgende Abb. 6.6 zeigt die Gestalt obiger Dichte:

(a) f ist symmetrisch um null. Es genügt daher $\int_0^1 f(x)dx = \frac{1}{2}$ zu zeigen:

$$\begin{aligned}\int_0^1 f(x)dx &= \int_0^1 (1-x)\,dx \\ &= \left[x - \frac{x^2}{2}\right]_0^1 \\ &= 1 - \frac{1}{2} = \frac{1}{2}.\end{aligned}$$

Ein Blick auf die graphische Darstellung der Dichte zeigt, dass der Wert des Integrals über f auch ohne explizite Anwendung der Integralrechnung bestimmt werden kann. Die Fläche unter der Dichte ist nämlich gegeben durch die Flächen A und B der beiden rechtwinkligen Dreiecke (siehe Skizze). Dafür gilt

$$A = B = 0.5 \cdot \text{ Grundfläche } \cdot \text{ Höhe} = 0.5 \cdot 1 \cdot 1 = 0.5,$$

womit ebenfalls gezeigt wurde, dass f tatsächlich die Dichte einer stetigen Zufallsvariable ist.

(b) Die Verteilungsfunktion berechnet sich als

$$F(x) = \begin{cases} 0 & \text{für } \; x < -1 \\ \int_{-1}^{x} f(t)\,dt & \text{für } \; -1 \le x \le 0 \\ \frac{1}{2} + \int_0^x f(t)\,dt & \text{für } \; 0 < x \le 1 \\ 1 & \text{für } \; x > 1 \end{cases}$$

$$= \begin{cases} 0 & \text{für } \; x < -1 \\ x + \frac{x^2}{2} - (-1 + \frac{1}{2}) & \text{für } \; -1 \le x \le 0 \\ \frac{1}{2} + x - \frac{x^2}{2} & \text{für } \; 0 < x \le 1 \\ 1 & \text{für } \; x > 1 \end{cases}$$

$$= \begin{cases} 0 & \text{für } \; x < -1 \\ x + \frac{x^2}{2} + \frac{1}{2} & \text{für } \; -1 \le x \le 0 \\ \frac{1}{2} + x - \frac{x^2}{2} & \text{für } \; 0 < x \le 1 \\ 1 & \text{für } \; x > 1 \end{cases}$$

Abb. 6.6 Dichte $f(x)$

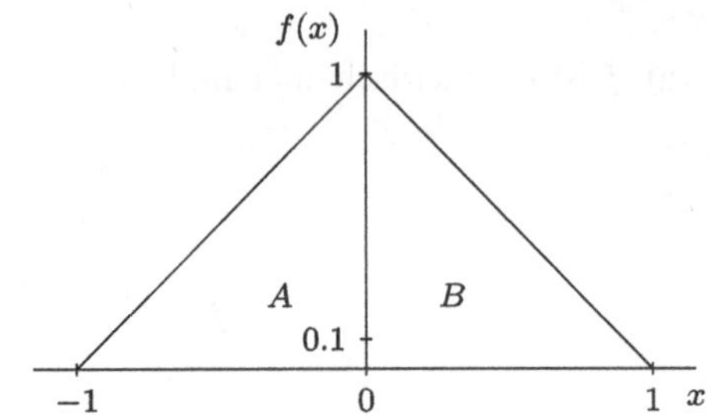

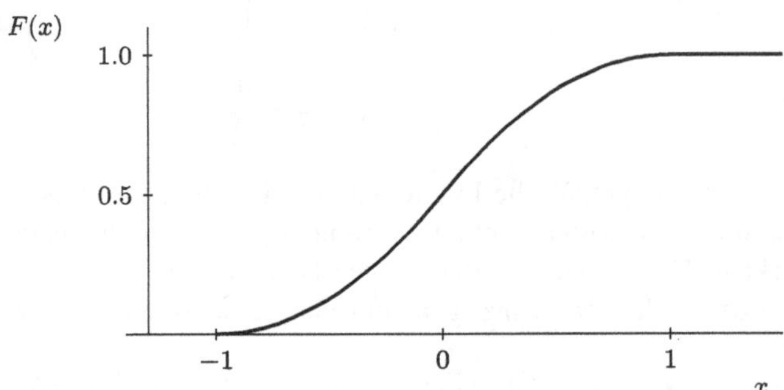

Abb. 6.7 Verteilungsfunktion $F(x)$

Auch bei dieser Teilaufgabe ist eine rein graphische Lösung möglich, vergleiche den Verlauf von $F(x)$ in Abb. 6.7.

(c) Die gesuchte Wahrscheinlichkeit lässt sich über die Verteilungsfunktion ermitteln:

$$\begin{aligned} P(|X| \leq 0.5) &= P(-0.5 \leq X \leq 0.5) \\ &= 2 \cdot (F(0.5) - F(0)) \\ &= 2 \cdot \left(\frac{1}{2} + \frac{1}{2} - \frac{1}{8} - \frac{1}{2}\right) = \frac{3}{4}. \end{aligned}$$

Lösung 6.12

(a) Es gilt

$$P(X \geq x) = 1 - P(X \leq x) = 1 - F(x)$$

und damit

$$F(x) = \begin{cases} 1 - x^{-4} & \text{für} \quad x \geq 1 \\ 0 & \text{sonst.} \end{cases}$$

(b) Die Dichte von $F(x)$ erhält man als Ableitung der Verteilungsfunktion:

$$f(x) = \frac{\partial}{\partial x} F(x) = \begin{cases} 4 \cdot x^{-5} & \text{für} \quad x \geq 1 \\ 0 & \text{sonst.} \end{cases}$$

(c) Erwartungswert und Varianz bestimmt man als

$$\begin{aligned} E(X) &= 4 \cdot \int_1^\infty x \cdot x^{-5}\, dx = 4 \cdot \int_1^\infty x^{-4}\, dx \\ &= 4 \cdot \left[-\frac{1}{3} \cdot x^{-3} \right]_1^\infty \\ &= 4 \cdot \left(0 - \left(-\frac{1}{3} \right) \right) = \frac{4}{3}, \end{aligned}$$

$$\begin{aligned} E(X^2) &= 4 \cdot \int_1^\infty x^2 \cdot x^{-5}\, dx = 4 \cdot \int_1^\infty x^{-3}\, dx \\ &= 4 \cdot \left[-\frac{1}{2} \cdot x^{-2} \right]_1^\infty \\ &= 4 \cdot \left(0 - \left(-\frac{1}{2} \right) \right) = 2, \\ Var(X) &= E(X^2) - E(X)^2 = 2 - \left(\frac{4}{3} \right)^2 = 2 - \frac{16}{9} = \frac{2}{9}. \end{aligned}$$

Lösung 6.13

(a) Die Dichte von X erhält man als Ableitung der Verteilungsfunktion:

$$\begin{aligned} f(x) &= \frac{\partial}{\partial x} F(x) \\ &= \frac{\partial}{\partial x} \left(\frac{1}{4} \cdot x + \frac{1}{2} + \frac{1}{8} \cdot \theta \cdot x^2 - \frac{1}{2} \cdot \theta \right) \\ &= \frac{1}{4} + \frac{1}{4} \cdot \theta \cdot x. \end{aligned}$$

(b) Für $\theta = 0$ ergibt sich $f(x) = \frac{1}{4}$, d. h. es liegt eine (stetige) Gleichverteilung vor.

(c) Der Erwartungswert von X berechnet sich als

$$
\begin{aligned}
E(X) &= \int_{-2}^{2} x \cdot \left(\frac{1}{4} + \frac{1}{4} \cdot \theta \cdot x\right) dx \\
&= \int_{-2}^{2} \left(\frac{1}{4}x \cdot + \frac{1}{4} \cdot \theta \cdot x^2\right) dx \\
&= \frac{1}{4} \cdot \left[\frac{x^2}{2}\right]_{-2}^{2} + \frac{1}{4} \cdot \theta \cdot \left[\frac{x^3}{3}\right]_{-2}^{2} \\
&= \frac{1}{4} \cdot \left(\frac{4}{2} - \frac{4}{2}\right) + \frac{1}{4} \cdot \theta \cdot \left(\frac{8}{3} - \frac{-8}{3}\right) \\
&= 0 + \frac{1}{4} \cdot \theta \cdot \frac{16}{3} \\
&= \theta \cdot \frac{4}{3}.
\end{aligned}
$$

Lösung 6.14

(a) Zur Lösung des Aufgabenteil (a) ergeben sich mehrere Lösungsansätze, die sich erheblich in ihrer Zeitintensität unterscheiden. Hier zunächst der übliche Lösungsweg. Durch Ablesen der Werte aus der in der Aufgabenstellung dargestellten Dichte für den Umsatz U_0 erhalten wir:

$$
f_{U_0}(u) = \begin{cases} 0.0003 & 0 \leq u < 1000 \\ 0.00045 & 1000 \leq u < 2000 \\ 0.0001 & 2000 \leq u < 4500 \\ 0 & \text{sonst} \end{cases}
$$

Die Verteilungsfunktion $F_{U_0}(u)$ erhält man dann durch die Anwendung der Definition der Verteilungsfunktion:

1. Fall: $x < 0$

$$
F_{U_0}(x) = \int_{-\infty}^{x} f_{U_0}(u)\, du = 0
$$

2. Fall: $0 \leq x < 1000$

$$\begin{aligned} F_{U_0}(x) &= \int_{-\infty}^{x} f_{U_0}(u)\,du \\ &= \int_{-\infty}^{0} f_{U_0}(u)\,du + \int_{0}^{x} f_{U_0}(u)\,du \\ &= \int_{0}^{x} 0.0003\,du \\ &= 0.0003x \end{aligned}$$

3. Fall: $1000 \leq x < 2000$

$$\begin{aligned} F_{U_0}(x) &= \int_{-\infty}^{x} f_{U_0}(u)\,du \\ &= \int_{-\infty}^{1000} f_{U_0}(u)\,du + \int_{1000}^{x} f_{U_0}(u)\,du \\ &= 0.3 + 0.00045(x - 1000) \\ &= -0.15 + 0.00045x \end{aligned}$$

4. Fall: $2000 \leq x < 4500$

$$\begin{aligned} F_{U_0}(x) &= \int_{-\infty}^{x} f_{U_0}(u)\,du \\ &= \int_{-\infty}^{2000} f_{U_0}(u)\,du + \int_{2000}^{x} f_{U_0}(u)\,du \\ &= 0.75 + 0.0001(x - 2000) \\ &= 0.55 + 0.0001x \end{aligned}$$

5. Fall: $x > 4500$

$$\begin{aligned} F_{U_0}(x) &= \int_{-\infty}^{x} f_{U_0}(u)\,du \\ &= \int_{-\infty}^{4500} f_{U_0}(u)\,du + \int_{4500}^{x} f_{U_0}(u)\,du \\ &= 1 \end{aligned}$$

Folglich erhalten wir die folgende Verteilungsfunktion für den Umsatz U_0 (siehe Abb. 6.8):

$$F_{U_0}(u) = \begin{cases} 0 & u < 0 \\ 0.0003u & 0 \leq u < 1000 \\ -0.15 + 0.00045u & 1000 \leq u < 2000 \\ 0.55 + 0.0001u & 2000 \leq u < 4500 \\ 1 & u > 4500 \end{cases}$$

Nun der deutlich kürzere Lösungsweg. Da die Dichte des bisherigen Umsatzes eine Treppenfunktion darstellt, ist diese auf ihrem Wertebereich stückweise konstant. Daher ist die Verteilungsfunktion stückweise linear. Es reicht also die jeweiligen Anfangs- bzw. Endpunkte dieser linearen Bereiche zu bestimmen und anschließend zu verbinden. Der erste von Null verschiedene Abschnitt auf dem die Dichte von U_0 den gleichen Wert annimmt ist $[0, 1000]$. Der Anfangspunkt ist gegeben durch die Fläche, die zwischen der x-Achse und der Dichte auf dem Intervall $[-\infty, 0]$ liegt. Da die Dichte auf diesem Bereich identisch Null ist, ist auch die zugehörige Fläche gleich Null. Der Endpunkt ist gegeben durch die Fläche, die zwischen der x-Achse und der Dichte auf dem Intervall $[0, 1000]$ liegt. Also müssen wir lediglich die Fläche eines Rechtecks berechnen, welches durch die Eckpunkte des betrachteten Intervalls und dessen Höhe gegeben ist. Die Höhe beträgt 0.0003. Also erhalten wir die Fläche $(1000 - 0)0.0003 = 0.3$. Hieraus folgt, dass die Werte der Verteilungsfunktion auf $[0, 1000]$ linear sind mit Anfangspunkt 0 und Endpunkt 0.3. Die weiteren Werte der Verteilungsfunktion erhalten wir durch das gleiche Prinzip, indem wir den Endpunkt des vorherigen Bereichs als Anfangspunkt des aktuellen Bereichs setzen und den Endpunkt des aktuellen Bereichs als die Fläche des relevanten Rechtecks zuzüglich des aktuellen Anfangspunktes. Also betrachten wir den Bereich $[1000, 2000]$. Auf diesem Bereich nimmt die Dichte den Wert 0.00045 an. Die resultierende Fläche beträgt somit $(2000 - 1000)0.00045 = 0.45$. Also lautet der Endpunkt des Wertebereichs auf $[1000, 2000]$ 0.75. Somit ist F_{U_0} auf $[1000, 2000]$ linear mit Anfangspunkt 0.3 und Endpunkt 0.75. Als letzten Abschnitt betrachten wir $[2000, 4500]$. Die relevante Fläche ist beschrieben durch $(4500 - 2000)0.0001 = 0.25$. Somit ist F_{U_0} auf $[2000, 4500]$ linear mit Anfangspunkt 0.75 und Endpunkt 1. Auf dem Intervall $[4500, \infty]$ ist die Dichte identisch Null, somit wächst die Verteilungsfunktion auf diesem Bereich nicht weiter an, hat also den Wert 1. Eine grafische Darstellung der resultierenden Verteilungsfunktion für den bisherigen Umsatz U_0 ist in Abb. 6.8 zu finden.

(b) Die gesuchten Wahrscheinlichkeiten berechnen sich wie folgt:

$$\begin{aligned}
P(U_0 \le 3250) &= F_{U_0}(3250) = 0.75 + \tfrac{0.25}{2} = 0.875, \\
P(U_0 \ge 1500) &= 1 - P(U_0 < 1500) = 1 - F_{U_0}(1500) \\
&= 1 - (\tfrac{0.45}{2} + 0.3) = 1 - 0.525 \\
&= 0.475, \\
P(2000 \le U_0 \le 5000) &= P(U_0 \le 5000) - P(U_0 < 2000) \\
&= F_{U_0}(5000) - F_{U_0}(2000) = 1 - 0.75 \\
&= 0.25, \\
P(W > 0) &= 1 - P(W \le 0) = 1 - F_W(0) \\
&= 1 - 0.1 = 0.9 \\
P(W < 0) &= F_W(0) = 0.1.
\end{aligned}$$

(c) Der Erwartungswert für den Werbeeffekt lässt sich auf zwei Arten bestimmen. Die naheliegende Lösung ergibt sich durch Einsetzen in die Formel für den Erwartungswert stetiger Zufallsvariablen:

$$\begin{aligned}
E(W) &= \int_{-\infty}^{\infty} w f_W(w) dw \\
&= \int_{-0.2}^{0} 0.5w\, dw + \int_{0}^{0.25} 2.8w\, dw + \int_{0.25}^{0.5} 0.8w\, dw \\
&= \left[0.5\frac{w^2}{2}\right]_{-0.2}^{0} + \left[2.8\frac{w^2}{2}\right]_{0}^{0.25} + \left[0.8\frac{w^2}{2}\right]_{0.25}^{0.5} \\
&= -0.01 + 0.0875 + 0.075 \\
&= 0.1525
\end{aligned}$$

Der Erwartungswert einer Zufallsvariable mit stückweise konstanter Dichte lässt sich auch noch anders bestimmen, nämlich als gewichtete Summe der jeweiligen Intervallmitten, wobei mit den Wahrscheinlichkeiten für jedes Intervall gewich-

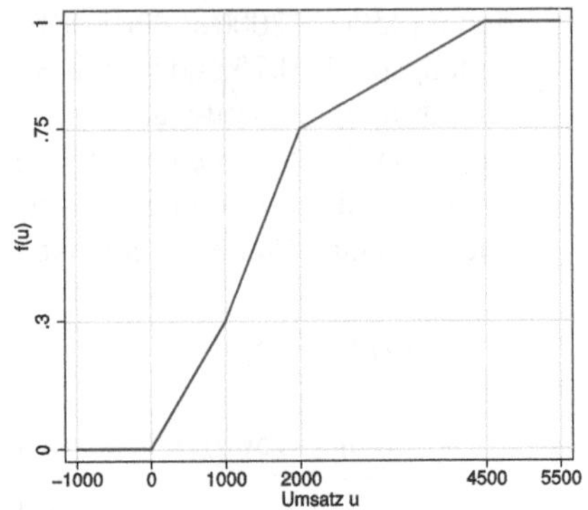

Abb. 6.8 Verteilungsfunktion $F_{U_0}(u)$ für den bisherigen Umsatz

tet wird. Wir erhalten also

$$\begin{aligned} E(W) &= -0.1 \cdot P(-0.2 \leq W \leq 0) + 0.125 \cdot P(0 \leq W \leq 0.25) \\ &\quad + 0.375 \cdot P(0.25 \leq W \leq 0.5) \\ &= -0.1 \cdot 0.2 \cdot 0.5 + 0.125 \cdot 0.25 \cdot 2.8 + 0.375 \cdot 0.25 \cdot 0.8 \\ &= 0.1525 \end{aligned}$$

(d) Nach Aufgabenstellung gilt: $U_1 = U_0(1 + W)$. Wegen der stochastischen Unabhängigkeit von U_0 und W und unter Verwendung der Ergebnisse aus Aufgabenteil c) gilt dann für den Erwartungswert von U_1:

$$\begin{aligned} E(U_1) &= E(U_0(1 + W)) \\ &= E(U_0 + U_0 W) \\ &= E(U_0) + E(U_0)E(W) \\ &= 1637.5 + 249.72 \\ &= 1887.22 \end{aligned}$$

Da $E(U_1) - 100 > E(U_0)$ wäre die Durchführung der Werbeaktion sinnvoll.

Lösung 6.15
Bei der Lösung der Aufgabe sollte die Symmetrie der Dichte um den Wert 3 ausgenutzt werden.

(a) Aufgrund der Symmetrie der Dichte ergibt sich unmittelbar $E(X) = 3$.
(b) $P(X < 3) = 0.5$.
(c) $P(0 < X < 3) = 0.5$.
(d) $P(X > 3) = 0.5$.
(e) $P(1 < X < 7) = 1$.
(f) $F(3) = P(X \leq 3) = 0.5$.

Lösung 6.16

(a) $f(x) \leq 1$ ist falsch. Betrachte als Gegenbeispiel die stetige Gleichverteilung zwischen $a = 0$ und $b = 0.1$. Hier gilt

$$f(x) = \begin{cases} 10 & \text{für } 0 \leq x \leq 0.1 \\ 0 & \text{sonst.} \end{cases}$$

(b) $F(x) \leq 1$ ist nach Definition richtig.

(c) $\int_x^\infty f(t)\,dt = 1 - F(x)$ ist richtig, denn

$$\int_x^\infty f(t)\,dt = P(X \geq x) = 1 - P(X \leq x) = 1 - F(x).$$

(d) $F(x_i) \leq F(x_j)$ ist richtig, da F monoton wachsend ist.

Lösung 6.17

Betrachte die Zufallsvariable $X = Y - c$. Dann ist X symmetrisch um 0, d. h. $f(-x) = f(x)$ für alle $x \in I\!R$. Weiter gilt:

$$\begin{aligned} E(X) &= \int_{-\infty}^{\infty} xf(x)dx \\ &= \int_{-\infty}^{0} xf(x)dx + \int_{0}^{\infty} xf(x)dx \\ &= \int_{0}^{\infty} -xf(-x)dx + \int_{0}^{\infty} xf(x)dx \\ &= \int_{0}^{\infty} -xf(x)dx + \int_{0}^{\infty} xf(x)dx \\ &= \int_{0}^{\infty} f(x) \cdot (-x + x)dx \\ &= 0. \end{aligned}$$

Wegen $Y = X + c$ gilt dann

$$E(Y) = E(X) + c = 0 + c = c.$$

Lösung 6.18

(a) Das Endvermögen ist gegeben durch

$$\begin{aligned} W &= x(1+R) + (v-x)(1+z) \\ &= x + xR + v - x + (v-x)z \\ &\sim N(x\mu + v + (v-x)z, x^2\sigma^2). \end{aligned}$$

(b) Mit den gegebenen Werten erhalten wir als Vermögen

$$\begin{aligned} W &\sim N(5.000 \cdot 0.03 + 10000 + 5000 \cdot 0.04, 5000^2 \cdot 0.03^2) \\ &= N(10350, 150^2). \end{aligned}$$

Damit berechnet sich die gesuchte Wahrscheinlichkeit wie folgt:

$$\begin{aligned} P(W \geq 10500) &= 1 - P(W \leq 10500) \\ &= 1 - \Phi\left(\frac{10500 - 10350}{150}\right) \\ &= 1 - \Phi(1) = 1 - 0.8413 \\ &= 0.1587. \end{aligned}$$

(c) Eine Erhöhung von μ, z oder σ^2 erhöht jeweils die Wahrscheinlichkeit eines mindestens 5 prozentigen Wachstums.

(d) Der erwartete Nutzen berechnet sich prinzipiell durch

$$E(U(W)) = \int_{-\infty}^{\infty} -\exp\left(-\frac{w}{a}\right) \cdot f(w)\, dw,$$

wobei $f(w)$ die Dichte einer $N(x\mu + v + (v-x)z, x^2\sigma^2)$ Verteilung ist. Unter Ausnutzung der angegebenen Formel für $E(U(W))$ erhalten wir

$$E(U(W)) = x\mu + v + (v-x)z - a\frac{x^2\sigma^2}{2}.$$

Differenzieren nach x und Nullsetzen liefert

$$\frac{\partial E(U(W))}{\partial x} = \mu - z - ax\sigma^2 = 0.$$

Auflösen nach x liefert den optimalen Anlagebetrag

$$x_{opt} = \frac{\mu - z}{a\sigma^2}.$$

Der optimale Anlagebetrag wird wie folgt von den jeweiligen Größen beeinflusst:

- x_{opt} ist *unabhängig* vom Anfangsvermögen v.
- x_{opt} ist umso größer, je größer die erwartete Rendite μ der unsicheren Anlage. x_{opt} steigt *linear* mit μ.
- x_{opt} sinkt linear mit steigendem Zinssatz z der sicheren Anlage.
- x_{opt} sinkt mit steigender Varianz σ^2 der unsicheren Anlage.
- x_{opt} sinkt mit steigendem Risikoaversionskoeffizient a.

Lösung 6.19

(a) Für das arithmetische Mittel $\bar{X}$ gilt $\bar{X} \sim N(\mu, \frac{\sigma^2}{n})$.

(b) Da $Var(\bar{X}) = \frac{\sigma^2}{n}$, ist $\sqrt{n}\frac{\bar{X}-\mu}{\sigma}$ gerade die standardisierte Form von $\bar{X}$, und damit gilt:

$$\sqrt{n}\frac{\bar{X}-\mu}{\sigma} \sim N(0, 1).$$

(c) Es gilt $\bar{X} \sim N(1, 5)$. Die Quantile sind folgender Tabelle zu entnehmen:

p	Z_p	$\bar{X}_p$	$1-p$	$\bar{X}_{1-p}$
75 %	0.67	2.498	25 %	−0.498
90 %	1.28	3.862	10 %	−1.862
95 %	1.64	4.667	5 %	−2.667
97.5 %	1.96	5.383	2.5 %	−3.383
99 %	2.33	6.210	1 %	−4.210

Betrachte als Berechnungsbeispiel für $p = 99\ \%$ und $p = 1\ \%$ (siehe Formeln in Abschn. 6.3.1, Fahrmeir et al., 2024):

$$\bar{X}_{0.99} = 1 + \sqrt{5} \cdot 2.33 = 6.21,$$

$$\bar{X}_{0.01} = 1 + \sqrt{5} \cdot (-2.33) = -4.21.$$

(d) Beispielsweise ist ein 90 % Schwankungsintervall gegeben durch:

$$I_{90} = [\underset{\substack{\uparrow \\ 5\,\% \\ \text{Quantil} \\ \text{von } \bar{X}}}{-2.667}\ ,\ \underset{\substack{\uparrow \\ 95\,\% \\ \text{Quantil} \\ \text{von } \bar{X}}}{4.667}]$$

Es gilt $\alpha = P(\bar{X} \notin I_{90}) = 0.1$.
Völlig analog erhält man weitere zentrale Schwankungsintervalle.

Lösung 6.20

(a) Wir erhalten

$$F(x) = 1 - \left(1 + \left(\frac{x}{1000}\right)^3\right)^{-1}.$$

(b) Es gilt:

$$\begin{aligned}
P(X > 2000) &= 1 - F(2000) \\
&= 1 - 1 + \left(1 + \left(\frac{2000}{1000}\right)^3\right)^{-1} \\
&= 0.1111 \\
P(X < 1000) &= F(1000) \\
&= 1 - \left(1 + \left(\frac{1000}{1000}\right)^3\right)^{-1} \\
&= 0.5 \\
P(500 < X < 1500) &= F(1500) - F(500) \\
&= \left[1 - \left(1 + \left(\frac{1500}{1000}\right)^3\right)^{-1}\right] \\
&\quad - \left[1 - \left(1 + \left(\frac{500}{1000}\right)^3\right)^{-1}\right] \\
&= 0.7714 - 0.1111 \\
&= 0.6603
\end{aligned}$$

Lösung 6.21

Das 20 %-Quantil $x_{0.2}$ teilt die Dichte so in zwei Teile, dass links davon 20 % der Wahrscheinlichkeitsmasse und rechts davon 80 % der Wahrscheinlichkeitsmasse liegen. Es muss also gelten:

$$P(X \leq x_{0.2}) = 0.2.$$

Diesen Ausdruck müssen wir nach $x_{0.2}$ auflösen. Es gilt

$$P(X \leq x_{0.2}) = (x_{0.2} - a) \cdot \frac{1}{b-a}$$

Damit erhalten wir die Gleichung

$$(x_{0.2} - a) \cdot \frac{1}{b-a} = 0.2.$$

Auflösen nach $x_{0.2}$ liefert

$$x_{0.2} = 0.2(b-a) + a.$$

Im Fall $a = 2$, $b = 6$ ergibt sich

$$x_{0.2} = 0.2(b-a) + a = 0.2(6-2) + 2 = 2.8.$$

Lösung 6.22

(a) Unter Verwendung der Regeln zu Erwartungswert bzw. Varianz linearer Transformationen und zu Erwartungswert und Varianz der Summe von Zufallsvariablen erhalten wir:

$$\begin{aligned}
E\left(\bar{R}\right) &= E\left(\frac{1}{5}(R_1 + R_2 + R_3 + R_4 + R_5)\right) \\
&= \frac{1}{5} \cdot E\left(R_1 + R_2 + R_3 + R_4 + R_5\right) \\
&= \frac{1}{5} \cdot \left(E\left(R_1\right) + E\left(R_2\right) + E\left(R_3\right) + E\left(R_4\right) + E\left(R_5\right)\right) \\
&= \frac{1}{5} \cdot (\mu_1 + \mu_1 + \mu_1 + \mu_2 + \mu_2) \\
&= \frac{1}{5} \cdot (3\mu_1 + 2\mu_2) \\
Var\left(\bar{R}\right) &= Var\left(\frac{1}{5}(R_1 + R_2 + R_3 + R_4 + R_5)\right) \\
&= \frac{1}{25}\left(3\sigma_1^2 + 2\sigma_2^2\right)
\end{aligned}$$

Bei der Berechnung der Varianz haben wir außerdem ausgenutzt, dass die Renditen unabhängig sind. Bei Abhängigkeiten gilt die einfache Formel für die Varianz der Summe nicht.

Da die Summe normalverteilter Zufallsvariablen wieder normalverteilt ist erhalten wir

$$\bar{R} \sim N\left(\frac{1}{5}(3\mu_1 + 2\mu_2), \frac{1}{25}\left(3\sigma_1^2 + 2\sigma_2^2\right)\right).$$

(b) Die Durchschnittsrendite ist jetzt gegeben durch

$$\bar{R} = 0.2R_1 + 0.3R_2 + 0.1R_3 + 0.1R_4 + 0.3R_5.$$

Wir erhalten:

$$\begin{aligned} E\left(\bar{R}\right) &= 0.2\mu_1 + 0.3\mu_1 + 0.1\mu_1 + 0.1\mu_2 + 0.3\mu_2 \\ &= 0.6\mu_1 + 0.4\mu_2 \\ Var\left(\bar{R}\right) &= \left(0.2^2 + 0.3^2 + 0.1^2\right)\sigma_1^2 + \left(0.1^2 + 0.3^2\right)\sigma_2^2 \\ &= 0.14\sigma_1^2 + 0.1\sigma_2^2 \end{aligned}$$

Wie in Aufgabe (a) ist die Durchschnittsrendite wieder normalverteilt, d. h.

$$\bar{R} \sim N\left(0.6\mu_1 + 0.4\mu_2, 0.14\sigma_1^2 + 0.1\sigma_2^2\right).$$

(c) Für den Erwartungswert erhalten wir

$$\begin{aligned} E\left(\tfrac{1}{n}(R_1 + \cdots + R_n)\right) &= \frac{1}{n}E\left(R_1 + \cdots + R_n\right) \\ &= \frac{1}{n}\left(E(R_1) + \cdots + E(R_n)\right) \\ &= \frac{1}{n}(\mu + \cdots + \mu) \\ &= \frac{1}{n}n\mu = \mu. \end{aligned}$$

Die Varianz berechnet sich zu

$$\begin{aligned} Var\left(\tfrac{1}{n}(R_1 + \cdots + R_n)\right) &= \frac{1}{n^2}Var\left(R_1 + \cdots + R_n\right) \\ &= \frac{1}{n^2}\left(Var(R_1) + \cdots + Var(R_n)\right) \\ &= \frac{1}{n^2}(\sigma^2 + \cdots + \sigma^2) \\ &= \frac{1}{n^2}n\sigma^2 = \frac{\sigma^2}{n}. \end{aligned}$$

Da die Summe normalverteilter Zufallsvariablen wieder normalverteilt ist erhalten wir

$$\bar{R} \sim N\left(\mu, \frac{\sigma^2}{n}\right).$$

Falls $\mu = 0.1$, $\sigma^2 = 0.3$ und $n = 10$ gilt speziell

$$\bar{R} \sim N(0.1, 0.03).$$

Damit erhalten wir (unter Verwendung der Tabelle)

$$\begin{aligned} P\left(\bar{R} \leq 0\right) &= P\left(\frac{\bar{R} - 0.1}{\sqrt{0.03}} \leq \frac{-0.1}{\sqrt{0.03}}\right) \\ &= \Phi\left(\frac{-0.1}{\sqrt{0.03}}\right) \\ &= 1 - \Phi\left(\frac{0.1}{\sqrt{0.03}}\right) \\ &= 0.2818 \end{aligned}$$

und

$$P\left(\bar{R} > 0\right) = 1 - 0.2818 = 0.7182.$$

Für das darüber hinaus gesuchte 5 %-Quantil bestimmen wir zunächst das 95 %-Quantil

$$x_{0.95} = 0.1 + \sqrt{0.03} \cdot z_{0.95} = 0.1 + \sqrt{0.03} \cdot 1.64 = 0.3849,$$

wobei z das aus der Tabelle abgelesene 95 %-Quantil der Standardnormalverteilung ist. Für das 5 %-Quantil gilt dann

$$\begin{aligned} x_{0.05} &= 0.1 + \sqrt{0.03} \cdot z_{0.05} \\ &= 0.1 + \sqrt{0.03} \cdot (-z_{0.95}) \\ &= 0.1 - \sqrt{0.03} \cdot 1.64 = -0.1849. \end{aligned}$$

Die Gleichheit von $z_{0.05} = -z_{0.95}$ musste ausgenutzt werden, da nur die Quantile der Standardnormalverteilung oberhalb des Medians vertafelt sind.
Interpretation: Mit 5 % Wahrscheinlichkeit ist die Durchschnittsrendite kleiner als -0.18 (d. h. kleiner als -18 %) bzw. mit 95 % Wahrscheinlichkeit ist die Rendite größer als -0.18.

Lösung 6.23

(a) Die gesuchten Wahrscheinlichkeiten berechnen sich jeweils als Flächen unter der Dichte wie folgt:

$$\begin{aligned} P\,(\text{„Lukas wacht vor 6.00 auf“}) &= P\,(X \leq 30) \\ &= \int_0^{30} f\,(x)\,dx \\ &= \frac{1}{2}\cdot 30 \cdot \frac{1}{120} \\ &= \frac{1}{8} \end{aligned}$$

Das Integral (d. h. die Fläche unter der Dichte) wurde dabei nicht über die Integralrechnung bestimmt, sondern durch einfachste Flächenberechnungen. Im vorliegenden Fall handelt es sich zwischen 5.30 und 6.00 (bzw. 0–30 min) um ein rechtwinkliges Dreieck, so dass die Fläche über die Formel 1/2 mal Grundlinie mal Höhe bestimmt werden kann. Die Länge der Grundlinie beträgt 30, die Höhe, d. h. der Wert der Kurve an der Stelle 30, beträgt 1/120 (die Hälfte von 1/60). Analog erhalten wir:

$$\begin{aligned} P\,(\text{„Lukas wacht zw. 6.00 und 7.00 auf“}) &= P\,(30 \leq X \leq 90) \\ &= 1 - 2\cdot\frac{1}{8} \\ &= \frac{3}{4} \end{aligned}$$

$$\begin{aligned} P\,(\text{„Lukas wacht nach 7.00 auf“}) &= P\,(X > 90) \\ &= 1 - P\,(X \leq 90) \\ &= 1 - \frac{7}{8} \\ &= \frac{1}{8} \end{aligned}$$

$$\begin{aligned} P\,(\text{„Lisa wacht vor 6.30 auf“}) &= P\,(Y < 30) \\ &= \frac{1}{2}\cdot 30 \cdot \frac{1}{30\cdot 45}\cdot 30 \\ &= \frac{1}{2}\cdot\frac{2}{3} = \frac{1}{3} \end{aligned}$$

$$
\begin{aligned}
P(\text{„Lisa wacht zw. 6.30 und 6.45 auf“}) &= P(Y \leq 45) - P(Y \leq 30) \\
&= 1 - P(Y > 45) - \frac{1}{3} \\
&= 1 - \frac{1}{2} \cdot 15 \cdot \frac{1}{30} - \frac{1}{3} \\
&= 1 - \frac{1}{4} - \frac{1}{3} \\
&= \frac{3}{4} - \frac{1}{3} \\
&= \frac{9}{12} - \frac{4}{12} \\
&= \frac{5}{12}
\end{aligned}
$$

(b) Da die Dichte symmetrisch um den Wert 60 ist, gilt $E(X) = 60$. Lukas wacht also im Durchschnitt um 6.30 auf.

(c) Unter Ausnutzung der Unabhängigkeit von X und Y erhalten wir:

$$
\begin{aligned}
P(\text{„Lukas und Lisa wachen beide vor 6.30 auf“}) &= P(X < 60, Y < 30) \\
&= P(X < 60) \cdot P(Y < 30) \\
&= \frac{1}{2} \cdot \frac{1}{3} \\
&= \frac{1}{6}
\end{aligned}
$$

$$
\begin{aligned}
P(\text{„Lukas wacht nach 7.00 auf, Lisa vor 6.30“}) &= P(X > 90, Y < 30) \\
&= P(X > 90) \cdot P(Y < 30) \\
&= \frac{1}{8} \cdot \frac{1}{3} \\
&= \frac{1}{24}
\end{aligned}
$$

$$
\begin{aligned}
P(\text{„Mind. einer wacht vor 6.30 auf“}) &= 1 - P(\text{„Keiner wacht vor 6.30 auf“}) \\
&= 1 - P(X > 60) \cdot P(Y > 30) \\
&= 1 - \frac{1}{2} \cdot \frac{2}{3} \\
&= \frac{2}{3}
\end{aligned}
$$

(d) – Bei Z handelt es sich um das Minimum von J und S, also $Z = \min\{J, S\}$.
– Zufallszahlen aus Z können mit R wie folgt durch Simulation bestimmt werden:

```
set.seed(1)
J<-runif(100000, min = 0, max = 120)
S<-runif(100000, min = 0, max = 60)
Z<-pmin(J,S)
```

– $E(Z)$, $Var(Z)$ erhält man damit (approximativ) durch `mean(Z)` und `var(Z)`. Wir erhalten $E(Z) \approx 24.93$ und $Var(Z) \approx 274.34$.
– $P(Z \leq 30) \approx 0.62$ erhält man durch:

```
ZKl30<-1*(Z<=30)
mean(ZKl30)
```

– $P(Z \geq 45) \approx 0.15$ erhält man durch:

```
ZGr45<-1*(Z>=45)
mean(ZGr45)
```

– Verteilungsfunktion von Z

$$
\begin{aligned}
F(z) &= P(Z \leq z) \\
&= P(\min(J, S) \leq z) \\
&= 1 - P(\min(J, S) > z) \\
&= 1 - P(J > z)\, P(S > z) \\
&= \begin{cases} 0 & z < 0 \\ 1 - \frac{1}{120} \cdot (120 - z) \cdot \frac{1}{60} \cdot (60 - z) & 0 \leq z \leq 60 \\ 1 & z > 60 \end{cases}
\end{aligned}
$$

– Zum Vergleich: Verteilungsfunktion von $Z = \max(S, J)$

$$\begin{aligned}
F(z) &= P(Z \leq z) \\
&= P(J \leq z, S \leq z) \\
&= P(J \leq z) \cdot P(S \leq z) \\
&= \begin{cases} 0 & z < 0 \\ P(J \leq z)\, P(S \leq z) & 0 \leq z \leq 60 \\ P(J \leq z) & 60 < z \leq 120 \\ 1 & z > 120 \end{cases} \\
&= \begin{cases} 0 & z < 0 \\ \dfrac{z}{120} \cdot \dfrac{z}{60} & 0 \leq z \leq 60 \\ \dfrac{z}{120} & 60 < z \leq 120 \\ 1 & z > 120 \end{cases}
\end{aligned}$$

Lösung 6.24

(a) Die Verteilungsfunktion $F(x)$ ist gegeben durch

$$F(x) = \begin{cases} 0 & x < 0 \\ 1 - exp\left(-\frac{1}{10}x\right) & x \geq 0. \end{cases}$$

Damit ergeben sich die gesuchten Wahrscheinlichkeiten wie folgt:

$$\begin{aligned}
P(\text{„Fahrzeit kleiner gleich 10 Min.“}) &= P(X \leq 10) \\
&= F(10) \\
&= 1 - \exp\left(-\frac{1}{10}10\right) \\
&= 0.63 \\
P(\text{„Fahrzeit kleiner 10 Min.“}) &= P(X < 10) \\
&= F(10) \\
&= 0.63
\end{aligned}$$

$$\begin{aligned}
P(\text{„Fahrzeit größer 10 Min.“}) &= P(X > 10) \\
&= 1 - P(X \leq 10) \\
&= 1 - F(10) \\
&= 1 - 0.63 \\
&= 0.37
\end{aligned}$$

$$\begin{aligned}
P(\text{„Fahrzeit größer gleich 10 Min.“}) &= P(X \geq 10) \\
&= 1 - P(X < 10) \\
&= 1 - F(10) \\
&= 0.37
\end{aligned}$$

$$\begin{aligned}
P(\text{„Fahrzeit zw. 5 und 15 Min.“}) &= P(5 \leq X \leq 15) \\
&= P(X \leq 15) - P(X < 5) \\
&= F(15) - F(5) \\
&= 1 - \exp\left(-\frac{1}{10}15\right) - \\
&\quad \left(1 - \exp\left(-\frac{1}{10}5\right)\right) \\
&= 0.776 - 0.393 \\
&= 0.383
\end{aligned}$$

$$P(\text{„Fahrzeit gleich 20 Min.“}) = 0$$

(b)

$$\begin{aligned}
P(\text{„zu spät“}) &= P(X > 20) \\
&= 1 - F(20) \\
&= \exp\left(-\frac{1}{10}20\right) \\
&= 0.135
\end{aligned}$$

Kleines Fazit: Selbst wenn wir eine Sicherheit von zweimal der durchschnittlichen Fahrzeit einplanen, kommen wir immer noch mit Wahrscheinlichkeit 13.5 % zu spät!

Lösung 6.25

Der Erwartungswert einer stückweise konstanten Dichtefunktion lässt sich als das gewichtete Mittel der Intervallmitten mit den jeweiligen Wahrscheinlichkeiten berechnen:

$$\begin{aligned} E(X) &= 0.046 \cdot (9-1) \cdot 5 + \ldots + 0.042 \cdot (26-20) \cdot 23 \\ &= 0.368 \cdot 5 + 0.01 \cdot 9.5 + 0.37 \cdot 15 + 0.252 \cdot 23 \\ &= 13.281 \end{aligned}$$

Der Erwartungswert von Y ergibt sich dann als

$$E(Y) = 7.75 \cdot E(X) + 5.5 = 108.43.$$

Mehr über Zufallsvariablen und Verteilungen

7

Dieses Kapitel beinhaltet Übungsaufgaben zu weiterführenden Themen im Zusammenhang mit diskreten und stetigen Zufallsvariablen. Insbesondere behandeln viele Aufgaben die Approximation von Zufallszahlen etwa mit Hilfe des zentralen Grenzwertsatzes. Weitere Aufgaben beschäftigen sich mit der Simulation von Zufallsvariablen.

Bei den Aufgaben 7.1–7.13 handelt es sich um die Aufgaben aus Kap. 7 des Lehrbuchs Fahrmeir et al. (2024). Zusätzlich findet man in diesem Kapitel weitere vier Aufgaben 7.14–7.17. Bei den Aufgaben 7.8–7.13 handelt es sich um „R Aufgaben“, die mit dem Statistikprogramm R gelöst werden sollen.

Aufgaben

Aufgabe 7.1 (Aufgabe 7.1 Lehrbuch)
Die Studie zum Gesundheitszustand von Frühgeburten aus Aufgabe 6.8 wurde an mehreren Kliniken durchgeführt, so dass insgesamt 500 Kinder teilgenommen haben. Welche Verteilung besitzt die Anzahl der Kinder, die weniger als 980 g wiegen? Wie groß ist die Wahrscheinlichkeit, dass genau 175 Kinder der Studie ein Geburtsgewicht kleiner als 980 g aufweisen?

Aufgabe 7.2 (Aufgabe 7.2 Lehrbuch)
In der Situation von Aufgabe 5.10 befragt der Journalist zufällig fünf der 200 Angestellten eines Kaufhauses. Wie lauten annähernd die gesuchten Wahrscheinlichkeiten, wenn der Anteil der Angestellten, die bereit sind, länger zu arbeiten, wieder gleich 0.2 ist? Welche approximative Verteilung hat die interessierende Zufallsvariable ferner, wenn 40 Personen der ganzen Warenhauskette mit 1000 angestellten Verkäuferinnen befragt würden?

S. Lang et al., *Arbeitsbuch Statistik*, https://doi.org/10.1007/978-3-662-73272-4_7

Aufgabe 7.3 (Aufgabe 7.3 Lehrbuch)
Ihr kleiner Neffe bastelt eine 50-teilige Kette, deren einzelne Glieder im Mittel eine Länge von 2 cm mit einer Standardabweichung von 0.2 cm aufweisen. Welche Verteilung hat die Gesamtlänge der Spielzeugkette?

Aufgabe 7.4 (Aufgabe 7.4 Lehrbuch)
Die Nettomiete von Zwei-Zimmer-Wohnungen eines Stadtteils sei annähernd symmetrisch verteilt mit Erwartungswert 570 und Standardabweichung 70. Es wird eine Zufallsstichprobe von 60 solcher Wohnungen gezogen. Geben Sie mit Hilfe der Ungleichung von Tschebyscheff ein um den Erwartungswert symmetrisches Intervall an, in dem das Stichprobenmittel mit 95 % Wahrscheinlichkeit liegt.

Aufgabe 7.5 (Aufgabe 7.5 Lehrbuch)
Eine Fertigungslinie stellt Fußbälle her, deren Durchmesser im Mittel normgerecht ist, aber eine Standardabweichung von 0.4 cm aufweisen. Bälle, die mehr als 0.5 cm von der Norm abweichen, gelten als Ausschuss. Wie groß ist der Ausschußanteil höchstens?

Aufgabe 7.6 (Aufgabe 7.6 Lehrbuch)
Wie kann man mit Hilfe von normalverteilten Zufallszahlen t-verteilte Zufallszahlen simulieren?

Aufgabe 7.7 (Aufgabe 7.7 Lehrbuch)
Bestimmen Sie den Quartilskoeffizienten der geometrischen Verteilung mit $\pi = 0.5$ sowie der Exponentialverteilung mit dem Parameter $\lambda = 0.5$.

Aufgabe 7.8 (R Aufgabe 7.8 Lehrbuch)
Zufallszahlen aus Binomial-und Poisson-Verteilungen.

(a) Ziehen Sie nacheinander $n = 10, 100, 1000, 10000$ Zufallszahlen aus einer $B(n, 0.5)$ Verteilung (Werfen einer fairen Münze). Stellen Sie die relativen Häufigkeiten grafisch dar und vergleichen Sie diese mit der Wahrscheinlichkeitsfunktion einer $B(n, 0.5)$ Verteilung. Beurteilen Sie die Übereinstimmung.
(b) Ziehen Sie nacheinander $n = 10, 100, 1000, 10000$ Zufallszahlen aus einer $B(n, 0.51)$ Verteilung (Werfen einer leicht unfairen Münze). Ab welchem Stichprobenumfang n würde man erkennen können, dass die Münze unfair ist?
(c) Simulieren Sie jeweils $n = 1000$ Zufallszahlen aus zwei Poisson-Verteilungen mit den Parametern 2 und 5. Betrachten Sie die Verteilung der $n = 1000$ paarweisen Summen, Differenzen und Produkte. Wie stark weicht das arithmetische Mittel der Summen noch vom Erwartungswert ab?

Aufgabe 7.9 (R Aufgabe 7.9 Lehrbuch)
Simulieren Sie $n = 10, 20, 50, 100, 1000, 10000$ Zufallszahlen aus einer Standardnormalverteilung. Erstellen sie eine Grafik, in der sowohl eine Kerndichteschätzung

der n Zufallszahlen als auch die Dichtefunktion der Standardnormalverteilung enthalten ist.

Aufgabe 7.10 (R Aufgabe 7.10 Lehrbuch)
Simulieren Sie $n = 5, 8, 15, 20, 25, 30, 50, 100$ Zufallszahlen aus einer Standardnormalverteilung (X) und einer χ^2-Verteilung (Z) mit n Freiheitsgraden. Erstellen sie jeweils eine Grafik, in der sowohl eine Kerndichteschätzung der n Quotienten $T = X/\sqrt{Z/n}$ als auch die Dichtefunktion der t-Verteilung mit n Freiheitsgraden enthalten ist. Berechnen Sie das arithmetische Mittel und die Varianz von T und vergleichen Sie diese mit den theoretischen Größen Erwartungswert und Varianz.

Aufgabe 7.11 (R Aufgabe 7.11 Lehrbuch)
Simulieren Sie $N(1, 5)$-verteilte Zufallszahlen und stellen Sie die Konvergenz des arithmetischen Mittels $\bar{x}_n$ gegen den Erwartungswert mit wachsendem Stichprobenumfang $n = 1, 2, \ldots$ grafisch dar.

Aufgabe 7.12 (R Aufgabe 7.12 Lehrbuch)
In Abschn. 7.6 von Fahrmeir et al. (2024) wurde der zentrale Grenzwertsatz veranschaulicht. Schreiben Sie ein `R`-Programm zur Veranschaulichung des Grenzwertsatzes von de Moivre. Zur Erinnerung: Der Satz besagt, dass die Verteilung der standardisierten Häufigkeiten

$$\frac{H_n - n\pi}{\sqrt{n\pi(1-\pi)}}$$

für $n \to \infty$ gegen eine Standardnormalverteilung konvergiert, wobei $H_n \sim B(n, \pi)$ verteilt ist. Wählen Sie zur Illustration z. B. $\pi = 0.4$ und $n = 5, 20, 30, 50, 100$ und zeichnen Sie die Histogramme der Häufigkeitsverteilungen. Vergleichen Sie die Histogramme mit der Dichte der passenden Normalverteilung. Was ändert sich für $\pi = 0.04$?

Aufgabe 7.13 (R Aufgabe 7.13 Lehrbuch)
In Abschn. 7.6 von Fahrmeir et al. (2024) wurde der zentrale Grenzwertsatz veranschaulicht. Voraussetzung dafür ist, dass Erwartungswert und Varianz der Zufallsvariablen existieren. Ein Gegenbeispiel ist die Cauchy-Verteilung. Veranschaulichen Sie, dass der zentrale Grenzwertsatz bei Cauchy-verteilten Zufallsvariablen (Funktion `rcauchy()`) nicht funktioniert.

Aufgabe 7.14
Welche approximativen Verteilungen besitzen die folgenden Zufallsvariablen?

(a) Der Frauenanteil an der Gesamtzahl der Beschäftigten liegt im Land NRW bei 41.4 % (Ende März 1990). X_1 sei die Anzahl der Frauen unter 100 zufällig ausgewählten Beschäftigten dieses Landes.

(b) Eine Pharmagroßhandlung beliefert täglich 500 Apotheken. Die Wahrscheinlichkeit einer Reklamation beträgt bei allen Apotheken (unabhängig voneinander) 0.02. X_2 sei die Anzahl der Reklamationen an einem Tag.

(c) Der spielsüchtige Willi verbringt seine Abende oft an einem Spielautomaten, bei dem ein Spiel 50 Pfennig kostet. Die Zufallsvariable $X =$ Gewinn (in DM) hat folgende Wahrscheinlichkeitsfunktion:

$$\mathrm{P}(X = -0.5) = 0.6 \quad , \quad \mathrm{P}(X = 0) = 0.2 \quad , \quad \mathrm{P}(X = 1) = 0.2.$$

Sei X_3 der Gewinn bei 100 Spielen.

(d) Ein Mann, der jeden Morgen mit dem Bus zur Arbeit fährt, hat oftmals das Pech, dass die ankommenden Busse überfüllt sind und weiterfahren. Er weiß aus Erfahrung, dass die Anzahl der an einem Morgen vorbeifahrenden Busse Poisson-verteilt ist mit Erwartungswert 1. Sei X_4 die Anzahl der pro Halbjahr (=100 Arbeitstage) vorbeifahrenden Busse.

Aufgabe 7.15

In einem sehr fruchtbaren Land erntet ein Bauer jede Woche 700 Salatköpfe. Sein Bruder, der in einem äußerst unfruchtbaren Land lebt, kann von seinem Feld wöchentlich lediglich 40 Salatköpfe ernten. Aus langjähriger Erfahrung ist bekannt, dass ein Prozent der Salatköpfe von der schädlichen Salatfraßraupe befallen werden. Welche Verteilungsmodelle eignen sich jeweils zur Approximation der Anzahl der wöchentlich von der Raupe befallenen Salatköpfe? Bestimmen Sie die Wahrscheinlichkeit, dass mindestens zwei, aber nicht mehr als sechs Salatköpfe befallen sind.

Aufgabe 7.16

Die stetigen Zuvallsvariablen $X_i, i = 1, \cdots, 650$, seien unabhängig und im Intervall [8,21] gleichverteilt. Die Zufallsvariable Y sei gegeben durch

$$Y = 0.81 \cdot X_1 + \cdots + 0.81 \cdot X_{650}.$$

Berechnen Sie mit Hilfe des Zentralen Grenzwertsatzes näherungsweise den Wert x, für den gilt $P(Y \leq x) = 0.36$.

Aufgabe 7.17

Sie erheben in einem Elektrogroßmarkt die Anzahl der verkauften neuen Fernsehgeräte pro Tag. Sei X die Anzahl der verkauften Fernseher pro Tag, dann ergibt sich folgende Verteilung für X:

X	0	1	2	3
P(X = x)	0.21	0.24	0.24	0.31

Zur Lageroptimierung berechnen Sie nun approximativ mit Hilfe des Zentralen Grenzwertsatzes die Wahrscheinlichkeit, dass innerhalb von 100 Tagen zwischen 154 und 187 Fernseher verkauft werden unter der Annahme, dass die Verkäufe einzelner Tage voneinander unabhängig sind.

Lösungen

Lösung 7.1
Zunächst gilt:

$$\begin{aligned} P(X < 980) = P(X \leq 980) &= P\left(\frac{X - 1000}{50} \leq -0.4\right) = \Phi(-0.4) \\ &= 1 - \Phi(0.4) = 1 - 0.6554 \\ &= 0.3446. \end{aligned}$$

Damit ist Y = Anzahl der Kinder mit weniger als 980 g binomialverteilt mit $Y \sim B(500, 0.3446)$, und es gilt (unter Berücksichtigung der Stetigkeitskorrektur)

$$\begin{aligned} P(Y = 175) &\approx \Phi\left(\frac{175 + 0.5 - 500 \cdot 0.3446}{\sqrt{500 \cdot 0.3446 \cdot 0.6554}}\right) \\ &\quad - \Phi\left(\frac{175 - 0.5 - 500 \cdot 0.3446}{\sqrt{500 \cdot 0.3446 \cdot 0.6554}}\right) \\ &= \Phi(0.3) - \Phi(0.21) = 0.6179 - 0.5832 = 0.0347. \end{aligned}$$

Lösung 7.2
Exakt gilt $X \sim H(5, 40, 200)$. Wegen $n/N = 5/200 = 0.025 \leq 0.05$ kann die hypergeometrische Verteilung durch die Binomialverteilung approximiert werden, d. h. $X \overset{a}{\sim} B(5, 0.2)$. Dann erhält man mit Hilfe der Tabelle

$$\begin{aligned} &P(X = 0) \approx 0.3277, \\ &P(X = 2) \approx 0.9421 - 0.7373 = 0.2048, \\ &P(X \geq 2) \approx 1 - P(X \leq 1) = 1 - 0.7373 = 0.2627. \end{aligned}$$

Für $n = 40$ und $N = 1000$ ist wegen $n/N = 0.04 \leq 0.05$, $nM/N = 40 \cdot 0.2 = 8 \geq 5$ und $n(1 - M/N) = 40 \cdot 0.8 = 32 \geq 5$ die Faustregel zur Approximation der $H(40, 200, 1000)$ durch die Normalverteilung erfüllt, d. h. $X \overset{a}{\sim} N(8, 6.4)$.

Lösung 7.3
Sei X_i = Länge des i-ten Gliedes. Dann gilt $E(X_i) = 2$ und $Var(X_i) = 0.04$ für alle $i = 1, \ldots, 50$. Nach dem zentralen Grenzwertsatz ist dann die Gesamtlänge der Kette $Y = \sum_{i=1}^{50} X_i$ approximativ normalverteilt mit Erwartungswert $E(Y) = 50 \cdot 2 = 100$ und Varianz $Var(Y) = 50 \cdot 0.04 = 2.0$.

Lösung 7.4
Sei X_i = Nettomiete der i-ten Wohnung in der Stichprobe mit $E(X_i) = 570$ und $Var(X_i) = 4900$. Das Stichprobenmittel $\bar{X} = \frac{1}{60} \sum_{i=1}^{60} X_i$ hat dann den Erwartungswert $E(\bar{X}) = 570$ und die Varianz $Var(\bar{X}) = 4900/60 = 81.67$. Nach der

Ungleichung von Tschebyscheff gilt für $c > 0$

$$P(|\bar{X} - 570|) < c) \geq 1 - \frac{81.67}{c^2}.$$

Da $\bar{X}$ mit mindestens 95 % Wahrscheinlichkeit in dem gesuchten Intervall I liegen soll, folgt $1 - 81.67/c^2 = 0.95$ und $c = \sqrt{81.67/0.05} = 40.41$, also $I = [529.6, 610.4]$.

Lösung 7.5
Sei $X =$ Abweichung des Durchmessers des Fußballs vom Normwert mit $E(X) = 0$ und $Var(X) = 0.16$. Dann gilt nach der Ungleichung von Tschebyscheff

$$P(|X| > 0.5) \leq \frac{0.16}{0.25} = 0.64,$$

d. h. der Ausschußanteil beträgt höchstens 64 %.

Lösung 7.6
Angenommen, man verfügt über Zufallszahlen $x, z_1, \ldots, z_n$, die als Realisationen von unabhängigen standardnormalverteilten Zufallsvariablen angesehen werden können. Dann erhält man mit $z = \sum_{i=1}^{n} z_i^2$ eine $\chi^2(n)$-verteilte Zufallszahl, und $t = x/\sqrt{z/n}$ kann als $t(n)$-verteilte Zufallszahl betrachtet werden.

Lösung 7.7
Die Wahrscheinlichkeitsverteilung der geometrischen Verteilung für $\pi = 0.5$ entnimmt man unter Zuhilfenahme von $P(X = x) = 0.5^x$ folgender Tabelle:

x	1	2	3	$\cdots$
$P(X = x)$	0.5	0.25	0.125	$\cdots$

Wegen

$$P(X \leq 1) = 0.5 \geq 0.25$$

und

$$P(X \geq 1) = 1.0 \geq 0.75$$

gilt $x_{0.25} = 1$.

Ferner erhält man $x_{med} = 1$ und $x_{0.75} = 2$, also

$$\gamma_{0.25} = \frac{(x_{0.75} - x_{med}) - (x_{med} - x_{0.25})}{x_{0.75} - x_{med}} = \frac{(2-1) - (1-1)}{2-1} = 1.$$

Die Verteilungsfunktion der Exponentialverteilung mit Parameter $\lambda = 0.5$ lautet $F(X) = 1 - e^{-0.5x} \quad (x > 0)$. Folglich gilt

$$\begin{aligned} & 1 - e^{-0.5x_p} = p \\ \Longleftrightarrow\ & -0.5x_p = \log(1-p) \\ \Longleftrightarrow\ & x_p = -2\log(1-p) \end{aligned}$$

und damit $x_{0.25} = 0.575$, $x_{med} = 1.386$ und $x_{0.75} = 2.773$. Daraus ergibt sich

$$\begin{aligned} \gamma_{0.25} &= \frac{(2.773 - 1.386) - (1.386 - 0.575)}{2.773 - 0.575} \\ &= \frac{0.576}{2.198} = 0.262. \end{aligned}$$

Lösung 7.8

Den vollständigen und dokumentierten `R` Code der Lösung findet man als Datei `loes7_8.R` unter:

https://github.com/sn-code-inside/Statistik-AB-CFHKLW/blob/main/code/loes7_8.R

(a) Wir illustrieren zunächst die Lösung exemplarisch im Fall $n = 100$. Wir simulieren $n = 100$ Zufallszahlen aus einer $B(100, 0.5)$ Verteilung mit der Funktion `rbinom`

```
n <- 100
p <- 0.5
x <- rbinom(n=n, size = n, prob = p)
```

und bestimmen die relativen Häufigkeiten:

```
relh<-table(x) / n
```

Eine mögliche grafische Darstellung der relativen Häufigkeiten ist ein Säulendiagramm, das mit dem `barplot` Befehl erzeugt werden kann (siehe Abb. 7.1, oben links):

```
barplot(relh, xlab="Anzahl Erfolge", ylab="Relative Häufigkeit")
```

Da viele prinzipiell mögliche Werte für die Anzahl Erfolge nicht vorkommen, z. B. alle Werte kleiner 40, ist die Darstellung in Abb. 7.1 auf den Wertebereich 40–62 beschränkt. Alternativ können wir mit den folgenden Befehlen ein Säulendiagramm mit allen prinzipiell möglichen Werten (0–100) für x erstellen (siehe Abb. 7.1, oben rechts):

```
alle_werte <- as.character(0:n)
relh_gesamt <- setNames(rep(0, length(alle_werte)), alle_werte)
relh_gesamt[names(relh)] <- relh
barplot(relh_gesamt, xlab="Anzahl Erfolge",
ylab="Relative Häufigkeit",xlim=c(0,n))
```

Abb. 7.1, unten links, zeigt zum Vergleich die Wahrscheinlichkeitsfunktion der $B(100, 0.5)$. Erzeugt wird die Abbildung mit Hilfe dieser Befehle in `R`:

```
werte <- 0:n
wkeiten<- dbinom(werte, size = n, prob = p)
barplot(wkeiten, names.arg=werte, xlab="Anzahl Erfolge",
ylab="Wahrscheinlichkeit")
```

Alternativ können wir zur besseren Vergleichbarkeit die relativen Häufigkeiten und Wahrscheinlichkeiten in einer Grafik zusammen darstellen:

```
plot(alle_werte,relh_gesamt,col="black",xlab="Anzahl Erfolge",
ylab="Relative Häufigkeit / W.keit")
points(alle_werte,wkeiten,col="grey",xlab="Anzahl Erfolge")
```

Die resultierende Grafik findet sich wieder in Abb. 7.1, unten rechts.
Da wir die gleichen Experimente mehrmals mit verschiedenen Anzahlen an Zufallszahlen wiederholen, schreiben wir eine Funktion `plot.vergleich (n,p)`, welche die Zufallszahlen ziehen und die gewünschte Vergleichsgrafik erzeugen kann, siehe das oben verlinkte `R` Skript. Bei den Parametern der Funktion handelt es sich um die Anzahl n der simulierten Zufallszahlen (und gleichzeitig den Parameter n der $B(n, 0.5)$ Verteilung) sowie die Wahrscheinlichkeit p der Binomialverteilung. Die folgenden Aufrufe der Funktion

```
plot.vergleich(n=10, p=0.5)
plot.vergleich(n=100, p=0.5)
plot.vergleich(n=1000, p=0.5)
plot.vergleich(n=10000, p=0.5)
```

erzeugen die in Abb. 7.2 dargestellten Gegenüberstellungen der relativen Häufigkeiten mit den Wahrscheinlichkeiten einer $B(n, 0.5)$ Verteilung.

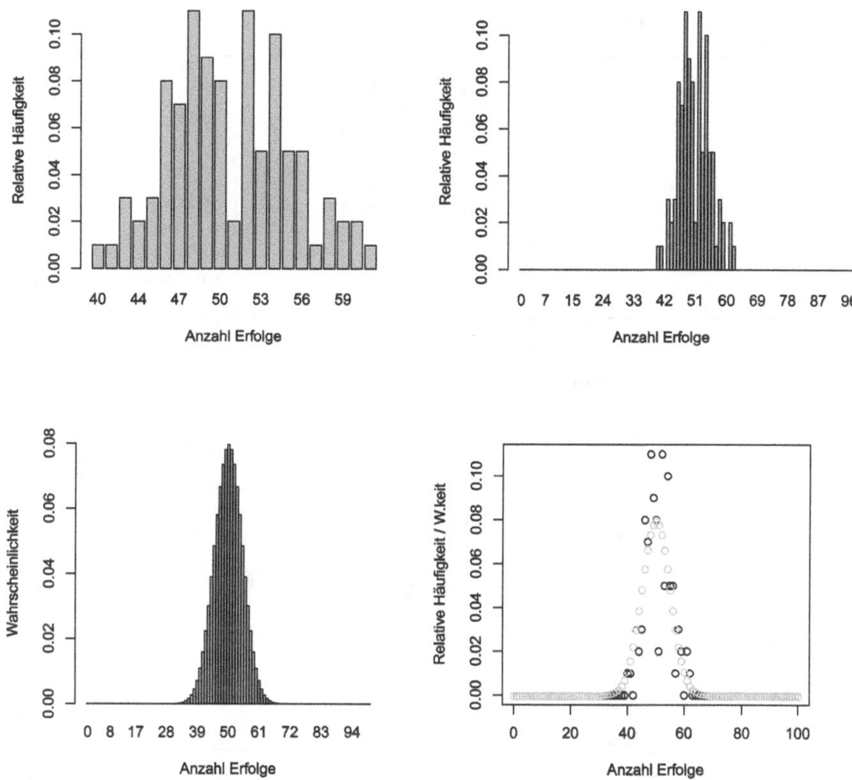

Abb. 7.1 Oben: Säulendiagramme von $n = 100$ Zufallszahlen aus einer $B(100, 0.5)$ Verteilung, links für alle beobachteten Werte, rechts für alle möglichen Werte. Unten: Wahrscheinlichkeitsfunktion der $B(100, 0.5)$ Verteilung, rechts zusammen mit den relativen Häufigkeuten von 100 Zufallszahlen

Offenbar werden sehr viele mögliche Werte gar nicht beobachtet, da ihre Wahrscheinlichkeiten extrem klein sind. Beispielsweise haben die Werte $x = 4000$, 4500, 4900 der $B(10000, 0.5)$ Verteilung sämtlich extrem niedrige Wahrscheinlichkeiten nahe Null. In R lassen sich diese Wahrscheinlichkeiten leicht durch die Befehle

```
dbinom(4000,10000,0.5)
dbinom(4500,10000,0.5)
dbinom(4900,10000,0.5)
```

errechnen.

(b) Hier können wir wieder auf die Funktion `plot.vergleich` aus Aufgabe (a) zurückgreifen. Der folgende Aufruf

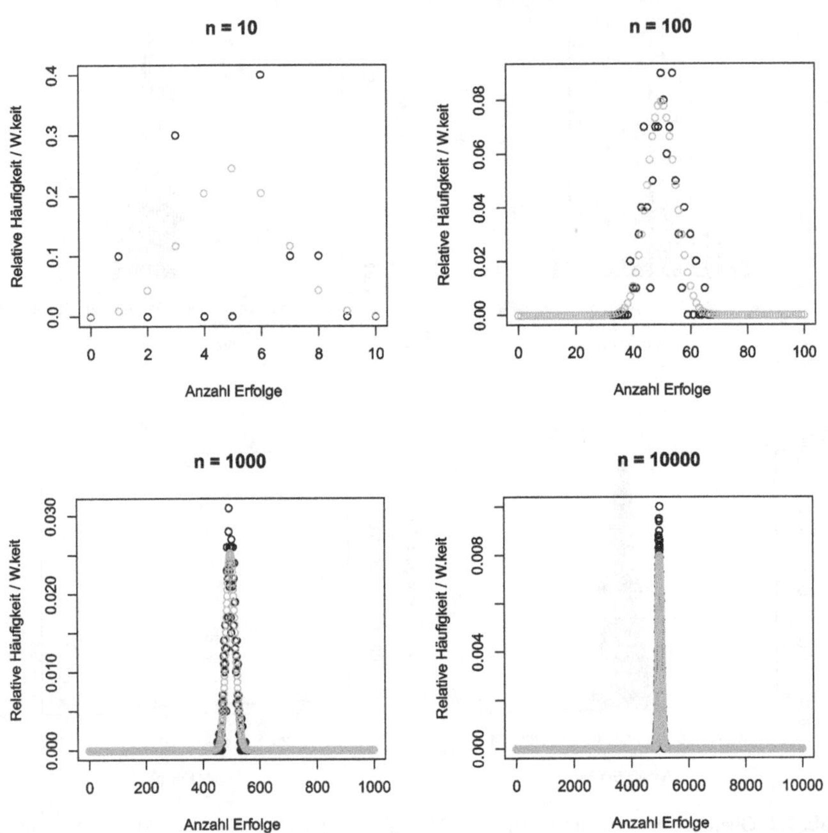

Abb. 7.2 Vergleich der relativen Häufigkeiten von n Zufallszahlen aus einer $B(n, 0.5)$ Verteilung mit den korrespondierenden theoretischen Wahrscheinlichkeiten im Fall $n = 10, 100, 1000, 10000$

```
plot.vergleich(n=10, p=0.51)
plot.vergleich(n=100, p=0.51)
plot.vergleich(n=1000, p=0.51)
plot.vergleich(n=10000, p=0.51)
```

erzeugt die in Abb. 7.3 dargestellte Gegenüberstellung der relativen Häufigkeiten von Zufallszahlen aus einer $B(n, 0.51)$ und der Wahrscheinlichkeiten einer $B(n, 0.5)$ Verteilung.

Eine sichtbare Diskrepanz zwischen den relativen Häufigkeiten, erzeugt mit $p = 0.51$, und der theoretischen Wahrscheinlichkeitsverteilung einer $B(n, 0.5)$ zeigt sich hier ab $n = 1000$.

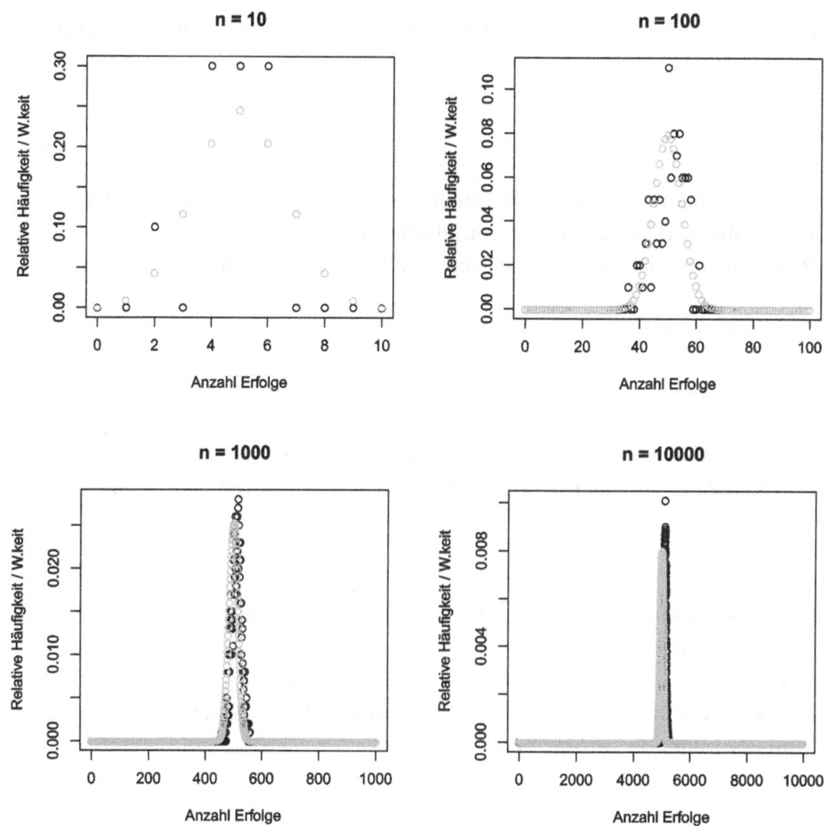

Abb. 7.3 Vergleich der relativen Häufigkeiten von Zufallszahlen aus einer $B(n, 0.51)$ Verteilung mit den Wahrscheinlichkeiten einer $B(n, 0.5)$ Verteilung im Fall $n = 10, 100, 1000, 10000$

(c) Die geforderten Zufallszahlen und abgeleiteten Größen erhält man mit folgenden Befehlen:

```
n <- 1000
y1 <- rpois(n, lambda=2)
y2 <- rpois(n, lambda=5)

summe <- y1+y2
differenz <- y1-y2
produkt <- y1*y2
```

Die Erwartungswerte von Summe, Differenz und Produkt sind gegeben durch

$$\begin{aligned} E(y_1 + y_2) &= E(y_1) + E(y_2) = 2 + 5 = 7 \\ E(y_1 - y_2) &= E(y_1) - E(y_2) = 2 - 5 = -3 \\ E(y_1 \cdot y_2) &= E(y_1) \cdot E(y_2) = 2 \cdot 5 = 10, \end{aligned}$$

wobei wir beim Produkt die Unabhängigkeit von y_1 und y_2 ausgenutzt haben. Die relativen Häufigkeiten der simulierten Zufallszahlen können mit folgenden R Befehlen mit den Erwartungswerten verglichen werden:

```
2+5-mean(summe)
2-5-mean(differenz)
2*5-mean(produkt)
```

Wir erhalten 0.04, -0.006 und 0.186 für Summe, Differenz und Produkt, so dass durchaus noch kleinere Abweichungen zu den theoretischen Erwartungswerten zu beobachten sind.

Lösung 7.9
Den vollständigen und dokumentierten R Code der Lösung findet man als Datei loes7_9.R unter:
https://github.com/sn-code-inside/Statistik-AB-CFHKLW/blob/main/code/loes7_9.R

Die Wahrscheinlichkeitsverteilung der Standardnormalverteilung $N(0, 1)$ kann man mit der Funktion dnorm berechnen. Hier

```
x <- seq(-3, 3, length = 30)
z.dichte <- dnorm(x)
```

berechnen und speichern wir 30 Werte der Dichte der $N(0, 1)$ Verteilung im Bereich -3 bis 3.

Zufallszahlen können mit der Funktion rnorm erzeugt werden, im Folgenden beispielsweise $n = 100$ (gespeichert in s):

```
n <- 100
s <- rnorm(n)
```

Wir zeichnen anschließend einen Kerndichteschätzer für die simulierten Zufallszahlen und vergleichen die geschätzte Dichte mit der Dichte der Standardnormalverteilung:

```
plot(density(s), xlim=c(-3,3), ylim=c(0,1), lty=1,
     main=paste("n=",n), xlab="", ylab="Dichte")
lines(x, z.dichte,lwd = 1,lty=2)
legend(-2.8, 1, legend=c("Kerndichte","Dichte der N(0,1)"),
       lty=1:2, cex=0.8)
```

Analog können wir vorgehen für andere Stichprobenumfänge n. Zur Erleichterung haben wir im oben verlinkten `R` Skript eine kleine Funktion `plot.dichte` geschrieben für beliebigen Stichprobenumfang. Die erzeugten Grafiken finden sich in Abb. 7.4. Offenbar nähern sich die Schätzungen mit wachsendem Stichprobenumfang immer mehr der wahren Dichte an.

Lösung 7.10

Den vollständigen und dokumentierten `R` Code der Lösung findet man als Datei `loes7_10.R` unter:

https://github.com/sn-code-inside/Statistik-AB-CFHKLW/blob/main/code/loes7_10.R

Ziel der Aufgabe ist zu veranschaulichen, dass die Größe $T = X/\sqrt{Z/n}$ t-verteilt mit n Freiheitsgraden ist, vergleiche auch Abschn. 6.3.3 in Fahrmeir et al. (2024).

Wir verwenden die bekannte Funktion `rnorm`, sowie `rchisq` für die Erzeugung von Zufallszahlen aus einer χ^2-Verteilung. Die Funktion `dt` erlaubt uns die Berechnung der Dichte einer t-Verteilung. Wir schreiben eine Funktion `plot.dichten` zur Erzeugung der Zufallszahlen aus den Verteilungen X, Y und T für beliebiges n, zur Erstellung der Abbildungen und schließlich zur Berechnung von arithmetischem Mittel und Varianz, vergleiche den oben verlinkten `R` Code für Details.

Abb. 7.5 zeigt die mit Hilfe der Funktion erzeugten Grafiken. Für $n = 50$ und $n = 100$ stimmen die Kerndichteschätzungen schon sehr gut mit den Dichten der t-Verteilung mit 50 und 100 Freiheitsgraden überein. Für $n < 50$ sind hingegen noch größere Diskrepanzen sichtbar.

Als Ausgabe der Kennzahlberechnung erhalten wir in `R`:

```
n:  5 , Mittelwert: 0.975326 , Varianz: 2.240552 ( 1.666667 )
n:  8 , Mittelwert: -0.1484307 , Varianz: 1.565288 ( 1.333333 )
n:  15 , Mittelwert: 0.1545217 , Varianz: 1.089078 ( 1.153846 )
n:  20 , Mittelwert: -0.2863956 , Varianz: 1.220159 ( 1.111111 )
n:  25 , Mittelwert: -0.3985609 , Varianz: 0.9167585 ( 1.086957 )
n:  30 , Mittelwert: 0.2314776 , Varianz: 0.9862286 ( 1.071429 )
n:  50 , Mittelwert: -0.04299959 , Varianz: 0.9388469 ( 1.041667 )
n:  100 , Mittelwert: -0.005404564 , Varianz: 0.873754 ( 1.020408 )
```

Bei den Werten in Klammern handelt es sich um die Varianzen der t-Verteilung mit n Freiheitsgraden. Diese sind gegeben durch $n/(n-2)$. Die Erwartungswerte sind 0 bei der (zentralen) t-Verteilung, unabhängig von der Zahl der Freiheitsgrade. D. h., das arithmetische Mittel und die empirische Varianz nähern sich mit größer werdendem n dem theoretischen Erwartungswert bzw. der Varianz an.

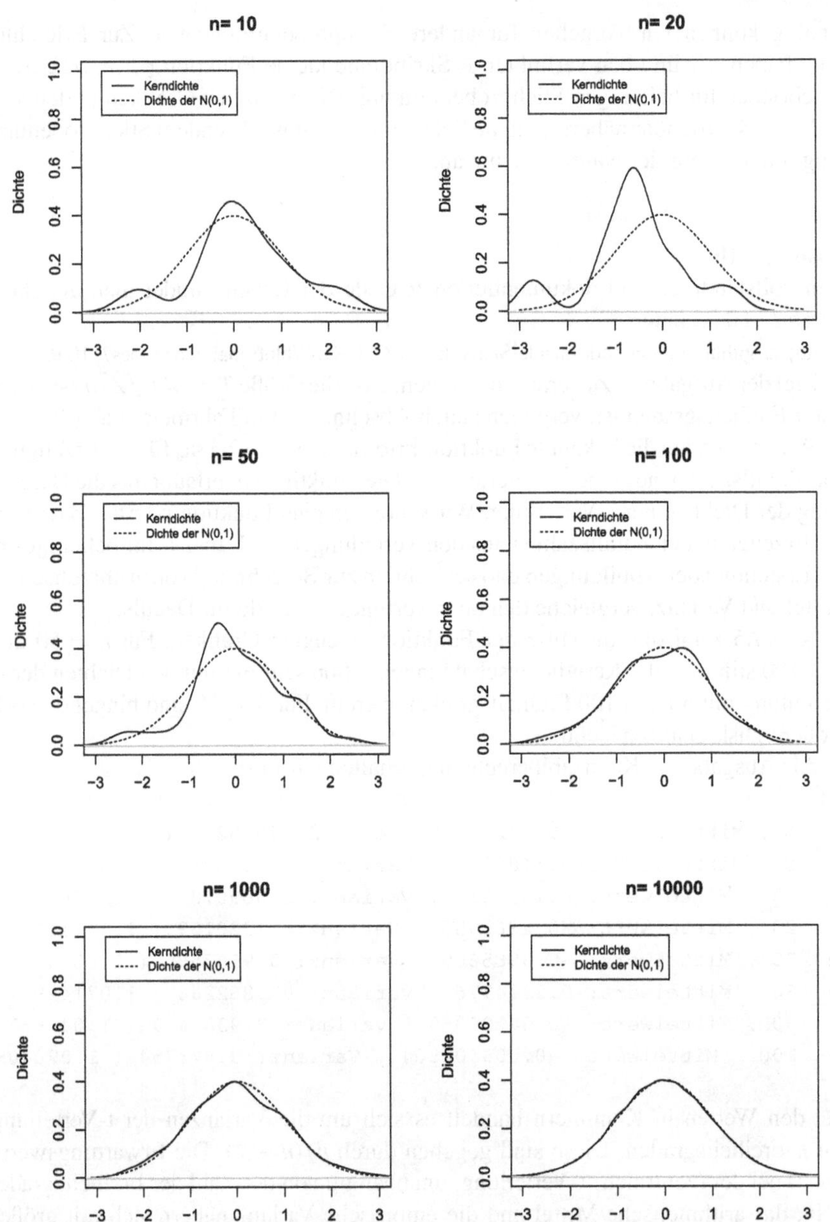

Abb. 7.4 Kerndichteschätzung und Dichte der $N(0, 1)$ Verteilung für verschiendene Stichprobenumfänge

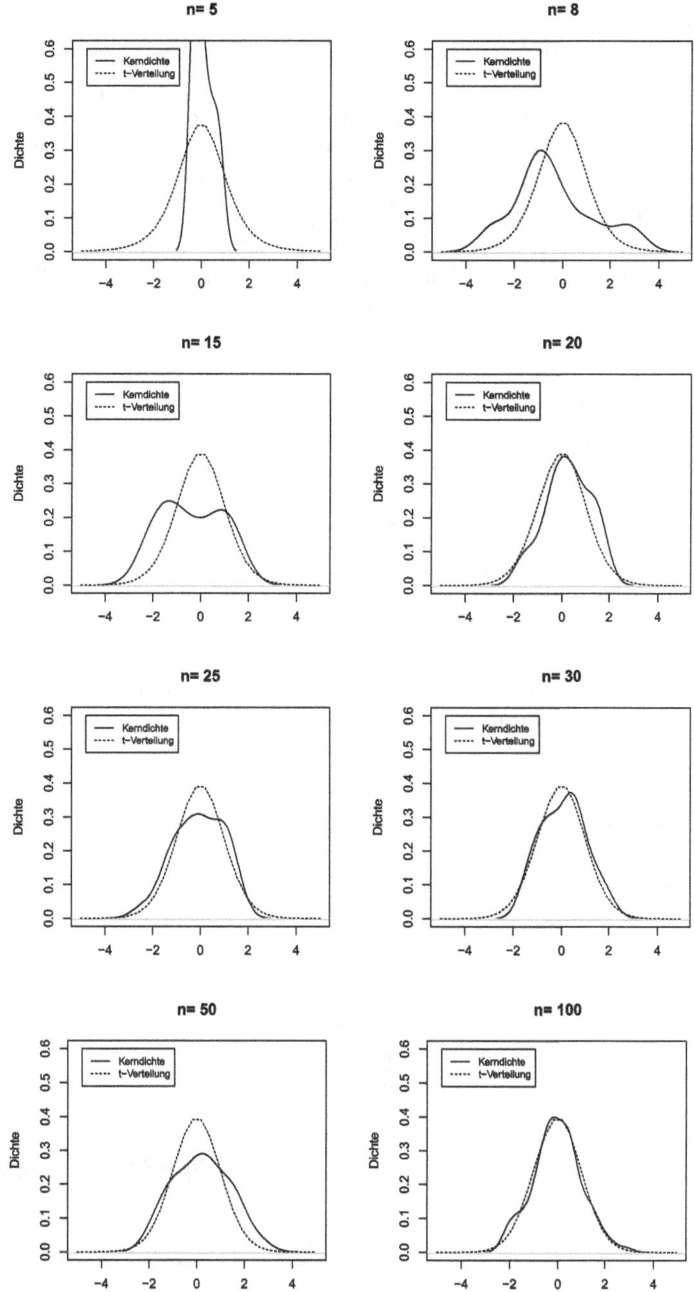

Abb. 7.5 Kerndichte und t-Verteilungsdichte für $n = 5, 8, 15, 20, 25, 30, 50, 100$

Lösung 7.11
Den vollständigen und dokumentierten `R` Code der Lösung findet man als Datei `loes7_11.R` unter:

https://github.com/sn-code-inside/Statistik-AB-CFHKLW/blob/main/code/loes7_11.R

Zufallszahlen einer $N(1, 5)$-Verteilung mit Erwartungswert 1 und Varianz 5 können mit der Funktion `rnorm(n,mean,sd)` erzeugt werden. Der Parameter `n` steht für die Anzahl der zu erzeugenden Zufallszahlen. Wichtig ist hier, dass für den Parameter `sd` die Standardabweichung und nicht die Varianz anzugeben ist.

Als maximalen Wert für den Stichprobenumfang wählen wir $n = 1000$ und erhalten als `R` Code:

```
max.n <- 1000
xquer <- numeric(max.n)
for (n in 1:max.n){
  xquer[n] <- mean(rnorm(n=n, mean=1, sd=sqrt(5)))
}

plot(xquer, type="l", ylab="arithm. Mittel", xlab="n")
abline(a=1,b=0)
```

Abb. 7.6 zeigt die resultierende Grafik, in welcher schön die Konvergenz des arithmetischen Mittels gegen den Wert 1 sichtbar wird. Auch erkennen wir dass die Variabilität des artihmetischen Mittels mit zunehmendem n immer kleiner wird.

Lösung 7.12
Den vollständigen und dokumentierten `R` Code der Lösung findet man als Datei `loes7_12.R` unter:

https://github.com/sn-code-inside/Statistik-AB-CFHKLW/blob/main/code/loes7_12.R

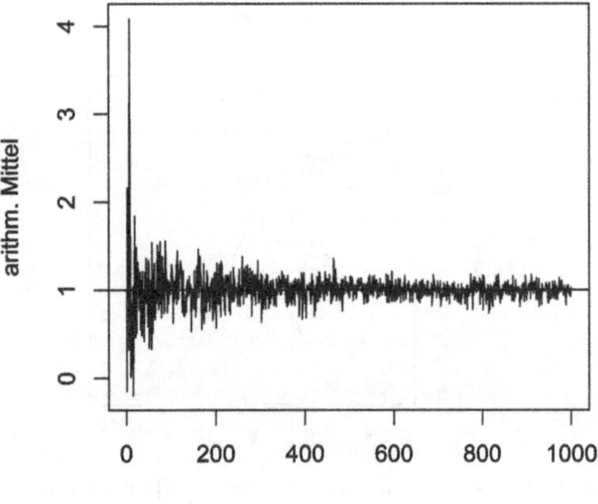

Abb. 7.6 Konvergenz des arithmetischen Mittels gegen den Wert 1 mit wachsendem n

Wir illustrieren das Vorgehen im Fall $n = 100$ und $\pi = 0.4$. Zunächst erzeugen wir 1000 Zufallszahlen aus einer $B(n = 100, \pi = 0.4)$ Verteilung und bilden die standardisierten Häufigkeiten:

```
Hn<-rbinom(1000, size = n, prob = pi)
stand_Hn<-(Hn-n*pi)/sqrt(n*pi*(1-pi))
```

Anschließend zeichnen wir ein Histogramm der 1000 standardisierten Häufigkeiten und fügen der Grafik mit Hilfe der `curve` Funktion die Dichte der Standardnormalverteilung hinzu:

```
hist(stand_Hn,freq=FALSE,main=paste0("n=", n, ", pi=", pi),
xlab="standardisierte Häufigkeiten", ylab="Dichte",
xlim=c(-4,4),ylim=c(0,0.5))
curve(dnorm(x), from=-4, to=4, add=T, col="red")
```

Analog lassen sich die Vergleiche für beliebiges n und π bestimmen. Dazu wird im oben verlinkten `R` Skript eine kleine Funktion `demoivre` geschrieben und verwendet. Die Abb. 7.7 und 7.8 zeigen die damit erstellten Grafiken in den Fällen $\pi = 0.4$ sowie $\pi = 0.04$ und für verschiedene n. Mit wachsendem n nähern sich die Histogramme immer mehr der Gestalt der Standardnormalverteilung genauso wie durch den zentralen Grenzwertsatz postuliert. Im Fall $\pi = 0.04$ ist die Binomialverteilung relativ unsymmetrisch, so dass die Konvergenzgeschwindigkeit deutlich verlangsamt ist, d. h. n muss deutlich größer sein für die Annäherung an die Dichte der Standardnormalverteilung als bei $\pi = 0.4$.

Lösung 7.13

Den vollständigen und dokumentierten `R` Code der Lösung findet man als Datei `loes7_13.R` unter:

https://github.com/sn-code-inside/Statistik-AB-CFHKLW/blob/main/code/loes7_13.R

Wir demonstrieren zunächst, dass der Erwartungswert bei einer Cauchy Verteilung nicht existiert (und damit auch kein zentraler Grenzwertsatz anwendbar ist). Dazu simulieren wir insgesamt 10000 Cauchy verteilte Zufallszahlen x_i und betrachten das arithmetische Mittel

$$\bar{x}(n) = \frac{1}{n} \sum_{i=1}^{n} x_i$$

als Funktion vom Stichprobenumfang n. Bei existierendem Erwartungswert müsste $\bar{x}(n)$ mit wachsendem n gegen den Erwartungswert konvergieren. Abb. 7.9 visualisiert $\bar{x}(n)$ in Abhängigkeit von n. Offensichtlich konvergiert $\bar{x}(n)$ gegen keinen fixen Wert. Die Grafik kann in `R` sehr einfach unter Zuhilfename der Funktion `rcauchy` zur Erzeugung Cauchy verteilter Zufallszahlen sowie der `plot` Funktion zur Visualisierung erzeugt werden, vergleiche oben verlinktes `R` Skript.

In einem zweiten Schritt betrachten wir insgesamt S=1000 Mittelwerte $\bar{x}_s$, $s = 1, \ldots, S$, von jeweils n = 1000 simulierten Cauchy verteilten Zufallszahlen und

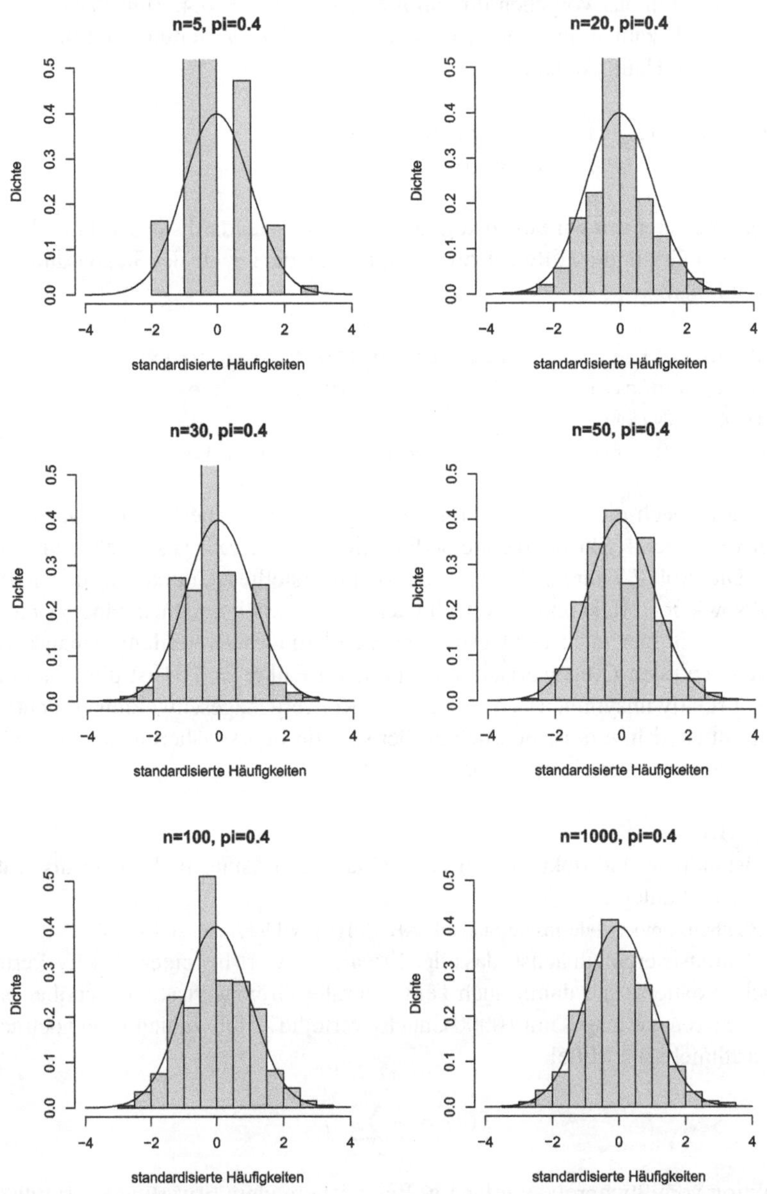

Abb. 7.7 Simulation des zentralen Grenzwertsatzes von de Moivre, $\pi = 0.4$

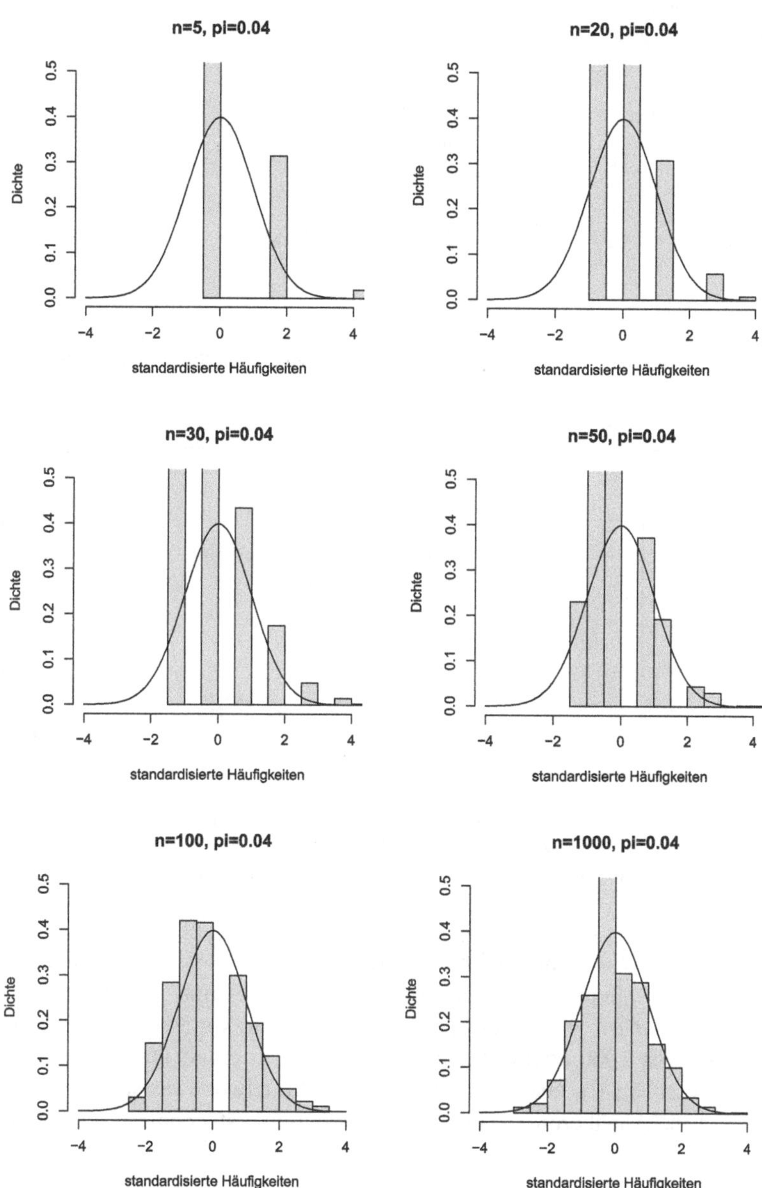

Abb. 7.8 Simulation des zentralen Grenzwertsatzes von de Moivre, $\pi = 0.04$

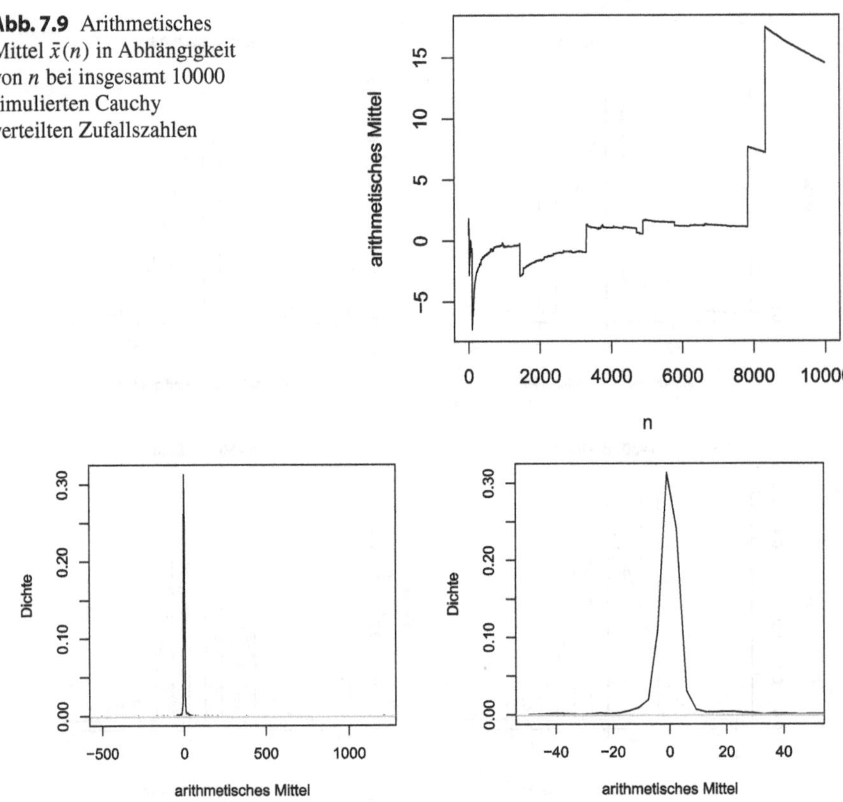

Abb. 7.9 Arithmetisches Mittel $\bar{x}(n)$ in Abhängigkeit von n bei insgesamt 10000 simulierten Cauchy verteilten Zufallszahlen

Abb. 7.10 Kerndichteschätzer von 1000 Mittelwerten (basierend auf jeweils $n = 1000$ Zufallszahlen) von Cauchy verteilten Zufallszahlen. In der linken Grafik ist der Wertebereich auf der horizontalen Achse unlimitiert, in der rechten Grafik werden nur Werte im Bereich -50 bis 50 berücksichtigt

approximieren die Wahrscheinlichkeitsdichte des Mittelwerts in Form eines Kerndichteschätzers, vergleiche wieder das oben verlinkte `R` Skript. Abb. 7.10 zeigt das Ergebnis. Offenbar ist der Wertebereich der Mittelwerte von extremen Werten im Bereich -500 bis 1000 charakterisiert (exakte Zahlen erhält man z. B. mit dem `summary` Befehl in `R`), auch wenn die meisten Mittelwerte tatsächlich um Null schwanken. Eine Annäherung an eine Normalverteilung ist jedenfalls nicht ersichtlich.

Lösung 7.14

(a) $X_1 \sim B(100, 0.414) \overset{a}{\sim} N(100 \cdot 0.414, 100 \cdot 0.414 \cdot 0.586) = N(41.4, 24.26)$.
(b) $X_2 \sim B(500, 0.02) \overset{a}{\sim} Po(500 \cdot 0.02) = Po(10)$.
(c) Sei Y_i = Gewinn bei einem Spiel, $i = 1, \ldots, 100$. Es gilt

$$\begin{aligned} E(Y_i) &= -0.5 \cdot 0.6 + 1 \cdot 0.2 = -0.1, \\ Var(Y_i) &= 0.25 \cdot 0.6 + 0.2 - 0.01 = 0.34. \end{aligned}$$

Damit folgt

$$X_3 = \sum_{i=1}^{100} Y_i \overset{a}{\sim} N(-10, 34).$$

(d) $X_4 \sim Po(100) \overset{a}{\sim} N(100, 100)$.

Lösung 7.15

Sei $X_1 =$ Anzahl der befallenen Salatköpfe im fruchtbaren Land und entsprechend $X_2 =$ Zahl der befallenen Salatköpfe im unfruchtbaren Land. Unter der Annahme, dass die Salatköpfe unabhängig voneinander befallen werden, gilt $X_1 \sim B(700, 0.01)$ und $X_2 \sim B(40, 0.01)$. Wegen $n\pi = 700 \cdot 0.01 \geq 5$ und $n(1-\pi) = 700 \cdot 0.99 = 693 \geq 5$ sind die Faustregeln für die Approximation der Binomialverteilung durch die Normalverteilung erfüllt und man erhält

$$X_1 \overset{a}{\sim} N(n\pi, n\pi(1-\pi)) = N(7, 6.93).$$

Darüber hinaus kann die Verteilung von X_1 wegen $\pi = 0.01 \leq 0.05$ und $n = 700 > 30$ auch durch die Poisson-Verteilung approximiert werden, d. h.

$$X_1 \overset{a}{\sim} Po(7).$$

Unter Zuhilfenahme der Normalapproximation erhält man

$$\begin{aligned} P(2 \leq X_1 \leq 6) &= \Phi(\tfrac{6+0.5-7}{\sqrt{6.93}}) - \Phi(\tfrac{1+0.5-7}{\sqrt{6.93}}) \\ &= \Phi(-0.19) - \Phi(-2.09) \\ &= 1 - 0.5753 - 1 + 0.9817 = 0.4064. \end{aligned}$$

Dagegen erhält man unter Berücksichtigung der Poissonapproximation

$$P(2 \leq X_1 \leq 6) = 0.0223 + 0.05212 + 0.0912 + 0.1277 + 0.149 = 0.4423.$$

Die Verteilung von X_2 lässt sich nicht durch eine Normalverteilung approximieren, jedoch wegen $n = 40 \geq 30$ und $\pi = 0.01 \leq 0.05$ durch eine Poisson-Verteilung. Es gilt also

$$X_2 \overset{a}{\sim} Po(40 \cdot 0.01) = Po(0.4).$$

Damit erhält man

$$P(2 \leq X_2 \leq 6) = 0.0536 + 0.0071 + 0.0007 + 0 + 0 = 0.0615.$$

Lösung 7.16
Wir bestimmen zunächst den Erwartungswert und die Varianz der Zufallsvariablen X_i:

$$E(X_i) = \frac{a+b}{2} = \frac{8+21}{2} = 14.5$$
$$Var(X_i) = \frac{1}{12}(b-a)^2 = \frac{1}{12}(21-8)^2 = 14.08$$

Für die transformierten Zufallsvariablen $0.81 \cdot X_i$ erhalten wir dann $E(0.81 \cdot X_i) = 0.81 \cdot 14.5 = 11.745$ und $Var(0.81 \cdot X_i) = 0.81^2 \cdot 14.08 = 9.24$.

Nach dem Zentralen Grenzwertsatz ist somit Y approximativ normalverteilt mit Erwartungswert $E(Y) = 650 \cdot 11.745 = 7634.25$ und Varianz $Var(Y) = 650 \cdot 9.24 = 6006$.

Gesucht wird der Wert x, für den gilt

$$P\left(Z \leq \frac{x - 7634.25}{\sqrt{6006}}\right) = 0.36$$

Mit dem entsprechenden Quantil der Standardnormalverteilung also

$$\frac{x - 7634.25}{\sqrt{6006}} = -0.3585$$

und damit:

$$x = 7634.25 + \left(-0.3585 \cdot \sqrt{6006}\right) = 7606.47$$

Das 36 %-Quantil beträgt somit 7606,47.

Lösung 7.17
Die Variable X hat den (berechneten) Erwartungswert $E(X) = 1.65$ und die (berechnete) Varianz $Var(X) = E(X^2) - E(X)^2 = 1.2675$.

Die Verkäufe von 100 Tagen sind nach dem zentralen Grenzwertsatz approximativ normalverteilt mit

$$\sum_{i=1}^{100} X_i \sim N(100 \cdot 1.65, 100 \cdot 1.2675),$$

wobei X_i der Verkauf am i-ten Tag ist. Mittels z-Standardisierung ergibt sich also für die Untergrenze

$$\Phi\left(z \leq \frac{154 - 165}{\sqrt{100 \cdot 1.2675}}\right) = 0.164$$

und für die Obergrenze

$$\Phi\left(z \leq \frac{187 - 165}{\sqrt{100 \cdot 1.2675}}\right) = 0.974$$

Somit beträgt die Wahrscheinlichkeit 81 %, dass innerhalb von 100 Tagen zwischen 154 und 187 Fernseher verkauft werden.

Mehrdimensionale Zufallsvariablen

8

Dieses Kapitel beinhaltet Übungsaufgaben zu mehrdimensionalen, insbesondere zweidimensionalen, diskreten und stetigen Zufallsvariablen. Die Aufgaben beinhalten die Berechnung von Wahrscheinlichkeiten, bedingten und marginalen Verteilungen, (bedingten) Erwartungswerten und Varianzen sowie von Zusammenhangsmaßen wie der Kovarianz und dem Korrelationskoeffizienten.

Bei den Aufgaben 8.1–8.5 handelt es sich um die Aufgaben aus Kap. 8 des Lehrbuchs Fahrmeir et al. (2024). Zusätzlich findet man in diesem Kapitel weitere acht Aufgaben 8.6–8.13. Bei der Aufgabe 8.5 handelt es sich um eine „R Aufgabe", die mit dem Statistikprogramm R gelöst werden soll.

Aufgaben

Aufgabe 8.1 (Aufgabe 8.1 Lehrbuch)
Die gemeinsame Verteilung von X und Y sei durch die folgende Kontingenztafel der Auftretenswahrscheinlichkeiten gegeben:

		Y		
		1	2	3
X	1	0.25	0.15	0.10
	2	0.10	0.15	0.25

Man bestimme

(a) den Erwartungswert und die Varianz von X bzw. Y,
(b) die bedingten Verteilungen von $X|Y = y$ und $Y|X = x$,
(c) die Kovarianz und die Korrelation von X und Y,
(d) die Varianz von $X + Y$.

S. Lang et al., *Arbeitsbuch Statistik*, https://doi.org/10.1007/978-3-662-73272-4_8

Aufgabe 8.2 (Aufgabe 8.2 Lehrbuch)
Die gemeinsame Wahrscheinlichkeitsfunktion von X und Y sei bestimmt durch

$$f(x, y) = \begin{cases} e^{-2\lambda} \frac{\lambda^{x+y}}{x!y!} & \text{für } x, y \in \{0, 1, \ldots\} \\ 0 & \text{sonst.} \end{cases}$$

(a) Man bestimme die Randverteilungen von X und Y.
(b) Man bestimme die bedingten Verteilungen von $X|Y = y$ und $Y|X = x$ und vergleiche diese mit den Randverteilungen.
(c) Man bestimme die Kovarianz von X und Y.

Aufgabe 8.3 (Aufgabe 8.3 Lehrbuch)
Der Türsteher einer Nobeldiskothek entscheidet sequentiell. Der erste Besucher wird mit der Wahrscheinlichkeit 0.5 eingelassen, der zweite mit 0.6 und der dritte mit 0.8. Man betrachte die Zufallsvariable X: „Anzahl der eingelassenen Besucher unter den ersten beiden Besuchern" und Y: „Anzahl der eingelassenen Besucher unter den letzten beiden Besuchern".

(a) Man gebe die gemeinsame Wahrscheinlichkeitsfunktion von X und Y an.
(b) Man untersuche, ob X und Y unabhängig sind.

Aufgabe 8.4 (Aufgabe 8.4 Lehrbuch)
Ein Anleger verfügt zu Jahresbeginn über 200000 EUR. 150000 EUR legt er bei einer Bank an, die ihm eine zufällige Jahresrendite R_1 garantiert, welche gleichverteilt zwischen 6 % und 8 % ist. Mit den restlichen 50000 EUR spekuliert er an der Börse, wobei er von einer $N(8, 4)$-verteilten Jahresrendite R_2 (in %) ausgeht. Der Anleger geht davon aus, dass die Renditen R_1 und R_2 unabhängig verteilt sind.

(a) Man bestimme den Erwartungswert und die Varianz von R_1 und R_2.
(b) Man berechne die Wahrscheinlichkeiten, dass der Anleger an der Börse eine Rendite von 8 %, von mindestens 9 % bzw. zwischen 6 % und 10 % erzielt.
(c) Wie groß ist die Wahrscheinlichkeit, dass der Anleger bei der Bank eine Rendite zwischen 6.5 % und 7.5 % erzielt?
(d) Man stelle das Jahresendvermögen V als Funktion der Renditen R_1 und R_2 dar und berechne Erwartungswert und Varianz von V.
(e) Angenommen, die beiden Renditen sind nicht unabhängig, sondern korrelieren mit $\rho = -0.5$.

  (e1) Wie lautet die Kovarianz zwischen R_1 und R_2?
  (e2) Wie würden Sie die 200000 EUR aufteilen, um eine minimale Varianz der Gesamtrendite zu erzielen? Wie ändert sich die zu erwartende Rendite?

Aufgabe 8.5 (R Aufgabe 8.5 Lehrbuch)
Wir betrachten die zweidimensionale Normalverteilung.

(a) Stellen Sie die zweidimensionalen Dichten in Abb. 8.1 mit `R` dar (Hinweis: Funktion `persp()`).
(b) Alternativ zu einer perspektivischen Grafik bieten sich auch andere Darstellungsmöglichkeiten an, zum Beispiel Höhenlinien (Hinweis: `contour()`) oder ein Farbbild, in dem den Dichtewerten kleine farbige Rechtecke zugeordnet werden. (Hinweis: `image()`). Stellen Sie die Dichten aus Abb. 8.1 auch mit diesen Möglichkeiten dar.

Aufgabe 8.6
Gegeben sind zwei diskrete Zufallsvariablen X und Y. Die Zufallsvariable X kann die Werte 1, 2 und Y die Werte -1, 0 und 1 annehmen. Über die gemeinsame Wahrscheinlichkeitsverteilung von X und Y ist folgendes bekannt:

		y_j		
	-1	0	1	
x_i 1	p	0.1		0.5
x_i 2		0.2		
	0.35			

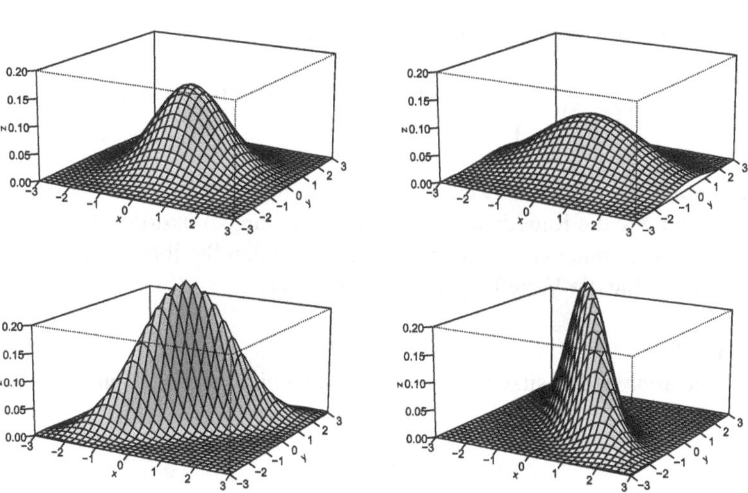

Abb. 8.1 Bivariate Normalverteilung, links oben: $(\mu_1, \mu_2, \sigma_1, \sigma_2, \rho) = (0, 0, 1, 1, 0)$, rechts oben: $(\mu_1, \mu_2, \sigma_1, \sigma_2, \rho) = (0, 0, 1.5, 1, 0)$, links unten: $(\mu_1, \mu_2, \sigma_1, \sigma_2, \rho) = (0, 0, 1, 1, 0.8)$, rechts unten: $(\mu_1, \mu_2, \sigma_1, \sigma_2, \rho) = (0, 0, 1, 1, -0.8)$

(a) Bestimmen Sie p so, dass X und Y unkorreliert sind. Berechnen Sie dazu zunächst $E(X)$ und $E(Y)$ und zudem $E(XY)$ in Abhängigkeit von p.
(b) Sind X und Y unabhängig? Begründen Sie Ihre Antwort.

Aufgabe 8.7
X und Y seien zwei abhängige Zufallsvariablen. Die Randdichte von X und die bedingten Dichten von Y gegeben $X = 1$ bzw. $X = 2$ sind folgendermaßen gegeben:

x_i	1	2
$P(X = x_i)$	$\frac{1}{5}$	$\frac{4}{5}$

y_j	−1	0	1
$P(Y = y_j \mid X = 1)$	$\frac{1}{4}$	$\frac{1}{4}$	$\frac{2}{4}$
$P(Y = y_j \mid X = 2)$	$\frac{1}{3}$	$\frac{1}{3}$	$\frac{1}{3}$

Bestimmen Sie

(a) die gemeinsame diskrete Dichte von X und Y,
(b) die Wahrscheinlichkeitsfunktion von $Z = X + Y$,
(c) $E(Z)$ und $Var(Z)$

(c1) direkt über die Verteilung von Z,
(c2) über die Verteilungen von X und Y.

Aufgabe 8.8
Gegeben sei die von einem Parameter c abhängige Funktion

$$f(x, y) = \begin{cases} cx + y & \text{für } 0 \leq x \leq 1 \text{ und } 0 \leq y \leq 1 \\ 0 & \text{sonst.} \end{cases}$$

(a) Bestimmen Sie c so, dass $f(x, y)$ eine Dichtefunktion ist.
(b) Berechnen Sie die Randdichten und Randverteilungsfunktionen von X und Y.
(c) Sind X und Y voneinander unabhängig? Begründen Sie Ihre Antwort.
(d) Bestimmen Sie die Verteilungsfunktion $F(x, y)$.

Aufgabe 8.9
Die Zufallsvariable X besitze folgende Wahrscheinlichkeitsfunktion:

$$P(X = i) = \begin{cases} \frac{1}{n} & i \in \{1, \dots n\} \\ 0 & \text{sonst.} \end{cases}$$

Die Zufallsvariable Y kann nur die Ausprägungen 1, 2 oder 3 annehmen, wobei gilt:

- $P(Y = 1) = 2 \cdot P(Y = 2) = 4 \cdot P(Y = 3)$.
- X und Y sind stochastisch unabhängig.

(a) Bestimmen Sie die gemeinsame Wahrscheinlichkeitsfunktion der Zufallsvariable (X, Y).
(b) Berechnen Sie $P(X > \frac{n}{2}, Y \leq 2)$.
(c) Berechnen Sie $E(X \cdot Y)$.

Aufgabe 8.10
Von den Zufallsvariablen X und Y ist bekannt, dass $Var(X) = 1$, $Var(Y) = 4$ und $Var(3X + 2Y) = 13$ gelten. Wie groß ist dann der Korrelationskoeffizient $\rho(X, Y)$?

Aufgabe 8.11
Betrachten Sie die gemeinsam in $[1, 2] \times [2, 4]$ stetig gleichverteilten Zufallsvariablen X und Y, vergleiche Abb. 8.2.

Die gemeinsame Dichte ist

$$f(x, y) = \begin{cases} \frac{1}{2} & 1 \leq x \leq 2, \quad 2 \leq y \leq 4 \\ 0 & \text{sonst.} \end{cases}$$

Bestimmen Sie die Wahrscheinlichkeiten für

(a) $X \leq 1.5, Y \leq 3$,
(b) $X > 1.5, Y > 2.5$,
(c) $X = 1.5, Y = 3$,
(d) $X = 1.5, Y \geq 3$.

Aufgabe 8.12
Betrachten Sie die Zufallsvariable X mit Werten -1, 0, 1, die jeweils gleichwahrscheinlich seien, d. h. $(X = -1) = P(X = 0) = P(X = 1) = \frac{1}{3}$. Definiere $Y = X^2$, sodass Y und X definitionsgemäß abhängig sind. Bestimmen Sie die Kovarianz zwischen X und Y.

Aufgabe 8.13
Betrachten Sie die exponentialverteilte Zufallsvariable X mit Parameter $\lambda = 7$ und die normalverteilte Zufallsvariable Y mit Parametern $\mu = -14$ und $\sigma^2 = 17$. Der Korrelationskoeffizient ist $\rho_{X,Y} = -0.58$.
Berechnen Sie die Kovarianz zwischen X und Y.

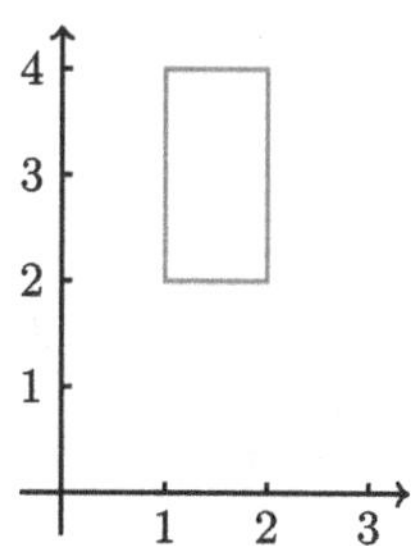

Abb. 8.2 Wertebereich der Dichte von X und Y

Lösungen

Lösung 8.1

(a) Es gelten

$$\begin{aligned} P(X=1) &= 0.25+0.15+0.10=0.5, \\ P(X=2) &= 0.10+0.15+0.25=0.5 \end{aligned}$$

und damit

$$\begin{aligned} E(X) &= 1\cdot 0.5+2\cdot 0.5=1.5, \\ E(X^2) &= 1\cdot 0.5+4\cdot 0.5=2.5, \end{aligned}$$

woraus man berechnet:

$$Var(X)=E(X^2)-(E(X))^2=2.5-2.25=0.25.$$

Analog erhält man

$$\begin{aligned} E(Y) &= 1\cdot 0.35+2\cdot 0.3+3\cdot 0.35=2\,, \\ E(Y^2) &= 1\cdot 0.35+4\cdot 0.3+9\cdot 0.35=4.7\,, \\ Var(Y) &= 4.7-4=0.7\,. \end{aligned}$$

(b) Die bedingte Verteilung von X gegeben $Y=y$ berechnet sich als:

$$f_X(x\mid y=1) = \begin{cases} \dfrac{0.25}{0.35}=0.71 & \text{für } x=1 \\[2ex] \dfrac{0.10}{0.35}=0.29 & \text{für } x=2, \end{cases}$$

$$f_X(x\mid y=2) = \begin{cases} \dfrac{0.15}{0.30}=0.50 & \text{für } x=1 \\[2ex] \dfrac{0.15}{0.30}=0.50 & \text{für } x=2. \end{cases}$$

$$f_X(x\mid y=3) = \begin{cases} \dfrac{0.10}{0.35}=0.29 & \text{für } x=1 \\[2ex] \dfrac{0.25}{0.35}=0.71 & \text{für } x=2. \end{cases}$$

Ebenso erhält man als bedingte Verteilung von Y gegeben $X = x$:

$$f_Y(y \mid x = 1) = \begin{cases} \dfrac{0.25}{0.50} = 0.50 & \text{für } y = 1 \\ \dfrac{0.15}{0.50} = 0.30 & \text{für } y = 2 \\ \dfrac{0.10}{0.50} = 0.20 & \text{für } y = 3, \end{cases}$$

$$f_Y(y \mid x = 2) = \begin{cases} \dfrac{0.10}{0.50} = 0.20 & \text{für } y = 1 \\ \dfrac{0.15}{0.50} = 0.30 & \text{für } y = 2 \\ \dfrac{0.25}{0.50} = 0.50 & \text{für } y = 3. \end{cases}$$

(c) Es gilt

$$\begin{aligned} E(X \cdot Y) &= 1 \cdot 0.25 + 2 \cdot (0.15 + 0.1) + 3 \cdot 0.1 + 4 \cdot 0.15 + 6 \cdot 0.25 \\ &= 0.25 + 0.5 + 0.3 + 0.6 + 1.5 = 3.15\,. \end{aligned}$$

Damit erhält man

$$\begin{aligned} Cov(X, Y) &= E(X \cdot Y) - E(X) \cdot E(Y) \\ &= 3.15 - 1.5 \cdot 2 \\ &= 0.15 \end{aligned}$$

und folglich

$$\rho(X, Y) = \frac{Cov(X, Y)}{\sqrt{Var(X) \cdot Var(Y)}} = \frac{0.15}{\sqrt{0.25 \cdot 0.7}} = 0.359.$$

(d) Für die Varianz von $X + Y$ gilt:

$$\begin{aligned} Var(X + Y) &= Var(X) + Var(Y) + 2 \cdot Cov(X, Y) \\ &= 0.25 + 0.7 + 2 \cdot 0.15 = 1.25. \end{aligned}$$

Lösung 8.2

(a) Die Randdichten von X und Y lassen sich wie folgt berechnen, wobei für $x \in \{0, 1, \ldots\}$ gilt:

$$\begin{aligned} f_X(x) &= \sum_{y=0}^{\infty} e^{-2\lambda} \frac{\lambda^{x+y}}{x!y!} = e^{-\lambda} \frac{\lambda^x}{x!} \sum_{y=0}^{\infty} e^{-\lambda} \frac{\lambda^y}{y!} \\ &= e^{-\lambda} \frac{\lambda^x}{x!} \end{aligned}$$

und für $y \in \{0, 1, \ldots\}$ gilt:

$$\begin{aligned} f_Y(y) &= \sum_{x=0}^{\infty} e^{-2\lambda} \frac{\lambda^{x+y}}{x!y!} = e^{-\lambda} \frac{\lambda^y}{y!} \sum_{x=0}^{\infty} e^{-\lambda} \frac{\lambda^x}{x!} \\ &= e^{-\lambda} \frac{\lambda^y}{y!}. \end{aligned}$$

Für $x = y = 0$ gilt $f_X(0) = 0$. Man erhält somit für die Randdichten jeweils eine Poisson-Verteilung mit Parameter λ.

(b) Man betrachte zunächst die bedingte Verteilung von $X|Y = y$.
Für $y \in \{0, 1, \ldots\}$ gilt:

$$f_X(x|Y = y) = \begin{cases} \frac{e^{-2\lambda}\lambda^{x+y}/(x!y!)}{e^{-\lambda}\lambda^x/y!} = e^{-\lambda}\lambda^x/x! & \text{für } x = 0, 1, \ldots \\ 0 & \text{sonst.} \end{cases}$$

Analog berechnet man die bedingte Verteilung von $Y|X = x$, d. h.
für $x \in \{0, 1, \ldots\}$ gilt:

$$f_Y(y|X = x) = \begin{cases} e^{-\lambda}\lambda^x/y! & \text{für } y = 0, 1, \ldots \\ 0 & \text{sonst.} \end{cases}$$

Damit ist also:

$$\begin{aligned} f_X(x|y) &= f_X(x) \quad \text{für } y \in \{0, 1, \ldots\}, \\ f_Y(y|x) &= f_Y(y) \quad \text{für } x \in \{0, 1, \ldots\}. \end{aligned}$$

(c) Nach (b) sind X und Y unabhängig. Daraus folgt unmittelbar

$$Cov(X, Y) = 0.$$

Lösung 8.3

(a) Für den Träger $\mathcal{T}_{XY}$, d. h. die möglichen Ausprägungen von X, Y gilt:

$$\mathcal{T}_{XY} = \{(0,0), (0,1), (1,0), (1,1), (1,2), (2,1), (2,2)\}.$$

Weiterhin gilt:

$$\begin{aligned}
P(X=0, Y=0) &= P(\text{„kein Besucher wird eingelassen“}) \\
&= 0.5 \cdot (1-0.6) \cdot (1-0.8) = 0.04, \\
P(X=0, Y=1) &= P(\text{„der letzte Besucher wird eingelassen“}) \\
&= 0.5 \cdot (1-0.6) \cdot 0.8 = 0.16, \\
P(X=1, Y=0) &= 0.5 \cdot 0.4 \cdot 0.2 = 0.04, \\
P(X=1, Y=1) &= 0.5 \cdot 0.6 \cdot 0.2 + 0.5 \cdot 0.4 \cdot 0.8 = 0.22, \\
P(X=1, Y=2) &= 0.5 \cdot 0.6 \cdot 0.8 = 0.24, \\
P(X=2, Y=1) &= 0.5 \cdot 0.6 \cdot 0.2 = 0.06, \\
P(X=2, Y=2) &= 0.5 \cdot 0.6 \cdot 0.8 = 0.24.
\end{aligned}$$

Damit erhält man die gemeinsame Wahrscheinlichkeitsfunktion zusammen mit den Marginalverteilungen in Tabellenform, wobei es sich bei den Werten in Klammern um die Produkte der Marginalverteilungen handelt, also um die gemeinsame Verteilung bei Unabhängigkeit:

		Y			
		0	1	2	
X	0	0.04 (0.016)	0.16 (0.088)	0 (0.096)	0.2
	1	0.04 (0.04)	0.22 (0.22)	0.24 (0.24)	0.5
	2	0 (0.024)	0.06 (0.132)	0.24 (0.144)	0.3
		0.08	0.44	0.48	1

(b) X und Y sind nicht unabhängig, da z. B.

$$P(X=0, Y=1) = 0.16 \neq P(X=0) \cdot P(Y=1) = 0.2 \cdot 0.44 = 0.088.$$

Lösung 8.4

(a) Man erhält

$$E(R_1) = \frac{6+8}{2} = 7, \qquad Var(R_1) = \frac{(8-6)^2}{12} = \frac{4}{12} = \frac{1}{3},$$
$$E(R_2) = 8, \qquad Var(R_2) = 4.$$

(b) Da R_2 als $N(8, 4)$-verteilt angenommen wird, gilt $P(R_2 = 8) = 0$. Für die anderen Wahrscheinlichkeiten berechnet man

$$\begin{aligned}
P(R_2 \geq 9) &= 1 - P(R_2 \leq 9) \\
&= 1 - P\left(\frac{R_2 - 8}{2} \leq \frac{9-8}{2}\right) \\
&= 1 - \Phi(0.5) = 1 - 0.692 = 0.308, \\
P(6 \leq R_2 \leq 10) &= P(R_2 \leq 10) - P(R_2 \leq 6) \\
&= P\left(\frac{R_2 - 8}{2} \leq 1\right) - P\left(\frac{R_2 - 8}{2} \leq -1\right) \\
&= \Phi(1) - (1 - \Phi(1)) = 2\Phi(1) - 1 \\
&= 2 \cdot 0.841 - 1 = 0.682.
\end{aligned}$$

(c) $P(6.5 \leq R_1 \leq 7.5) = 1 \cdot \frac{1}{2} = 0.5$.

(d) Das Jahresendvermögen V lässt sich darstellen als

$$\begin{aligned}
V &= 150000 \cdot \left(1 + \frac{R_1}{100}\right) + 50000 \cdot \left(1 + \frac{R_2}{100}\right) \\
&= 200000 + 1500 \cdot R_1 + 500 \cdot R_2 \quad \text{mit} \\
E(V) &= 200000 + 1500 \cdot E(R_1) + 500 \cdot E(R_2) \\
&= 214500, \\
Var(V) &= 1500^2 \cdot Var(R_1) + 500^2 \cdot Var(R_2) \\
&= 1750000.
\end{aligned}$$

(e) (e1) Die Kovarianz von R_1 und R_2 erhält man als

$$\begin{aligned}
Cov(R_1, R_2) &= \rho \cdot \sqrt{Var(R_1)} \cdot \sqrt{Var(R_2)} \\
&= -0.5 \cdot \sqrt{\frac{1}{3}} \cdot 2 \\
&= -0.577.
\end{aligned}$$

(e2) Sei x das Vermögen, das bei der Bank angelegt wird. Dann gilt für das Vermögen

$$V = 200000 + \frac{x \cdot R_1}{100} + \frac{(200000 - x) \cdot R_2}{100},$$

und die Varianz ergibt sich durch

$$\begin{aligned} Var(V) &= \frac{x^2}{100^2} \cdot Var(R_1) + \frac{(200000 - x)^2}{100^2} \cdot Var(R_2) \\ &\quad + \frac{2 \cdot x \cdot (200000 - x)}{100^2} \cdot Cov(R_1, R_2). \end{aligned}$$

Zur Minimierung der Varianz wird diese Summe differenziert und gleich null gesetzt:

$$\begin{gathered} 2x \cdot Var(R_1) - 2 \cdot (200000 - x) \cdot Var(R_2) \\ + (400000 - 4x) \cdot Cov(R_1, R_2) \overset{!}{=} 0\,. \end{gathered}$$

Auflösen nach x ergibt schließlich

$$x \approx 166891\,,$$

d. h. 166891 EUR werden bei der Bank angelegt. Für das zu erwartende Vermögen erhält man dann:

$$\begin{aligned} E(V) &= 200000 + 1668.91 \cdot E(R_1) + 331.09 \cdot E(R_2) \\ &= 214331.09\,\text{EUR}. \end{aligned}$$

Lösung 8.5

Den vollständigen und dokumentierten `R` Code der Lösung findet man als Datei `loes8_5.R` unter:

https://github.com/sn-code-inside/Statistik-AB-CFHKLW/blob/main/code/loes8_5.R

In `R` lassen sich bivariate Dichten mit den Funktionen `persp`, `contour` und `image` visualisieren. Die Grafiken der vier Dichten in Abb. 8.1 wurden mit Hilfe des `persp` Befehls erzeugt. Abb. 8.3 zeigt exemplarisch je einen Contour und einen Image-Plot für die dritte Dichte.

Lösung 8.6

(a) Zunächst werden die Erwartungswerte von X und Y sowie von $E(XY)$ in Abhängigkeit von p berechnet, wobei man für X und Y jeweils die Randwahrscheinlichkeiten verwendet, für die p keine Rolle spielt.

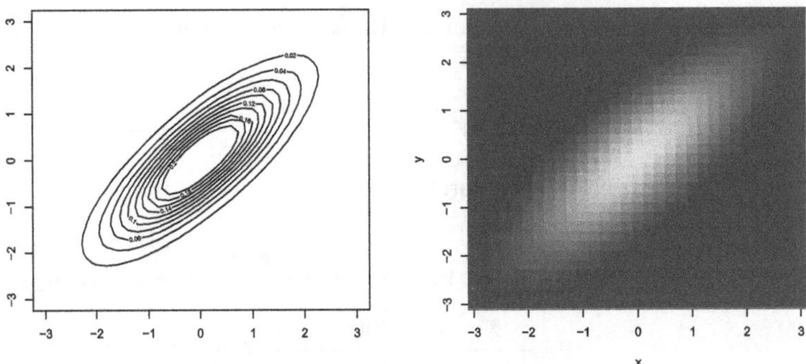

Abb. 8.3 Contour und Image-Plot für die bivariate Normalverteilung mit Parametern $(\mu_1, \mu_2, \sigma_1, \sigma_2, \rho) = (0, 0, 1, 1, 0.8)$

$$\begin{aligned} E(X) &= 0.5 \cdot 1 + 0.5 \cdot 2 = 1.5, \\ E(Y) &= 0.35 \cdot (-1) + 0.35 \cdot 1 = 0 \\ \text{und} \quad E(XY) &= (-2)(0.35 - p) + (-1)p + 1(0.4 - p) + 2(p - 0.05) \\ &= -0.7 + 2p - p + 0.4 - p + 2p - 0.1 \\ &= 2p - 0.4. \end{aligned}$$

Nun ist

$$\begin{aligned} Cov(X, Y) &= E(XY) - E(X)E(Y) = 2p - 0.4 = 0 \\ \iff \quad 2p &= 0.4 \\ \iff \quad p &= 0.2. \end{aligned}$$

(b) X und Y sind nicht unabhängig voneinander, da beispielsweise

$$\begin{aligned} P(X = 1, Y = -1) &= p = 0.2 \neq 0.175 = 0.5 \cdot 0.35 \\ &= P(X = 1)P(Y = -1). \end{aligned}$$

Lösung 8.7

(a) Es gilt allgemein für die gemeinsame diskrete Dichte:

$$P(X = x_i,\ Y = y_j) = P(Y = y_j | X = x_i) \cdot P(X = x_i).$$

Daraus ergibt sich z. B.:

$$P(X = 1,\ Y = -1) = P(Y = -1 | X = 1) \cdot P(X = 1) = \frac{1}{4} \cdot \frac{1}{5} = \frac{1}{20} = \frac{3}{60}$$

und insgesamt:

		y_j			
		-1	0	1	$\sum$
x_i	1	$\frac{3}{60}$	$\frac{3}{60}$	$\frac{6}{60}$	$\frac{12}{60} = \frac{1}{5}$
	2	$\frac{16}{60}$	$\frac{16}{60}$	$\frac{16}{60}$	$\frac{48}{60} = \frac{4}{5}$
	$\sum$	$\frac{19}{60}$	$\frac{19}{60}$	$\frac{22}{60}$	1

} Randverteilung von X wie in Aufgabenstellung

Randverteilung von Y

(b) Für $Z = X + Y$ ergibt sich die Verteilung von Z als

z_i	0	1	2	3
$P(Z = z_i)$	$\frac{3}{60}$	$\frac{19}{60}$	$\frac{22}{60}$	$\frac{16}{60}$

(c) Die Berechnung von $E(Z)$ und $Var(Z)$ erfolgt

(c1) zunächst über die Verteilung von Z:

$$\begin{aligned} E(Z) &= 0 \cdot \frac{3}{60} + 1 \cdot \frac{19}{60} + 2 \cdot \frac{22}{60} + 3 \cdot \frac{16}{60} = 1.85, \\ E(Z^2) &= 0 \cdot \frac{3}{60} + 1 \cdot \frac{19}{60} + 4 \cdot \frac{22}{60} + 9 \cdot \frac{16}{60} = 4.18\bar{3}, \\ Var(Z) &= 4.18\bar{3} - (1.85)^2 = 0.7608. \end{aligned}$$

(c2) und anschließend über die Verteilungen von X und Y:

$$\begin{aligned} E(X) &= 1 \cdot \frac{1}{5} + 2 \cdot \frac{4}{5} = \frac{9}{5}, \\ E(X^2) &= 1 \cdot \frac{1}{5} + 4 \cdot \frac{4}{5} = \frac{17}{5}, \end{aligned}$$

und es ergibt sich $Var(X) = \frac{17}{5} - \left(\frac{9}{5}\right)^2 = \frac{4}{25}$.

$$\begin{aligned} E(Y) &= -1 \cdot \frac{19}{60} + 0 \cdot \frac{19}{60} + 1 \cdot \frac{22}{60} = \frac{3}{60}, \\ E(Y^2) &= 1 \cdot \frac{19}{60} + 0 \cdot \frac{19}{60} + 1 \cdot \frac{22}{60} = \frac{41}{60}, \end{aligned}$$

und damit ist $Var(Y) = \frac{41}{60} - (\frac{3}{60})^2 = 0.6808$.

Da $Cov(X, Y) = E(X \cdot Y) - E(X) \cdot E(Y)$ und

$$\begin{aligned} E(X \cdot Y) &= 1 \cdot (-1) \cdot \frac{3}{60} + 1 \cdot 0 \cdot \frac{3}{60} + 1 \cdot 1 \cdot \frac{6}{60} + 2 \cdot (-1) \cdot \frac{16}{60} \\ &\quad + 2 \cdot 0 \cdot \frac{16}{60} + 2 \cdot 1 \cdot \frac{16}{60} = \frac{3}{60}, \end{aligned}$$

berechnet sich die Kovarianz von X und Y zu

$$Cov(X, Y) = \frac{3}{60} - \frac{9}{5} \cdot \frac{3}{60} = -\frac{1}{25}.$$

Damit ergeben sich insgesamt:

$$\begin{aligned} E(Z) &= E(X) + E(Y) = \frac{9}{5} + \frac{3}{60} = 1.85 \\ \text{und} \quad Var(Z) &= Var(X + Y) \\ &= Var(X) + Var(Y) + 2Cov(X, Y) \\ &= \frac{4}{25} + 0.6808 - \frac{2}{25} \\ &= 0.7608. \end{aligned}$$

Lösung 8.8

(a) Damit $f(x, y)$ eine Dichtefunktion ist, muss diese größer oder gleich 0 sein, was offensichtlich erfüllt ist, und zudem muss gelten:

$$\begin{aligned} &\int_0^1 \int_0^1 f(x, y)\, dx\, dy = 1 \Leftrightarrow \int_0^1 \left[\frac{cx^2}{2} + yx\right]_{x=0}^{x=1} dy = 1 \\ &\Leftrightarrow \int_0^1 \left(\frac{c}{2} + y\right) dy = 1 \;\Leftrightarrow\; \left[\frac{c}{2}y + \frac{y^2}{2}\right]_{y=0}^{y=1} = 1 \\ &\Leftrightarrow \frac{c}{2} + \frac{1}{2} = 1 \;\Leftrightarrow\; c = 1. \end{aligned}$$

(b) Die Randdichten berechnen sich als:

$$f_X(x) = \begin{cases} \int_0^1 (x+y)\,dy = \left[xy + \frac{1}{2}y^2\right]_{y=0}^{y=1} \\ = x + \frac{1}{2} \text{ für } 0 \leq x \leq 1 \\ 0 \quad \text{sonst,} \end{cases}$$

$$f_Y(y) = \begin{cases} y + \dfrac{1}{2} & \text{für } 0 \leq y \leq 1 \\ 0 & \text{sonst.} \end{cases}$$

Als Verteilungsfunktionen von X und Y erhält man somit:

$$F_X(x) = \begin{cases} 0 \quad \text{für } x < 0 \\ \int_0^x \left(v + \frac{1}{2}\right) dv = \left[\frac{v^2}{2} + \frac{1}{2}v\right]_0^x \\ = \frac{x^2+x}{2} \text{ für } 0 \leq x \leq 1 \\ 1 \quad \text{für } x > 1, \end{cases}$$

$$F_Y(y) = \begin{cases} 0 & \text{für } y < 0 \\ \dfrac{y^2+y}{2} & \text{für } 0 \leq y \leq 1 \\ 1 & \text{für } y > 1. \end{cases}$$

(c) Da gilt

$$f_X \cdot f_Y = \left(x + \frac{1}{2}\right) \cdot \left(y + \frac{1}{2}\right) \neq f_{XY},$$

sind X und Y *nicht* unabhängig.

(d) Es gilt:

$$\begin{aligned}
\int_0^x\int_0^y (u+v)du\,dv &= \int_0^x \left[\frac{1}{2}u^2 + uv\right]_{u=0}^{u=y} dv \\
&= \int_0^x \left(\frac{1}{2}y^2 + yv\right) dv = \left[\frac{1}{2}y^2 v + \frac{1}{2}yv^2\right]_{v=0}^{v=x} \\
&= \frac{1}{2}y^2 x + \frac{1}{2}yx^2 = \frac{1}{2}(y^2 x + x^2 y).
\end{aligned}$$

Damit folgt:

$$F(x,y) = \begin{cases} 0 & \text{für } x < 0 \vee y < 0 \\ \frac{1}{2}(y^2x + x^2y) & \text{für } 0 \le x \le 1 \wedge 0 \le y \le 1 \\ F_X(x) & \text{für } 0 \le x \le 1 \wedge y > 1 \\ F_Y(y) & \text{für } 0 \le y \le 1 \wedge x > 1 \\ 1 & \text{für } x \ge 1 \wedge y \ge 1. \end{cases}$$

Lösung 8.9

(a) Es gilt

$$P(Y=1) = \frac{4}{7}, \quad P(Y=2) = \frac{2}{7}, \quad P(Y=3) = \frac{1}{7}.$$

Damit erhält man unter Berücksichtigung der Unabhängigkeit von X und Y als gemeinsame Wahrscheinlichkeitsfunktion:

$$f(x,y) = \begin{cases} \frac{4}{7n} & \text{für } x \in \{1,\ldots,n\},\ y = 1 \\ \frac{2}{7n} & \text{für } x \in \{1,\ldots,n\},\ y = 2 \\ \frac{1}{7n} & \text{für } x \in \{1,\ldots,n\},\ y = 3 \\ 0 & \text{sonst.} \end{cases}$$

(b) Die gesuchte Wahrscheinlichkeit berechnet sich als

$$\begin{aligned} P\left(X > \frac{n}{2}, Y \le 2\right) &= P\left(X > \frac{n}{2}\right) \cdot P\left(Y \le 2\right) \\ &= \left(1 - P\left(X \le \frac{n}{2}\right)\right) \cdot \frac{6}{7} \\ &= \left(1 - \frac{\left[\frac{n}{2}\right]}{n}\right) \cdot \frac{6}{7} \\ &= \begin{cases} \frac{1}{2} \cdot \frac{6}{7} = \frac{3}{7} & \text{für } n \text{ gerade} \\ \left(1 - \frac{n-1}{2n}\right) \cdot \frac{6}{7} & \text{für } n \text{ ungerade.} \end{cases} \end{aligned}$$

(c) Es gilt

$$\begin{aligned} E(X) &= \frac{n+1}{2}, \\ E(Y) &= \frac{4}{7} \cdot 1 + \frac{2}{7} \cdot 2 + \frac{1}{7} \cdot 3 = \frac{11}{7}, \end{aligned}$$

woraus man erhält:

$$E(XY) = Cov(X, Y) + E(X)E(Y) = 0 + \frac{n+1}{2} \cdot \frac{11}{7} = \frac{11(n+1)}{14}.$$

Lösung 8.10
Es gilt

$$\begin{aligned} 13 &= Var(3X + 2Y) \\ &= Var(3X) + Var(2Y) + 2 \cdot Cov(3X, 2Y) \\ &= 9 \cdot Var(X) + 4 \cdot Var(Y) + 2 \cdot 3 \cdot 2 \cdot Cov(X, Y) \\ &= 9 + 16 + 12 \cdot Cov(X, Y). \end{aligned}$$

Damit folgt

$$Cov(X, Y) = -1$$

und schließlich

$$\rho(X, Y) = \frac{Cov(X, Y)}{\sqrt{Var(X)} \cdot \sqrt{Var(Y)}} = \frac{-1}{1 \cdot 2} = -\frac{1}{2}.$$

Lösung 8.11

(a) $P(X \leq 1.5, Y \leq 3) = (1.5 - 1) \cdot (3 - 2) \cdot \frac{1}{2} = \frac{1}{4}$
(b) $P(X > 1.5, Y > 2.5) = (2 - 1.5) \cdot (4 - 2.5) \cdot \frac{1}{2} = 0.375$
(c) $P(X = 1.5, Y = 3) = 0$
(d) $P(X = 1.5, Y \geq 3) = 0$

Lösung 8.12
Zur Berechnung von

$$Cov(X, Y) = E(X \cdot Y) - E(X) \cdot E(Y)$$

bestimmen wir zunächst die gemeinsame Verteilung zwischen X und Y (inklusive der Marginalverteilungen):

		Y		
		0	1	P(X=x)
X	−1	0	1/3	1/3
	0	1/3	0	1/3
	1	0	1/3	1/3
	P(Y=y)	1/3	2/3	

Wir erhalten unmittelbar $E(X) = 0$ (wegen der Symmetrie der Verteilung um 0) und $E(Y) = 1 \cdot P(Y = 1) = \frac{2}{3}$. Zur Berechnung von $E(X \cdot Y)$ bestimmen wir mit Hilfe der gemeinsamen Verteilung von X, Y die Verteilung von $Z = X \cdot Y$:

$z = x \cdot y$	−1	0	1
(x, y)	(−1,1)	(0,0);(0,1);(−1,0);(1;0)	(1,1)
$P(Z = z)$	1/3	1/3	1/3

Wiederum aufgrund der Symmetrie erhalten wir $E(X \cdot Y) = 0$ und schließlich

$$Cov(X, Y) = E(X \cdot Y) - E(X) \cdot E(Y) = 0 - 0 \cdot \frac{2}{3} = 0.$$

X und Y sind also unkorreliert, d. h. es besteht keinerlei *lineare Abhängigkeit.* Jedoch sind X und Y nicht unabhängig. Im Gegenteil, es besteht eine perfekte *quadratische Abhängigkeit.*

Lösung 8.13
Für den Zusammenhang zwischen Korrelationskoeffizienten und Kovarianz gilt allgemein:

$$\rho_{X,Y} = \frac{Cov(X, Y)}{\sqrt{Var(X)}\sqrt{Var(Y)}} = \frac{Cov(X, Y)}{\sigma_X \sigma_Y}$$

Den Angaben entnehmen wir

$$\sigma_X = \frac{1}{\lambda} = \frac{1}{7},$$
$$\sigma_Y = \sqrt{17},$$
$$\rho_{X,Y} = -0.58$$

und erhalten

$$Cov(X, Y) = \rho_{X,Y}\sigma_X\sigma_Y = -0.58 \cdot \frac{1}{7}\sqrt{17} = -0.34.$$

9 Parameterschätzung

Dieses Kapitel beinhaltet Übungsaufgaben zu den Grundlagen der Schätzung von Parametern in der schließenden bzw. induktiven Statistik. Konkret geht es um Aufgaben zur Schätzung von Parametern, der Berechnung von Varianzen, Standardfehlern und Konfidenzintervallen zur Beurteilung der Schätzgenauigkeit sowie der Berechnung von Maßen zur Beurteilung der Güte von Schätzverfahren (insbesondere Bias, Varianz und MSE). Weitere Aufgaben beschäftigen sich mit der Bestimmung von Schätzern mit Hilfe des Maximum-Likelihood Verfahrens.

Bei den Aufgaben 9.1–9.7 handelt es sich um die Aufgaben aus Kap. 9 des Lehrbuchs Fahrmeir et al. (2024). Zusätzlich findet man in diesem Kapitel weitere 12 Aufgaben 9.8–9.19. Bei der Aufgabe 9.7 handelt es sich um eine „R Aufgabe", die mit dem Statistikprogramm R gelöst werden soll.

Aufgaben

Aufgabe 9.1 (Aufgabe 9.1 Lehrbuch)
Die Suchzeiten von n Projektteams, die in verschiedenen Unternehmen dasselbe Problem lösen sollen, können als unabhängig und identisch exponentialverteilt angenommen werden. Aufgrund der vorliegenden Daten soll nun der Parameter λ der Exponentialverteilung mit der Maximum-Likelihood-Methode geschätzt werden. Es ergab sich eine durchschnittliche Suchzeit von $\bar{x} = 98$.

Man stelle die Likelihoodfunktion auf, bestimme die ML-Schätzfunktion für λ und berechne den ML-Schätzwert für λ.

Aufgabe 9.2 (Aufgabe 9.2 Lehrbuch)
Die durch die Werbeblöcke erzielten täglichen Werbeeinnahmen eines Fernsehsenders können als unabhängige und normalverteilte Zufallsvariablen angesehen werden, deren Erwartungswert davon abhängt, ob ein Werktag vorliegt oder nicht. Für

S. Lang et al., *Arbeitsbuch Statistik*, https://doi.org/10.1007/978-3-662-73272-4_9

die weitere Auswertung wurden folgende Statistiken berechnet (alle Angaben in Euro):

$$\text{Werktage (Mo-Fr) } (n = 36): \ \bar{x} = 72\,750 \quad s = 16\,350,$$
$$\text{Wochenende (Sa-So) } (n = 25): \ \bar{x} = 187\,750 \quad s = 26\,350.$$

Man gebe jeweils ein Schätzverfahren zur Berechnung von 99 %-Konfidenzintervallen für die wahren täglichen Werbeeinnahmen an Werktagen bzw. Wochenenden an und berechne die zugehörigen Schätzungen.

Aufgabe 9.3 (Aufgabe 9.3 Lehrbuch)
Eine Grundgesamtheit besitze den Mittelwert μ und die Varianz σ^2. Die Stichprobenvariablen $X_1, \ldots, X_5$ seien unabhängige Ziehungen aus dieser Grundgesamtheit. Man betrachtet als Schätzfunktionen für μ die Stichprobenfunktionen

$$\begin{aligned}
T_1 &= \bar{X} = \frac{1}{5}(X_1 + X_2 + \cdots + X_5), \\
T_2 &= \frac{1}{3}(X_1 + X_2 + X_3), \\
T_3 &= \frac{1}{8}(X_1 + X_2 + X_3 + X_4) + \frac{1}{2}X_5, \\
T_4 &= X_1 + X_2, \\
T_5 &= X_1.
\end{aligned}$$

(a) Welche Schätzfunktionen sind erwartungstreu für μ?
(b) Welche Schätzfunktion ist die wirksamste, wenn alle Verteilungen mit existierender Varianz zur Konkurrenz zugelassen werden?

Aufgabe 9.4 (Aufgabe 9.4 Lehrbuch)
Aus einer dichotomen Grundgesamtheit seien $X_1, \ldots, X_n$ unabhängige Wiederholungen der Zufallsvariable X mit $P(X = 1) = \pi$, $P(X = 0) = 1 - \pi$. Bezeichne $\hat{\pi} = \sum_{i=1}^{n} X_i/n$ die relative Häufigkeit.

(a) Man bestimme die erwartete mittlere quadratische Abweichung (MSE) für $\pi \in \{0, 0.25, 0.5, 0.75, 1\}$ und zeichne den Verlauf von MSE in Abhängigkeit von π.
(b) Als alternative Schätzfunktion betrachtet man

$$T = \frac{n}{\sqrt{n} + n}\hat{\pi} + \frac{\sqrt{n}}{n + \sqrt{n}} 0.5.$$

Man bestimme den Erwartungswert und die Varianz dieser Schätzfunktion und skizziere die erwartete mittlere quadratische Abweichung.

Aufgabe 9.5 (Aufgabe 9.5 Lehrbuch)
Bei der Analyse der Dauer von Arbeitslosigkeit wurde der Zusammenhang zwischen Ausbildungsniveau und Dauer der Arbeitslosigkeit untersucht. Unter den 123 Arbeitslosen ohne Ausbildung waren 86 Kurzzeit-, 19 mittelfristige und 18 Langzeitarbeitslose.

(a) Man schätze die Wahrscheinlichkeit, dass ein Arbeitsloser ohne Ausbildung kurzzeitig, mittelfristig oder langfristig arbeitslos ist, und gebe für jede der Schätzungen ein 95 %- und 99 %-Konfidenzintervall an.
(b) Wieviel größer müsste der Stichprobenumfang sein, um die Länge der Konfidenzintervalle zu halbieren?

Aufgabe 9.6 (Aufgabe 9.6 Lehrbuch)
Zeigen Sie, dass für die empirische Varianz $\tilde{S}^2$ gilt: $E_{\sigma^2}(\tilde{S}^2) = (n-1)/n\,\sigma^2$.

Aufgabe 9.7 (R Aufgabe 9.7 Lehrbuch)
Diese Aufgabe ist an die Beispiele 9.5 und 9.8 in Fahrmeir et al. (2024) angelehnt. Dort werden 4 unabhängige Wiederholungen $X_1, \ldots, X_4$ einer Poisson-Verteilung $Po(\lambda)$ mit zu schätzendem Parameter λ und Realisationen $x_1 = 2, x_2 = 4, x_3 = 6, x_4 = 3$ betrachtet. Als a priori Dichte für den Parameter λ in einem Bayesianischen Inferenzansatz wird eine Exponentialverteilung mit Parameter a angenommen:

$$f(\lambda) = \begin{cases} a\exp(-a\lambda) & \lambda \geq 0 \\ 0 & \text{sonst.} \end{cases}$$

In den Beispielen werden folgende Größen abgeleitet:

- *Likelihood:* $L(\lambda) = \exp(-4\lambda)\lambda^{15}\frac{1}{2!4!6!3!}$
- *Loglikelihood:* $\log L(\lambda) = -4\lambda + 15\log(\lambda) - \log(2!4!6!3!)$
- *MAP-Schätzer:* $\hat{\lambda}_{MAP} = \frac{15}{4+a}$

(a) Zeichnen Sie die Likelihoodfunktion und die Log-Likelihood-Funktion. Veranschaulichen Sie grafisch, dass beide Funktionen das Maximum an der selben Stelle annehmen.
(b) Zeichnen Sie den MAP-Schätzer in Abhängigkeit von a. Berechnen und zeichnen Sie die a posteriori Dichte in Abhängigkeit von a (Hinweis: R-Funktion `integrate`).

Aufgabe 9.8
In einem Fünf-Familienhaus wohnen die Familien 'A', 'B', 'C', 'D' und 'E' (die

Familiennamen sind aus Datenschutzgründen anonymisiert worden). Von diesen Familien ist das Durchschnittseinkommen pro Monat erfasst worden:

Lfd. Nr.	Familie	monatl. Durchschnittseinkommen (netto) x_i in Euro
1	A	1500
2	B	1250
3	C	1750
4	D	1750
5	E	1250

(a) Berechnen Sie das Durchschnittseinkommen μ dieser fünf Familien.
(b) Ziehen Sie alle möglichen Stichproben vom Umfang $n = 3$ ohne Zurücklegen aus dieser Grundgesamtheit vom Umfang $N = 5$, und schätzen Sie in jeder Stichprobe das Durchschnittseinkommen, d. h. berechnen Sie $\bar{x}$.
(c) Bestimmen und zeichnen Sie die Wahrscheinlichkeitsverteilung von $\bar{X}$. Berechnen Sie Erwartungswert, Varianz und Standardabweichung von $\bar{X}$.
(d) Welche Schlüsse können Sie aus (b) und (c) ziehen?

Aufgabe 9.9
Zur Schätzung eines unbekannten Parameters θ stehen fünf Schätzfunktionen $T1 - T5$ zur Auswahl. Die Schätzfunktionen haben in Abhängigkeit vom Stichprobenumfang n folgende statistische Eigenschaften:

$$\begin{array}{lll} T1 & Bias(T1) = 0 & Var(T1) = \frac{1}{n} \\ T2 & Bias(T2) = 0 & Var(T2) = \frac{1}{15} \\ T3 & Bias(T3) = 1 & Var(T3) = \frac{1}{n} \\ T4 & Bias(T4) = -2 & Var(T4) = \frac{1}{n} \\ T5 & Bias(T5) = 0 & Var(T5) = \frac{1}{5} \end{array}$$

(a) Bestimmen Sie die MSEs für die Schätzverfahren $T2$, $T3$ und $T5$. Sind die Verfahren konsistent?
(b) Die fünf Schätzverfahren wurden mit einem Stichprobenumfang von $n = 50$ insgesamt 300 mal durchgeführt, d. h. es wurden 300 Stichproben vom Umfang $n = 50$ gezogen und die Schätzer $T1 - T5$ jeweils berechnet. Abb. 9.1 zeigt für die fünf Schätzverfahren Histogramme der realisierten Schätzer. Ordnen Sie den Schätzverfahren die dazu passenden Histogramme zu (mit ausführlicher Begründung).
(c) Wie ändert sich die Gestalt des Histogramms von Schätzverfahren $T1$ wenn der Stichprobenumfang n erhöht wird.

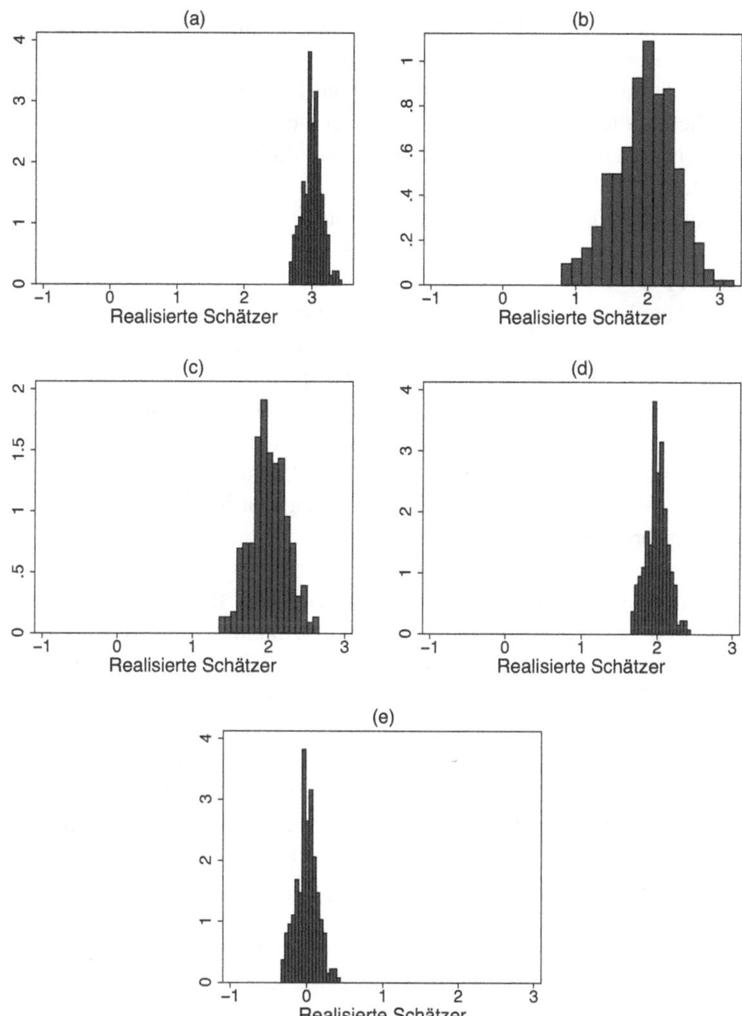

Abb. 9.1 Histogramme der 300 realisierten Schätzer $T1$, $T2$, $T3$, $T4$ und $T5$

Aufgabe 9.10

Wir betrachten Konfidenzintervalle zum Niveau 99 % für μ bei einem normalverteilten Merkmal mit ebenfalls unbekannter Varianz. Welche der folgenden Aussagen sind richtig?

(a) Die Breite der Konfidenzintervalle ist zufällig, d. h. bei wiederholter Durchführung des Experiments sind die realisierten Intervalle unterschiedlich breit.
(b) Bei wiederholter Durchführung des Experiments fällt der Parameter μ mit 95 % Wahrscheinlichkeit in das Konfidenzintervall.

(c) Bei wiederholter Durchführung des Experiments überdeckt das Konfidenzintervall den Parameter μ mit 95 % Wahrscheinlichkeit.
(d) Als realisiertes Konfidenzintervall erhält man [0.2; 0.6]. Mit 95 prozentiger Wahrscheinlichkeit liegt der wahre Parameter in diesem Intervall.
(e) Mit wachsendem Stichprobenumfang nimmt die Länge der Konfidenzintervalle im Mittel ab.
(f) Unter- und Obergrenze eines Konfidenzintervalls sind zufällig.

Aufgabe 9.11
Der Bundeskanzler stellt mal wieder die Vertrauensfrage. Über die Wahrscheinlichkeit π, dass ein Bundestagsabgeordneter dem Kanzler das Vertrauen ausspricht gibt es unterschiedliche Aussagen. In Kreisen der Opposition geht man von $\pi = 0.3$ aus, die meisten Regierungsmitglieder gehen von $\pi = 0.6$ aus und in den Medien ist von $\pi = 0.5$ die Rede. Um sicher zu gehen, führt der Bundeskanzler eine Zufallsstichprobe vom Umfang $n = 5$ (mit Zurücklegen) unter 601 Bundestagsabgeordneten durch. Von den 5 befragten Abgeordneten würden ihm die ersten drei das Vertrauen aussprechen, die anderen beiden nicht.

(a) Bestimmen Sie den Maximum-Likelihood Schätzer für π.
(b) Würde sich der in (a) berechnete Maximum-Likelihood Schätzer ändern, wenn anstelle der ersten drei Abgeordneten der erste, dritte und fünfte befragte Abgeordnete das Vertrauen aussprechen würde (und die anderen beiden nicht). Begründung!
(c) Gehen Sie jetzt davon aus, dass 301 der 601 Abgeordneten das Vertrauen aussprechen. Im Vorfeld werden ohne Zurücklegen fünf Abgeordnete befragt. Bestimmen Sie (eventuell durch geeignete Approximation) die Wahrscheinlichkeit, dass genau drei Abgeordnete das Vertrauen aussprechen.

Aufgabe 9.12
Sei x eine Realisation einer binomialverteilten Zufallsvariable, d.h. $X \sim B(n, \pi)$. Der Anteilswert π soll durch $\bar{X} = X/n$ geschätzt werden.

(a) Zeigen Sie: $\bar{X}$ ist Maximum-Likelihood-Schätzer für π.
(b) Ist $\bar{X}$ erwartungstreu für π?
(c) Wie groß muss n sein, damit die Varianz von $\bar{X}$ für alle möglichen Werte von π kleiner als 0.01 ist?
(d) Wie groß ist der MSE von $\bar{X}$?

Aufgabe 9.13
Bestimmen Sie in den folgenden Fragestellungen jeweils geeignete Schätzwerte für die interessierenden Parameter:

(a) Die Regierung will den Anteil der Unternehmen abschätzen, die durch die Finanzkrise in ernsten wirtschaftlichen Schwierigkeiten sind. Bei einer Umfrage unter 500 zufällig ausgewählten Unternehmen gaben 311 an, in Schwierigkeiten zu sein. Bestimmen Sie den Schätzer für den Anteil der Unternehmen in Schwierigkeiten.

(b) Die Lebensdauer X eines elektronischen Bauteils (in Monaten) ist exponentialverteilt mit unbekannter durchschnittlicher Lebensdauer μ. Die Dichte der Exponentialverteilung ist

$$f(x) = \begin{cases} \frac{1}{\mu}\exp(-x/\mu) & x \geq 0 \\ 0 & \text{sonst.} \end{cases}$$

Erwartungswert und Varianz sind gegeben durch $E(X) = \mu$ und $Var(X) = \mu^2$. Bei einer Zufallsstichprobe $X_1, \ldots, X_{30}$ vom Umfang $n = 30$ ergaben sich folgende Werte:

$$\sum_{i=1}^{30} x_i = 962.1 \qquad \sum_{i=1}^{30} x_i^2 = 54560.34.$$

Bestimmen Sie einen Schätzwert für μ.

(c) Ein Bauteil soll eine bestimmte Länge besitzen. Zur Qualitätssicherung entnimmt der Hersteller fünf Bauteile und erhält folgende Längen: $x_1 = 1.8$, $x_2 = 2.4$, $x_3 = 1.3, x_4 = 2.1$ und $x_5 = 1.4$. Bestimmen Sie einen Schätzwert für die durchschnittliche Länge μ der Bauteile und die Varianz σ^2.

Aufgabe 9.14
Zur Schätzung des durchschnittlichen Einkommens μ einer Population mit Varianz σ^2 verwenden wir eine u. i. v. Zufallsstichprobe $X_1, \ldots, X_n$, wobei X_i das Einkommen der i-ten erhobenen Person ist. Zur Anonymisierung der Daten werden jeweils u. i. v. additive (normalverteilte) Störungen ε_i addiert mit $E(\varepsilon_i) = 0$ und $Var(\varepsilon_i) = \sigma_e^2$. Die Störungen seien auch von den X_i unabhängig. Die zur Schätzung zur Verfügung stehenden Daten sind also gegeben durch

$$Y_i = X_i + \varepsilon_i.$$

(a) Ist der Schätzer $\bar{Y}$ basierend auf den anonymisierten Daten erwartungstreu für μ?

(b) Welche Varianz besitzt $\bar{Y}$? Interpretieren Sie Ihr Ergebnis.

Aufgabe 9.15
Wir betrachten eine u. i. v. Zufallsstichprobe $X_1, \ldots, X_n$ einer normalverteilten Zufallsvariable $X \sim N(\mu, \sigma^2)$. Wir betrachten die Wahrscheinlichkeit, dass $\hat{\mu} = \bar{X}$ von μ betragsmäßig um weniger als $e > 0$ abweicht, d. h.

$$P(|\hat{\mu} - \mu| < e).$$

(a) Zeigen Sie, dass

$$P(|\hat{\mu} - \mu| < e) = 2\left(\Phi\left(\frac{e\sqrt{n}}{\sigma}\right) - \frac{1}{2}\right)$$

wobei Φ die Verteilungsfunktion der Standardnormalverteilung bezeichnet.

(b) Berechnen Sie obige Wahrscheinlichkeit im Fall $n = 100, \sigma^2 = 4$ und $e = 0.3$.

(c) Bestimmen Sie den Stichprobenumfang n im Fall $\sigma^2 = 4$ und $e = 0.05$ so, dass

$$P(|\hat{\mu} - \mu| < e) \geq 1 - \alpha,$$

wobei die sogenannte Irrtumswahrscheinlichkeit $\alpha = 0.1$ ist.

(d) Bestimmen Sie in Abhängigkeit von σ^2, e und α den Stichprobenumfang n so, dass

$$P(|\hat{\mu} - \mu| < e) \geq 1 - \alpha,$$

Wie ändert sich der Stichprobenumfang n in Abhängigkeit von σ^2 bzw. e bzw. α.

(e) Voruntersuchungen haben ergeben, dass $\sigma^2 \leq 6$. Bestimmen Sie für $e = 0.05$ und $\alpha = 0.05$ den Stichprobenumfang n unter Zuhilfenahme der in c) gefundenen Formel.

Aufgabe 9.16

Viele Phänomene gehorchen einer sogenannten Potenzgesetz-Verteilung. Die Dichte der Verteilung ist gegeben durch

$$f(x) = \begin{cases} \frac{\alpha-1}{x_{min}}\left(\frac{x}{x_{min}}\right)^{-\alpha} & x \geq x_{min} \\ 0 & \text{sonst,} \end{cases}$$

wobei x_{min} der kleinstmögliche Wert ist und α ein (in der Regel unbekannter) Parameter, der von der Art des Phänomens abhängt. Typischerweise gilt $2 \leq \alpha \leq 3$. Typische Phänomene, die einer Potenzgesetz-Verteilung gehorchen (sollen), sind:

- Größe von Städten
- Anzahl der Zitationen wissenschaftlicher Arbeiten.
- Intensität von Kriegen
- Verteilung des Reichtums
- Anzahl der Toten bei Terroranschlägen.
- etc.

(a) Bestimmen Sie die Verteilungsfunktion $F(x) = P(X \leq x)$ und die umgekehrte Verteilungsfunktion $G(x) = P(X \geq x)$.

(b) Gehen Sie davon aus, dass eine u.i.v Stichprobe $X_1, \ldots, X_n$ mit beobachteten Werten $x_1, \ldots, x_n$ vorliegt. Bestimmen Sie den Maximum-Likelihood Schätzer für α (bei bekanntem x_{min}).

(c) Schätzen Sie für die Daten zum Ausmaß von Terroranschlägen (gemessen anhand der Zahl der getöteten Personen) den Parameter α mit $x_{min} = 1$ (Datensatz terrorism.dta)

Aufgabe 9.17
Betrachte eine Zufallsstichprobe

$$x_1 = 1.11, x_2 = 0.29, x_3 = 2.33, x_4 = 0.3, x_5 = 0.64, x_6 = 0.94$$

einer gammaverteilten Zufallsvariable X $\sim$ Ga(α, β). Die Dichte von X ist gegeben durch

$$f(x|\alpha, \beta) = \frac{1}{\Gamma(\alpha)}\beta^{\alpha}x^{\alpha-1}\exp(-\beta x),$$

für $x > 0, \alpha > 0$ und $\beta > 0$. $\Gamma(\alpha)$ ist die Gammafunktion und liefert einen konkreten Wert in Abhängigkeit von α. Bestimmen Sie den Maximum-Likelihood Schätzer für β, wenn $\alpha = 1.74$.

Aufgabe 9.18
Ein Getränkefabrikant besitzt mehrere Produktionslinien. Laut Hersteller der Getränke ist die Abfüllmenge normalverteilt und schwankt nur mit einer Standardabweichung von $\sigma = 21.47$ ml. Der Getränkefabrikant beauftragt nun einen Werkstudenten, ein 98 %-Konfidenzintervall für die erwartete Abfüllmenge zu berechnen. Allerdings soll das Konfidenzintervall nur maximal 12 ml breit sein. Wie viele Getränkeflaschen muss der Werkstudent für seine Stichprobe mindestens verwenden?

Aufgabe 9.19
Für eine Ja/Nein Abstimmung möchte ein Sozialforschungsinstitut den Anteil der Ja-Wähler abschätzen. Dazu wird vorab eine Umfrage in der Bevölkerung durchgeführt. Wie groß muss eine Stichprobe sein, um eine Konfidenzintervallbreite von 3 Prozentpunkten für den Anteil der Ja-Wähler zu erzielen? Verwenden Sie aufgrund fehlenden Vorwissens für den Ausdruck $\pi(1-\pi)$ im Standardfehler den größtmöglichen Wert. (Signifikanzniveau $\alpha = 10$ %)

Lösungen

Lösung 9.1
Sei X_i die Suchzeit des i-ten Teams. Für $x = (x_1, \ldots, x_n)$ ergibt sich die Likelihoodfunktion

$$f(x \mid \lambda) = \prod_{i=1}^{n} \lambda e^{-\lambda x_i} = \lambda^n e^{-\lambda \sum x_i}.$$

Zur Bestimmung des ML-Schätzers wird diese nach λ differenziert und gleich null gesetzt:

$$n\lambda^{n-1} e^{-\lambda \sum x_i} - \lambda^n e^{-\lambda \sum x_i} \sum_{i=1}^{n} x_i \stackrel{!}{=} 0$$

$$\Leftrightarrow \quad n - \lambda \sum_{i=1}^{n} x_i = 0 \quad \Leftrightarrow \quad \lambda = \frac{1}{\bar{x}}.$$

Man erhält also allgemein $\hat{\lambda} = \frac{1}{\bar{x}}$ als ML-Schätzer für λ. Im vorliegenden Beispiel gilt

$$\hat{\lambda} = \frac{1}{98} = 0.01.$$

Lösung 9.2
Ein 99 % Konfidenzintervall für μ unter Normalverteilung und unbekannter Varianz ist gegeben durch (vgl. Abschn. 9.4.1 in Fahrmeir et al., 2024)

$$\left[\bar{X} - t_{0.995}(n-1) \cdot \frac{S}{\sqrt{n}}, \bar{X} + t_{0.995}(n-1) \cdot \frac{S}{\sqrt{n}}\right].$$

Für $n > 30$ erhält man ein approximatives Konfidenzintervall durch

$$\left[\bar{X} - z_{0.995} \cdot \frac{S}{\sqrt{n}}, \bar{X} + z_{0.995} \cdot \frac{S}{\sqrt{n}}\right].$$

Somit erhält man für die Werktage

$$\left[72750 - 2.58 \cdot \frac{16350}{6}, 72750 + 2.58 \cdot \frac{16350}{6}\right] = [65719.5, 79780.5]$$

als approximatives Konfidenzintervall und für das Wochenende

$$\left[187750 - 2.7969 \cdot \frac{26350}{5}, 187750 + 2.7969 \cdot \frac{26350}{5}\right] = [173010.34, 202489.66]$$

als Konfidenzintervall.

Lösung 9.3

(a) Zur Überprüfung, welche Schätzfunktionen erwartungstreu sind für μ, werden deren Erwartungswerte unter Verwendung bereits bekannter Resultate (s. etwa Abschn. 9.2.1 in Fahrmeir et al., 2024) berechnet:

$$\begin{aligned} E(T_1) &= \mu\,, \\ E(T_2) &= \mu\,, \\ E(T_3) &= \frac{1}{8}4\mu + \frac{1}{2}\mu = \frac{1}{2}\mu + \frac{1}{2}\mu = \mu\,, \\ E(T_4) &= \mu + \mu = 2\mu\,, \\ E(T_5) &= \mu\,. \end{aligned}$$

Mit Ausnahme der Schätzfunktion T_4 sind also alle Schätzfunktionen erwartungstreu für μ.

(b) Zunächst berechnet man den jeweiligen MSE, der bei den erwartungstreuen Schätzern mit der Varianz übereinstimmt:

$$\begin{aligned} MSE(T_1) &= Var(T_1) = \frac{1}{25}5\sigma^2 = \frac{1}{5}\sigma^2\,, \\ MSE(T_2) &= Var(T_2) = \frac{1}{9}3\sigma^2 = \frac{1}{3}\sigma^2\,, \\ MSE(T_3) &= Var(T_3) = \frac{1}{64}4\sigma^2 + \frac{1}{4}\sigma^2 = \frac{1}{16}\sigma^2 + \frac{1}{4}\sigma^2 = \frac{5}{16}\sigma^2\,, \\ MSE(T_4) &= Var(T_4) + (Bias(T_4))^2 = 2\sigma^2 + (2\mu - \mu)^2 = 2\sigma^2 + \mu^2\,, \\ MSE(T_5) &= Var(T_5) = \sigma^2\,. \end{aligned}$$

Damit besitzt die Schätzfunktion T_1 für alle σ^2 den kleinsten MSE und ist somit unter den angegebenen Funktionen T_1 bis T_5 am wirksamsten.

Lösung 9.4

(a) Wegen $E(\bar{X}) = \pi$ und $Var(\bar{X}) = \frac{1}{n^2}n\pi(1-\pi) = \pi(1-\pi)/n$ gilt für die mittlere quadratische Abweichung:

$$\begin{aligned} MSE(\bar{X}) &= Var(\bar{X}) + Bias(\bar{X})^2 \\ &= \pi(1-\pi)/n. \end{aligned}$$

Daraus ergibt sich

π	0	1/4	1/2	3/4	1
MSE	0	$\frac{3/16}{n}$	$\frac{1/4}{n}$	$\frac{3/16}{n}$	0

Der $MSE(\bar{X})$ ist eine konkave Funktion über $[0, 1]$ mit dem Maximum bei $\pi = 0.5$. Weiterhin ist diese Funktion spiegelsymmetrisch um $\pi = 0.5$.

(b) Man erhält unter Ausnutzung bekannter Rechenregeln für Erwartungswert und Varianz:

$$\begin{aligned}
E(T) &= \frac{n}{\sqrt{n}+n}\ E(\hat{\pi}) + \frac{\sqrt{n}}{\sqrt{n}+n}0.5 = \frac{1}{\sqrt{n}+n}(n\pi + \sqrt{n}0.5), \\
Var(T) &= \left(\frac{n}{\sqrt{n}+n}\right)^2\ Var(\hat{\pi}) \\
&= \left(\frac{n}{\sqrt{n}+n}\right)^2\ \pi(1-\pi)/n = \frac{n}{(\sqrt{n}+n)^2}\ \pi(1-\pi), \\
MSE(T) &= Var(T) + Bias(T)^2 \\
&= Var(T) + (E(T)-\pi)^2 \\
&= \frac{n}{(\sqrt{n}+n)^2}\pi(1-\pi) + \left(\frac{1}{\sqrt{n}+n}(n\pi + \sqrt{n}0.5) - \pi\right)^2 \\
&= \frac{1}{(\sqrt{n}+n)^2}(n\pi(1-\pi)) + (n\pi + \sqrt{n}0.5 - (\sqrt{n}+n)\pi)^2 \\
&= \frac{1}{(\sqrt{n}+n)^2}(n\pi(1-\pi) + (\sqrt{n}(0.5-\pi))^2) \\
&= \frac{1}{(\sqrt{n}+n)^2}(n\pi - n\pi^2 + n(0.25 - \pi + \pi^2)) \\
&= \frac{0.25n}{(\sqrt{n}+n)^2}.
\end{aligned}$$

Der $MSE(T)$ ist konstant, d. h. nicht abhängig von π. Als Funktion entspricht er einer Parallele zur π-Achse.

Lösung 9.5

(a) Es gilt:

$$\begin{aligned}
\hat{\pi}_{\text{kurz}} &= 86/123 \approx 0.699, \\
\hat{\pi}_{\text{mittel}} &= 19/123 \approx 0.154, \\
\hat{\pi}_{\text{lang}} &= 18/123 \approx 0.146.
\end{aligned}$$

Ein approximatives Konfidenzintervall für die Anteilswerte π_i, i = kurz, mittel und lang ist gegeben durch

$$\hat{\pi}_i \pm z_{1-\frac{\alpha}{2}} \sqrt{\frac{\hat{\pi}_i(1-\hat{\pi}_i)}{n}}$$

(vgl. Abschn. 9.4.2 in Fahrmeir et al., 2024).
In der folgenden Tabelle sind die 95 %- und die 99 %-Konfidenzintervalle für π_{kurz}, π_{mittel} und π_{lang} abgedruckt:

	π_{kurz}	π_{mittel}	π_{lang}
95 %	[0.61814, 0.78024]	[0.09060, 0.21835]	[0.08388, 0.20881]
99 %	[0.59250, 0.80587]	[0.07039, 0.23855]	[0.06412, 0.22857]

(b) Für die Breite b der Konfidenzintervalle gilt

$$b = 2 \cdot z_{1-\frac{\alpha}{2}} \sqrt{\frac{\hat{\pi}_i(1-\hat{\pi}_i)}{n}}.$$

Um die Breite zu halbieren, muss also n vervierfacht werden.

Lösung 9.6
Der Erwartungswert von $\tilde{S}^2$ leitet sich wie folgt her:

$$\begin{aligned}
E(\tilde{S}^2) &= E\left(\frac{1}{n}\sum_{i=1}^{n}(X_i-\bar{X})^2\right) \\
&= E\left(\frac{1}{n}\sum_{i=1}^{n} X_i^2 - 2X_i\bar{X} + \bar{X}^2\right) \\
&= \frac{1}{n}\sum_{i=1}^{n}\left\{E(X_i^2) - 2E(X_i\bar{X}) + E(\bar{X^2})\right\} \\
&= \frac{1}{n}\sum_{i=1}^{n} E(X_i^2) - \frac{2}{n^2}\sum_{i=1}^{n}\sum_{j=1}^{n} E(X_iX_j) + \frac{1}{n^2}\sum_{i=1}^{n}\sum_{j=1}^{n} E(X_iX_j) \\
&= \frac{1}{n}\sum_{i=1}^{n} E(X_i^2) - \frac{1}{n^2}\sum_{i=1}^{n}\sum_{j=1}^{n} E(X_iX_j) \\
&= \left(\frac{1}{n}-\frac{1}{n^2}\right)\sum_{i=1}^{n} E(X_i^2) - \frac{1}{n^2}\sum_{i\neq j} E(X_iX_j) \\
&= \frac{n-1}{n^2}\sum_{i=1}^{n} E(X_i^2) + \frac{1}{n^2}\sum_{i\neq j} E(X_i)E(X_j) \\
&= \frac{(n-1)n}{n^2}\, E(X^2) + \frac{1}{n^2} n(n-1)E(X)^2 \\
&= \frac{n-1}{n}\left\{E(X^2) - E(X)^2\right\} = \frac{n-1}{n}\,\sigma^2.
\end{aligned}$$

Lösung 9.7

Den vollständigen und dokumentierten `R` Code der Lösung findet man als Datei `loes9_7.R` unter:

https://github.com/sn-code-inside/Statistik-AB-CFHKLW/blob/main/code/loes9_7.R

(a) Zur Visualisierung von Likelihood und log-Likelihood verwenden wir Standardbefehle und Tools von `R`, vergleiche das verlinkte Skript. Das erzielte Ergebnis findet sich in Abb. 9.2. Erwartungsgemäß haben beide Kurven ihr Maximum am selben Wert, nämlich am ML-Schätzer bzw. arithmetischen Mittel der 4 Werte: $\hat{\lambda} = \bar{x} = 3.75$. Im `R` Skript bestimmen wir als Verifikation die Maxima von Likelihood und Log-Likelihood zusätzlich noch numerisch, z. B. für die Likelihood durch folgende Befehle:

```
maxlik <- max(f)
ind.maxlik <- which.max(f)
lambda.max <- lambda[ind.maxlik]
lambda.max
```

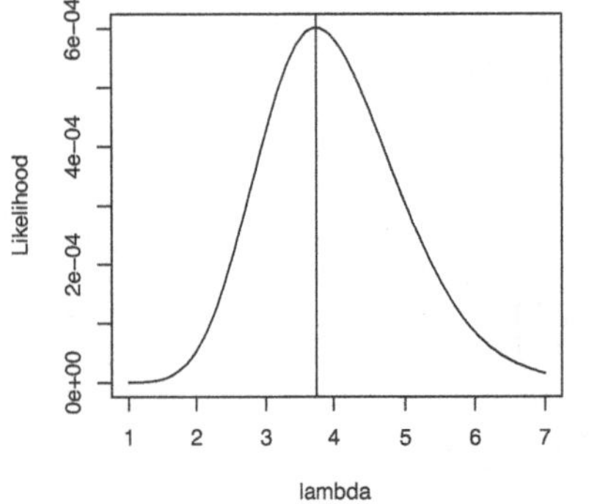

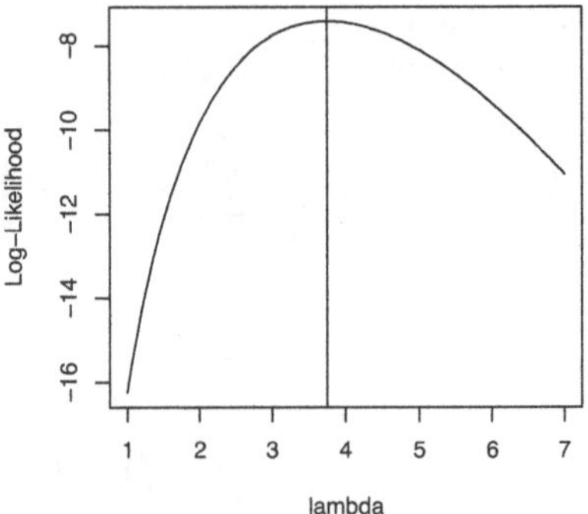

Abb. 9.2 Likelihood-Funktion (links) und Log-Likelihood-Funktion (rechts), Maximum ist in beiden Fällen bei $\hat{\lambda} = \bar{x} = 3.75$

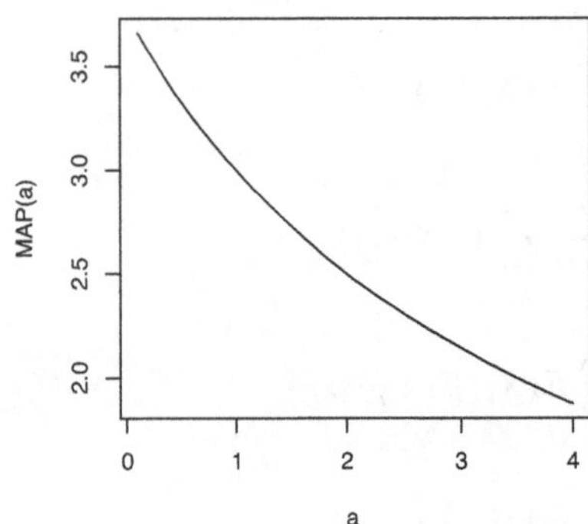

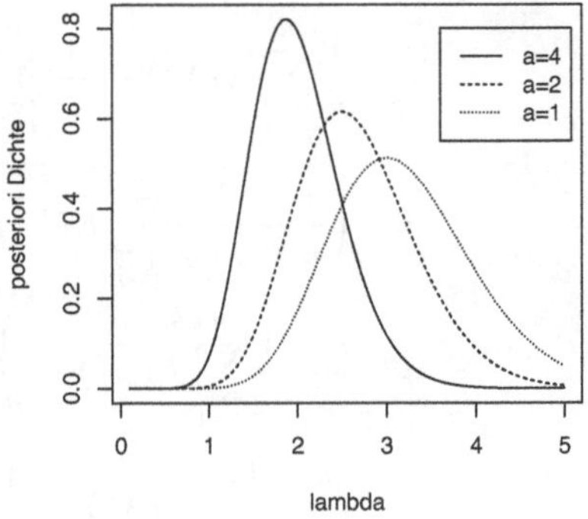

Abb. 9.3 MAP Schätzer in Abhängigkeit von a (links) und a posteriori Dichte von λ (rechts) für verschiedene Werte von a

(b) Die a posteriori Dichte ist proportional zu

$$f(\lambda|x_1, x_2, x_3, x_4, a) \propto \exp(-(4+a)\lambda)\lambda^{15}.$$

Durch Integration von 0 bis ∞ über λ erhält man dann die Normierungskonstante für die a posteriori Dichte.[1] In `R` können wir die Integration numerisch über die `integrate` Funktion ausführen, vergleiche das verlinkte Skript. Abb. 9.3 zeigt den MAP-Schätzer $\hat{\lambda}_{MAP} = \frac{15}{4+a}$ in Abhängigkeit von a (links) und die a posteriori Dichte für die Werte $a = 1, a = 2, a = 4$ (rechts).

Lösung 9.8
In diesem Fall entsprechen die fünf Familien der Grundgesamtheit.

(a) Das Durchschnittseinkommen dieser fünf Familien ist damit der Parameter μ der Grundgesamtheit mit

$$\mu = \frac{1}{5}\sum_{i=1}^{5} x_i = \frac{1}{5} \cdot 7500 = 1500.$$

(b) In der folgenden Tabelle sind alle möglichen Stichproben und die jeweils resultierenden Schätzwerte für μ aufgeführt:

Stichprobe		$\bar{x} = \frac{1}{3}\sum_{j=1}^{3} x_j$
ABC	$\frac{1}{3}(1500 + 1250 + 1750) =$	1500
ACD		1666.67
ADE		1500
ABD		1500
ABE		1333.33
ACE		1500
BCD		1583.33
BDE		1416.67
CDE		1583.33
BCE		1416.67

(c) $\bar{X}$ kann fünf Ausprägungen annehmen, wobei gilt

$$P(\bar{X} = \bar{x}) = \frac{\text{Anzahl günstiger Ereignisse}}{\text{Anzahl möglicher Ereignisse}}.$$

[1] Es kann gezeigt werden, dass die a posteriori Dichte eine Gamma-Verteilung mit den Parametern $\alpha = \sum x_i + 1 = 16$ und $\beta = n + a = 4 + n$ ist. Der a posteriori Erwartungswert der Gamma-Verteilung ist gegeben durch $\alpha/\beta = 16/(4 + a)$.

Es gibt zehn mögliche Ereignisse. Daraus ergibt sich die Wahrscheinlichkeitsverteilung von $\bar{X}$ als:

$\bar{x}$	1333.33	1416.67	1500	1583.33	1666.67
$P(\bar{X} = \bar{x})$	0.1	0.2	0.4	0.2	0.1

Dabei ist beispielsweise

$$P(\bar{X} = 1500) = \frac{\text{Anzahl günstiger Ereignisse}}{\text{Anzahl möglicher Ereignisse}} = \frac{4}{10} = 0.4.$$

Graphisch lässt sich diese Wahrscheinlichkeitsverteilung als Stabdiagramm veranschaulichen, vergleiche Abb. 9.4.
Der Erwartungswert von $\bar{X}$ berechnet sich als

$$\begin{aligned} E(\bar{X}) &= 1333.33 \cdot 0.1 + 1416.67 \cdot 0.2 + 1500 \cdot 0.4 + \\ &\quad 1583.33 \cdot 0.2 + 1666.67 \cdot 0.1 = 1500. \end{aligned}$$

Mit

$$\begin{aligned} E(\bar{X}^2) &= 1333.33^2 \cdot 0.1 + 1416.67^2 \cdot 0.2 + 1500^2 \cdot 0.4 \\ &\quad + 1583.33^2 \cdot 0.2 + 1666.67^2 \cdot 0.1 \\ &= 2258333.30 \end{aligned}$$

ergibt sich für die Varianz von $\bar{X}$

$$Var(\bar{X}) = E(\bar{X}^2) - [E(\bar{X})]^2 = 2258333.30 - 1500^2 = 8333.33$$

und für die Standardabweichung

$$\sqrt{Var(\bar{X})} = 91.29.$$

(d) Zum einen wird in (b) klar, dass das Ergebnis der Schätzung, also die Realisation von $\bar{X}$, je nach gezogener Stichprobe unterschiedlich ist, also vom Zufall abhängt. Zum anderen zeigt die Abbildung in (c), dass das wahre μ weder systematisch über- noch unterschätzt wird. Die Schätzungen „pendeln" sich bei μ ein. Dies erkennt man auch am Wert von $E(\bar{X})$.

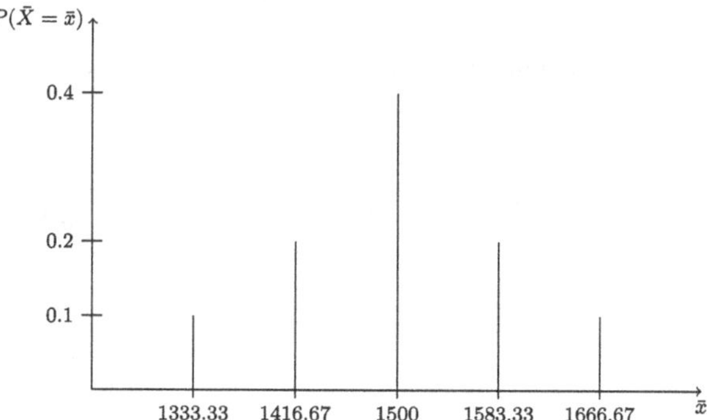

Abb. 9.4 Wahrscheinlichkeitsverteilung als Stabdiagramm

Lösung 9.9

(a) Die MSE's sind gegeben durch

$$\begin{aligned} MSE(T_2) &= Var(T_2) + Bias^2(T_2) = \tfrac{1}{15} + 0 = \tfrac{1}{15}, \\ MSE(T_3) &= Var(T_3) + Bias^2(T_3) = \tfrac{1}{n} + 1, \\ MSE(T_5) &= Var(T_5) + Bias^2(T_5) = \tfrac{1}{5} + 0 = \tfrac{1}{5}. \end{aligned}$$

Keines der Schätzverfahren T_2, T_3 und T_5 ist konsistent, da

$$\begin{aligned} \lim_{n\to\infty} MSE(T_2) &= \frac{1}{15} \neq 0 \\ \lim_{n\to\infty} MSE(T_3) &= 1 \neq 0 \\ \lim_{n\to\infty} MSE(T_5) &= \frac{1}{5} \neq 0. \end{aligned}$$

(b) Drei der Schätzverfahren sind erwartungstreu und zwei Schätzverfahren sind verzerrt. Damit müssen drei der fünf Histogramme um den *selben* Wert schwanken. Es handelt sich um die Histogramme in den Abbildungen b), c) und d), die alle um den Wert 2 schwanken. Damit korrespondiert Histogramm b) mit dem unverzerrten Schätzer mit der größten Varianz, also T_5. Histogramm c) korrespondiert mit dem unverzerrten Schätzer mit der zweitgrößten Varianz, also T_2. Histogramm d) ist demnach dem Schätzer T_1 zuzuordnen. T_3 korrespondiert zu Histogramm a), da T_3 einen positiven Bias besitzt. T_4 korrespondiert zu Histogramm e), da T_4 einen negativen Bias besitzt.

(c) Die Histogramme werden mit wachsendem Stichprobenumfang immer *steiler* und sind immer mehr auf *einen Wert (2) konzentriert.*

Lösung 9.10
Allgemein ist das 95 % Konfidenzintervall für μ bei normalverteiltem Merkmal mit unbekannter Varianz gegeben durch

$$\left[\bar{X} - t_{1-\alpha/2}(n-1)\frac{S}{\sqrt{n}}, \bar{X} + t_{1-\alpha/2}(n-1)\frac{S}{\sqrt{n}}\right].$$

(a) Die Breite des Intervalls ist

$$B = 2t_{1-\alpha/2}(n-1)\frac{S}{\sqrt{n}}.$$

Die darin enthaltene Standardabweichung S ist eine Zufallsvariable und damit auch die Breite B des Konfidenzintervalls. Die Aussage ist also richtig.

(b) Der Parameter μ ist *nicht* zufällig, kann also auch nicht in das Konfidenzintervall fallen. Zufällig ist per Konstruktion das Konfidenzintervall. Die Aussage ist somit falsch.

(c) Dies ist die korrekte Häufigkeitsinterpretation von Konfidenzintervallen. Das zufällige Intervall überdeckt in 95 % der Fälle den unbekannten Parameter.

(d) Nach Durchführung des Experiments sind Wahrscheinlichkeitsaussagen nicht mehr sinnvoll. Das realisierte Intervall ist eine nicht zufällige Größe. Die Aussage ist also falsch.

(e) Diese Aussage ist richtig, da die Breite reziprok von n abhängt und darüber hinaus die Standardabweichung im Durchschnitt bzw. tendenziell mit wachsendem Stichprobenumfang kleiner wird. Etwas formaler müsste man $E(B)$ bestimmen und zeigen, dass $E(B)$ mit wachsendem n kleiner wird.

(f) Die Grenzen des Konfidenzintervalls hängen von den zufälligen Größen $\bar{X}$ und S ab, so dass diese tatsächlich zufällig sind. Die Aussage ist somit korrekt.

Lösung 9.11

(a) Definiere für $i = 1, \ldots, 5$ die Zufallsvariablen:

$$X_i = \begin{cases} 1 & i\text{-te befragte Abgeordnete spricht Vertrauen aus} \\ 0 & \text{sonst.} \end{cases}$$

Es gilt $X_i \sim B(1, \pi)$ mit $\pi \in \{0.3, 0.5, 0.6\}$. Der ML Schätzer kann durch die folgenden beiden Schritte bestimmt werden:

1. Bestimmung der Likelihood

$$L(\pi) = \pi^3(1-\pi)^{5-3} = \pi^3(1-\pi)^2$$

2. Likelihood in Abhängigkeit von π

$$\pi_{Op} = 0.3 \qquad L(0.3) = 0.01323$$

$$\pi_{Med} = 0.5 \qquad L(0.5) = 0.03125$$

$$\pi_{Ria} = 0.6 \qquad L(0.6) = 0.03456$$

Damit ist $\hat{\pi} = 0.6$ der ML-Schätzer.

(b) Der ML-Schätzer ist unabhängig von der Reihenfolge der ja/nein Antworten (siehe Likelihood). Damit ändert sich der Schätzer nicht.

(c) Sei $X =$ „Anzahl Vertrauensfrage mit ja". Es gilt $X \sim H(5, 601, 301)$. Diese hypergeometrische Verteilung kann durch eine Binomialverteilung approximiert werden, d. h. $X \overset{a}{\sim} B\left(5, \frac{301}{601} = 0.5\right)$. Damit erhält man

$$P(X = 3) = \binom{5}{3} 0.5^3 (1 - 0.5)^2 = 0.3125.$$

Lösung 9.12

(a) Die Likelihood ist gegeben durch $L(\pi) = \binom{n}{x}\pi^x(1-\pi)^{n-x}$. Differenzieren von $L(\pi)$ und Nullsetzen liefert

$$\frac{\partial L(\pi)}{\partial \pi} = \binom{n}{x} \cdot \left[x\pi^{x-1}(1-\pi)^{n-x} + \pi^x(n-x)(1-\pi)^{n-x-1} \cdot (-1)\right] \overset{!}{=} 0\,.$$

Durch Auflösen nach π erhält man

$$\hat{\pi}_{ML} = \frac{x}{n}\,.$$

(b) Da $E(\bar{X}) = \dfrac{1}{n}E(X) = \dfrac{1}{n}n\pi = \pi$, ist $\bar{X}$ erwartungstreu für π .

(c) Es gilt

$$Var(X) = n\pi(1-\pi) \leq \frac{1}{4}n\,.$$

Damit folgt

$$\begin{aligned} Var(\bar{X}) &= Var\left(\frac{X}{n}\right) \\ &= \frac{1}{n^2}Var(X) \;\leq\; \frac{1}{4n}\,. \end{aligned}$$

Es muss gelten

$$\frac{1}{4n} \leq 0.01\,,$$

so dass schließlich

$$n \geq 25$$

folgt.

(d) $MSE(\bar{X}) = Var(\bar{X}) + \left(Bias(\bar{X})\right)^2 = \frac{1}{n}\,\pi\,(1-\pi).$

Lösung 9.13

(a) Es handelt sich hier um eine Anteilsschätzung. Wir erhalten

$$\hat{\pi} = \frac{311}{500} = 0.622,$$

d. h. der geschätzte Anteil von Unternehmen in Schwierigkeiten beträgt 62.2 %.

(b) Als Schätzwert für den Erwartungswert einer beliebigen Verteilung können wir das arithmetische Mittel $\bar{x}$ der realisierten Stichprobenwerte heranziehen, also

$$\hat{\mu} = \frac{962.1}{30} = 32.07.$$

Die geschätzte durchschnittliche Lebensdauer beträgt somit circa 32 Monate.

(c) Als Schätzwert für den Erwartungswert μ erhalten wir

$$\hat{\mu} = \frac{1}{5}(1.8 + 2.4 + 1.3 + 2.1 + 1.4) = \frac{1}{5} \cdot 9 = 1.8.$$

Die Varianzschätzung ist

$$\begin{aligned}\hat{\sigma}^2 &= \tfrac{1}{4} \cdot \left[(1.8-1.8)^2 + (2.4-1.8)^2 + (1.3-1.8)^2 + \right.\\ &\quad \left.(2.1-1.8)^2 + (1.4-1.8)^2\right]\\ &= 0.215.\end{aligned}$$

Damit streuen die Längen durchschnittlich mit geschätzten $\hat{\sigma} = \sqrt{0.215} = 0.46$ mm um den Erwartungswert.

Lösung 9.14

(a) Es gilt

$$E(Y_i) = E(X_i + \varepsilon_i) = E(X_i) + E(\varepsilon_i) = \mu + 0 = \mu,$$
$$Var(Y_i) = Var(X_i + \varepsilon_i) = Var(X_i) + Var(\varepsilon_i) = \sigma^2 + \sigma_\varepsilon^2.$$

Damit folgt

$$E(\bar{Y}) = E\left(\frac{1}{n}Y_1 + \cdots + \frac{1}{n}Y_n\right) = \frac{1}{n}\mu + \cdots + \frac{1}{n}\mu = \mu,$$

d. h. $\bar{Y}$ ist ein unverzerrter Schätzer für μ.

(b) Unter Verwendung von (a) erhalten wir

$$\begin{aligned} Var(\bar{Y}) &= Var\left(\frac{1}{n}Y_1 + \cdots + \frac{1}{n}Y_n\right) \\ &= \frac{1}{n^2}(\sigma^2 + \sigma_\varepsilon^2) + \cdots + \frac{1}{n^2}(\sigma^2 + \sigma_\varepsilon^2) \\ &= \frac{\sigma^2 + \sigma_\varepsilon^2}{n}. \end{aligned}$$

Im Vergleich zur Varianz

$$Var(\bar{X}) = \frac{\sigma^2}{n}$$

des Schätzers basierend auf den nicht-anonymisierten Daten, enthält die Varianz von $\bar{Y}$ einen extra Term σ_ε, d. h. die Varianz von $\bar{Y}$ ist höher und damit die Schätzungen basierend auf den anonymisierten Daten weniger präzise. Das ist der Preis, den wir für die Anonymisierung der Daten bezahlen.

Lösung 9.15

(a) Es gilt

$$\hat{\mu} = \bar{X} \sim N\left(\mu, \frac{\sigma^2}{n}\right) \quad \text{bzw.} \quad \frac{\bar{X} - \mu}{\sigma}\sqrt{n} \sim N(0, 1).$$

Daraus folgt allgemein

$$P(|\hat{\mu} - \mu| < e) = P\left(\left|\frac{\bar{X} - \mu}{\sigma}\sqrt{n}\right| < \frac{e\sqrt{n}}{\sigma}\right) = 2\left(\Phi\left(\frac{e\sqrt{n}}{\sigma}\right) - \frac{1}{2}\right)$$

wobei Φ die Verteilungsfunktion der Standardnormalverteilung bezeichnet.

(b)

$$P(|\hat{\mu} - \mu| < e) = 2\left(\Phi\left(\frac{0.3\sqrt{100}}{2}\right) - \frac{1}{2}\right) = 2 \cdot 0.933 - 1 = 0.866.$$

(c) Zur Bestimmung des Stichprobenumfangs n bei gegebener Präzision lösen wir die Gleichung

$$P(|\hat{\mu} - \mu| < e) = 2\Phi\left(\frac{e\sqrt{n}}{\sigma}\right) - 1 \geq 1 - \alpha$$

nach n auf und erhalten

$$\begin{aligned} \Phi\left(\frac{e\sqrt{n}}{\sigma}\right) &\geq 1 - \alpha/2 \\ \frac{e\sqrt{n}}{\sigma} &\geq \Phi^{-1}(1 - \alpha/2) = z_{1-\frac{\alpha}{2}} \\ n &\geq \left(\frac{z_{1-\frac{\alpha}{2}}\sigma}{e}\right)^2. \end{aligned}$$

Mit den gegebenen Größen ergibt sich somit

$$n \geq \left(\frac{z_{1-\frac{\alpha}{2}}\sigma}{e}\right)^2 = \left(\frac{1.65 \cdot 2}{0.05}\right)^2 = 4328.8695,$$

d.h. $n \geq 4329$.

(d) Bei steigender Varianz σ^2 steigt der Stichprobenumfang, mit zunehmendem α sinkt der Stichprobenumfang, mit steigendem e sinkt der Stichprobenumfang.

(e) Unter Verwendung der maximal möglichen Varianz erhalten wir

$$n \geq \left(\frac{1.96 \cdot \sqrt{6}}{0.05}\right)^2 = 9219.5012,$$

d.h. $n \geq 9220$.

Lösung 9.16

(a) Für $x > x_{min}$ erhalten wir für die umgekehrte Verteilungsfunktion

$$G(x) = P(X > x) = \frac{\alpha - 1}{x_{min}^{-\alpha+1}} \int_x^\infty t^{-\alpha} dt = \left(\frac{x}{x_{min}}\right)^{-\alpha+1}.$$

Für $x \leq x_{min}$ gilt $G(x) = 1$. Die Verteilungsfunktion ergibt sich aus $G(x)$ durch $F(x) = 1 - G(x)$.

(b) Wir bestimmen den ML-Schätzer in den folgenden Schritten:

1. Bestimme die Likelihood

$$L(\alpha) = \prod_{i=1}^{n} f(x_i \mid \alpha) = \prod_{i=1}^{n} \frac{\alpha - 1}{x_{min}} \left(\frac{x_i}{x_{min}}\right)^{-\alpha}$$
$$= \left(\frac{\alpha - 1}{x_{min}}\right)^n \prod_{i=1}^{n} \left(\frac{x_i}{x_{min}}\right)^{-\alpha}$$

2. Bestimme die Log-Likelihood

$$l(\alpha) = \ln L(\alpha) = n \cdot \ln \left(\frac{\alpha - 1}{x_{min}}\right) - \alpha \sum_{i=1}^{n} \ln \left(\frac{x_i}{x_{min}}\right)$$

3. Ableiten und Nullsetzen liefert

$$\frac{\partial l(\alpha)}{\partial \alpha} = n \frac{x_{min}}{\alpha - 1} \cdot \frac{1}{x_{min}} - \sum_{i=1}^{n} \ln \left(\frac{x_i}{x_{min}}\right) = 0.$$

4. Auflösen nach α liefert schließlich

$$\hat{\alpha}_{ML} = \frac{n}{\sum_{i=1}^{n} \ln \left(\frac{x_i}{x_{min}}\right)} + 1.$$

(c) Die folgenden R Befehle berechnen den Schätzer:

```
terrorism<-readRDS("terrorism.rds")
terrorism$y<-log(terrorism$x)
1/mean(terrorism$y)+1
```

Wir erhalten $\hat{\alpha} = 2.48786$.

Lösung 9.17
Wir bestimmen den ML-Schätzer in den folgenden Schritten:

1. Likelihoodfunktion:

$$L(\beta) = \prod_{i=1}^{6} \frac{1}{\Gamma(1.74)} \beta^{1.74} x_i^{1.74-1} \exp(-\beta x_i)$$
$$= \left(\frac{\beta^{1.74}}{\Gamma(1.74)}\right)^6 \left(\prod_{i=1}^{6} x_i\right)^{1.74-1} \exp\left(-\beta \sum_{i=1}^{6} x_i\right)$$

2. Log-Likelihood:

$$l(\beta) = lnL(\beta) = 6 \cdot (1.74ln(\beta) - ln(\Gamma(1.74))) + (1.74 - 1)\sum_{i=1}^{6} ln(x_i) - \beta \sum_{i=1}^{6} x_i$$

3. Ableiten und Nullsetzen der Log-Likelihood:

$$\frac{\delta l(\beta)}{\delta \beta} = 6\frac{1.74}{\beta} - \sum_{i=1}^{6} x_i = 0$$

4. Gleichung nach dem unbekannten Parameter auflösen:

$$\hat{\beta}_{ML} = \frac{1.74}{\bar{x}} \approx 1.861$$

Dabei haben wir

$$\bar{x} = \frac{1}{6}(1.11 + 0.29 + 2.33 + 0.3 + 0.64 + 0.94) = 0.935$$

verwendet.

Lösung 9.18

Da es sich bei der Abfüllmenge um ein normalverteiltes Merkmal mit bekannter Varianz handelt, beträgt die Konfidenzintervallbreite OHNE (KIB)

$$KIB = 2 \cdot z_{1-\alpha/2} \cdot \frac{\sigma}{\sqrt{n}}.$$

Auflösen nach der Stichprobengröße liefert

$$n \geq \big(2 \cdot z_{1-\alpha/2} \cdot \frac{\sigma}{KIB}\big)^2.$$

Da das 98 %-Konfidenzintervall gesucht wird, liegt die Irrtumswahrscheinlichkeit α bei 2 % = 0.02, es wird also das 1 − 0.02/2 = 0.99-Quantil der Standardnormalverteilung benötigt. Es ist gegeben durch $z_{0.99} = 2.33$. Einsetzen aller gegebener Werte liefert:

$$n \geq \left(2 \cdot 2.33 \cdot \frac{21.47}{12}\right)^2 \geq 69.51.$$

Es müssen also mindestens 70 Getränkeflaschen untersucht werden.

Lösung 9.19
Das Konfidenzintervall für den Anteilswert π ist gegeben durch

$$\hat{\pi} \pm z_{1-\frac{\alpha}{2}} \sqrt{\frac{\hat{\pi}(1-\hat{\pi})}{n}}$$

Damit ist die Konfidenzintervallbreite (KIB) gleich

$$2 \cdot z_{1-\frac{\alpha}{2}} \sqrt{\frac{\hat{\pi}(1-\hat{\pi})}{n}} = KIB$$

wobei laut Angabe KIB = 0.03 und das $z_{0.95}$-Quantil der Standardnormalverteilung 1.6449 beträgt. Daher ergibt sich für den Stichprobenumfang n:

$$n \geq \left(\frac{2 \cdot 1.6449}{0.03}\right)^2 \hat{\pi} \cdot (1-\hat{\pi})$$

Für $\hat{\pi}$ soll vom größtmöglichen Wert für $\hat{\pi}(1-\hat{\pi})$ ausgegangen werden, also $\frac{1}{4}$ (nämlich wenn $\hat{\pi} = \frac{1}{2}$). Damit beträgt die erforderliche Stichprobengröße

$$n \geq \left(\frac{2 \cdot 1.6449}{0.03}\right)^2 \frac{1}{4} \geq 3006.33,$$

d. h. $n \geq 3007$.

Testen von Hypothesen 10

Dieses Kapitel beinhaltet Übungsaufgaben zu den Grundlagen des statistischen Testens. Konkret geht es um die Grundprinzipien des Testens sowie die Durchführung einfacher Tests wie Binomial- und Gauß-Test inklusive deren Evaluierung beispielsweise mit Hilfe der Gütefunktion.

Bei den Aufgaben 10.1–10.4 handelt es sich um die Aufgaben aus Kap. 10 des Lehrbuchs Fahrmeir et al. (2024). Zusätzlich findet man in diesem Kapitel weitere sieben Aufgaben 10.5–10.12.

Aufgaben

Aufgabe 10.1 (Aufgabe 10.1 Lehrbuch)
Eine Verbraucherzentrale möchte überprüfen, ob ein bestimmtes Milchprodukt Übelkeit bei den Konsumenten auslöst. In einer Studie mit zehn Personen wird bei sieben Personen nach dem Genuss dieses Milchprodukts eine auftretende Übelkeit registriert. Überprüfen Sie zum Signifikanzniveau $\alpha = 0.05$ die statistische Nullhypothese, dass der Anteil der Personen mit Übelkeitssymptomen nach dem Genuß dieses Produkts in der Grundgesamtheit höchstens 60 % beträgt. Geben Sie zunächst das zugehörige statistische Testproblem an.

Aufgabe 10.2 (Aufgabe 10.2 Lehrbuch)
Bisher ist der Betreiber des öffentlichen Verkehrsnetzes in einer Großstadt davon ausgegangen, dass 35 % der Fahrgäste Zeitkarteninhaber sind. Bei einer Fahrgastbefragung geben 112 der insgesamt 350 Befragten an, dass sie eine Zeitkarte benutzen. Testen Sie zum Niveau $\alpha = 0.05$, ob sich der Anteil der Zeitkarteninhaber verändert hat. Formulieren Sie die Fragestellung zunächst als statistisches Testproblem.

S. Lang et al., *Arbeitsbuch Statistik*, https://doi.org/10.1007/978-3-662-73272-4_10

Aufgabe 10.3 (Aufgabe 10.3 Lehrbuch)
Aufgrund einer Theorie über die Vererbung von Intelligenz erwartet man bei einer bestimmten Gruppe von Personen einen mittleren Intelligenzquotienten (IQ) von 105. Dagegen erwartet man bei Nichtgültigkeit der Theorie einen mittleren IQ von 100. Damit erhält man das folgende statistische Testproblem:

$$H_0 : \mu = 100 \quad \text{gegen} \quad H_1 : \mu = 105\,.$$

Die Standardabweichung des als normalverteilt angenommenen IQs sei $\sigma = 15$. Das Signifikanzniveau sei mit $\alpha = 0.1$ festgelegt.

(a) Geben Sie zunächst allgemein für eine Stichprobe vom Umfang $n = 25$

- den Ablehnungsbereich eines geeigneten statistischen Tests,
- den Annahmebereich dieses Tests und
- die Wahrscheinlichkeit für den Fehler 2. Art an.

(b) Welchen Bezug haben die Wahrscheinlichkeiten für den Fehler 1. Art und für den Fehler 2. Art zur Gütefunktion dieses Tests?
(c) Sie beobachten in Ihrer Stichprobe einen mittleren IQ von 104. Zu welcher Entscheidung kommen Sie?

Aufgabe 10.4 (Aufgabe 10.4 Lehrbuch)
Ein Marktforschungsinstitut führt jährliche Untersuchungen zu den Lebenshaltungskosten durch. Die Kosten für einen bestimmten Warenkorb beliefen sich in den letzten Jahren auf durchschnittlich 600 EUR. Im Beispieljahr wurde in einer Stichprobe von 40 zufällig ausgewählten Kaufhäusern jeweils der aktuelle Preis des Warenkorbs bestimmt. Als Schätzer für den aktuellen Preis des Warenkorbs ergab sich ein mittlerer Preis von 605 EUR. Die Varianz $\sigma^2 = 225$ sei aufgrund langjähriger Erfahrung bekannt. Gehen Sie von einer Normalverteilung des Preises für den Warenkorb aus.

(a) Hat sich der Preis des Warenkorbs im Vergleich zu den Vorjahren signifikant zum Niveau $\alpha = 0.01$ erhöht? Wie lautet das zugehörige statistische Testproblem?
(b) Was sagt der Fehler 2. Art hier aus? Bestimmen Sie die Wahrscheinlichkeit für den Fehler 2. Art unter der Annahme, dass 610 EUR der tatsächliche aktuelle Preis des Warenkorbs ist. Geben Sie zunächst die allgemeine Formel für die Gütefunktion des obigen Tests in diesem konkreten Testproblem an.
(c) Wie groß müsste der Stichprobenumfang mindestens sein, um bei einem Niveau von $\alpha = 0.01$ eine Erhöhung des mittleren Preises um 5 EUR als signifikant nachweisen zu können? Überlegen Sie sich dazu eine allgemeine Formel zur Bestimmung des erforderlichen Stichprobenumfangs.

Aufgabe 10.5
Eine Brauerei produziert ein neues alkoholfreies Bier. In einem Geschmackstest erhalten 150 Personen je ein Glas alkoholfreies bzw. gewöhnliches Bier, und sie sollen versuchen, das alkoholfreie Bier zu identifizieren.

(a) Das gelingt 98 Personen. Testen Sie anhand dieser Daten die Hypothese, alkoholfreies und gewöhnliches Bier seien geschmacklich nicht zu unterscheiden ($\alpha = 0.1$).
(b) Unter den befragten Personen waren 15 Beschäftigte der Brauerei. Von diesen gelingt neun die richtige Identifizierung. Man überprüfe die Hypothese aus (a) für diese Subpopulation mit einem exakten Testverfahren.

Aufgabe 10.6
Nehmen Sie an, ein Test zur Messung der sozialen Anpassungsfähigkeit von Schulkindern sei genormt auf Mittelwert $\mu = 50$ und Varianz $\sigma^2 = 25$. Ein Soziologe glaubt, eine Möglichkeit zur Organisation des Unterrichts gefunden zu haben, die den Umgang der Schüler miteinander u. a. durch vermehrte Teamarbeit fördert und damit die soziale Anpassungsfähigkeit erhöht.

Aus der Grundgesamtheit aller Schüler und Schülerinnen werden 84 zufällig ausgewählt und entsprechend dieses neuen Konzepts unterrichtet. Nach Ablauf eines zuvor festgelegten Zeitraums wird bei diesen Kindern ein mittlerer Testwert für die soziale Anpassungsfähigkeit von 54 beobachtet.

(a) Lässt sich damit die Beobachtung des Soziologen stützen? D.h. entscheiden Sie über die Behauptung des Soziologen anhand eines geeigneten statistischen Tests zum Niveau $\alpha = 0.05$. Formulieren Sie zunächst die Fragestellung als statistisches Testproblem.
(b) Was ändert sich in (a), wenn

(b1) der Stichprobenumfang $n = 25$,
(b2) der beobachtete Mittelwert $\bar{x} = 51$,
(b3) die Standardabweichung $\sigma = 9$,
(b4) das Signifikanzniveau $\alpha = 0.01$

beträgt?

Aufgabe 10.7
Von einer Zufallsvariable X mit Erwartungswert $E(X) = \mu$ ist bekannt, dass sie mit Varianz $\sigma^2 = 4$ normalverteilt ist. Aus einer i.i.d. Stichprobe $X_1, \cdots, X_{15}$ vom Umfang $n = 15$ ist das arithmetische Mittel $\overline{x} = 1.5$ errechnet worden.

(a) Testen Sie die Hypothese $H_0 : \mu = 1$ zweiseitig mit $\alpha = 0.05$ gegen die Alternativhypothese $H_1 : \mu \neq 1$.

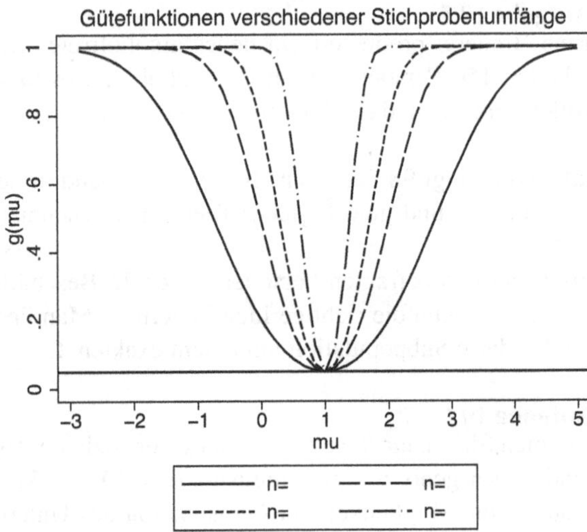

Abb. 10.1 Gütefunktionen basierend auf verschiedenen Stichprobenumfängen

(b) In Abb. 10.1 sind vier Gütefunktionen des Tests in (a) für verschiedene Stichprobenumfänge gegeben. Ordnen Sie die folgenden Trennung Stichproben-umfänge

- $n_1 = 100$
- $n_2 = 15$
- $n_3 = 5$
- $n_4 = 30$

jeweils einem Gütefunktionsgraphen zu. Die Zuordnung tragen Sie bitte in der Legende von Abb. 10.1 ein, indem Sie jedem Linienmuster das entsprechende n zuordnen. Begründen Sie Ihre Zuordnung ausführlich!

(c) Bestimmen Sie ein Konfidenzintervall für μ zur Irrtumswahrscheinlichkeit $\alpha = 0.05$, wenn für eine Stichprobe vom Umfang $n = 15$ das arithmetische Mittel $\overline{x} = 1.5$ errechnet wurde.

(d) Welche Auswirkung hat eine Erhöhung des Stichprobenumfangs auf das in (c) berechnete Konfidenzintervall, wenn angenommen wird, dass das arithmetische Mittel $\overline{x}$ und die Varianz σ^2 unverändert bleiben?

Aufgabe 10.8

Betrachten Sie einen Gauß-Test für $H_0 : \mu = 0$ gegen $H_1 : \mu \neq 0$ zum Niveau $\alpha = 0.05$. Welche der folgenden Aussagen sind richtig?

(a) Beträgt der p-Wert 0.02, dann wird die Nullhypothese abgelehnt.
(b) Beträgt der p-Wert 0.02, dann ist H_1 mit Wahrscheinlichkeit 0.98 wahr.
(c) Wird H_0 aufgrund der Teststatistik abgelehnt, dann ist die Nullhypothese mit absoluter Sicherheit falsch.
(d) Die Wahrscheinlichkeit einer Fehlentscheidung ist 5 %.

Aufgabe 10.9

Im Rahmen einer großangelegten Studie über „Frauen und Schwangerschaft“ interessiert u. a. das Alter von Frauen bei der Geburt des ersten Kindes. Es wird vermutet, dass das Durchschnittsalter Erstgebärender bei über 25 Jahren liegt.

Zur Überprüfung dieser Hypothese werden 49 Mütter zufällig ausgewählt und nach ihrem Alter bei der Geburt des ersten Kindes befragt. Es ergab sich ein Durchschnittsalter von $\bar{x} = 26$.

(a) Überprüfen Sie zum Niveau $\alpha = 0.05$ die statistische Nullhypothese $H_0 : \mu \leq 25$ gegen die Alternative $H_1 : \mu > 25$. Gehen Sie davon aus, dass das Alter Erstgebärender normalverteilt ist. Dabei ist die Varianz mit $\sigma^2 = 9$ aus Erfahrung bekannt. Interpretieren Sie Ihr Ergebnis.
(b) Wie ist der Fehler 1. Art definiert, und was sagt er hier aus?
(c) Bestimmen Sie die Wahrscheinlichkeit für den Fehler 2. Art unter der Annahme, dass $\mu = 27$ das wahre Alter Erstgebärender ist.
(d) Bestimmen Sie ein 95 %-Konfidenzintervall für das Alter Erstgebärender.

Aufgabe 10.10

Betrachten Sie eine Stichprobe aus Bernoulli-verteilten Zufallsvariablen $X_1, \ldots, X_n$ mit $X_i \sim B(1, \pi), i = 1, \ldots, n$. Das interessierende Testproblem sei

$$H_0 : \pi \leq 0.5 \quad \text{gegen} \quad H_1 : \pi > 0.5.$$

Für eine Stichprobe vom Umfang $n = 10$ wird der exakte Binomialtest mit dem Ablehnungsbereich $C = \{6, 7, \ldots, 10\}$ durchgeführt.

(a) Welches Niveau besitzt der Test?
(b) Bestimmen Sie die Gütefunktion des Tests an den Stellen

$$\pi = 0, 0.05, 0.1, \ldots, 1,$$

und skizzieren Sie diese.

Aufgabe 10.11

Der Wirt einer Kneipe in Schwabing denkt über ein Handy-Verbot in seinem Lokal nach. Er vermutet, dass mehr als 50 % seiner Gäste ein derartiges Verbot begrüßen würden. Um seine Behauptung zu stützen, plant er die Durchführung einer Befragung seiner Gäste zu diesem Thema. Anschließend möchte er einen statistischen Test zum Niveau $\alpha = 0.1$ durchführen. An der Befragung sollen 15 zufällig ausgewählte Gäste teilnehmen und danach befragt werden, ob sie ein Verbot begrüßen würden oder nicht.

(a) Welcher Test ist zur Überprüfung der Fragestellung geeignet? Geben Sie den Test an, d. h. formulieren Sie die Hypothesen, geben Sie die Testgröße und deren exakte Verteilung an, und bestimmen Sie daraus den Ablehnbereich des Tests.

(b) Wie groß ist in dem von Ihnen angegebenen Test die Wahrscheinlichkeit für den Fehler 1. Art maximal?
(c) Angenommen, der wahre Anteil der Gäste, die ein Verbot begrüßen würden, wäre nur 45 %. Mit welcher Wahrscheinlichkeit würde der in (a) angegebene Test trotzdem die Vermutung des Wirts bestätigen?
(d) Der Wirt hat die Befragung durchgeführt. Neun der 15 Befragten haben angegeben, dass sie ein Verbot begrüßen würden. Zu welcher Entscheidung hinsichtlich der Vermutung des Wirts kommen Sie aufgrund dieses Ergebnisses?
(e) Ein anderer Wirt interessierte sich für dieselbe Fragestellung und führte eine Totalerhebung durch. Dabei ermittelte er den wahren Anteil der Gäste, die ein Handy-Verbot begrüßen würden als $\pi = 65$ %. Wie groß ist die Wahrscheinlichkeit für den Fehler 2. Art, wenn der tatsächliche Anteil auch für die Kneipe des ersten Wirts 0.65 beträgt?
(f) Durch welche Verteilung lässt sich die in (a) gefragte Verteilung der Testgröße approximieren? Lösen Sie die Teilaufgaben (a) bis (e) nun auch mit Hilfe dieser approximierenden Verteilung.

Aufgabe 10.12
Ein Hersteller von Energiesparlampen möchte testen, ob die neueste Serie die angepeilte durchschnittliche Lebensdauer von mehr als 10000 Betriebsstunden erreicht. Dazu wird der Produktion eine Stichprobe vom Umfang n entnommen. Der Hersteller kann davon ausgehen, dass die Betriebsstunden X einer Lampe normalverteilt sind mit Erwartungswert μ und bekannter Varianz $\sigma^2 = 500^2$.

(a) Formulieren Sie die Problematik als statistische Testaufgabe und bestimmen Sie einen geeigneten Test zur Untersuchung der Fragestellung.
(b) Führen Sie den Test im Fall $n = 9$, $\alpha = 0.05$ anhand der Stichprobe $x_1 = 9953$, $x_2 = 10683$, $x_3 = 10572$,$x_4 = 10632$, $x_5 = 10739$, $x_6 = 9883$,$x_7 = 10650$, $x_8 = 9727$ und $x_9 = 10569$ durch. Bestimmen Sie auch das 99 % Konfidenzintervall für μ.
(c) Gehen Sie jetzt davon aus, dass die Varianz σ^2 unbekannt ist. Bestimmen Sie wieder einen geeigneten Test und führen Sie den Test anhand der beobachteten Daten durch. Bestimmen Sie auch das 99 % Konfidenzintervall für μ. Sind die Konfidenzintervalle tendenziell breiter oder schmäler als die entsprechenden Konfidenzintervalle bei bekannter Varianz?
(d) Abb. 10.2 (oben links) zeigt die Gütefunktion des Tests (bei bekannter Varianz) für einen Stichprobenumfang von $n = 5$ und ein Signifikanzniveau von $\alpha = 0.05$. Mit welcher Wahrscheinlichkeit wird die Nullhypothese abgelehnt falls $\mu = 10000$ bzw. $\mu = 10500$. Bestimmen Sie die Wahrscheinlichkeit für den Fehler zweiter Art bzw. die Power des Tests falls $\mu = 10500$ und $\mu = 10750$. Wie ändert sich der Fehler zweiter Art bzw. die Power wenn μ größer wird?
(e) Abb. 10.2 zeigt die Gütefunktion des Tests für verschiedene Stichprobenumfänge. Wie groß müssen Sie den Stichprobenumfang wählen damit die Power des Tests im Fall $\mu > 10500$ mindestens 90 % beträgt.

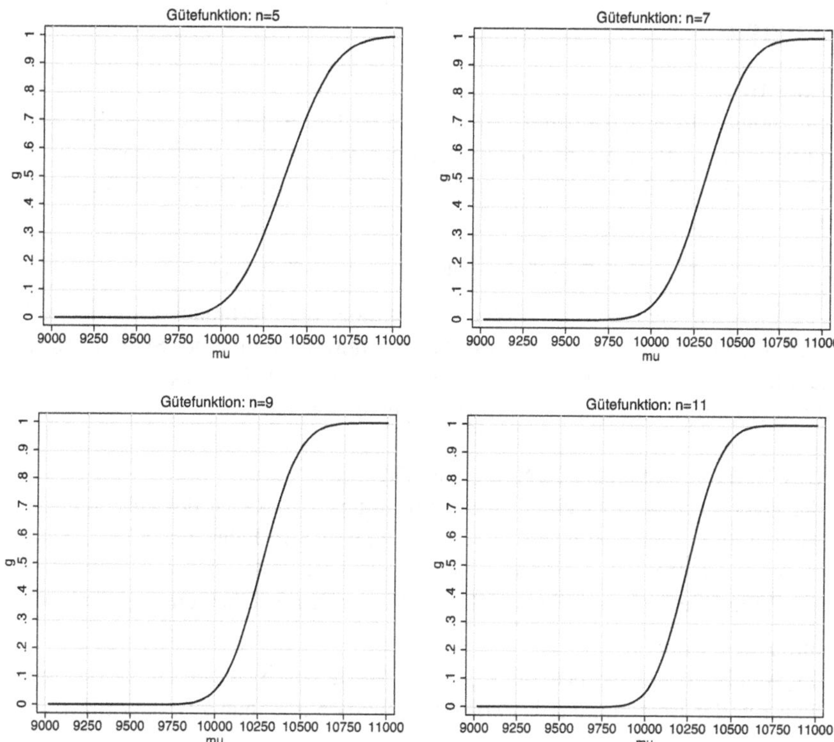

Abb. 10.2 Gütefunktionen für verschiedene Stichprobenumfänge und Signifikanzniveau $\alpha = 0.05$

(f) Wie groß muss der Stichprobenumfang n gewählt werden, wenn das Konfidenzintervall für μ eine Länge von 600 oder weniger aufweisen darf? Gehen Sie wieder davon aus dass die Varianz bekannt ist.

Lösungen

Lösung 10.1

Die Verbraucherzentrale möchte die Befürchtung überprüfen, dass das Milchprodukt Übelkeit hervorruft, also dass der Anteil der Personen mit Übelkeitssymptomen über ein bestimmtes Maß, hier 60 %, hinausgeht. Damit lautet das statistische Testproblem:

$$H_0 : \pi \leq \pi_0 = 0.6 \quad \text{gegen} \quad H_1 : \pi > \pi_0 = 0.6.$$

Wenn H_0 verworfen wird, ist folgende Aussage der Verbraucherzentrale zulässig: „Wir haben herausgefunden, dass das Milchprodukt mit einer Sicherheitswahrscheinlichkeit von $1 - \alpha$ Übelkeit hervorruft." Bei der Wahl eines geeigneten Tests und seiner Durchführung sind folgende Aspekte zu beachten:

- Das Merkmal (Übelkeit: Ja/Nein) ist binär,
- die Hypothese ist über einen Anteil formuliert, d. h. es ist der Binomialtest zu wählen, und zwar der exakte (vgl. Abschn. 10.1.1 in Fahrmeir et al., 2024), da $n \cdot \pi_0 = 10 \cdot 0.6 = 6 \geq 5$, aber $n \cdot (1 - \pi_0) = 10 \cdot 0.4 < 5$,
- die Prüfgröße ist somit die Anzahl der Personen mit Übelkeit, kurz bezeichnet mit $\sum X_i$, wobei gilt: $\sum X_i \overset{H_0}{\sim} B(10, 0.6)$,
- der Ablehnungsbereich ist durch „große" Werte von $\sum X_i$ und $\alpha = 0.05$ festgelegt. Bei der Bestimmung des kritischen Werts nutze man aus, dass für $\pi > 0.5$ gilt:

$$B(x|n, \pi) = P(X \leq x|n, \pi) = 1 - B(n - x - |n, 1 - \pi),$$

d. h. man erhält hier $B(x|10, 0.6) = 1 - B(10 - x - 1|10, 0.4)$.

Gesucht ist nun x, so dass

$$\begin{aligned} P(X \geq x|0.6) &\leq 0.05 \quad \text{und} \\ P(X \geq x - 1|0.6) &> 0.05. \end{aligned}$$

Da

$$\begin{aligned} P(X \geq x|0.6) &= 1 - P(X < x|0.6) = 1 - P(X \leq x - 1|0.6) \\ &= 1 - [1 - B(10 - (x - 1) - 1|10, 0.4)] \\ &= B(10 - x|10, 0.4), \end{aligned}$$

gilt:

$$\begin{aligned} P(X \geq 10|0.6) &= B(0|10, 0.4) = 0.006 \quad < 0.05, \\ P(X \geq 9|0.6) &= B(1|10, 0.4) = 0.0464 \quad < 0.05, \\ P(X \geq 8|0.6) &= B(2|10, 0.4) = 0.1673 \quad > 0.05. \end{aligned}$$

Damit ist neun der kritische Wert, woraus sich der Ablehnungsbereich $C = \{9, 10\}$ ergibt. Also kann erst bei neun oder zehn Personen mit Übelkeit in einer Stichprobe vom Umfang zehn die Nullhypothese zum Niveau $\alpha = 0.05$ verworfen werden, d. h. diese Werte sind zu „unwahrscheinlich", wenn H_0 wahr wäre.

Da in diesem Beispiel nur sieben Personen Übelkeitssymptome aufweisen, kann H_0 nicht verworfen werden, d. h. es kann also nicht entschieden werden, dass das Milchprodukt Übelkeit auslöst.

Lösung 10.2
Das statistische Testproblem lautet hier

$$H_0 : \pi = \pi_0 = 0.35 \quad \text{gegen} \quad H_1 : \pi \neq \pi_0 = 0.35.$$

Es handelt sich also um einen Test auf den unbekannten Anteil in der Grundgesamtheit. Da der Stichprobenumfang sehr groß ist, kann der approximative Binomialtest (vgl. Abschn. 10.1.2 in Fahrmeir et al., 2024) angewendet werden, denn

$$350 \cdot 0.35 = 122.5 > 5 \quad \text{und} \quad 350 \cdot (1 - 0.35) = 227.5 > 5.$$

Damit lautet die Prüfgröße

$$|Z| = \left| \frac{\sum X_i - n\pi_0}{\sqrt{n\pi_0(1-\pi_0)}} \right|,$$

wobei H_0 zum Niveau $\alpha = 0.05$ verworfen wird, falls $|z| > z_{1-\alpha/2} = z_{0.975} = 1.96$.

Mit $n = 350$, $\pi_0 = 0.35$ und $\sum x_i = 112$ ergibt sich

$$|z| = \left| \frac{112 - 122.5}{\sqrt{350 \cdot 0.35 \cdot 0.65}} \right| = |-1.177| = 1.177.$$

Da $z = 1.177 < 1.96$, kann H_0 zum Niveau $\alpha = 0.05$ nicht verworfen werden, d. h. die Beobachtung von 112 Zeitkarteninhabern spricht nicht dafür, dass sich der Anteil an Zeitkarteninhabern verändert hat.

Lösung 10.3

(a) Ein geeigneter Test für das vorliegende Problem ist der Gauß-Test mit der Teststatistik

$$Z = \frac{\bar{X} - \mu_0}{\sigma} \cdot \sqrt{n} = \frac{\bar{X} - 100}{15} \cdot 5 = \frac{\bar{X} - 100}{3}.$$

Unter H_0 gilt: $Z \sim N(0, 1)$. H_0 wird demnach abgelehnt, falls

$$z > z_{1-\alpha} = z_{0.9} = 1.28,$$

und beibehalten, falls $z \leq 1.28$.
Um die Wahrscheinlichkeit für den Fehler 2. Art berechnen zu können, muss zunächst die Verteilung der Teststatistik unter H_1 bestimmt werden. Unter H_1 gilt $\bar{X} \sim N(\mu_1, \frac{\sigma^2}{n})$ und folglich

$$Z \sim N\left(\sqrt{n} \cdot \frac{\mu_1 - \mu_0}{\sigma}, 1\right) = N\left(\frac{5}{3}, 1\right).$$

Damit erhält man

$$\begin{aligned} P(H_0 \text{ beibehalten} \,|\mu = \mu_1) &= P(Z \leq 1.28|\mu = \mu_1) = \Phi\left(\frac{1.28 - 1.\bar{6}}{1}\right) \\ &= \Phi(-0.38\bar{6}) = 0.3498 \end{aligned}$$

als Wahrscheinlichkeit für den Fehler 2. Art.

(b) Betrachtet man die beiden Fehlerwahrscheinlichkeiten, so lassen sich diese umschreiben als

$$\begin{aligned} P(\text{Fehler 1. Art}) &= P(H_0 \text{ wird abgelehnt} \,|\mu = \mu_0) \\ &= \alpha = g(\mu_0) \quad \text{und} \end{aligned}$$

$$\begin{aligned} P(\text{Fehler 2. Art}) &= P(H_0 \text{ beibehalten} \,|\mu = \mu_1) \\ &= 1 - P(H_0 \text{ ablehnen} \,|\mu = \mu_1) = 1 - g(\mu_1). \end{aligned}$$

(c) Für $\bar{x} = 104$ erhält man

$$z = \frac{104 - 100}{3} = \frac{4}{3} = 1.\bar{3} > 1.28,$$

d. h. H_0 wird abgelehnt.

Lösung 10.4

(a) Sei X der Preis des Warenkorbs mit $X \sim N(\mu, 225)$. Es soll

$$H_0 : \mu \leq 600 \quad \text{gegen} \quad H_1 : \mu > 600$$

getestet werden. Verwende dazu den Gauß-Test (vgl. Abschn. 10.1.3 in Fahrmeir et al., 2024) mit der Teststatistik

$$Z = \frac{\bar{X} - 600}{15}\sqrt{40}.$$

H_0 wird abgelehnt, falls $z > z_{0.99} = 2.3263$. Im vorliegenden Fall gilt

$$z = \frac{605 - 600}{15}\sqrt{40} = 2.108 < 2.3263,$$

d. h. H_0 wird beibehalten. Der Preis des Warenkorbs hat sich also nicht signifikant verändert.

(b) Allgemein handelt es sich beim Fehler 2. Art um die Wahrscheinlichkeit, H_0 beizubehalten, obwohl H_1 zutrifft. Hier bedeutet dies, dass der Preis für den Warenkorb tatsächlich gestiegen ist, während der Test fälschlicherweise H_0 (Preis kleiner gleich 600 EUR) beibehält.

Für die explizite Berechnung des Fehlers 2. Art muss die Verteilung von Z im Falle $\mu = 610$ berechnet werden. Es gilt $X \sim N(610, 225)$ und damit

$$Z \sim N\left(\frac{610 - 600}{15} \cdot \sqrt{40}, 1\right) \sim N(4.216, 1).$$

Damit erhält man für den Fehler 2. Art

$$\begin{aligned} P(Z \leq 2.3263|\mu = 610) &= \Phi\left(\tfrac{2.3263 - 4216}{1}\right) \\ &= \Phi(-1.89) = 1 - \Phi(1.89) \\ &= 1 - 0.9706 = 0.0294. \end{aligned}$$

(c) Es muss

$$z = \frac{605 - 600}{15} \cdot \sqrt{n} > 2.3263$$

gelten. Äquivalentes Umformen dieser Bedingung liefert

$$\begin{aligned} &\tfrac{1}{3} \cdot \sqrt{n} > 2.3263 \\ \Leftrightarrow \quad &n > 48.7. \end{aligned}$$

Der Stichprobenumfang muss also mindestens $n = 49$ betragen.

Lösung 10.5

(a) Untersucht wird das Hypothesenpaar

$$H_0: \ \pi = 0.5, \qquad H_1: \ \pi > 0.5.$$

Als Teststatistik wird diejenige des approximativen Binomialtests verwendet:

$$z = \frac{x - n\pi}{\sqrt{n\pi(1-\pi)}} = \frac{98 - 150 \cdot 0.5}{\sqrt{150 \cdot 0.5^2}} = 3.75.$$

Der Vergleich mit $z_{0.9} = 1.28$ ergibt, dass H_0 zugunsten von H_1 verworfen wird.

(b) Für den exakten Binomialtest bei $n = 15$ ergibt sich für $X \sim B(15, 0.5)$ der p-Wert als:

$$P(X \geq 9) = 1 - P(X \leq 8) = 1 - 0.696 = 0.304.$$

Die Nullhypothese ist wegen $0.304 > \alpha = 0.10$ nicht abzulehnen.

Lösung 10.6

(a) Die Forschungshypothese lautet: „Die neue Form der Unterrichtsorganisation erhöht die soziale Anpassungsfähigkeit." Damit ergibt sich das statistische Testproblem als:

$$H_0 : \mu = 50 \quad \text{gegen} \quad H_1 : \mu > 50.$$

Da $\sigma^2 = 25$ bekannt und $n = 84$ groß ist, kann der approximative Gauß-Test verwendet werden, d. h. also folgende Prüfgröße

$$Z = \sqrt{n}\,\frac{\bar{X} - \mu_0}{\sigma},$$

wobei große Werte von Z für H_1 sprechen. Genauer wird H_0 zum Niveau $\alpha = 0.05$ verworfen, falls $z > z_{1-\alpha} = z_{0.95} = 1.64$.
Da $z = \sqrt{84}\,\frac{54-50}{5} = 7.33 > 1.64$, kann H_0 zum Niveau $\alpha = 0.05$ verworfen werden, d. h. man entscheidet aufgrund des Testergebnisses, dass der Vorschlag des Soziologen tatsächlich zu einer Erhöhung der sozialen Anpassungsfähigkeit führt.

(b) Der in (a) durchgeführte Test verändert sich wie folgt, falls

(b1) $n = 25$: Damit ergibt sich $z = 5\,\frac{54-50}{5} = 4 > 1.64$, d. h. H_0 kann noch verworfen werden, es ist aber bei der Verwendung des approximativen Tests Vorsicht geboten.

(b2) $\bar{x} = 51$: Damit ergibt sich $z = \sqrt{84}\,\frac{51-50}{5} = 1.83 > 1.64$, d. h. selbst dieser geringe Unterschied von einem Punkt führt noch zur Verwerfung von H_0, aber die Frage ist, ob dieser Unterschied noch von inhaltlicher Relevanz ist.

(b3) $\sigma = 9$: Damit ergibt sich $z = \sqrt{84}\,\frac{54-50}{9} = 4.07 > 1.64$, d. h. H_0 kann noch verworfen werden. Man sieht recht deutlich, dass sowohl eine Verringerung von n (b1) als auch eine Erhöhung von σ (b3) zu einer größeren „Unsicherheit" in dem beobachteten Ergebnis führt und sich dementsprechend in der Prüfgröße niederschlägt.

(b4) $\alpha = 0.01$: Damit ergibt sich $z = 7.33 > z_{0.99} = 2.33$, d. h. H_0 hätte auch noch zu einem kleineren Niveau verworfen werden können.

Das Fazit lautet: Eine Verkleinerung von n, eine Verringerung des Abstands zu H_0, eine Vergrößerung von σ und eine Verkleinerung von α bewirken jeweils eine „Verknappung" des Testergebnisses.

Lösung 10.7

(a) Es handelt sich wegen der bekannten Varianz um einen Gauß-Test. Die Teststatistik ist gegeben durch

$$t = \frac{(\overline{x} - \mu)\sqrt{n}}{\sigma} = \frac{(1.5 - 1)\sqrt{15}}{2} = 0.968.$$

Die Nullhypothese wird abgelehnt, falls $|t| > t_{1-\alpha/2} = 1.96$. Da $t = 0.968 < 1.96$ kann die Nullhypothese nicht abgelehnt werden.

(b) Abb. 10.3 zeigt die Zuordnung der Stichprobenumfänge zu den entsprechenden Gütefunktionen.
Mit wachsendem Stichprobenumfang n wird der Test bei festem α trennschärfer. Angenommen der wahre Mittelwert läge bei 2. Für $n = 5$ wäre die Wahrscheinlichkeit die H_0 Hypothese abzulehnen bei ≈ 0.2. Im Fall von $n = 100$ wäre diese Wahrscheinlichkeit bereits bei 1.

(c) Das Konfidenzintervall berechnet sich durch:

$$\begin{aligned}[\overline{x} - t_{(1-\frac{\alpha}{2})}\frac{\sigma}{\sqrt{n}}, \overline{x} + t_{(1-\frac{\alpha}{2})}\frac{\sigma}{\sqrt{n}}] &= [1.5 - 1.96\frac{2}{\sqrt{15}}, 1.5 + 1.96\frac{2}{\sqrt{15}}] \\ &= [0.49, 2.51]\end{aligned}$$

(d) Die Breite B des Intervalls ist gegeben durch

$$B = 2 \cdot t_{(1-\frac{\alpha}{2})}\frac{\sigma}{\sqrt{n}}.$$

Durch die Erhöhung des Stichprobenumfangs verringert sich also die Breite des Konfidenzintervalls.

Lösung 10.8

(a) Die Testentscheidung kann aufgrund des p-Werts getroffen werden. Die Nullhypothese wird abgelehnt, falls der p-Wert kleiner als das Signifikanzniveau ist. Die Aussage ist also richtig.

(b) Beim p-Wert handelt es sich um die Wahrscheinlichkeit die realisierte Teststatistik oder einen in Richtung H_1 extremeren Wert zu erhalten, unter der Annahme, dass H_0 wahr ist. Eine Aussage über den Wahrheitsgehalt von H_1 ist damit nicht verbunden. Die Behauptung ist also falsch.

(c) Bei Testentscheidungen handelt es sich stets um Entscheidungen unter Unsicherheit. Absolute Sicherheit ist nicht möglich, d. h. Fehlentscheidungen sind grundsätzlich möglich. Der Test wird lediglich so konstruiert, dass die Wahrscheinlichkeit des Fehlers 1. Art klein ist (hier 5 %). Die Aussage ist also nicht korrekt.

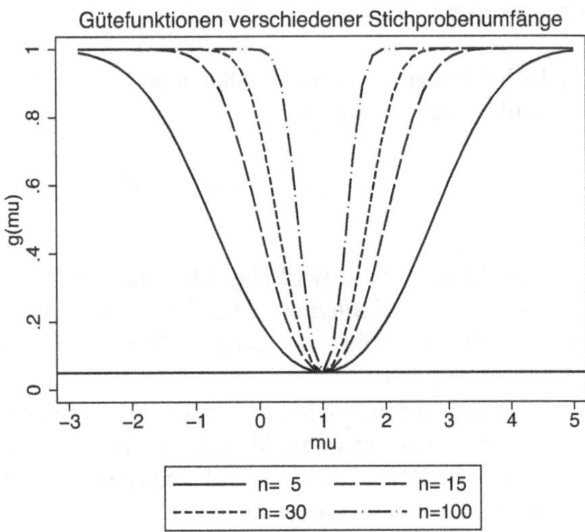

Abb. 10.3 Zuordnung der Gütefunktionen zu den verschiedenen Stichprobenumfängen

(d) Auch diese Aussage ist falsch. Der Begriff Signifikanzniveau bzw. vor allem Irrtumswahrscheinlichkeit suggeriert, dass die Gesamtfehlerrate 5 % beträgt. Tatsächlich kann die Gesamtfehlerrate ohne Zusatzinformation nicht bestimmt werden und sogar deutlich höher als das Signifikanzniveau sein. Hierzu ein Beispiel: Nehmen wir an Nullhypothese und Gegenhypothese sind je mit Wahrscheinlichkeit 50 % wahr. Darüber hinaus besitze der Test eine Wahrscheinlichkeit für den Fehler 1. bzw. 2. Art von 5 % bzw. 10 %. Dann ist die Fehlerwahrscheinlichkeit gegeben durch

$$P(\text{Fehler}) = 0.5 \cdot 0.05 + 0.5 \cdot 0.1 = 0.075,$$

also höher als das Signifikanzniveau.

Lösung 10.9

(a) Das statistische Testproblem lautet hier:

$$H_0 : \mu \leq 25 \quad \text{gegen} \quad H_1 : \mu > 25.$$

Da die Zufallsvariable X: „Alter Erstgebärender" als $N(\mu, 9)$-verteilt vorausgesetzt wird, kann folgende Prüfgröße verwendet werden:

$$Z = \sqrt{n}\frac{\bar{X} - \mu_0}{\sigma},$$

wobei H_0 zum Niveau $\alpha = 0.05$ verworfen werden kann, falls $z > z_{1-\alpha} = z_{0.95} = 1.64$. Die Testgröße berechnet sich hier mit $\bar{x} = 26$, $\mu_0 = 25$, $\sigma = 3$ und $\sqrt{n} = \sqrt{49} = 7$ als

$$z = \frac{26 - 25}{3} \cdot 7 = 2.333.$$

Da $2.333 > 1.64$, kann H_0 verworfen werden. D.h. die Vermutung, dass das Alter Erstgebärender größer als 25 Jahre ist, kann zum Niveau $\alpha = 0.05$ bestätigt werden.

(b) Der Fehler 1. Art entspricht dem Ereignis „Lehne H_0 ab, obwohl H_0 wahr ist", d. h. H_0 wird fälschlicherweise verworfen. Hier bedeutet der Fehler 1. Art, dass man sich dafür entscheidet, dass das Alter Erstgebärender über 25 Jahre liegt, während Frauen bei der Geburt des ersten Kindes in Wirklichkeit jünger sind.

(c) Die Wahrscheinlichkeit für den Fehler 2. Art lässt sich wie folgt bestimmen, wobei ein Fehler 2. Art dann eintritt, wenn H_0 angenommen wird, obwohl H_1 : $\mu = 27$ zutrifft:

$$\begin{aligned}
P(\text{Fehler 2. Art}) &= P(H_0 \text{ annehmen}|\mu = 27) \\
&= P\left(\frac{\bar{X} - 25}{3} \cdot 7 < 1.64|\mu = 27\right) \\
&= P\left(\frac{\bar{X} - 27 + 27 - 25}{3} \cdot 7 < 1.64|\mu = 27\right) \\
&= P\left(\frac{\bar{X} - 27}{3} \cdot 7 < 1.64 - \frac{27 - 25}{3} \cdot 7\right) \\
&= P(Z < -3.02\bar{6}) = \Phi(-3.02\bar{6}) \\
&\doteq 0.
\end{aligned}$$

(d) Das 95 %-Konfidenzintervall für das Alter ist aufgrund der obigen Annahmen gegeben als

$$[\bar{X} - z_{0.975} \cdot \frac{\sigma}{\sqrt{n}}\ ,\ \bar{X} + z_{0.975} \cdot \frac{\sigma}{\sqrt{n}}]$$

und berechnet sich hier als

$$[26 - 1.96 \cdot \frac{3}{7}\ ,\ 26 + 1.96 \cdot \frac{3}{7}] = [25.16\ ,\ 26.84].$$

Lösung 10.10

Seien $X_1, \ldots, X_n$ u. i. v. mit $X_i \sim B(1, \pi)$. Das statistische Testproblem ist gegeben als:

$$H_0 : \pi \leq 0.5 \quad \text{gegen} \quad H_1 : \pi > 0.5.$$

Seien $n = 10$ und der Ablehnbereich gegeben als $C = \{6, 7, \ldots, 10\}$.

(a) Bei der Bestimmung der maximalen Wahrscheinlichkeit für den Fehler 1. Art, d. h. für die Ablehnung von H_0, obwohl H_0 wahr ist, ist folgende Überlegung anzustellen: H_0 wird abgelehnt, falls $\sum X_i$ im Ablehnungsbereich liegt, also falls $\sum X_i \geq 6$, wobei

$$\sum_{i=1}^{10} X_i \overset{H_0}{\sim} B(10, 0.5).$$

Damit berechnet man

$$\begin{aligned} P\left(\sum_{i=1}^{10} X_i \geq 6 | \pi \in H_0\right) &= \sum_{k=6}^{10} \binom{10}{k} \pi^k (1-\pi)^{10-k} \\ &\leq \sum_{k=6}^{10} \binom{10}{k} 0.5^k (1-0.5)^{10-k} \\ &= P\left(\sum_{i=1}^{10} X_i \geq 6 | 0.5\right) \\ &= 1 - P\left(\sum_{i=1}^{10} X_i < 6 | 0.5\right) \\ &= 1 - P\left(\sum_{i=1}^{10} X_i \leq 5 | 0.5\right) = 1 - 0.6230 \\ &= 0.377. \end{aligned}$$

(b) Die Bestimmung der Gütefunktion erfordert die Berechnung folgender Wahrscheinlichkeit in Abhängigkeit von π:

$$\begin{aligned} g(\pi) &= P\left(\sum_{i=1}^{10} X_i \geq 6 | \pi\right) = 1 - P\left(\sum_{i=1}^{10} X_i < 6 | \pi\right) \\ &= 1 - P\left(\sum_{i=1}^{10} X_i \leq 5 | \pi\right). \end{aligned}$$

Man erhält

π	0	0.05	0.1	0.15	0.2	0.25	0.3
$g(\pi)$	0.0000	0.0000	0.0001	0.0014	0.0064	0.0197	0.0473
π	0.35	0.4	0.45	0.5	0.55	0.6	0.65
$g(\pi)$	0.0949	0.1662	0.2616	0.3770	0.5044	0.6331	0.7515
π	0.7	0.75	0.8	0.85	0.9	0.95	
$g(\pi)$	0.8497	0.9219	0.9672	0.9901	0.9984	0.9999	

Für $\pi > 0.5$ beachte man bei der Berechnung:

$$\begin{aligned} P\left(\sum_{i=1}^{10} X_i \geq 6|\pi\right) &= 1 - P\left(\sum_{i=1}^{10} X_i \leq 5|\pi\right) \\ &= 1 - \left(1 - P\left(10 - \sum_{i=1}^{10} X_i \leq 10 - 5 - 1|1 - \pi\right)\right) \\ &= P\left(10 - \sum_{i=1}^{10} X_i \leq 4|1 - \pi\right). \end{aligned}$$

Die Skizze der Gütefunktion findet sich in Abb. 10.4, wobei die gepunktete Linie die maximale Wahrscheinlichkeit für den Fehler 1. Art anzeigt.

Lösung 10.11

(a) Es handelt sich hier um einen Test auf den Anteil eines dichotomen Merkmals. Damit ist der Binomialtest geeignet. Das statistische Testproblem lautet hier:

$$H_0 : \pi \leq 0.5 \quad \text{gegen} \quad H_1 : \pi > 0.5.$$

Als Testgröße verwendet man die Anzahl X der Gäste, die ein Verbot begrüßen. X ist unter H_0 binomialverteilt mit den Parametern $n = 15$ und $\pi = 0.5$. Große Werte der Testgröße X sprechen für H_1 und führen somit zur Ablehnung von

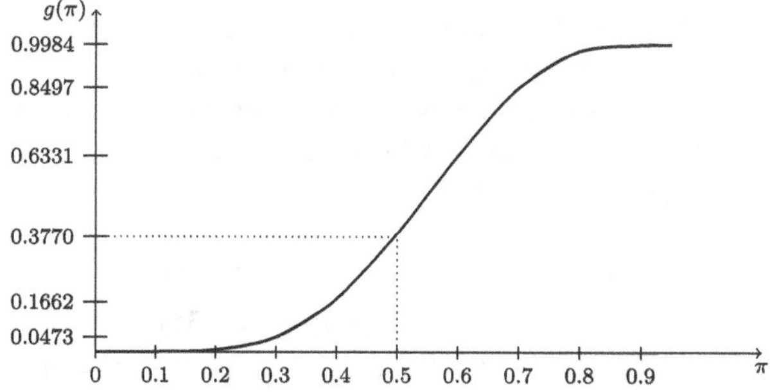

Abb. 10.4 Skizze der Gütefunktion

H_0. Zur Festlegung des Ablehnungsbereichs ist die kleinste Zahl c gesucht, für die folgende Bedingung gilt

$$P(X > c|\pi_0 = 0.5) \leq \alpha = 0.1.$$

Dies ist gleichbedeutend mit

$$P(X \leq c|\pi_0 = 0.5) \geq 0.9.$$

Aus der Tafel der Binomialverteilung (Fahrmeir et al., 2024, Tabelle B) bestimmt man

$$\begin{aligned} & P(X \leq 9|\pi_0 = 0.5) = 0.8491 < 0.9 \\ \text{und} \quad & P(X \leq 10|\pi_0 = 0.5) = 0.9408 > 0.9. \end{aligned}$$

Damit ist $c = 10$, und der Ablehnungsbereich C des Tests ist gegeben durch

$$C = \{x : x > 10\} = \{11, 12, 13, 14, 15\}.$$

(b) Der Fehler 1. Art tritt ein, wenn H_0 abgelehnt wird, obwohl H_0 wahr ist. Zur Bestimmung der maximalen Wahrscheinlichkeit für das Eintreten des Fehlers 1. Art genügt es, den ungünstigsten Fall, d. h. $\pi_0 = 0.5$ zu betrachten:

$$P(X > 10|\pi_0 = 0.5) = 1 - P(X \leq 10|\pi_0 = 0.5) = 1 - 0.9408 = 0.0592.$$

Die Wahrscheinlichkeit für das Eintreten des Fehlers 1. Art ist also maximal 0.0592. Damit wird das Niveau des Tests nicht ausgeschöpft.

(c) Geht man davon aus, dass der wahre Anteil der Gäste, die ein Handy-Verbot begrüßen würden, $\pi = 0.45$ ist, ergibt sich für die Wahrscheinlichkeit der Ablehnung von H_0:

$$P(X > 10|\pi = 0.45) = 1 - P(X \leq 10|\pi = 0.45) = 1 - 0.9745 = 0.0255.$$

(d) Der Wert neun liegt nicht im Ablehnungsbereich C des Tests. H_0 kann also nicht verworfen werden. Der Wirt kann nicht davon ausgehen, dass der Anteil der Gäste, die ein Handy-Verbot begrüßen würden, größer als 50 % ist.

(e) Geht man nun davon aus, dass der wahre Anteil der Gäste, die ein Handy-Verbot begrüßen würden, $\pi = 0.65$ ist, ergibt sich mit $Y = n - X$ für die Wahrscheinlichkeit der Beibehaltung von H_0:

$$\begin{aligned} P(X \leq 10|\pi = 0.65) &= P(n - X \geq 5|\pi = 0.65) \\ &= P(Y \geq 5|\pi_Y = 0.35) \\ &= 1 - P(Y \leq 4|\pi_Y = 0.35) = 1 - 0.3519 \\ &= 0.6481. \end{aligned}$$

Die Wahrscheinlichkeit für den Fehler 2. Art ist also fast 65 %. Das Ergebnis „H_0 wird beibehalten" ist demnach unter $\pi = 0.65$ nicht unwahrscheinlich und somit nicht besonders überraschend.

(f) Da hier $n\pi_0 = n(1 - \pi_0) = 15 \cdot 0.5 = 7.5 > 5$ ist, ist eine Approximation der Binomialverteilung durch die Normalverteilung möglich. Genauer bedeutet dies

$$X \overset{a}{\sim} N(n\pi_0, n\pi_0(1 - \pi_0)).$$

Damit erhält man

$$Z = \frac{X - n\pi_0}{\sqrt{n\pi_0(1 - \pi_0)}} \overset{a}{\sim} N(0, 1).$$

(f1) Der Test lässt sich also alternativ anhand der standardnormalverteilten Testgröße Z durchführen, wobei H_0 verworfen wird, falls $z > z_{1-\alpha}$ bzw. falls $x > n\pi_0 + \sqrt{n\pi_0(1 - \pi_0)} \cdot z_{1-\alpha}$.

Da hier $\alpha = 0.1$ ist, ergibt sich mit $z_{1-\alpha} = z_{0.9} = 1.29$ die Entscheidungsregel:

Verwirf H_0, falls $x > 15 \cdot 0.5 + \sqrt{15 \cdot 0.5 \cdot 0.5} \cdot 1.29 = 9.997$. Damit ist der Ablehnungsbereich $C = \{x : x > 9.997\} = \{10, 11, 12, 13, 14, 15\}$.

(f2) Die maximale Wahrscheinlichkeit für den Fehler 1. Art ist

$$\begin{aligned} P(X > 9.997|\pi_0 = 0.5) &= 1 - P(X \leq 9.997|\pi_0) \\ &= 1 - P\left(Z \leq \frac{9.997 - 7.5}{1.936}\right) \\ &= 1 - \Phi(1.29) = 1 - 0.90 \\ &= 0.10. \end{aligned}$$

Das Niveau wird also hier voll ausgeschöpft.

(f3) Für $\pi = 0.45$ ergibt sich für die Wahrscheinlichkeit der Ablehnung von H_0:

$$\begin{aligned} P(X > 9.997|\pi = 0.45) &= 1 - P\left(Z \leq \frac{9.997 - 15 \cdot 0.45}{\sqrt{15 \cdot 0.45 \cdot 0.55}}\right) \\ &= 1 - P\left(Z \leq \frac{3.247}{1.927}\right) \\ &= 1 - \Phi(1.685) = 1 - 0.954 \\ &= 0.046. \end{aligned}$$

(f4) Da $9 \notin C$, kann H_0 auch hier nicht verworfen werden.

(f5) Geht man nun wieder davon aus, dass der wahre Anteil $\pi = 0.65$ ist, erhält man

$$\begin{aligned} P(X \leq 9.997|\pi = 0.65) &= \Phi\left(\frac{9.997 - 15 \cdot 0.65}{\sqrt{15 \cdot 0.65 \cdot 0.35}}\right) \\ &= \Phi\left(\frac{9.997 - 9.75}{1.847}\right) \\ &= \Phi\left(\frac{0.247}{1.847}\right) = \Phi(0.134) \\ &= 0.552. \end{aligned}$$

Die Wahrscheinlichkeit für den Fehler 2. Art beträgt hier also fast 55 %, und damit kommt man zu derselben Interpretation des Ergebnisses wie beim exakten Binomialtest.

Lösung 10.12

(a) Wir wollen zeigen, dass die durchschnittliche Betriebsdauer einer Lampe mehr als 10000 h beträgt, d. h. $\mu > 10000$. Da die nachzuweisende Behauptung als Gegenhypothese formuliert werden muss, erhalten wir als Hypothesenpaar

$$H_0 : \mu \leq 10000 \quad \text{versus} \quad H_1 : \mu > 10000.$$

Bei Normalverteilungsannahme und bekannter Varianz $\sigma^2 = 500^2$ können wir einen Gauß-Test mit Teststatistik

$$T = \frac{\bar{X} - 10000}{500}\sqrt{n}$$

verwenden. Die Nullhypothese wird abgelehnt, falls für die realisierte Teststatistik $t > z_{1-\alpha}$ gilt.

(b) Der realisierte Mittelwert ist $\bar{x} = 10378.67$. Somit erhalten wir als realisierte Teststatistik

$$t = \frac{10378.67 - 10000}{500}\sqrt{9} = 2.27.$$

Das Quantil $z_{1-\alpha} = z_{0.95} = 1.64$ ist kleiner als die Teststatistik, d. h. $t > z_{0.95}$. Die Nullhypothese wird also abgelehnt und die durchschnittliche Betriebsdauer ist statistisch signifikant größer als 10000 Betriebsstunden.
Das 99 % Konfidenzintervall ergibt sich zu

$$\left[10378.67 - 2.58\frac{500}{\sqrt{9}}, 10378.67 + 2.58\frac{500}{\sqrt{9}}\right] = [9948.67, 10808.67].$$

Bei der Bestimmung des Konfidenzintervalls haben wir das 99.5 % Quantil $z_{0.995} = 2.58$ der Standardnormalverteilung benutzt.

(c) Bei unbekannter Varianz kann Anstelle des Gauß-Tests der t-Test mit Teststatistik

$$T = \frac{\bar{X} - 10000}{S}\sqrt{n}$$

verwendet werden. Bei S handelt es sich um die empirische Standardabweichung, d. h.

$$S = \sqrt{\frac{1}{n-1}\sum_{i=1}^{n}(X_i - \bar{X})^2}.$$

Die Nullhypothese kann abgelehnt werden, wenn die realisierte Teststatistik t größer ist als das $1 - \alpha$ Quantil der t-Verteilung mit $n - 1$ Freiheitsgraden. Im vorliegenden Fall erhalten wir als realisierte Standardabweichung $s = 400.84$ und damit als realisierte Teststatistik

$$t = \frac{10378.67 - 10000}{400.84}\sqrt{9} = 2.83.$$

Das $1 - \alpha$ Quantil ist gegeben durch $t_{1-\alpha}(n-1) = t_{0.95}(8) = 1.86$. Da wieder $t > t_{1-\alpha}(n-1)$ kann auch in diesem Fall die Nullhypothese abgelehnt werden.

Das 99 % Konfidenzintervall ist wegen $t_{0.995}(8) = 3.35$ gegeben durch

$$\left[10378.67 - 3.35\frac{400.84}{\sqrt{9}}, 10378.67 + 3.35\frac{400.84}{\sqrt{9}}\right] = [9931.0653, 10826.275].$$

Da durch die jetzt unbekannte Varianz zusätzliche Unsicherheit entsteht, ist zu erwarten, dass die berechneten Konfidenzintervalle tendenziell eher breiter werden als bei bekannter Varianz.

(d) Die Gütefunktion gibt in Abhängigkeit von μ die Wahrscheinlichkeit an, die Nullhypothese abzulehnen, d. h.

$$g(\mu) = P(H_0 \text{ ablehnen falls } \mu \text{ der wahre Parameter ist}).$$

Der Test ist so konstruiert, dass unter H_0, d. h. $\mu \leq 10000$, die Nullhypothese (fälschlicherweise) mit Wahrscheinlichkeit kleiner oder gleich 0.05 abgelehnt wird. Am rechten Rand von H_0, d. h. bei $\mu = 10000$, wird die Nullhypothese mit genau 5 prozentiger Wahrscheinlichkeit abgelehnt, d. h. $g(10000) = 0.05$. Für $\mu = 10500$ entnimmt man der Grafik $g(10500) \approx 0.72$, d. h. falls 10500 der wahre Parameter ist, wird die Nullhypothese (richtigerweise) mit Wahrscheinlichkeit 72 % abgelehnt (Power des Tests für $\mu = 10500$). Der Fehler zweiter Art (Nullhypothese beibehalten obwohl H_1 wahr) ist somit für $\mu = 10500$ ungefähr gleich 1-0.72 = 0.28 also circa 28 %. Im Fall $\mu = 10750$ entnimmt man der Grafik $g(10750) \approx 0.95$, d. h. die Nullhypothese wird (richtigerweise) mit Wahrscheinlichkeit 95 % abgelehnt (Power des Tests für $\mu = 10750$). Der Fehler zweiter Art liegt somit bei circa 5 %.

(e) Den Grafiken entnimmt man folgende Power des Tests im Fall $\mu = 10500$: Für $n = 5$ ungefähr 72 %, für $n = 7$ ungefähr 85 %, für $n = 9$ circa 91 % und schließlich für $n = 11$ circa 95 %. Damit muss der Stichprobenumfang mindestens bei $n = 9$ liegen (eventuell könnte auch bereits $n = 8$ genügen, die entsprechende Grafik ist aber nicht verfügbar).

(f) Die Länge des Konfidenzintervalls ist allgemein gegeben durch

$$l = 2 \cdot \frac{z_{1-\alpha/2}\sigma}{\sqrt{n}}.$$

Die Länge soll kleiner als 600 sein, so dass wir die Bedingung

$$l = 2 \cdot \frac{1.96 \cdot 500}{\sqrt{n}} = \frac{1960}{\sqrt{n}} < 600$$

erhalten. Auflösen nach n liefert

$$n > \left(\frac{1960}{600}\right)^2 = 10.67.$$

Als Stichprobenumfang muss also $n \geq 11$ gewählt werden.

Spezielle Testprobleme 11

Dieses Kapitel beinhaltet weiterführende Übungsaufgaben zum statistischen Testen. Konkret geht es um Tests für Lagealternativen im Ein- und Zweistichprobenfall wie den t-Test und dessen nichtparametrische Alternativen (etwa Vorzeichen-Test, Wilcoxon-Vorzeichen Test). Weiterhin werden Anpassungs-, Homogenitäts- und Korrelationstests etwa in Form von χ^2-Tests thematisiert.

Bei den Aufgaben 11.1–11.7 handelt es sich um die Aufgaben aus Kap. 11 des Lehrbuchs Fahrmeir et al. (2024). Zusätzlich findet man in diesem Kapitel weitere 11 Aufgaben 11.8–11.18. Bei den Aufgaben 11.6 und 11.7 handelt es sich um „R Aufgaben", die mit dem Statistikprogramm R gelöst werden sollen.

Aufgaben

Aufgabe 11.1 (Aufgabe 11.1 Lehrbuch)
Von einem Intelligenztest X ist bekannt, dass er normalverteilte Werte liefert und $Var(X) = 225$ gilt. Zu testen ist aus einer Stichprobe vom Umfang $n = 10$ die Nullhypothese $E(X) \leq 110$.

(a) Welchen Ablehnungsbereich erhält man bei einem geeigneten Testverfahren? Wählen Sie dazu $\alpha = 0.05$.
(b) Wie lautet die Testentscheidung, wenn $\bar{x} = 112$ resultiert?
(c) Wie groß ist der Fehler 2. Art, wenn der tatsächliche Erwartungswert 120 beträgt?
(d) Welchen Ablehnungsbereich erhält man, wenn die Varianz nicht bekannt ist, dafür aber $s^2 = 230$ berechnet wurde. Wird H_0 abgelehnt?

S. Lang et al., *Arbeitsbuch Statistik*, https://doi.org/10.1007/978-3-662-73272-4_11

Aufgabe 11.2 (Aufgabe 11.2 Lehrbuch)
Auf zwei Maschinen A und B wird Tee abgepackt. Auf Stichprobenbasis soll nachgewiesen werden, dass die Maschine A mit einem größeren durchschnittlichen Füllgewicht arbeitet als die Maschine B ($\alpha = 0.01$).

(a) Man weiß, dass die Füllgewichte der beiden Maschinen annähernd normalverteilt sind mit $\sigma_A^2 = 49\,\text{g}^2$ und $\sigma_B^2 = 25\,\text{g}^2$. Eine Zufallsstichprobe vom Umfang $n_A = 12$ aus der Produktion der Maschine A liefert ein durchschnittliches Füllgewicht von $\bar{x}_A = 140\,\text{g}$. Eine Zufallsstichprobe aus der Produktion der Maschine B vom Umfang $n_B = 10$ ergibt ein durchschnittliches Füllgewicht von $\bar{x}_B = 132\,\text{g}$. Man führe einen geeigneten Test durch.
(b) Die Varianzen seien nun unbekannt, aber man kann davon ausgehen, dass sie gleich sind. Man erhält als Schätzungen der Standardabweichungen $s_A = 5$ und $s_B = 4.5$. Man führe mit den Resultaten aus (a) einen geeigneten Test durch.

Aufgabe 11.3 (Aufgabe 11.3 Lehrbuch)
Bei fünf Personen wurde der Hautwiderstand jeweils zweimal gemessen, einmal bei Tag (X) und einmal bei Nacht (Y). Man erhielt für das metrische Merkmal Hautwiderstand folgende Daten

X_i	24	28	21	27	23
Y_i	20	25	15	22	18

(a) Die Vermutung in Forscherkreisen geht dahin, dass der Hautwiderstand nachts absinkt. Lässt sich diese Vermutung durch die vorliegende Untersuchung erhärten? Man teste einseitig mit einem verteilungsfreien Verfahren ($\alpha = 0.05$).
(b) Man überprüfe die Nullhypothese aus (a), wenn bekannt ist, dass der Hautwiderstand normalverteilt ist.

Aufgabe 11.4 (Aufgabe 11.4 Lehrbuch)
Bei einer Umfrage zur Kompetenzeinschätzung der Politiker A und B werden folgende Zufallsvariablen betrachtet

$$X = \begin{cases} 1 & A \text{ ist kompetent} \\ 0 & A \text{ ist nicht kompetent,} \end{cases} \qquad Y = \begin{cases} 1 & B \text{ ist kompetent} \\ 0 & B \text{ ist nicht kompetent.} \end{cases}$$

Es wird eine Stichprobe von $n = 100$ befragt. 60 Personen halten A für kompetent, 40 Personen halten B für kompetent, 35 Personen halten beide für kompetent.

(a) Man gebe die gemeinsame (absolute) Häufigkeitsverteilung der Zufallsvariablen X und Y in einer Kontingenztafel an.
(b) Man teste die Hypothese der Unabhängigkeit von X und Y ($\alpha = 0.05$).

Aufgabe 11.5 (Aufgabe 11.5 Lehrbuch)
Bei $n = 10$ Probanden wurden Intelligenz (Variable X) und Gedächtnisleistung (Variable Y) ermittelt. Man erhielt die Wertepaare:

X	124	79	118	102	86	89	109	128	114	95
Y	100	94	101	112	76	98	91	73	90	84

Man teste die Hypothese der Unabhängigkeit von X und Y unter Verwendung des Bravais-Pearsonschen Korrelationskoeffizienten ($\alpha = 0.05$).
Hinweis: $\sum x_i^2 = 111\,548$, $\sum y_i^2 = 85\,727$, $\sum x_i y_i = 95\,929$.

Aufgabe 11.6 (R Aufgabe 11.6 Lehrbuch)
Wir betrachten die Mietspiegeldaten von 2015. Die Daten finden sich in der Datei `mietspiegel2015.txt` und sind online verfügbar unter
https://github.com/sn-code-inside/Statistik-AB-CFHKLW/blob/main/daten/mietspiegel2015.txt
Erstellen Sie wie in Aufgabe 2.8 eine neue Variable `bj.cat`, die den Wert 1 annimmt, wenn das Baujahr älter als 1958 ist und den Wert 2, wenn das Baujahr 1958 oder jünger ist.

(a) Überprüfen Sie die Forschungshypothese, dass die Nettomieten pro Quadratmeter (`nmqm`) bei den jüngeren Wohnungen im Mittel höher sind. Wie lauten H_0 und H_1? Welchen parametrischen Test schlagen Sie vor?
(b) Überprüfen Sie Ihre Hypothese auch mit einem passenden nichtparametrischen Test. Zu welchem Ergebnis kommen Sie?
(c) Unterscheidet sich auch die mittlere Wohnfläche von jüngeren und älteren Wohnungen?

Aufgabe 11.7 (R Aufgabe 11.7 Lehrbuch)
Wir betrachten die Mietspiegeldaten von 2015. Die Daten finden sich in der Datei `mietspiegel2015.txt` und sind online verfügbar unter
https://github.com/sn-code-inside/Statistik-AB-CFHKLW/blob/main/daten/mietspiegel2015.txt
Führen Sie einen χ^2-Anpassungstest auf Normalverteilung für die Variable `nmqm` durch. Verwenden Sie verschiedene Klasseneinteilungen und untersuchen Sie, inwieweit das Ergebnis von Zahl und Wahl der Klassen abhängt.

Aufgabe 11.8
In einer Untersuchung über das Ernährungsverhalten nehmen 32 zufällig ausgewählte Personen teil. Ein Aspekt der Untersuchung ist der Vergleich von fleischloser und nicht fleischloser Ernährung. Dabei lautet die Forschungshypothese, dass Personen mit fleischloser Ernährung im Mittel weniger Kalorien am Tag zu sich nehmen als Menschen, die sich nicht fleischlos ernähren. Von den 32 Personen in der Stichprobe ernähren sich 12 fleischlos. Für diese Gruppe ergibt sich ein Stichprobenmittelwert von $\bar{x}_1 = 1780$ Kalorien pro Tag, während die 20 Personen in der Stichprobe, die sich nicht fleischlos ernähren, im Mittel $\bar{x}_2 = 1900$ Kalorien zu sich nehmen. Außerdem ergeben sich die zugehörigen geschätzten Standardabweichungen als $s_1 = 230$ und

$s_2 = 250$.
Man kann davon ausgehen, dass die Kalorienmenge, die eine Person am Tag zu sich nimmt, eine normalverteilte Zufallsgröße ist. Außerdem nimmt man an, dass die Varianz dieser Zufallsgröße bei Personen mit fleischloser Ernährung mit der bei Personen mit nicht fleischloser Ernährung übereinstimmt.

(a) Für welchen Parameter ist die Statistik $\bar{X}$ ein geeigneter Punktschätzer? Welche Eigenschaften besitzt dieser Schätzer in diesem Fall?
(b) Berechnen Sie jeweils ein 95 % Konfidenzintervall für die durchschnittliche Kalorienmenge für die beiden Gruppen.
(c) Wie beurteilen Sie die obige Forschungshypothese aufgrund der in (a) berechneten Konfidenzintervalle?
(d) Welcher Test wäre zur Überprüfung der Forschungshypothese geeignet? Begründen Sie Ihre Wahl ausführlich, und führen Sie den Test zum Niveau $\alpha = 0.05$ durch.

Aufgabe 11.9
Der Kinderschutzbund führt eine Untersuchung zur Situation von Pflegekindern durch. Dabei interessiert vor allem, ob das Pflegekind in einer Familie mit weiteren Kindern im Mittel besser integriert wird als bei Pflegeeltern ohne eigene Kinder. An der Studie nehmen acht Pflegeeltern teil, die auch eigene Kinder haben, und sechs Pflegeeltern, die keine eigenen Kinder besitzen. Mit Hilfe eines Fragebogens wird ein Integrationsscore ermittelt, der umso höhere Werte annimmt, je besser das Pflegekind in die Familie integriert wird. Folgende Scores wurden ermittelt:

Pflegeeltern	Scores							
mit eigenen Kindern x_i	8	13	16	20	24	17	18	25
ohne eigene Kinder y_j	12	9	13	11	19	15		

(a) Sie möchten die obige Fragestellung mit einem statistischen Test überprüfen. Welcher Test ist dazu geeignet? (Normalverteilungsannahme ist hier nicht gegeben!) Begründen Sie kurz Ihre Wahl.
(b) Überprüfen Sie die obige Fragestellung mit dem von Ihnen in (a) genannten Test zum Niveau $\alpha = 0.1$. Interpretieren Sie Ihr Ergebnis.

Aufgabe 11.10
Wie lauten Annahme- und Ablehnungsbereich der Tests in Aufgabe 10.3 und 10.4, wenn die Standardabweichungen σ unbekannt sind. Gehen Sie jeweils von einer beobachteten empirischen Standardabweichung von $s = 15$ aus. Bestimmen Sie für Aufgabe 10.4 auch den p-Wert.

Aufgabe 11.11
Mendel erhielt bei einem seiner Kreuzungsversuche von Erbsenpflanzen folgende Werte:

315 runde gelbe Erbsen,

108 runde grüne Erbsen,

101 kantige gelbe Erbsen,

32 kantige grüne Erbsen.

Sprechen diese Beobachtungen für oder gegen die Theorie, dass das Verhältnis der 4 Sorten 9:3:3:1 sein müsste ($\alpha = 0.05$)?

Aufgabe 11.12
Für den Tagesabsatz an Normalbenzin einer Selbstbedienungstankstelle an 240 Werktagen ergab sich folgende Tabelle:

Tagesabsatz (in 1000 Litern)	Anzahl der Werktage
bis 7	32
bis 8	120
bis 9	211
bis 10	240

Man prüfe die Hypothese, der Tagesabsatz an Normalbenzin besitze die Dichtefunktion

$$f(x) = \begin{cases} \frac{1}{4}x - \frac{3}{2} & \text{für } 6 \leq x \leq 8 \\ -\frac{1}{4}x + \frac{5}{2} & \text{für } 8 \leq x \leq 10 \\ 0 & \text{sonst} \end{cases}$$

(Dreiecksverteilung) zu einem Signifikanzniveau von $\alpha = 0.05$.

Aufgabe 11.13
In einer empirischen Studie zum Rauchverhalten wurden 10 Raucher befragt, wie viele Zigaretten sie durchschnittlich pro Tag rauchen. Es wurden folgende Angaben gemacht:

26 34 5 20 50 44 18 39 29 19.

(a) Überprüfen Sie anhand des Vorzeichen-Tests zum Niveau $\alpha = 0.1$, ob der Median der Anzahl der gerauchten Zigaretten größer ist als 25.
(b) Überprüfen Sie die Hypothese aus (a) auch mit Hilfe des Wilcoxon-Vorzeichen-Rang-Tests zum Niveau $\alpha = 0.1$.
(c) Nehmen Sie nun an, dass für die durchschnittliche Anzahl der gerauchten Zigaretten pro Tag eine Normalverteilung unterstellt werden kann. Führen Sie zum Niveau $\alpha = 0.1$ einen geeigneten parametrischen Test durch. Vergleichen Sie Ihr Ergebnis mit denen aus (a) und (b).

Aufgabe 11.14
In einer Universitätsklinik wird eine umfangreiche Studie über Behandlungsverfahren bei Patienten mit chronischen Schmerzen durchgeführt. Dazu wird u. a. der Befindlichkeitszustand der Patienten zu verschiedenen Zeitpunkten der Behandlung mit Hilfe eines Fragebogens erhoben. Erfasst wird beispielsweise die Häufigkeit und Intensität des Auftretens der Schmerzen und der psychische Zustand der Patienten. Aus all diesen Variablen wird ein standardisierter Score gebildet, der ein Maß für die Befindlichkeit darstellt.

Im Rahmen der Studie soll nun getestet werden, ob davon ausgegangen werden kann, dass der Befindlichkeitsscore eine standardnormalverteilte Zufallsgröße ist. In einer Stichprobe von 50 Patienten ergab sich für den Befindlichkeitsscore folgende gruppierte Häufigkeitsverteilung:

i	Klasse K_i	absolute Häufigkeit
1	$[-2.5, -1.5)$	6
2	$[-1.5, -0.5)$	10
3	$[-0.5, 0.5)$	5
4	$[0.5, 1.5)$	7
5	$[1.5, 2.5)$	22

(a) Zeichnen Sie ein Histogramm für die Verteilung des Befindlichkeitsscores in der Stichprobe zu der oben angegebenen Klasseneinteilung. Beurteilen Sie aufgrund des Histogramms die Hypothese, dass der Score standardnormalverteilt ist.

(b) Führen Sie für die obige Fragestellung den χ^2-Anpassungstest zum Niveau $\alpha = 0.05$ und der Klasseneinteilung:

$$(-\infty, -1.5), \quad [-1.5, -0.5), \quad [-0.5, 0.5), \quad [0.5, 1.5), \quad [1.5, \infty)$$

durch. Formulieren Sie dazu zunächst das statistische Testproblem. Interpretieren Sie Ihr Ergebnis.

Aufgabe 11.15
Nach einem Schlaganfall ist die Motorik der Patienten häufig erheblich gestört. In einem großen REHA-Zentrum befindet sich eine neue REHA-Maßnahme zur Verbesserung der Feinmotorik in der Entwicklung. Die Feinmotorik soll mittels zehn verschiedener Geschicklichkeitsübungen gemessen werden, die die Patienten sowohl vor als auch nach der REHA-Maßnahme absolvieren müssen. Es werden jeweils die als erfolgreich eingestuften Aufgaben gezählt. Von Interesse ist zu erfahren, ob die Patienten nach der REHA-Maßnahme tatsächlich bessere motorische Fähigkeiten haben.
Überprüfen Sie diese Frage mittels eines geeigneten statistischen Tests zum Niveau $\alpha = 0.05$ (Annahme der Normalverteilung ist hier nicht gegeben) anhand der für

elf zufällig ausgewählte Schlaganfallpatienten ermittelten Anzahlen an erfolgreich absolvierten Übungen:

Patient	1	2	3	4	5	6	7	8	9	10	11
vor REHA	7	4	7	3	3	3	5	2	7	3	2
nach REHA	5	4	8	1	9	7	5	1	10	1	7

Aufgabe 11.16

100 zufällig ausgewählte Studierende der LMU München wurden im Dezember 1997 nach ihrem Studienfach und nach ihrer Einstellung zum Studierendenstreik befragt. Dabei ergaben sich folgende Häufigkeiten:

Einstellung Studienfach	Positiv	Negativ	Neutral
Naturwissenschaften	20	5	15
Geisteswissenschaften	10	5	5
Wirtschaftswissenschaften	10	20	10

Testen Sie zum Signifikanzniveau von 0.01, ob die Merkmale „Studienfach" und „Einstellung zum Studierendenstreik" unabhängig sind.

Aufgabe 11.17

Betrachten Sie die Daten aus Aufgabe 3.11 als Zufallsstichprobe eines Jahres. Überprüfen Sie anhand eines geeigneten statistischen Tests zum Niveau $\alpha = 0.05$, ob die beiden Merkmale „Schulart" und „Staatsangehörigkeit" abhängig sind.

Aufgabe 11.18

Ein Investor hat für zwei unabhängige Anlageformen A und B die Monatsrenditen $X_{A,i}$ bzw. $Y_{B,j}$ der letzten $n_A = 25$ bzw. $n_B = 36$ Monate ermittelt.

Es wurden folgende Statistiken berechnet:

$$\bar{x}_A = 0.0047, \quad s_A = 0.0144,$$
$$\bar{x}_B = 0.0072, \quad s_B = 0.0149.$$

(a) Gehen Sie davon aus, dass die Renditen jeweils unabhängig und identisch normalverteilt sind:

$$X_{A,i} \sim N(\mu_A, \sigma_A^2), \quad X_{B,j} \sim N(\mu_B, \sigma_B^2).$$

Der Investor geht davon aus, dass beide Investments im Mittel positive Monatsrenditen erzielen. Untersuchen Sie mittels statistischer Tests ($\alpha = 0.05$), ob diese Behauptungen statistisch nachgewiesen werden können.

(a1) Stellen Sie die Hypothesen der beiden Testprobleme auf.
(a2) Wie lauten die Prüfgrößen? Wie sind sie unter H_0 verteilt?

(a3) Bestimmen Sie für die Tests die Ablehnungsbereiche.
(a4) Wie lauten die Testentscheidungen? Für die Anlageform B sei der p-Wert durch $p_B = 0.0085$ gegeben.

(b) Sie erfahren aus der Literatur, dass für Renditen zwar die Normalverteilungsannahme nicht immer gerechtfertigt ist, jedoch stets davon ausgegangen werden kann, dass sie symmetrisch verteilt sind.
Untersuchen Sie nun *jeweils* durch einen Wilcoxon-Vorzeichen-Rang-Test ($\alpha = 0.05$), ob nachgewiesen werden kann, dass die Investments eine positive Median-Rendite aufweisen. Hierzu wurden folgende Werte der Teststatistiken berechnet:

$$W_A^+ = 225 \quad \text{und} \quad W_B^+ = 509.$$

(b1) Stellen Sie die Hypothesen der Testprobleme auf.
(b2) Wie lauten die Prüfgrößen? Wie sind sie unter H_0 (approximativ) verteilt?
(b3) Bestimmen Sie für den Test der *Anlageform A* den Ablehnungsbereich, und führen Sie den Test durch.

(c) Der Investor ist der Auffassung, dass Anlageform B im Mittel eine höhere Monatsrendite erzielt als Anlageform A. Untersuchen Sie durch einen statistischen Test zum Niveau $\alpha = 0.05$, ob sich diese Auffassung statistisch erhärten lässt. Gehen Sie von normalverteilten Renditen unter der Annahme $\sigma_A = \sigma_B$ aus. Ihnen steht folgende zusätzliche Angabe zur Verfügung:

$$\sqrt{\left(\frac{1}{n_A} + \frac{1}{n_B}\right) \frac{(n_A - 1) \cdot s_A^2 + (n_B - 1) \cdot s_B^2}{n_A + n_B - 2}} = 0.00384.$$

(c1) Stellen Sie die Hypothesen des Testproblems auf.
(c2) Wie lautet die Prüfgröße? Wie ist sie unter H_0 verteilt?
(c3) Wie lautet die Testentscheidung? (Kurz!)

Lösungen

Lösung 11.1

(a) Das Hypothesenpaar ist

$$H_0: \quad \mu \leq 110, \qquad H_1: \quad \mu > 110.$$

Für den einseitigen Gauß-Test

$$Z = \frac{\bar{X} - \mu_0}{\sigma}\sqrt{n}$$

erhält man den Ablehnungsbereich $(z_{1-\alpha}, \infty)$. Für $\alpha = 0.05$ ergibt sich $(1.64, \infty)$.

(b) Mit $\alpha = 0.05$ ergibt sich aus

$$z = \frac{112 - 110}{15}\sqrt{10} = \frac{2}{15}\sqrt{10} = 0.42,$$

dass H_0 nicht verworfen wird.

(c) Der Fehler 2. Art ist bestimmt durch

$$\begin{aligned}
&P(Z \leq z_{1-\alpha} \mid \mu = 120) = \\
&= P\left(\frac{\bar{X} - 120 + 120 - \mu_0}{\sigma}\sqrt{n} \leq z_{1-\alpha}\right) \\
&= P\left(Z + \frac{120 - \mu_0}{\sigma}\sqrt{n} \leq z_{1-\alpha}\right) \\
&= P\left(Z \leq z_{1-\alpha} - \frac{120 - \mu_0}{\sigma}\sqrt{n}\right) \\
&= P\left(Z \leq 1.64 - \frac{10}{15}\sqrt{10}\right) = P(Z \leq -0.46) \\
&= \Phi(-0.46) = 1 - \Phi(0.46) = 1 - 0.677 = 0.323.
\end{aligned}$$

(d) Der Ablehnungsbereich des t-Tests ist gegeben als $(t_{1-\alpha}(n-1), \infty)$. Für $\alpha = 0.05$ ergibt sich $(t_{0.95}(9), \infty)$, also $(1.83, \infty)$.
Die Teststatistik erhält man als

$$t = \frac{\bar{x} - \mu_0}{s}\sqrt{n} = \frac{112 - 110}{\sqrt{230}}\sqrt{10} = 0.417.$$

Die Nullhypothese wird demnach nicht abgelehnt.

Lösung 11.2

Seien X das Füllgewicht auf Maschine A und Y das Füllgewicht auf Maschine B. Man geht davon aus, dass X und Y unabhängig sind und normalverteilt mit $X \sim N(\mu_A, \sigma_A^2)$ und $Y \sim N(\mu_B, \sigma_B^2)$.

(a) Zu testen sind die Hypothesen

$$H_0 : \mu_A \leq \mu_B \text{ gegen } H_1 : \mu_A > \mu_B.$$

Verwende als Test den Zwei-Stichproben-Gauß-Test mit der Teststatistik

$$Z = \sqrt{n_A n_B} \cdot \frac{\bar{X} - \bar{Y}}{\sqrt{n_B \sigma_A^2 + n_A \sigma_B^2}}.$$

Unter H_0 ist Z standardnormalverteilt. H_0 wird abgelehnt, falls

$$z > z_{0.99} = 2.3263.$$

Im vorliegenden Fall gilt

$$z = \sqrt{12 \cdot 19} \cdot \frac{140 - 132}{\sqrt{19 \cdot 49 + 12 \cdot 25}} = 3.1179 > 2.3263,$$

d. h. H_0 wird abgelehnt. Zu einem Signifikanzniveau von $\alpha = 0.01$ lässt sich nachweisen, dass Maschine A mit einem höheren Füllgewicht als Maschine B arbeitet.

(b) Verwende nun als Test den t-Test mit der Teststatistik

$$T = \sqrt{\frac{n_A n_B}{n_A + n_B}} \cdot \frac{\bar{X} - \bar{Y}}{S} \sim t(n_A + n_B - 2)$$

mit

$$S^2 = \frac{(n_A - 1)S_A^2 + (n_B - 1)S_B^2}{n_A + n_B - 2}.$$

H_0 wird abgelehnt, falls

$$T > t_{0.99}(n_A + n_B - 2) = t_{0.99}(20) = 2.53.$$

$$t = \sqrt{\frac{12 \cdot 10}{12 + 10}} \cdot \frac{140 - 132}{\sqrt{22.8625}} = 3.9076,$$

d. h. auch hier wird H_0 abgelehnt.

Lösung 11.3

(a) Da es sich hier um eine verbundene Stichprobe handelt, geht man über zu den Differenzen

$$D_i = X_i - Y_i.$$

Da man nicht von der Normalverteilungsannahme ausgehen kann, erweist sich der Wilcoxon-Vorzeichen-Rang-Test als geeignet. Die Hypothesen

$$H_0 : X_{med} \leq Y_{med} \text{ gegen } H_1 : X_{med} > Y_{med}$$

sind äquivalent zu

$$H_0 : D_{med} \leq 0 \text{ gegen } H_1 : D_{med} > 0.$$

Die Teststatistik lautet

$$W^+ = \sum_{i=1}^{5} rg|D_i|Z_i \quad \text{mit}$$

$$Z_i = \begin{cases} 1, \text{ falls } D_i > 0 \\ 0, \text{ falls } D_i \leq 0. \end{cases}$$

Der folgenden Tabelle entnimmt man die zur Berechnung von W^+ benötigten Größen:

x_i	24	28	21	27	23
y_i	20	25	15	22	18
$D_i = x_i - y_i$	4	3	6	5	5
$rg(D_i)$	2	1	5	3.5	3.5
Z_i	1	1	1	1	1

Damit erhält man

$$W^+ = 2 + 1 + 5 + 3.5 + 3.5 = 15.$$

H_0 wird abgelehnt, falls

$$W^+ > w^+_{0.95}(5) = 13.$$

Im vorliegenden Fall wird also H_0 abgelehnt, d. h. das Absinken des Hautwiderstands ist signifikant zu $\alpha = 0.05$.

(b) Bei normalverteilten Merkmalen kann der einfache t-Test zum Test von

$$H_0 : \mu_D \leq 0 \text{ gegen } H_1 : \mu_D > 0$$

verwendet werden. Die Teststatistik lautet

$$T = \frac{\bar{D} - 0}{S} \cdot \sqrt{n}.$$

Es gilt $\bar{d} = 4.6$ und $s^2 = 1.3$ und damit

$$t = \frac{4.6}{1.14}\sqrt{5} = 9.023.$$

H_0 wird abgelehnt, falls

$$T > t_{0.95}(4) = 2.1318.$$

Wie beim Wilcoxon-Test wird also auch hier H_0 abgelehnt.

Lösung 11.4

(a) Die Häufigkeitsverteilung ergibt sich als

		Y: 1	Y: 0	
X	1	35	25	60
	0	5	35	40
		40	60	100

(b) Man erhält für die unter Unabhängigkeit zu erwartenden Beobachtungen $\tilde{h}_{ij} = h_{i\cdot}h_{j\cdot}/n$ die Tafel

		Y: 1	Y: 0	
X	1	24	36	60
	0	16	24	40
		40	60	100

Daraus ergibt sich

$$\begin{aligned}\chi^2 &= \sum_{i,j} \frac{(h_{ij} - \tilde{h}_{ij})^2}{\tilde{h}_{ij}} \\ &= \frac{(35-24)^2}{24} + \frac{(25-36)^2}{36} + \frac{(5-16)^2}{16} + \frac{(35-24)^2}{24} \\ &= 5.042 + 3.361 + 7.563 + 5.042 \\ &= 21.007.\end{aligned}$$

Der Vergleich mit $\chi^2_{0.95}(1) = 3.84$ zeigt, dass H_0 abgelehnt wird.

Lösung 11.5
Unter der Annahme, dass die $(X_i, Y_i)_{i=1...n}$ unabhängig und gemeinsam normalverteilt sind, lauten die zu testenden Hypothesen

$$H_0 : \rho_{XY} = 0 \text{ gegen } H_1 : \rho_{XY} \neq 0.$$

Als Testgröße verwende man hier

$$T = \frac{r_{XY}}{\sqrt{1 - r_{XY}^2}} \cdot \sqrt{n-2}.$$

Unter H_0 gilt $T \sim t(n-2)$. Im vorliegenden Fall gilt $\bar{x} = 104.4$, $\bar{y} = 91.9$ und damit

$$r_{XY} = \frac{95\,929 - 10 \cdot 104.4 \cdot 91.9}{\sqrt{(111\,548 - 10 \cdot 104.4^2)(85\,727 - 10 \cdot 91.9^2)}} = -0.0081.$$

Für T erhält man also:

$$t = \frac{-0.0081}{\sqrt{1 - 0.0081^2}} \cdot \sqrt{8} = -0.0229.$$

H_0 wird abgelehnt, falls

$$|T| > t_{0.975}(8) = 2.3060.$$

Im vorliegenden Fall wird also H_0 nicht abgelehnt.

Lösung 11.6
Den vollständigen und dokumentierten `R` Code der Lösung findet man als Datei `loes11_6.R` unter:

https://github.com/sn-code-inside/Statistik-AB-CFHKLW/blob/main/code/loes11_6.R

Zunächst muss der Datensatz `mietspiegel2015.txt` in `R` importiert werden. Generelle Hinweise zum Import von Datensätzen finden sich zu Beginn der Lösung von Aufgabe 2.8.

(a) Nach dem Einlesen der Daten erzeugen wir in `R` zunächst die binäre Variable `bj.cat`:

```
daten$bj.cat <- ifelse(daten$bj<1958, 1, 2)
```

Die Forschungshypothese lautet H_1: „Erwartungswert der Nettomieten höher bei jüngeren Wohnungen.“ Dementsprechend ist H_0: „Erwartungswert der Nettomieten nicht höher bei jüngeren Wohnungen.“ Formal erhalte wir

$$H_0 : \mu_{bj \geq 1958} \leq \mu_{bj < 1958} \qquad H_1 : \mu_{bj \geq 1958} > \mu_{bj < 1958}.$$

Da die beiden Gruppen, definiert durch das binarisierte Baujahr, unabhängig sind, bietet sich ein einseitiger t-Test an. Dazu benutzen wir die Funktion `t.test` in `R`. Dabei muss man etwas aufpassen, dass man den Parameter `alternative` richtig spezifiziert. Die Spezifikation `alternative = greater` bedeutet, dass `x` einen größeren Erwartungswert hat als `y`. Wir wählen also für `x` die jüngeren Wohnungen (`bj`$\geq$ 1958 bzw. `bj.cat`= 2). Wir nehmen an, dass beide Varianzen unbekannt sind (Option `var.equal=FALSE`). Als Voreinstellung gilt $\alpha = 0.05$, welches wir für den Test in `R` auch verwenden:

```
t.test(daten$nmqm[daten$bj.cat==2], daten$nmqm[daten$bj.cat==1],
    alternative = "greater", paired=FALSE, var.equal=FALSE)
```

Bei der Ausgabe der Funktion ist insbesondere der p-Wert `p-value < 2.2e-16` von Interesse. Offenbar wird die Nullhypothese abgelehnt.

(b) Hier bietet sich ein Wilcoxon-Rangsummen-Test an. Dazu verwenden wir die Funktion `wilcox.test`:

```
wilcox.test(daten$nmqm[daten$bj.cat==2],
            daten$nmqm[daten$bj.cat==1],
            alternative = "greater", paired=FALSE)
```

Wir kommen nach Ausführung des Befehls zum gleichen Ergebnis wie beim t-Test, nämlich dass die Nullhypothese abgelehnt wird, wiederum erhält man `p-value < 2.2e-16`.

(c) Hier ist ein zweiseitiger Test gefragt. Wir führen sowohl einen t-Test als auch einen Wilcoxon-Rangsummen-Test durch, vergleiche das verlinkte Skript. Die Alternative H_1 ist, dass sich die Erwartungswerte bzw. Mediane (wenn die Form der Verteilung der beiden Stichproben gleich ist) unterscheiden. In beiden Fällen kann die Nullhypothese nicht abgelehnt werden: `p-value = 0.6558` bzw. `p-value = 0.3035`.

Lösung 11.7

Den vollständigen und dokumentierten `R` Code der Lösung findet man als Datei `loes11_7.R` unter:

https://github.com/sn-code-inside/Statistik-AB-CFHKLW/blob/main/code/loes11_7.R

Zunächst muss der Datensatz `mietspiegel2015.txt` in `R` importiert werden. Generelle Hinweise zum Import von Datensätzen finden sich zu Beginn der Lösung von Aufgabe 2.8.

Wir führen einen χ^2-Anpassungstest für gruppierte Daten durch, vergleiche Fahrmeir et al. (2024) Abschn. 11.2.2. Wir verwenden zur Illustration zwei eher extreme Intervalleinteilungen mit 5 und 28 Intervallen, d. h. mit relativ wenigen und relativ vielen Intervallen. Wir illustrieren hier die Durchführung des Tests am Beispiel mit 5 Intervallen. Der Test wird in `R` in folgenden Schritten durchgeführt:

1. *Definiere Intervalle*
Wir verwenden die 5 Intervalle $(-\infty, 7]$, $(7, 11]$, $(11, 15]$, $(15, 17]$, $(17, \infty)$. Mit Hilfe der `cut` Funktion erzeugen wir eine neue Faktorvariable `nmqm.1`, welche die in `grenzen.1` definierte kategoriale Einteilung der Nettomiete speichert:

```
grenzen.1 <- c(-Inf, 7, 11, 15, 17, Inf)
nmqm.1 <- cut(daten$nmqm, breaks=grenzen.1)
```

2. *Bestimme beobachtete Häufigkeiten der Intervalle*

```
table.1 <- table(nmqm.1)
anzahl.intervalle.1 <- length(table.1)
```

3. *Bestimme erwartete Häufigkeiten der Intervalle*
Die theoretischen Wahrscheinlichkeiten der Intervalle werden mit der Funktion `pnorm` zur Bestimmung der Verteilungsfunktion der Normalverteilung berechnet. Als Erwartungswert und Standardabweichung verwenden wir die üblichen Schätzungen, d. h. das arithmetische Mittel und die Standardabweichung der Daten:

```
erwartet.1 <- numeric(anzahl.intervalle.1)
for (i in 1:(anzahl.intervalle.1))
erwartet.1[i] <- pnorm(grenzen.1[i+1], mean=mittel, sd=stdabw)
                - pnorm(grenzen.1[i], mean=mittel, sd=stdabw)
```

4. *Bestimme die Teststatistik*
Die Teststatistik des χ^2-Anpassungstests berechnen wir mit Hilfe der Funktion `chisq.test`:

```
erg.1 <- chisq.test(table.1, p=erwartet.1)
erg.1$statistic
```

Als Ergebnis erhalten wir den Wert 21.142. Man beachte, dass der ebenfalls in `erg.1` hinterlegte p-Wert hier nicht korrekt ist, da keine Korrektur der Freiheitsgrade infolge der zusätzlichen Schätzung von Erwartungswert und Varianz der Normalverteilung erfolgt, vergleiche wieder Abschn. 11.2.2 von Fahrmeir et al. (2024).
5. *Bestimmung des p-Werts*
Bei der Bestimmung des korrekten p-Werts müssen wir von der Anzahl der Intervalle nicht nur den Wert 1, sondern den Wert 3 abziehen um für die zusätzlichen beiden geschätzten Parameter zu korrigieren:

```
1-pchisq(erg.1$statistic, df=anzahl.intervalle.1-1-2)
```

Als Ergebnis ergibt sich mit 0.00002565 ein sehr kleiner p-Wert, so dass die Nullhypothese einer Normalverteilung mit den üblichen Signifikanzniveaus klar verworfen wird.

Völlig analog kann der Test mit 28 Intervallen durchgeführt werden, vergleiche das verlinkte R Skript. Die resultierende Teststatistik ist $\chi^2 = 91.074$ und der dazu gehörige p-Wert nochmal deutlich kleiner als jener bei 5 Intervallen, so dass die Testergebnisse nicht ganz überraschend von der Wahl der Zahl und Lage der Klassen abhängen. Mit den üblichen Signifikanzniveaus wird auch hier die Nullhypothese einer Normalverteilung klar abgelehnt.

Lösung 11.8

(a) $\bar{X}$ ist ein geeigneter Punktschätzer für den Erwartungswert μ der Verteilung von X. $\bar{X}$ ist erwartungstreu für μ, konsistent und effizient.

(b) Das Konfidenzintervall für μ_1 lautet mit $\bar{x}_1 = 1780$, $n_1 = 12$ und $s_1 = 230$:

$$\begin{aligned}&[\bar{x}_1 - t_{0.975}(n_1-1)\cdot\frac{s_1}{\sqrt{n_1}}, \bar{x}_1 + t_{0.975}(n_1-1)\cdot\frac{s_1}{\sqrt{n_1}}]\\&=[1780 - 2.2010\cdot\frac{230}{\sqrt{12}}, 1780 + 2.2010\cdot 66.3953]\\&=[1633.86, 1926.14].\end{aligned}$$

Da $\bar{x}_2 = 1900$, $n_2 = 20$ und $s_2 = 250$, ergibt sich als Konfidenzintervall für μ_2:

$$\begin{aligned}&[1900 - 2.0930\cdot\frac{250}{\sqrt{20}}, 1900 + 2.0930\cdot 55.9017]\\&=[1783.00, 2017.00].\end{aligned}$$

(c) Die beiden Konfidenzintervalle überlappen sich. Man kann also aufgrund der Beobachtungen und dem vorgegebenen Signifikanzniveau von 5 % nicht schließen, dass sich die mittleren Kalorienmengen bei Personen mit fleischloser bzw. nicht fleischloser Ernährung unterscheiden.

(d) Da von einer Normalverteilung und unbekannten, aber gleichen Varianzen σ_1^2 und σ_2^2 ausgegangen werden kann, ist zum Vergleich der Erwartungswerte der Zwei-Stichproben-t-Test für unverbundene Stichproben mit folgender Testgröße geeignet:

$$\begin{aligned}T &= \frac{\bar{X}_1 - \bar{X}_2}{S\sqrt{\frac{1}{n_1}+\frac{1}{n_2}}}, \text{ wobei}\\S^2 &= \frac{1}{n_1+n_2-2}[(n_1-1)S_1^2 + (n_2-1)S_2^2].\end{aligned}$$

Mit $n_1 = 12$, $n_2 = 20$, $s_1 = 230$ und $s_2 = 250$ ergibt sich:

$$s^2 = \frac{1}{12+32-2}(11 \cdot 230^2 + 19 \cdot 250^2) = \frac{1}{30}(581900 + 1187500) = 58980$$

und damit $s = \sqrt{58980} = 242.85$.
Somit erhält man

$$t = \frac{1780 - 1900}{242.85\sqrt{\frac{1}{12} + \frac{1}{20}}} = -\frac{120}{88.73} = -1.35.$$

Da $t = -1.35 \not< -1.697 = t_{1-\alpha}(n+m-2) = t_{0.95}(30)$, kann H_0 nicht verworfen werden. Man kann also bei einem Signifikanzniveau von $\alpha = 0.05$ nicht schließen, dass Personen, die sich fleischlos ernähren, am Tag weniger Kalorien zu sich nehmen als Personen, bei denen auch Fleisch auf dem Speiseplan steht.

Lösung 11.9

(a) Es handelt sich hier um ein Zwei-Stichprobenproblem mit unabhängigen Stichproben. Da man nicht von einer Normalverteilung ausgehen kann und die Stichprobenumfänge klein sind, ist ein verteilungsfreier Test und zwar der Wilcoxon-Rangsummen-Test angebracht.
(b) Das statistische Testproblem lautet

$$H_0 : x_{med} \leq y_{med} \quad \text{gegen} \quad H_1 : x_{med} > y_{med},$$

d. h. X nimmt unter H_0 im Mittel kleinere Werte an als Y. Zur Berechnung der Testgröße werden in der gemeinsamen Stichprobe die Ränge verteilt, wie der folgenden Arbeitstabelle entnommen werden kann:

Gemeinsame Stichprobe (X)	8	13	16	20	24	17	18	25
Rang	1	5.5	8	12	13	9	10	14
Gemeinsame Stichprobe (Y)	12	9	13	11	19	15		
Rang	4	2	5.5	3	11	7		

Damit ergibt sich für die Testgröße:

$$T_W = \sum_{i=1}^{n} R(Y_i) = 4 + 2 + 5.5 + 3 + 11 + 7 = 32.5.$$

H_0 kann verworfen werden, falls $T_W < w_\alpha(n, m)$. Da hier $w_\alpha(n, m) = w_{0.1}(6, 8)$ $= 35 > 32.5 = T_W$ ist, kann H_0 verworfen werden. H_1 ist signifikant zum

Niveau $\alpha = 0.1$. Man kann also bei einem Signifikanzniveau $\alpha = 0.1$ nachweisen, dass Pflegekinder in Pflegefamilien, in denen weitere Kinder sind, besser integriert werden.

Lösung 11.10
Da nun σ^2 als unbekannt vorausgesetzt wird, müssen in den Aufgaben 10.3 und 10.4 t-Tests anstelle von Gauß-Tests durchgeführt werden. Die Teststatistik lautet damit:

$$T = \frac{\bar{X} - \mu_0}{S} \cdot \sqrt{n} \sim t(n-1).$$

Zu Aufgabe 10.3: H_0 wird nun abgelehnt, falls

$$T = \frac{\bar{X} - 100}{S} \cdot \sqrt{n} > t_{0.9}(24) = 1.318,$$

d. h. im Vergleich zum Gauß-Test (mit bekannter Varianz) wird H_0 erst für größere Werte der Teststatistik abgelehnt. Für die Teststatistik ergibt sich

$$t = \frac{104 - 100}{15} \sqrt{25} = 1.\bar{3},$$

so dass H_0 abgelehnt wird.
Zu Aufgabe 10.4: H_0 wird abgelehnt, falls

$$T = \frac{\bar{X} - 600}{S} \cdot \sqrt{40} > t_{0.99}(39) \approx t_{0.99}(\infty) = 2.3263.$$

Aufgrund des großen Stichprobenumfangs stimmen hier t-Test und Gauß-Test überein. Der p-Wert kann somit aus der Standardnormalverteilung bestimmt werden:

$$\begin{aligned} p = P_{\mu=\mu_0}(T > 2.108) &= 1 - P_{\mu=100}(T \leq 2.108) \\ &= 1 - \Phi(2.108) = 0.0174. \end{aligned}$$

Lösung 11.11
Sei X der Ausgang des Kreuzungsexperiments mit

$$X = \begin{cases} 1, & \text{falls rund und gelb} \\ 2, & \text{falls rund und grün} \\ 3, & \text{falls kantig und gelb} \\ 4, & \text{falls kantig und grün.} \end{cases}$$

Die hypothetischen Wahrscheinlichkeiten sollen im Verhältnis 9 : 3 : 3 : 1 stehen, d. h.

$$\pi_1 = \frac{9}{16}, \quad \pi_2 = \frac{3}{16}, \quad \pi_3 = \frac{3}{16}, \quad \pi_4 = \frac{1}{16}.$$

Zu testen ist

$$H_0 : P(X = i) = \pi_i \quad \text{für } i = 1, 2, 3, 4$$

gegen

$$H_1 : P(X = i) \neq \pi_i \quad \text{für mindestens ein } i = 1, 2, 3, 4.$$

Verwende als Teststatistik:

$$\chi^2 = \sum_{i=1}^{4} \frac{(h_i - n\pi_i)^2}{n\pi_i},$$

wobei h_i die absoluten Häufigkeiten bezeichnen und $n = 556$ den Stichprobenumfang. Der folgenden Tabelle entnimmt man die für die Berechnung von χ^2 notwendigen Werte:

h_i	$n\pi_i$	$h_i - n\pi_i$	$\frac{(h_i-n\pi_i)^2}{n\pi_i}$
315	312.75	2.25	0.0162
108	104.25	3.75	0.1349
101	104.25	−3.25	0.1013
32	34.75	−2.75	0.2176

Damit erhält man

$$\begin{aligned}\chi^2 &= \frac{(315 - 312.75)^2}{312.75} + \frac{(108 - 104.25)^2}{104.25} \\ &+ \frac{(101 - 104.25)^2}{104.25} + \frac{(32 - 34.75)^2}{34.75} \\ &= 0.47.\end{aligned}$$

Unter H_0 gilt $\chi^2 \overset{a}{\sim} \chi^2(3)$, d. h. H_0 wird abgelehnt, falls $\chi^2 > \chi^2_{0.95}(3) = 7.815$. Da $\chi^2 = 0.47 < 7.815$, wird H_0 beibehalten.

Lösung 11.12

Ein geeigneter Test für das vorliegende Problem ist der χ^2-Anpassungstest. Zur Lösung der Aufgabe wird zunächst die Verteilungsfunktion der Dichte f benötigt. Sie ist gegeben durch

$$F(x) = \begin{cases} 0 & \text{für } x < 6 \\ \frac{1}{8}x^2 - \frac{3}{2}x + 4.5 & \text{für } 6 \leq x \leq 8 \\ \frac{1}{8}x^2 + \frac{5}{2}x - 11.5 & \text{für } 8 \leq x \leq 10 \\ 1 & \text{für } x > 10. \end{cases}$$

Damit erhält man

$$\begin{aligned}
P(X \leq 7) &= 0.125 \cdot 7^2 - 1.5 \cdot 7 + 4.5 = 0.125,\\
P(7 < X \leq 8) &= 0.5 - 0.125 = 0.375,\\
P(8 < X \leq 9) &= 0.875 - 0.5 = 0.375,\\
P(9 < X \leq 10) &= 1 - 0.875 = 0.125.
\end{aligned}$$

Aus diesen Wahrscheinlichkeiten lassen sich die unter der Nullhypothese erwarteten Anzahlen der Werktage berechnen und ergeben:

$$\begin{aligned}
\chi^2 &= \frac{(32 - 0.125 \cdot 240)^2}{0.125 \cdot 240} + \frac{(88 - 0.375 \cdot 240)^2}{0.375 \cdot 240}\\
&= \frac{(91 - 0.375 \cdot 240)^2}{0.375 \cdot 240} + \frac{(29 - 0.125 \cdot 240)^2}{0.125 \cdot 240}\\
&= 0.222.
\end{aligned}$$

Die Nullhypothese wird abgelehnt, falls $\chi^2 > \chi^2_{0.95}(3) = 7.91$. Da $\chi^2 = 0.222 < 7.91$, wird H_0 beibehalten.

Lösung 11.13

In dieser Aufgabe werden der Vorzeichen-Test, der Wilcoxon-Vorzeichen-Rang-Test und der t-Test miteinander verglichen.

(a) Dem Vorzeichen-Test liegt folgendes statistisches Testproblem zugrunde

$$H_0 : x_{med} \leq 25 \qquad \text{gegen} \qquad H_1 : x_{med} > 25.$$

Da $\delta_0 = 25$, ermittle man als Testgröße A die Anzahl aller Beobachtungen mit einem Wert kleiner als 25. Diese ist unter H_0 binomialverteilt mit Parametern $n = 10$ und $\pi = 0.5$. Damit wird H_0 verworfen, falls $A \leq b_\alpha$ mit $B(b_\alpha) \leq \alpha < B(b_\alpha + 1)$. Man erhält aus Tabelle B (Fahrmeir et al., 2024):

$$\begin{aligned}
B(2) &= 0.0547 \leq \alpha = 0.1\\
B(3) &= 0.1719 > \alpha
\end{aligned}$$

und damit $b_\alpha = 2$. Da $A = 4 > 2$, wird H_0 beibehalten. Es kann also nicht davon ausgegangen werden, dass der Median der Anzahl der gerauchten Zigaretten größer als 25 ist.

(b) Das Testproblem beim Wilcoxon-Vorzeichen-Rang-Test entspricht dem des Vorzeichen-Tests. Zur Berechnung der Teststatistik erstelle man zunächst eine Arbeitstabelle:

x_i	26	34	5	20	50	44	18	39	29	19
D_i	1	9	-20	-5	25	19	-7	14	4	-6
$\|D_i\|$	1	9	20	5	25	19	7	14	4	6
$rg\|D_i\|$	1	6	9	3	10	8	5	7	2	4
Z_i	1	1	0	0	1	1	0	1	1	0

aus der man die Teststatistik $W^+ = 1 + 6 + 10 + 8 + 7 + 2 = 34$ erhält. Dabei ist H_0 zum Niveau $\alpha = 0.1$ bei einem Stichprobenumfang von $n = 10$ zu verwerfen (vgl. Abschn. 11.2.1 und Tabelle F in Fahrmeir et al., 2024), falls $W^+ > w^+_{1-\alpha}(n) = w^+_{0.9}(10) = 39$. Da $W^+ = 34 < 39$, kann H_0 nicht verworfen werden.

(c) Der t-Test kann unter der zusätzlichen Annahme durchgeführt werden, dass die durchschnittliche Anzahl gerauchter Zigaretten X pro Tag normalverteilt ist, d. h. $X \sim N(\mu, \sigma^2)$, σ^2 unbekannt. Diese Annahme ist allerdings problematisch, da es sich bei X um eine diskrete Zufallsvariable handelt. Nun wird das statistische Testproblem über den Erwartungswert formuliert als:

$$H_0 : \mu \leq 25 \quad \text{gegen} \quad H_1 : \mu > 25,$$

wobei unter Normalverteilungsannahme μ und x_{med} übereinstimmen. Die Prüfgröße ist gegeben als:

$$T = \frac{\bar{X} - \mu_0}{S}\sqrt{n}.$$

Mit $\bar{x} = 28.4$, $\sum x_i^2 = 9740$ und

$$s^2 = \frac{1}{n-1}\left(\sum x_i^2 - n\bar{x}^2\right) = \frac{1}{9}(9740 - 10 \cdot 28.4^2) = 186.0\bar{4},$$

d. h. $s = 13.64$, ergibt sich:

$$t = \frac{28.4 - 25}{13.64}\sqrt{10} = 0.789,$$

wobei H_0 zu verwerfen ist, falls $T > t_{1-\alpha}(n-1) = t_{0.9}(9) = 1.383$ (nach Tabelle D in Fahrmeir et al., 2024). Da $t = 0.788 < 1.383$, kann H_0 nicht verworfen werden, d. h. alle drei Tests kommen zu derselben Entscheidung.

Lösung 11.14

(a) Zur Erstellung des Histogramms wird zunächst die folgende Arbeitstabelle angelegt:

i	Klasse K_i	Klassen- breite	Absolute Häufigkeit	Relative Häufigkeit
1	$[-2.5, -1.5)$	1	6	0.12
2	$[-1.5, -0.5)$	1	10	0.20
3	$[-0.5, 0.5)$	1	5	0.10
4	$[0.5, 1.5)$	1	7	0.14
5	$[1.5, 2.5)$	1	22	0.44

Damit ergibt sich das Histogramm in Abb. 11.1:
Die Verteilung ist nicht symmetrisch. Es liegt ein starkes Gewicht auf den Rändern. Damit spricht das Histogramm eher gegen die Annahme einer Normalverteilung.

(b) Das statistische Testproblem ist hier gegeben als:

$$H_0 : X \sim N(0, 1) \quad \text{gegen} \quad H_1 : X \nsim N(0, 1).$$

Zur Überprüfung der Nullhypothese werden zunächst die unter H_0 erwarteten Besetzungswahrscheinlichkeiten berechnet. Diese ergeben sich als:

$$\begin{aligned}
\pi_1 &= P(-\infty < X < -1.5) = 1 - \Phi(1.5) = 1 - 0.9332 = 0.0668,\\
\pi_2 &= P(-1.5 \leq X < -0.5) = \Phi(-0.5) - \Phi(-1.5)\\
&= 1 - \Phi(0.5) - [1 - \Phi(1.5)]\\
&= \Phi(1.5) - \Phi(0.5) = 0.9332 - 0.6915 = 0.2417,\\
\pi_3 &= P(-0.5 \leq X < 0.5) = \Phi(0.5) - \Phi(-0.5) = \Phi(0.5) - [1 - \Phi(0.5)]\\
&= 2 \cdot \Phi(0.5) - 1 = 2 \cdot 0.6915 - 1 = 1.383 - 1 = 0.383.
\end{aligned}$$

Aufgrund der Symmetrie der Normalverteilung gilt $\pi_4 = \pi_2$ und $\pi_5 = \pi_1$. Damit lässt sich obiges Testproblem genauer formulieren als:

$$H_0 : P(X \in K_i) = \pi_i \quad \text{für } i = 1, ..., 5 \quad \text{gegen}$$

$$H_1 : P(X \in K_i) \neq \pi_i \quad \text{für mindestens ein } i \in \{1, ..., 5\}.$$

Zur Berechnung der Prüfgröße

$$\chi^2 = \sum_{i=1}^{5} \frac{(h_i - n\pi_i)^2}{n\pi_i}$$

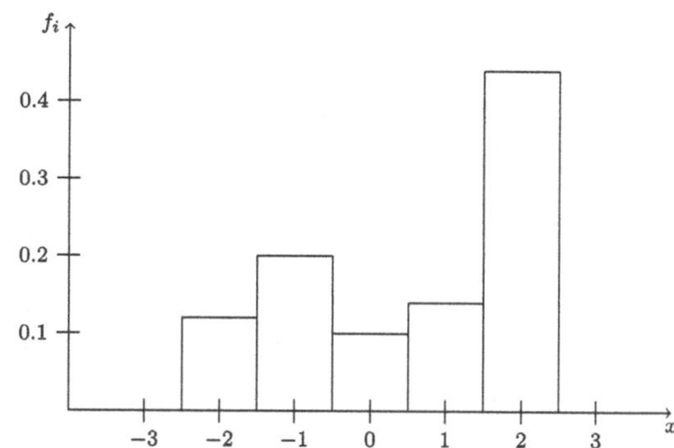

Abb. 11.1 Histogramm Befindlichkeitsscore

des χ^2-Anpassungstests ist folgende Arbeitstabelle hilfreich:

h_i	$n\pi_i$	$\frac{(h_i - n\pi_i)^2}{n\pi_i}$
6	3.34	2.118
10	12.09	0.361
5	19.15	10.455
7	12.09	2.143
22	3.34	104.250

H_0 wird nun zum Niveau $\alpha = 0.05$ verworfen, falls $\chi^2 > \chi^2_{0.95}(k-1) = \chi^2_{0.95}(4) = 9.49$.
Da hier $\chi^2 = 119.327 > 9.49$, wird H_0 verworfen, d. h. man kann zum Niveau $\alpha = 0.05$ schließen, dass der Befindlichkeitsscore keine standardnormalverteilte Zufallsvariable ist.

Lösung 11.15
Da die gleichen Patienten vor und nach der REHA den Test absolvieren, liegt der Fall von verbundenen Stichproben vor. Außerdem ist die Annahme der Normalverteilung nicht gegeben. Damit ist bei dieser geringen Anzahl von Patienten ein verteilungsfreier Test eher geeignet wie z. B. der Wilcoxon-Vorzeichen-Rang-Test mit der Prüfgröße (vgl. Abschn. 11.3 in Fahrmeir et al., 2024):

$$W^+ = \sum_{i=1}^{n} rg|D_i|Z_i \quad \text{mit } Z_i = \begin{cases} 1 \text{ für} D_i > 0 \\ 0 \text{ für} D_i < 0 \end{cases},$$

wobei $D_i = X_i - Y_i$ mit

$$X = \text{Anzahl erfolgreich absolvierter Aufgaben nach REHA,}$$
$$Y = \text{Anzahl erfolgreich absolvierter Aufgaben vor REHA.}$$

Die Frage danach, ob nach der REHA die motorischen Fähigkeiten besser geworden sind, lässt sich über die mittlere Anzahl der erfolgreich absolvierten Aufgaben wie folgt als statistisches Testproblem formulieren:

$$H_0 : x_{med} \leq y_{med} \quad \text{gegen} \quad H_1 : x_{med} > y_{med} \quad \text{bzw.}$$
$$H_0 : D_{med} \leq 0 \quad \text{gegen} \quad H_1 : D_{med} > 0.$$

Zur Berechnung der Prüfgröße wird folgende Arbeitstabelle erstellt:

i	1	2	3	4	5	6	7	8	9	10	11
x_i	5	4	8	1	9	7	5	1	10	1	7
y_i	7	4	7	3	3	3	5	2	7	3	2
D_i	−2	0	1	−2	6	4	0	−1	3	−2	5
$\|D_i\|$	2	0	1	2	6	4	0	1	3	2	5
$rg\|D_i\|$	4	–	1.5	4	9	7	–	1.5	6	4	8
Z_i	0	–	1	0	1	1	–	0	1	0	1

aus der sich die Prüfgröße $W^+ = 1.5 + 9 + 7 + 6 + 8 = 31.5$ ergibt. Da zwei D_i den Wert null annehmen, gehen nur neun Beobachtungen in die Analyse ein, wobei H_0 zum Niveau $\alpha = 0.05$ zu verwerfen ist, falls $W^+ > w^+_{0.95}(9) = 35$. Da $31.5 < 35$, kann H_0 nicht verworfen werden, d. h. aufgrund der vorliegenden Beobachtungen kann zum Niveau $\alpha = 0.05$ nicht geschlossen werden, dass die neuentwickelte REHA-Maßnahme zu einer Verbesserung der Feinmotorik führt.

Lösung 11.16
Zu testen sind die Hypothesen

H_0 : Unabhängigkeit zwischen Studienfach und Einstellung gegen
H_1 : Abhängigkeit zwischen Studienfach und Einstellung.

Verwende als Test einen χ^2-Unabhängigkeitstest mit der Teststatistik

$$\chi^2 = \sum_{i=1}^{k} \sum_{j=1}^{m} \frac{(h_{ij} - \tilde{h}_{ij})^2}{\tilde{h}_{ij}}$$

und

$$\tilde{h}_{ij} = \frac{h_{i.}h_{.j}}{n}.$$

Der folgenden Tabelle entnimmt man die für die Berechnung von χ^2 notwendigen $\tilde{h}_{ij}$:

	Positiv	Negativ	Neutral	
Naturwissenschaften	16	12	12	40
Geisteswissenschaften	8	6	6	20
Wirtschaftswissenschaften	16	12	12	40
	40	30	30	100

Es gilt:

$$\chi^2 = \frac{(20-16)^2}{16} + \frac{(5-12)^2}{12} + \frac{(15-12)^2}{12} + \cdots + \frac{(10-12)^2}{12} = 14.58\bar{3}.$$

H_0 wird abgelehnt, falls

$$\chi^2 > \chi^2_{0.99}((k-1)(m-1)) = \chi^2_{0.99}(4) = 13.277.$$

Da $\chi^2 = 14.58\bar{3} > 13.277$, wird im vorliegenden Fall die Nullhypothese verworfen. Es besteht also ein signifikanter Zusammenhang zwischen Studienfach und Einstellung zum Studierendenstreik.

Lösung 11.17

Da die beiden Merkmale „Schulart" und „Staatsangehörigkeit" nominal skaliert sind, ist der χ^2-Unabhängigkeitstest zur Überprüfung geeignet.
Das statistische Testproblem lautet

$$H_0 : X, Y \text{ unabhängig} \quad \text{gegen} \quad H_1 : X, Y \text{abhängig} \quad \text{bzw.}$$

$$H_0 : P(X = i, Y = j) = P(X = i) \cdot P(Y = j) \qquad \text{gegen}$$

$$H_1 : P(X = i, Y = j) \neq P(X = i) \cdot P(Y = j) \text{ für mindestens ein Paar } (i, j).$$

Als Testgröße dient hier die Größe χ^2, die schon in Aufgabe 3.11 berechnet wurde. Dort ergab sich der Wert $\chi^2 = 200957.47$.

H_0 kann nun verworfen werden, falls $\chi^2 > \chi^2_{1-\alpha}((k-1)(m-1)) = \chi^2_{0.95}(2) = 5.9915$.
Da hier $\chi^2 = 200957.47 > 5.9915$, kann H_0 zum Niveau $\alpha = 0.05$ verworfen werden, d. h. es liegt ein zum Niveau $\alpha = 0.05$ signifikanter Zusammenhang zwischen den Merkmalen „Schulart" und „Staatsangehörigkeit" vor.

Lösung 11.18

(a)(a1) Die Testprobleme lauten hier:

$$H_0^A : \mu_A \leq 0 \text{ gegen } H_1^A : \mu_A > 0,$$
$$H_0^B : \mu_B \leq 0 \text{ gegen } H_1^B : \mu_B > 0.$$

(a2) Da $n_A = 25 \leq 30$ gilt:

$$T_A = \sqrt{n_A} \cdot \frac{\bar{X}_A}{S_A} \overset{H_0^A}{\sim} t(n_A - 1).$$

Wegen $n_B = 36 > 30$ gilt:

$$T_B = \sqrt{n_B} \cdot \frac{\bar{X}_B}{S_B} \overset{H_0^B}{\sim} N(0,1).$$

(a3) Der Ablehnungsbereich zu A lautet:

$$\{t_A \;:\; t_A > t_{0.95}(24)\} \text{ mit } t_{0.95}(24) = 1.7109.$$

Entsprechend ergibt sich der Ablehnungsbereich zu B als:

$$\{t_B \;:\; t_B > z_{0.95}\} \text{ mit } z_{0.95} = 1.64.$$

(a4) Da $t_A = \sqrt{25} \cdot \frac{0.0047}{0.0144} = 1.6319 < 1.7109$, wird H_0^A beibehalten, und da der p-Wert $p_B = 0.0085 < \alpha = 0.05$, wird H_0^B verworfen.

(b)(b1) Hier werden die Testprobleme über den Median formuliert:
$H_0^A : X_{A,med} \leq 0$ gegen $H_1^A : X_{A,med} > 0$,
$H_0^B : X_{B,med} \leq 0$ gegen $H_1^B : X_{B,med} > 0$.

(b2) Die Prüfgröße des Wilcoxon-Vorzeichen-Rang-Tests lautet z. B. für die Anlageform A

$$W_A^+ = \sum_{i=1}^{n_A} rg|D_i|Z_i,$$

wobei

$$D_i = X_i - 0 = X_i \quad \text{und}$$

$$Z_i = \begin{cases} 1 & X_i > 0 \\ 0 & X_i < 0. \end{cases}$$

Es gilt:

$$W_A^+ \overset{H_0^A}{\sim} N\left(\frac{n_A(n_A+1)}{4}, \frac{n_A(n_A+1)(2n_A+1)}{24}\right),$$

$$W_B^+ \overset{H_0^B}{\sim} N\left(\frac{n_B(n_B+1)}{4}, \frac{n_B(n_B+1)(2n_B+1)}{24}\right).$$

(b3) Es gilt unter $X_{A,med} = 0$:

$$\frac{\left(W_A^+ - n_A(n_A+1)/4\right)}{\sqrt{n_A(n_A+1)(2n_A+1)/24}} = \frac{W_A^+ - 162.5}{37.17}.$$

Es wird H_0 verworfen, wenn

$$\frac{W_A^+ - 162.5}{37.17} > z_{0.95} = 1.64,$$

d. h. wenn $W_A^+ > 223.46$. H_0^A wird somit abgelehnt.
Alternativ betrachtet man die normierte Teststatistik

$$\frac{225 - 25 \cdot 26/4}{\sqrt{\frac{25 \cdot 26 \cdot (50+1)}{24}}} = \frac{62.5}{37.165} = 1.6817 > 1.64 = z_{0.95}.$$

(c)(c1) Das Testproblem lautet nun:

$$H_0 : \mu_A \geq \mu_B \text{ gegen } H_1 : \mu_A < \mu_B.$$

(c2) Die Prüfgröße ist die des Zwei-Stichproben-t-Tests:

$$T = \frac{\bar{X}_B - \bar{X}_A}{\sqrt{\left(\frac{1}{n_A} + \frac{1}{n_B}\right) \frac{(n_A-1) \cdot S_A^2 + (n_B-1) \cdot S_B^2}{n_A+n_B-2}}} \overset{H_0}{\sim} t(n_A + n_B - 2) = t(59).$$

(c3) Der Ablehnungsbereich bestimmt sich durch

$$\{t \ : \ t > t_{0.95}(59)\}, \ t_{0.95}(59) \approx t_{0.95}(60) = 1.6706.$$

Mit $t = \frac{0.0072 - 0.0047}{0.00384} = 0.651 < 1.6706$ wird H_0 beibehalten.

Regressionsanalyse 12

Dieses Kapitel beinhaltet Übungsaufgaben zu den Grundlagen der linearen Regressionsanalyse. Konkret geht es um die praktische Durchführung der Regressionsanalyse und die Interpretation der erzielten Ergebnisse. Einige Aufgaben thematisieren auch Eigenschaften von linearen Modellen und deren Schätzverfahren.

Bei den Aufgaben 12.1–12.4 handelt es sich um die Aufgaben aus Kap. 12 des Lehrbuchs Fahrmeir et al. (2024). Zusätzlich findet man in diesem Kapitel weitere acht Aufgaben 12.5–12.12. Bei der Aufgabe 12.4 handelt es sich um eine „R Aufgabe", die mit dem Statistikprogramm R gelöst werden soll.

Aufgaben

Aufgabe 12.1 (Aufgabe 12.1 Lehrbuch)
In Fahrmeir et al. (2024), Abschn. 3.6.2, wurde ein lineares Regressionsmodell besprochen, das den Einfluss der täglichen Fernsehzeit auf das Schlafverhalten von Kindern untersucht.

(a) Testen Sie unter Normalverteilungsannahme, ob die vor dem Fernseher verbrachte Zeit einen signifikanten Einfluss auf die Dauer des Tiefschlafs ausübt ($\alpha = 0.05$). Warum ist die Normalverteilungsannahme hier problematisch?
(b) Ein weiteres Kind sah tagsüber 1.5 h fern. Wie lange wird gemäß der angepaßten Regression sein Tiefschlaf erwartungsgemäß dauern? Geben Sie zu Ihrer Prognose auch ein 95 %-Konfidenzintervall an.

Aufgabe 12.2 (Aufgabe 12.2 Lehrbuch)
Für 631 nach 1984 gebaute Wohnungen aus der Münchner Stichprobe wurde die logarithmierte Nettomiete in Abhängigkeit von der Wohnfläche (W), der Lage (Lg und Lb), sowie der Bad (B)- und Küchenausstattung (K) durch eine multiple lineare

S. Lang et al., *Arbeitsbuch Statistik*, https://doi.org/10.1007/978-3-662-73272-4_12

Regression modelliert. Die KQ-Schätzung ergibt die folgenden Werte für die Regressoren und die geschätzten Standardabweichungen:

	$\hat{\beta}_j$	$\hat{\sigma}_j$
1	5.6727	0.0650
W	0.0114	0.0003
Lg	0.0683	0.0175
Lb	0.1627	0.0502
B	0.1647	0.0609
K	0.0482	0.0169

(a) Welche Nettomiete würden Sie gemäß diesem Modell für eine 80 qm große Wohnung in einer normalen Wohnlage mit einer gehobenen Bad- und Küchenausstattung prognostizieren?

(b) Bestimmen Sie die zu den Schätzungen gehörigen t- und p-Werte und interpretieren Sie Ihr Ergebnis.

(c) Das Bestimmheitsmaß beträgt hier $R^2 = 0.6798$. Tragen die Regressoren überhaupt zur Erklärung der Nettomiete bei? Führen Sie einen Overall-F-Test zum Niveau $\alpha = 0.01$ durch.

Aufgabe 12.3 (Aufgabe 12.3 Lehrbuch)
An einer Meßstation in München wurden an 14 Tagen neben anderen Luftschadstoffen auch die Schwefeldioxidkonzentrationen gemessen und Tagesmittelwerte gebildet. Untersuchen Sie den Einfluss der Tagesdurchschnittstemperatur in Grad Celsius (X_1) auf die aus Symmetriegründen logarithmierten SO_2-Konzentrationen (Y). Liegt ein Wochenendeffekt vor? Die Variable X_2 gibt an, ob an einem Samstag oder Sonntag gemessen wurde ($X_2 = 1$) oder nicht ($X_2 = 0$).

Es gilt:

y	−3.15	−2.83	−3.02	−3.08	−3.54	−2.98	−2.78
x_1	16.47	16.02	16.81	22.87	21.68	21.23	20.55
x_2	0	0	0	1	1	0	0

y	−3.35	−2.76	−1.90	−2.12	−2.45	−1.97	−2.23
x_1	18.32	15.96	15.36	12.47	12.46	11.77	11.72
x_2	0	0	0	1	1	0	0

$$(\mathbf{X}'\mathbf{X})^{-1} = \begin{pmatrix} 1.5488742 & -0.0882330 & -0.0162669 \\ -0.0882330 & 0.0053732 & -0.0050992 \\ -0.0162669 & -0.0050992 & 0.3548391 \end{pmatrix},$$

$$\mathbf{X}'y = \begin{pmatrix} -38.16486 \\ -656.46618 \\ -11.19324 \end{pmatrix}.$$

(a) Schätzen Sie die Regressionskoeffizienten im zugehörigen multiplen linearen Modell, und kommentieren Sie Ihr Ergebnis.

(b) Als Bestimmheitsmaß erhält man $R^2 = 0.5781$. Tragen die Regressoren überhaupt zur Erklärung der SO_2-Konzentration bei? Führen Sie einen Overall-F-Test zum Niveau $\alpha = 0.01$ durch.
(c) Die geschätzten Standardabweichungen betragen $\hat{\sigma}_1 = 0.0267$ und $\hat{\sigma}_2 = 0.2169$. Testen Sie die Hypothesen $\beta_i = 0$ für $i = 1, 2$ zum Niveau $\alpha = 0.05$. Entfernen Sie die Kovariable aus dem Modell, die offenbar keinen Einfluss hat, und führen Sie eine lineare Einfachregression durch.

Aufgabe 12.4 (R Aufgabe 12.4 Lehrbuch)
Wir betrachten die Mietspiegeldaten von 2015. Die Daten finden sich in der Datei `mietspiegel2015.txt` und sind online verfügbar unter
https://github.com/sn-code-inside/Statistik-AB-CFHKLW/blob/main/daten/mietspiegel2015.txt

Führen Sie folgende Analysen mit dem gesamten Datensatz und ohne die 20 bzgl. der Nettomiete teuersten Wohnungen durch.

(a) Führen Sie eine multiple lineare Regression mit den Variablen Wohnfläche (`wfl`), Baujahr (`bj`), Lage (`wohngut`, `wohnbest`), Bad (`badkach0`) und Küchenausstattung (`kueche`) durch. Das Zielmerkmal ist dabei die logarithmierte Nettomiete (`log(nm)`). Welche Nettomiete prognostizieren Sie für eine 1990 gebaute, 80 qm große Wohnung in Wohnbestlage (`wohnbest=1`) und mit (`badkach0=1`)? Tragen alle Regressoren zur Erklärung des Zielmerkmals bei? Wie gut ist die Anpassung des Modells?
(b) Wiederholen Sie die Analyse mit der unlogarithmierten Nettomiete. Wie lautet in diesem Modell die Prognose für eine Wohnung wie in (a)?
(c) In `R` lassen sich in eine Formel auch transformierte Variablen und Interaktionen einbauen. Um zu untersuchen, ob das Baujahr auch einen quadratischen Einfluss auf die Nettomiete hat, kann die Funktion `I(bj^2)` oder `I(bj*bj)` in der Formel verwendet werden. Rechnen Sie die Modelle aus (a) und (b) mit dieser zusätzlichen Variable. Wie lauten die t- und p-Werte des entsprechenden Koeffizienten? Wie interpretieren Sie das Ergebnis? Verändert sich Ihre Prognose für eine Wohnung wie in (a)?
(d) Analog zur Nettomiete kann man auch die Nettomiete pro Quadratmeter (`nmqm`) als Zielmerkmal verwenden (logarithmiert und unlogarithmiert). Schätzen Sie entsprechende Regressionsmodelle. Wie lauten in diesen Modellen die Prognosen für eine Wohnung wie in (a)?
(e) Speichern Sie die Prognosen für alle in (a) bis (d) gerechneten Modelle. Wie stark korrelieren die Prognosen? Stellen Sie die den Zusammenhang zwischen den Prognosen auch grafisch dar.

Aufgabe 12.5 (Fortsetzung von Aufgabe 3.16)
(a) Schätzen Sie $Var(\epsilon_i) = \sigma^2$.
(b) Prüfen Sie anhand des F-Tests zum Niveau $\alpha = 0.05$, ob β von null verschieden ist. Interpretieren Sie Ihr Ergebnis.

Aufgabe 12.6
In einer Studie zur Untersuchung von Herzkreislauferkrankungen wurde bei sechs Männern der **B**ody**M**ass**I**ndex (Gewicht in kg/(Körpergröße in m)^2) ermittelt. Zusätzlich wurde deren systolischer Blutdruck gemessen, da vermutet wurde, dass Übergewicht Bluthochdruck hervorruft. Bezeichne X den BMI und Y die Systole. Für eine Vorstichprobe von sechs Männern erhielt man folgende Werte:

x_i	26	23	27	28	24	25
y_i	170	150	160	175	155	150

Nehmen Sie an, dass sich der Zusammenhang zwischen X und Y durch folgende Beziehung beschreiben lässt:

$$y_i = a + \beta x_i + \epsilon_i, \quad i = 1, \ldots, 6.$$

(a) Bestimmen Sie die KQ-Schätzer für α und β.
(b) Berechnen Sie ein 95 %-Konfidenzintervall für β.
(c) Führen Sie auf der Basis des Konfidenzintervalls einen Test zum Niveau $\alpha = 5\,\%$ für die Hypothese $H_0 : \beta = 0$ gegen $H_1 : \beta \neq 0$ durch. Interpretieren Sie Ihr Ergebnis.

Aufgabe 12.7 (Fortsetzung von Aufgabe 3.6)
(a) Nennen Sie einen Test, mit dem sich überprüfen lässt, ob die Dosis des Medikaments einen Einfluss auf die Reaktionszeit hat. Formulieren Sie diese Frage als statistisches Testproblem, und geben Sie die Testgröße an. Formen Sie die Testgröße so um, dass sie nur noch vom Bestimmtheitsmaß und vom Stichprobenumfang abhängt. Führen Sie den Test zum Niveau $\alpha = 0.05$ durch, und interpretieren Sie das Ergebnis.
(b) Geben Sie ein Prognoseintervall für eine Dosierung von $Y_0 = 5.5$ mg an.

Aufgabe 12.8
Das folgende Streudiagramm in Abb. 12.1 veranschaulicht für $n = 20$ Beobachtungen den Zusammenhang zweier Variablen Y und X:

(a) Welches der folgenden beiden Regressionsmodelle wird den im Streudiagramm dargestellten Daten am besten gerecht? (Begründung!)

$$\text{Modell 1: } y_i = \alpha + \beta x_i + \epsilon_i \quad i = 1, \ldots, 20,$$
$$\text{Modell 2: } y_i = \alpha + \beta x_i^2 + \epsilon_i \quad i = 1, \ldots, 20.$$

(b) Bestimmen Sie die KQ-Schätzer $\hat{\alpha}$ und $\hat{\beta}$ für das in (a) ausgewählte Modell. Verwenden Sie dabei einige der folgenden Größen:

$$\sum x_i = -8.50, \quad \sum x_i^2 = 65.00, \quad \sum x_i^4 = 335.44,$$
$$\sum y_i = 105.65, \quad \sum y_i x_i = -23.33, \quad \sum y_i x_i^2 = 465.63.$$

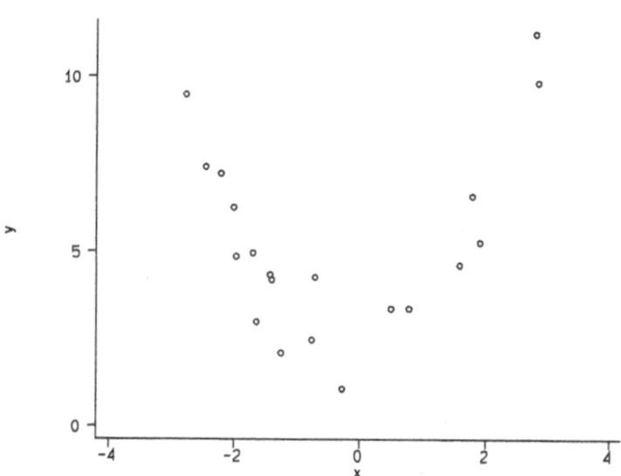

Abb. 12.1 Streudiagramm für $n = 20$ Beobachtungen zwischen Y und X

(c) Das Bestimmtheitsmaß ist $R^2 = 0.87$. Wie lautet der Korrelationskoeffizient nach Bravais-Pearson?
(d) Das 95 %-Konfidenzintervall für β lautet [0.80, 1.17]. Testen Sie zum Signifikanzniveau $\alpha = 0.05$

$$H_0 : \beta = 0 \quad \text{gegen} \quad H_1 : \beta \neq 0.$$

(e) Welchen Wert y_0 prognostizieren Sie für einen neuen Wert $x_0 = 1.5$? Geben Sie auch ein 95 % Prognoseintervall an ($\hat{\sigma} = 0.97$).

Aufgabe 12.9
Nach dem Schätzen einer linearen Einfachregression $Y_i = \alpha + \beta x_i + \epsilon_i$ ist oft ein Blick auf die Residuen $\hat{\epsilon}_i$ hilfreich, um Modellannahmen zu überprüfen.

(a) Welche Annahmen stellt man an die Fehlerterme ϵ_i und damit implizit an die Residuen $\hat{\epsilon}_i$?
(b) Welche zusätzlichen Modellannahmen sind unter Umständen nicht erfüllt?
(c) Ein exploratives Mittel zur Überprüfung der Modellannahmen ist der sogenannte Residualplot, das Streudiagramm der $(x_i, \hat{\epsilon}_i)$-Werte. Nachfolgend sind für fünf verschiedene Datensätze Residualplots dargestellt, vergleiche Abb. 12.2. Überlegen Sie bei jedem Bild, ob und wenn ja welche Annahme verletzt sein könnte.

Aufgabe 12.10
Zum Schätzen und Testen der linearen Einfachregression

$$Y_i = \alpha + \beta x_i + \epsilon_i, \qquad i = 1, \ldots, n,$$

gehen implizit und explizit verschiedene Annahmen ein, die bei realen Datensätzen unter Umständen verletzt sind. In den folgenden vier Bildern (vgl. Abb. 12.3) sind vier problematische Datensätze graphisch dargestellt. Welche Annahme erscheint Ihnen jeweils am kritischsten? Es genügt jeweils eine stichwortartige Antwort.

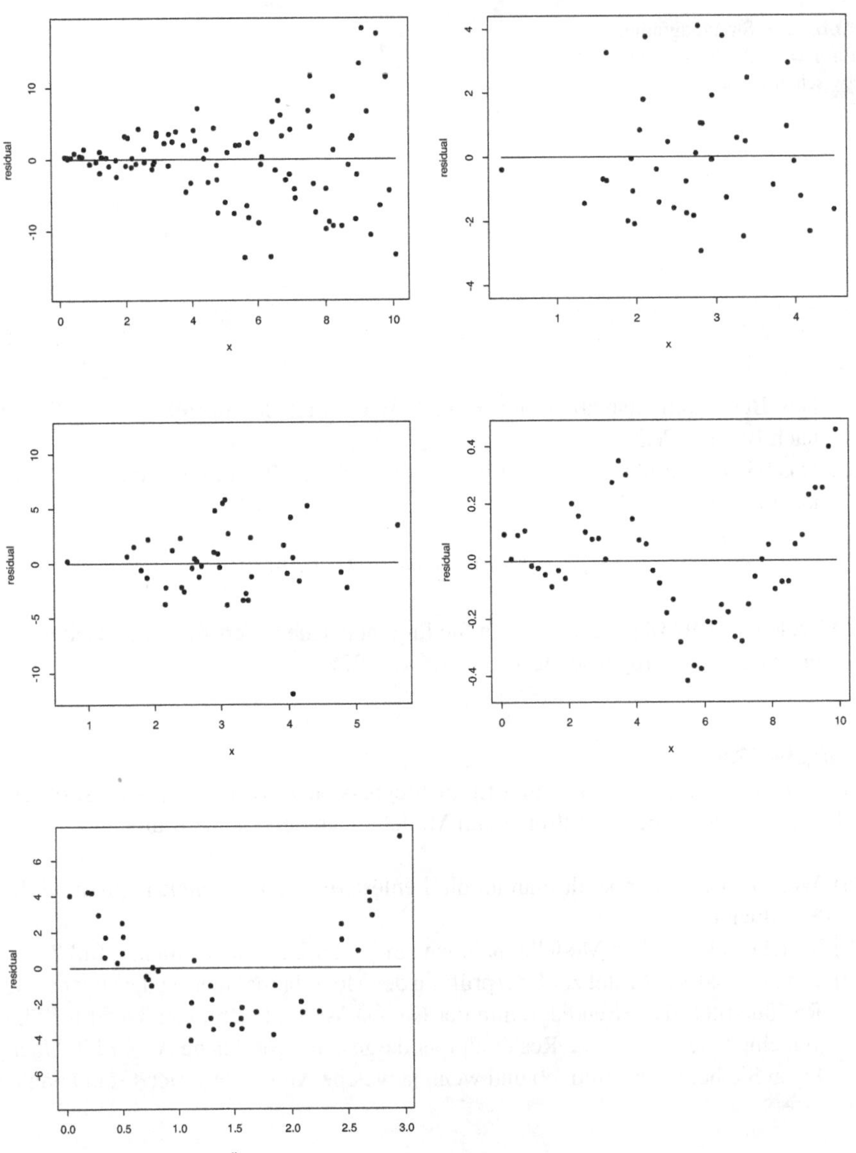

Abb. 12.2 Residualplots für fünf verschiedene Datensätze

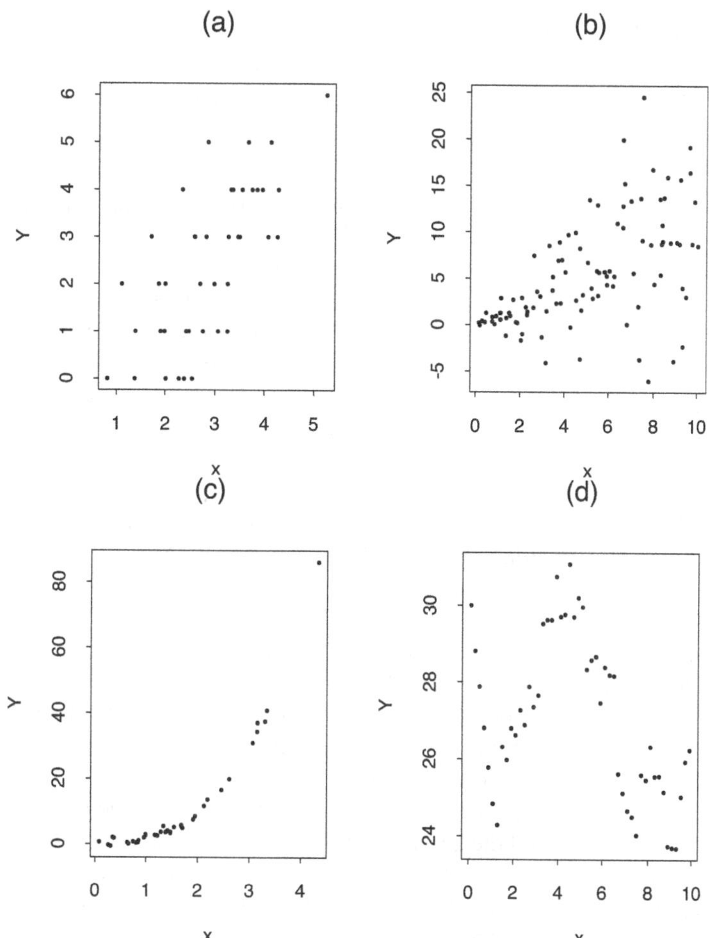

Abb. 12.3 Vier problematische Datensätze

Aufgabe 12.11

Betrachten Sie die lineare Einfachregression als Spezialfall der multiplen Regression. Zeigen Sie die Äquivalenz der beiden Teststatistiken T und F zum Prüfen der Hypothese $H_0 : \beta_1 = 0$.

Aufgabe 12.12

Der Datensatz golf enthält Daten zum Verkaufspreis gebrauchter Golf Modelle der Marke VW. Der Stichprobenumfang beträgt $n = 169$. Tab. 12.1 enthält eine Beschreibung der im Datensatz enthaltenen Variablen. Ziel ist die Modellierung des Zusammenhangs zwischen dem Verkaufspreis (Variable $preis$) und den erklärenden Variablen (*alter, kilstand, tuev, sonderaus1, sonderaus2*) anhand geeigneter Regressionsmodelle.

Tab. 12.1 Variablenbeschreibung

Variable	Beschreibung
preis	Verkaufspreis in 1000 EUR
alter	Alter des Autos in Monaten
kilstand	Kilometerleistung in 1000 Km
tuev	Anzahl der Monate bis zum nächsten Tüv Termin
sonderaus1	Sonderausstattung ABS vorhanden 0 = ABS nicht vorhanden 1 = ABS vorhanden
sonderaus2	Schiebedach vorhanden 0 = Schiebedach nicht vorhanden 1 = Schiebedach vorhanden

(a) Abb. 12.4 zeigt Streudiagramme zwischen dem Verkaufspreis und den metrischen erklärenden Variablen $alter$, $kilstand$ und $tuev$. Abb. 12.5 zeigt Boxplots für den Preis geschichtet nach den Werten der binären Variablen $sonderaus1$ und $sonderaus2$. Interpretieren Sie die Grafiken. Welche Aussagen lassen sich über den Zusammenhang zwischen $preis$ und den erklärenden Variablen treffen?

(b) Welche Aussagen können Sie über die 3 Korrelationskoeffizienten zwischen dem $preis$ und den erklärenden Variablen $alter$, $kilstand$ und $tuev$ treffen? Hinweis: Eine genaue Angabe der Korrelationskoeffizienten ist nicht möglich, Sie sollen ihre Aussagen jedoch so genau wie möglich treffen.

(c) Abb. 12.6 zeigt das Streudiagramm zwischen Preis und Kilometerstand. Zusätzlich eingezeichnet sind die geschätzten durchschnittlichen Zusammenhänge für die Modelle $M1 : preis = \beta_0 + \beta_1 \cdot kilstand + \varepsilon$ (durchgezogene Linie) und $M2 : preis = \beta_0 + \beta_1 \cdot 1/kilstand + \varepsilon$ (gestrichelte Linie). Die geschätzten Regressionskoeffizienten betragen $\hat{\beta}_0 = 5.597714, \hat{\beta}_1 = -0.0162792$ für Modell $M1$ und $\hat{\beta}_0 = 1.296881, \hat{\beta}_1 = 254.5488$ für Modell $M2$. Die jeweiligen Bestimmtheitsmaße sind $R^2 = 0.3250$ und $R^2 = 0.3760$. Wie lauten die Prognoseformeln der beiden Modellen? Interpretieren Sie die Ergebnisse. Welches Modell würden Sie bevorzugen (mit kurzer Begründung)?

(d) Tab. 12.2 enthält Schätzergebnisse für ein multiples Regressionsmodell mit den erklärenden Variablen $kilstandinv = 1/kilstand, alter$ und $sonderaus1$. Wie lautet die Modellgleichung, wie lautet die Formel für $\widehat{preis}$? Interpretieren Sie die Ergebnisse. Sind die Effekte der Variablen *alter* und *sonderaus1* zum Niveau $\alpha = 0.05$ signifikant?

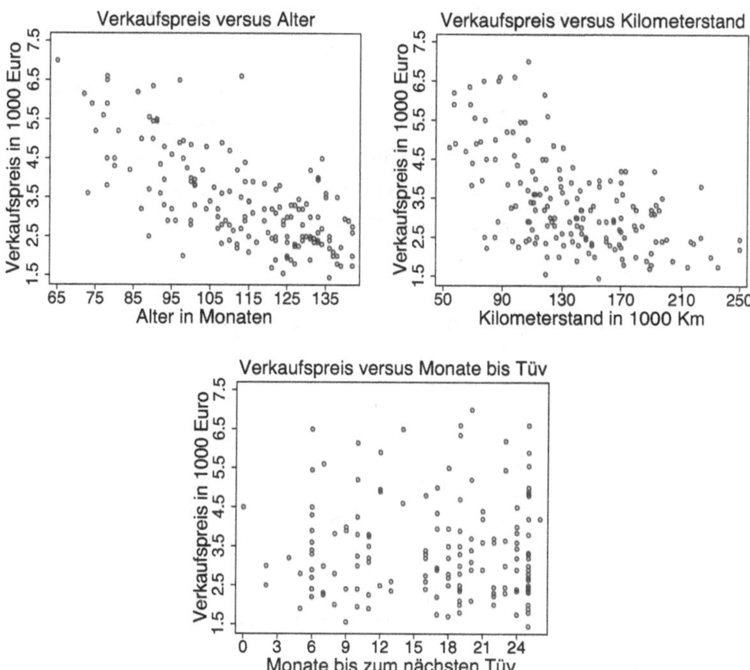

Abb. 12.4 Streudiagramme zwischen dem Verkaufspreis und den metrischen erklärenden Variablen Alter, Kilometerstand und Monate bis zum nächsten Tüv

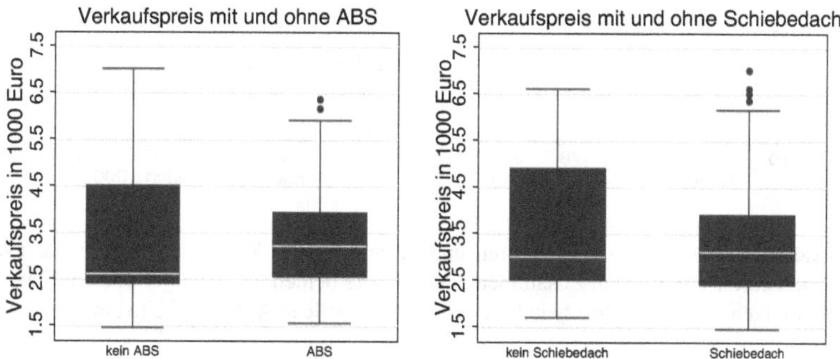

Abb. 12.5 Boxplots für den Preis geschichtet nach den Werten der binären Variablen *sonderaus*1 und *sonderaus*2

Tab. 12.2 Schätzergebnis des multiplen Regressionsmodells aus Aufgabenteil (d)

$R^2 = 0.6320$		
Variable	Geschätzter Koeffizient	Geschätzter Standard-Fehler
Konstante	$\hat{\beta}_0 =$ 6.259881	0.4944898
kilstandinv	$\hat{\beta}_1 =$ 161.0861	21.48556
alter	$\hat{\beta}_2 =$ −0.0356507	0.0033467
sonderaus1	$\hat{\beta}_3 =$ −0.2331171	0.1240331

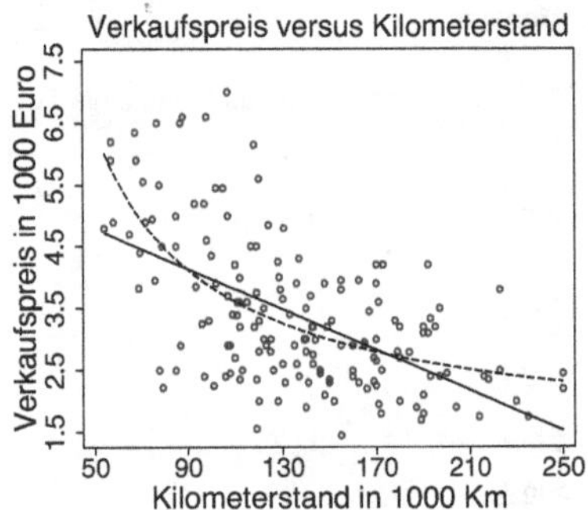

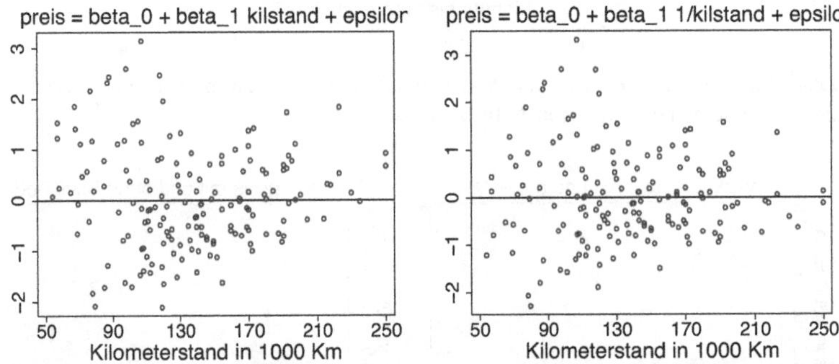

Abb. 12.6 Streudiagramm zwischen Preis und Kilometerstand. Zusätzlich eingezeichnet sind die geschätzten durchschnittlichen Zusammenhänge für die beiden Modelle M1 und M2. Die beiden unteren Grafiken zeigen die Residuen für die beiden Modelle in Abhängigkeit vom Kilometerstand

Lösungen

Lösung 12.1

(a) In Fahrmeir et al. (2024) erhielt man basierend auf $n = 9$ Kindern

$$\hat{y} = \hat{\alpha} + \hat{\beta}x = 6.16 - 0.45x.$$

Um zu untersuchen, ob die vor dem Fernseher verbrachte Zeit einen signifikanten Einfluss auf die Dauer des Tiefschlafs ausübt, ist

$$H_0 : \beta = 0 \text{ gegen } H_1 : \beta \neq 0$$

zu testen. Die Teststatistik lautet

$$T_{\beta_0} = \frac{\hat{\beta}}{\hat{\sigma}_{\hat{\beta}}}.$$

Unter der Normalverteilungsannahme für ϵ_i bzw. Y_i gilt unter $H_0 : T_{\beta_0} \sim t(n - 2)$, also $T_{\beta_0} \sim t(7)$. Der Schätzer $\hat{\sigma}_{\hat{\beta}}$ berechnet sich als:

$$\hat{\sigma}_{\hat{\beta}} = \frac{\hat{\sigma}}{\sqrt{\sum_{i=1}^{n}(x_i - \bar{x})^2}} = \frac{\hat{\sigma}}{\sqrt{\sum_{i=1}^{n} x_i^2 - n\bar{x}^2}}$$

mit $\hat{\sigma} = \sqrt{\hat{\sigma}^2}$ und $\hat{\sigma} = \frac{1}{n-2}\sum_{i=1}^{n}\hat{\epsilon_i}^2 = \frac{1}{n-2}\sum_{i=1}^{n}(y_i - \hat{\alpha} - \hat{\beta}x_i)$.
Zur Bestimmung der Residuenquadratsumme betrachtet man folgende Tabelle:

i	1	2	3	4	5	6	7	8	9
x_i	0.3	2.2	0.5	0.7	1.0	1.8	3.0	0.2	2.3
y_i	5.8	4.4	6.5	5.8	5.6	5.0	4.8	6.0	6.1
$\hat{y}_i$	6.02	5.17	5.93	5.84	5.71	5.35	4.81	6.07	5.12
$\hat{\epsilon_i}$	−0.22	−0.77	0.57	−0.04	−0.11	−0.35	−0.01	−0.07	0.98

Daraus berechnet man

$$\begin{aligned}\sum_{i=1}^{9}\hat{\epsilon_i}^2 &= 0.0484 + 0.5929 + 0.3249 + 0.0016 + 0.0121+ \\ &\quad 0.1225 + 0.0001 + 0.0049 + 0.9604 \\ &= 2.0678\end{aligned}$$

und schließlich

$$\hat{\sigma} = \sqrt{\frac{2.0678}{7}} = \sqrt{0.2954} = 0.5435$$

sowie

$$\hat{\sigma}_{\hat{\beta}} = \frac{0.5435}{\sqrt{24.24 - 9 \cdot 1.\bar{3}^2}} = \frac{0.5435}{\sqrt{8.24}} \approx 0.19.$$

Damit erhält man als Realisation der Teststatistik

$$T_{\beta_0} = \frac{-0.45}{0.19} = -2.37.$$

T_{β_0} liegt im Ablehnungsbereich, denn

$$|T_{\beta_0}| > t_{1-\frac{\alpha}{2}}(n-2) = t_{0.975}(7) = 2.3646,$$

d. h. die Fernsehzeit hat einen signifikanten Einfluss auf die Dauer des Tiefschlafs.

(b) Mit $x_0 = 1.5$ erhält man den Prognosewert

$$\hat{y}_0 = 6.16 - 0.45x_0 = 5.485.$$

Anhand der allgemeinen Formel zur Berechnung des Konfidenzintervalls für Y_0

$$\hat{Y}_0 \pm t_{1-\frac{\alpha}{2}}(n-2)\hat{\sigma}\sqrt{1 + \frac{1}{n} + \frac{(x_0 - \bar{x})^2}{\sum x_i^2 - n\bar{x}^2}}$$

erhält man hier

$$5.485 \pm 2.3648 \cdot 0.5435 \cdot \sqrt{1 + \frac{1}{9} + \frac{(1.5 - 1.\bar{3})^2}{8.24}}$$

$$\iff 5.485 \pm 1.2853 \cdot \sqrt{1.11}$$

$$\iff 5.485 \pm 1.354$$

und damit das Konfidenzintervall $KI = [4.13, 6.84]$. Die Normalverteilungsannahme ist problematisch, da die Dauer des Tiefschlafs keine negativen Werte annehmen kann.

Lösung 12.2

(a) Als prognostizierte Nettomiete $\widehat{nm}$ erhalten wir

$$\begin{aligned}\widehat{nm} &= \exp(5.6727 + 0.0114 \cdot 80 + 0.0683 \cdot 0 + 0.1627 \cdot 0 \\ &\quad +0.1647 \cdot 1 + 0.0482 \cdot 1) \\ &= 895.695.\end{aligned}$$

(b) Die t-Werte ergeben sich jeweils aus dem Quotienten aus Punktschätzung $\hat{\beta}_j$ und des dazu gehörigen Standardfehlers $\hat{\sigma}_j$. Beispielsweise erhalten wir für die Variable Lg den t-Wert $0.0683/0.0175 = 3.903$. Für die p-Werte ist eine t-Verteilung mit $(631 - 6 = 625)$ Freiheitsgraden anzusetzen. Wiederum für die Variable Lg ergibt sich

$$\begin{aligned} p = P(|t| > 3.903) &= P(t > 3.903) + P(t < -3.903) \\ &= 2 \cdot P(t > 3.903) \\ &= 2 \cdot (1 - P(t \leq 3.903)) \\ &= 0.00011. \end{aligned}$$

Zur exakten Berechnung von $P(t \leq 3.903)$ benötigen wir den entsprechenden Wert der Verteilungsfunktion der t-Verteilung mit 625 Freiheitsgraden. Zur Bestimmung benötigen wir ein Statistikprogramm. In `R` kommt man beispielsweise mit dem Befehl `pt(3.903, df=625)` ans Ziel. Da die t-Verteilung für große Freiheitsgrade durch eine Standardnormalverteilung approximiert werden kann, kann die Wahrscheinlichkeit $P(t \leq 3.903)$ auch approximativ mit Hilfe der Tab. A in Fahrmeir et al. (2024) bestimmt werden. Wir erhalten $P(t \leq 3.903) = 1$, so dass sich ein approximativer p-Wert von 0 ergibt.
Sämtliche berechneten t- und p-Werte für alle Variablen findet man kompakt in nachfolgender Tabelle. Unter
https://github.com/sn-code-inside/Statistik-AB-CFHKLW/blob/main/code/loes12_2.R
findet sich auch ein kleines `R` Skript zur Berechnung der t- und p-Werte bzw. zur vollständigen Lösung der Aufgabe.

	$\hat{\beta}_j$	$\hat{\sigma}_j$	t-Wert	p-Wert
$const$	5.6727	0.0650	87.272	0
W	0.0114	0.0003	38	0
Lg	0.0683	0.0175	3.903	0.00011
Lb	0.1627	0.0502	3.241	0.00125
B	0.1647	0.0609	2.704	0.00703
K	0.0482	0.0169	2.852	0.00449

Wir erhalten folgende Interpretation der Ergebnisse:

- Alle Kovariablen haben einen statistisch signifikanten Einfluss auf die (logarithmierte) Nettomiete (bei z.B. $\alpha = 0.05$).
- Alle Koeffizienten sind positiv, d. h. alle Variablen erhöhen ceteris paribus die (logarithmierte) Nettomiete, wenn sie um eine Einheit steigen bzw. im Vergleich zur Referenzkategorie. Beispiele: Die Nettomiete erhöht sich um $\exp(0.0114) = 1.011465$, also um 1.1465 %, wenn sich die Wohnfläche um einen Quadratmeter erhöht. Sie erhöht sich auch um $\exp(0.1647) = 1.179039$, also um fast 18 % bei einem gekachelten Bad im Vergleich zu einem nicht gekachelten Bad.

(c) Im Overall F-Test testen wir die Hypothesen

$$H_0 : \beta_1 = \cdots = \beta_5 = 0 \quad \text{vs.} \quad H_1 : \beta_j \neq 0 \quad \text{für mindestens ein } j,$$

vergleiche Fahrmeir et al. (2024), Abschn. 12.2.2. Die Teststatistik ist gegeben durch

$$F = \frac{R^2}{1-R^2}\frac{n-p-1}{p} = \frac{0.6798}{1-0.6798}\frac{631-5-1}{5} = 265.38$$

Die Nullhypothese wird abgelehnt, falls

$$F > F_{1-\alpha}(p, n-p-1) = F_{0.99}(5{,}625) = 3.047,$$

wobei der exakte kritische Wert mit Hilfe des `R` Befehls `qf(0.99, 5,625)` ermittelt werden kann, vergleiche auch das verlinkte `R` Skript. Die Nullhypothese wird somit klar abgelehnt.
Alternativ vergleiche man Tab. E in Fahrmeir et al. (2024) für die Werte $n_1 = 5$, $\alpha = 0.99$ und den dort maximal angegebenen Wert $n_2 = 110$ und erhalte $F_{0.99}(5{,}110) = 3.1882$. Da $F_{0.99}(5{,}635) < F_{0.99}(5{,}110) = 3.1882$ können wir mit Sicherheit auch unter Verwendung der Tabelle die Nullhypothese ablehnen.

Lösung 12.3

(a) Man erhält

$$\hat{\beta} = (\mathbf{X}'\mathbf{X})^{-1}\mathbf{X}'y = \begin{pmatrix} -1.008 \\ -0.103 \\ -0.004 \end{pmatrix}.$$

Die Temperatur hat wegen $\beta_1 = -0.103$ einen negativen Effekt auf die SO_2-Konzentration in der Luft, d. h. die SO_2-Konzentration nimmt mit steigenden Temperaturen ab. Dies ist typisch für Inversionswetterlagen. Wegen $\beta_2 = -0.004$ ist am Wochenende die Schadstoffkonzentration niedriger als an Werktagen.

(b) Das Testproblem ist gegeben als

$$H_0 : \beta_1 = \beta_2 = \cdots = \beta_5 = 0 \;\text{ gegen }\; H_1 : \beta_j \neq 0 \;\text{ für mindestens ein } j.$$

Die Teststatistik lautet

$$F = \frac{R^2}{1-R^2} \cdot \frac{n-p-1}{p} \overset{H_0}{\sim} F(p, n-p-1)$$

und ist hier also $F(2, 11)$-verteilt.
Als Ablehnbereich erhält man

$$F > F_{1-\alpha}(2, 11) = F_{0.99}(2, 11) = 7.2.$$

Den Wert 7.2 erhält man als Näherung aus der Tabelle der F-Verteilung als arithmetisches Mittel aus $F_{0.99}(2, 10) = 7.5594$ und $F_{0.99}(2, 12) = 6.9266$. Mit

Statistikprogrammpaketen erhält man $F_{0.99}(2, 11) = 7.2057$.
Mit $R^2 = 0.5781$ erhält man hier die Realisation der Teststatistik

$$F = \frac{0.5781}{1 - 0.5781} \cdot \frac{11}{2} = 7.536,$$

d. h. H_0 kann abgelehnt werden, die Regressoren haben einen signifikanten Einfluss.

(c) Das Testproblem ist gegeben als

$$H_0 : \beta_j = 0 \text{ gegen } H_1 : \beta_j \neq 0.$$

Die Teststatistiken lautet

$$T_{\beta_j} = \frac{\hat{\beta}_j}{\hat{\sigma}_j}.$$

Im vorliegenden Fall erhält man also als Realisationen der Teststatistiken

$$T_{\beta_1} = \frac{-0.103}{0.0267} = -3.858$$

und

$$T_{\beta_2} = \frac{-0.004}{0.2169} = -0.018.$$

Als Ablehnbereich ergibt sich

$$|T_{\beta_j}| > t_{1-\frac{\alpha}{2}}(n - p - 1) = t_{0.975}(11) = 2.201.$$

Folglich hat die Temperatur einen signifikanten Einfluss auf die (logarithmierte) SO_2-Konzentration, wohingegen ein signifikanter Wochenendeffekt hier nicht nachgewiesen werden kann.

Zur Bestimmung der linearen Einfachregression zwischen der logarithmierten Schwefeldioxidkonzentration Y und der Temperatur X_1 berechnet man zunächst die folgenden Hilfsgrößen

$$\sum_{i=1}^{14} x_i = 233.69, \quad \sum_{i=1}^{14} x_i^2 = 4089.47,$$
$$\sum_{i=1}^{14} y_i = -38.165, \quad \sum_{i=1}^{14} x_i y_i = -656.4754.$$

Damit erhält man

$$\begin{aligned}\hat{\beta} &= \frac{\sum_{i=1}^{n} x_i y_i - n\bar{x}\,\bar{y}}{\sum_{i=1}^{n} x_i^2 - n\bar{x}^2} = \frac{-656.4754 + 14 \cdot 16.69 \cdot 2.726}{4089.47 - 14 \cdot 16.69^2} = \frac{-19.5182}{189.6846} \\ &= -0.103, \\ \hat{\alpha} &= \bar{y} - \hat{\beta}\bar{x} = -2.726 + 0.103 \cdot 16.69 \\ &= -1.007.\end{aligned}$$

Lösung 12.4

Den vollständigen und dokumentierten R Code der Lösung findet man als Datei loes12_4.R unter:

https://github.com/sn-code-inside/Statistik-AB-CFHKLW/blob/main/code/loes12_4.R

Zunächst muss der Datensatz mietspiegel2015.txt in R importiert werden. Generelle Hinweise zum Import von Datensätzen finden sich zu Beginn der Lösung von Aufgabe 2.8.

Wir verwenden die lm Funktion für die Schätzung der linearen Regressionsmodelle der Aufgaben a)–d). Beispielsweise erhalten wir mit den Befehlen

```
lm.1 <- lm(lognm ~ wfl+bj+wohngut+wohnbest+badkach0+kueche,
           data=daten)
print(summary(lm.1))
```

eine Schätzung für das in Aufgabe a) geforderte lineare Modell

$$\begin{aligned}lognm = \beta_0 + \beta_1 wfl + \beta_2 bj + \beta_3 wohngut + \beta_4 wohnbest \\ + \beta_5 badkach0 + \beta_6 kueche + \varepsilon\end{aligned}$$

mit der vorher durch den Befehl

```
daten$lognm <- log(daten$nm)
```

erzeugten logarithmierten Nettomiete als Zielgröße. Die Ergebnisse der Schätzung werden in lm.1 gespeichert. Mit Hilfe von print(summary(lm.1)) erhalten wir eine Zusammenfassung der wichtigsten Ergebnisse. Im vorliegenden Fall erhält man folgenden R Output:

```
Coefficients:
              Estimate Std. Error t value  Pr(>|t|)
(Intercept) 1.49937146 0.34925392  4.2931 1.817e-05 ***
```

```
wfl          0.01181394 0.00017979 65.7107 < 2.2e-16 ***
bj           0.00205880 0.00017845 11.5370 < 2.2e-16 ***
wohngut      0.11440246 0.00963975 11.8678 < 2.2e-16 ***
wohnbest     0.11057183 0.02483861  4.4516 8.828e-06 ***
badkach0     0.10094780 0.01399668  7.2123 6.906e-13 ***
kueche       0.10819592 0.01085681  9.9657 < 2.2e-16 ***
---
Signif. codes:  0 '***' 0.001 '**' 0.01 '*' 0.05 '.' 0.1 ' ' 1

Residual standard error: 0.24998 on 3058 degrees of freedom
Multiple R-squared:  0.62473,   Adjusted R-squared:   0.624
F-statistic: 848.48 on 6 and 3058 DF,  p-value: < 2.22e-16
```

Der Output liefert also die geschätzten Regressionskoeffizienten, Standardfehler, t-Werte zum Test der Nullhypothesen $H_0 : \beta_j = 0$ und die zu den Tests gehörigen p-Werte in Tabellenform. Zusätzlich wird das Bestimmtheitsmaß R^2 und die F-Statistik (hier `F-statistic: 848.48`) zum Overall F-Test (vergleiche Fahrmeir et. al., 2024, Abschn. 12.2.2) mit dazu gehörigem p-Wert (hier `p-value: < 2.22e-16`) ausgegeben.

Mit dem Befehl

```
prog.1 <- predict(lm.1, newdata=data.frame(wfl=80,bj=1990,
                  wohngut=0,wohnbest=1,badkach0=1,kueche=0))
```

erhalten wir eine Prognose (gespeichert in `prog.1`) der logarithmierten Nettomiete für eine Wohnung mit den in der Angabe spezifierten speziellen Charakteristika.

Völlig analog lassen sich sämtliche in den Aufgaben a)-d) geforderten Regressionsmodelle mit dazu passenden Prognosen erzielen, vergleiche das verlinkte R Skript. Im Folgenden beschränken wir uns hier im Wesentlichen auf die Interpretation der Ergebnisse. In Tab. 12.3 findet man eine Zusammenfassung der in den Teilaufgaben geforderten Prognosen für die Musterwohnung.

(a) Dem obigen R Regressionsoutput entnehmen wir, dass alle Regressoren hochsignifikant sind mit durchweg sehr kleinen p-Werten nahe Null. Das Bestimmtheitsmaß R^2 ist mit einem Wert 0.6247 verhältnismäßig hoch. Als Prognose für die Musterwohnung ergibt sich mit dem `predict` Befehl eine prognostizierte logarithmierte Nettomiete von 6.753013. Durch Rücktransformation exp(6.753013) erhalten wir die in Tab. 12.3 angegebene prognostizierte Nettomiete von 856.64. Wegen Gründen, die mit der gewählten nichtlinearen (Rück-)Transformation (log und exp) zusammenhängen, sind diese Prognosen in der Regel verzerrt und zu klein (Unterschätzung). Dies werden wir in Aufgabe b) bestätigen.

    Wenn das Regressionsmodell ohne die 20 teuersten Wohnungen nochmal geschätzt wird (vergleiche das verlinkte Skript) erhalten wir einen sehr ähnli-

Tab. 12.3 Zusammenfassung der prognostizierten Nettomieten der Aufgaben 12.4 a)-d).

Aufgabe	Zielgröße	Daten	Baujahr	Prognose	R^2
a)	log(*nm*)	alle	linear	856.64	0.625
a)	log(*nm*)	ohne	linear	855.64	0.603
b)	*nm*	alle	linear	959.74	0.673
b)	*nm*	ohne	linear	917.03 0.639	
c)	log(*nm*)	alle	quadratisch	858.02	0.635
c)	log(*nm*)	ohne	quadratisch	857.34	0.613
c)	*nm*	alle	quadratisch	961.18	0.684
c)	*nm*	ohne	quadratisch	918.79	0.653
d)	log(*nmqm*)	alle	linear	11.40	0.184
d)	log(*nmqm*)	ohne	linear	11.22	0.191
d)	*nmqm*	alle	linear	11.77	0.193
d)	*nmqm*	ohne	linear	11.53	0.202
d)	log(*nmqm*)	alle	quadratisch	11.42	0.205
d)	log(*nmqm*)	ohne	quadratisch	11.24	0.212
d)	*nmqm*	alle	quadratisch	11.79	0.223
d)	*nmqm*	ohne	quadratisch	11.56	0.233

chen, nahezu identischen Regressionsoutput. Auch die Prognose für die Musterwohnung ist mit 855.64 EUR fast gleich, vergleiche Tab. 12.3.

(b) Jetzt wird die Nettomiete statt der logarithmierten Nettomiete verwendet. Unter Verwendung von

```
lm.3 <- lm(nm ~ wfl+bj+wohngut+wohnbest+badkach0+kueche,
           data=daten)
print(summary(lm.3))
```

erhalten wir als Output:

```
Coefficients:
              Estimate  Std. Error  t value  Pr(>|t|)
(Intercept) -2853.21144   270.44418 -10.5501 < 2.2e-16 ***
wfl            10.27131     0.13922  73.7786 < 2.2e-16 ***
bj              1.40692     0.13818  10.1815 < 2.2e-16 ***
wohngut        89.32689     7.46452  11.9669 < 2.2e-16 ***
wohnbest      130.88005    19.23373   6.8047 1.213e-11 ***
badkach0       60.60058    10.83831   5.5913 2.452e-08 ***
kueche         96.23185     8.40695  11.4467 < 2.2e-16 ***
---
Signif. codes:  0 '***' 0.001 '**' 0.01 '*' 0.05 '.' 0.1 ' ' 1
```

```
Residual standard error: 193.57 on 3058 degrees of freedom
Multiple R-squared:  0.67298,    Adjusted R-squared:  0.67234
F-statistic: 1048.9 on 6 and 3058 DF,  p-value: < 2.22e-16
```

Nach wie vor sind alle Regressoren hochsignifikant. Auf den ersten Blick auffallend ist der Intercept mit einem Wert von −2853.21. Der Intercept gibt formal die prognostizierte Miete an, wenn alle erklärenden Variablen 0 sind. In unserem Fall würde es u.a. um eine Wohnung mit 0 Quadratmeter Wohnfläche und erbaut zu Christi Geburt gehen, also ein vollkommen unrealistisches Szenario. Daher ist die Interpretation des Intercepts hier wenig sinnvoll. Die Regressionskoeffizienten der erklärenden Variablen lassen sich hier besser interpretieren als in Aufgabe a), da die Nettomiete direkt modelliert wird. Beispielsweise bewirkt in diesem Modell die Erhöhung der Wohnfläche um einen Quadratmeter eine Erhöhung der geschätzten Nettomiete um 10.27 EUR. Ohne Verwendung der 20 teuersten Wohnungen (Ergebnisse nicht abgedruckt) ergeben sich ähnliche Ergebnisse wie oben mit allen Daten, jedoch sind die geschätzten Effekte etwas geringer bzw. die Unterschiede etwas mehr ausgeprägt als in Aufgabe a).
Die Anpassung, gemessen mit dem Bestimmtheitsmaß R^2 ist 0.673 für alle Daten und $R^2 = 0.639$ für die reduzierten Daten, also etwas besser als in Aufgabe a). Die Prognosen für die Musterwohnung sind 959.74 EUR bzw. 917.03 EUR mit reduziertem Datensatz, also deutlich höher als in Aufgabe a). Die Prognosen unterscheiden sich damit auch relativ stark bzgl. der unterschiedlichen Datensätze.

(c) Jetzt bauen wir den zusätzlichen quadratischen Term ein und rechnen nochmal alle Modelle aus a) und b), vergleiche das verlinkte `R` Skript und Tab. 12.3. In allen vier geschätzten Modellen ist das quadrierte Baujahr hochsignifikant mit p-Werten nahe Null. Durch die Hinzunahme des quadrierten Baujahres erhöhen sich auch die Bestimmtheitsmaße durchgängig. Allerdings ist Vorsicht geboten, es kann nämlich gezeigt werden, dass das Bestimmtheitsmaß durch die Hinzunahme von erklärenden Variablen stets größer wird, selbst bei Variablen, die keinerlei Erklärungsgehalt haben (hier nicht der Fall).
Für die Prognosen der Musterwohnung vergleiche Tab. 12.3. Im Vergleich zu den Aufgaben a) und b) ändern sich die Prognosen nur geringfügig durch Hinzunahme des quadrierten Baujahrs. Wie vorher unterscheiden sich die Prognosen wieder deutlich je nachdem ob die Nettomiete oder die logarithmierte Nettomiete verwendet wird.

(d) Unter Verwendung der Nettomiete pro Quadratmeter (Variable `nmqm`) ergeben sich zum Teil deutliche Unterschiede in den Ergebnissen. Nach wie vor sind alle Regressoren hochsignifikant. Jedoch hat beispielsweise die Wohnfläche jetzt einen negativen Regressionskoeffizienten, d. h. mit steigender Wohnfläche sinkt die Nettomiete pro Quadratmeter. Auf den ersten Blick mag dies entgegen unsere Intuition sein. Das Ergebnis lässt sich aber gut erklären. Jede Wohnung verfügt über mindestens eine Küche und ein Bad, die zu den eher kostspieligen Bestandteilen einer Wohnung gehören. Bei kleineren Wohnungen wirken sich

Tab. 12.4 Paarweise Korrelationen der Prognosen in den Modellen basierend auf allen Beobachtungen.

		lognm	nm	lognm	nm	lognmqm	nmqm	lognmqm	nmqm
				bj^2	bj^2			bj^2	bj^2
lognm		1.00	1.00	0.99	0.99	0.02	0.02	0.02	0.02
nm		1.00	1.00	0.99	0.99	−0.01	−0.01	−0.01	−0.01
lognm	bj^2	0.99	0.99	1.00	1.00	0.02	0.02	0.06	0.06
nm	bj^2	0.99	0.99	1.00	1.00	−0.01	−0.01	0.03	0.03
lognmqm		0.02	−0.01	0.02	−0.01	1.00	1.00	0.95	0.93
nmqm		0.02	−0.01	0.02	−0.01	1.00	1.00	0.95	0.93
lognmqm	bj^2	0.02	−0.01	0.06	0.03	0.95	0.95	1.00	1.00
nmqm	bj^2	0.02	−0.01	0.06	0.03	0.93	0.93	1.00	1.00

diese „Kostentreiber“ überproportional auf den Quadratmeterpreis aus, so dass der höhere Preis pro Quadratmeter gut erklärbar ist.

Die Anpassungen, gemessen mit dem Bestimmtheitsmaß, sind durchwegs deutlich schlechter als für die Nettomiete, Die Prognosen (in Euro) für die Musterwohnung unterscheiden sich hier weniger stark, vergleiche wieder Tab. 12.3.

(e) Tab. 12.4 zeigt die unter Verwendung des verlinkten `R` Skripts erzeugten paarweisen Korrelationen der Prognosen basierend auf den Modellen mit allen Beobachtungen. Damit:

- Die jeweiligen Prognosen für die Nettomieten sind untereinander sehr stark positiv korreliert, auch die logarithmierten Prognosen mit den unlogarithmierten. Das gilt auch für die Nettomieten pro Quadratmeter untereinander.
- Die Korrelationen von Prognosen für die Nettomieten und Prognosen für die Nettomieten pro Quadratmeter hingegen korrelieren nur schwach. Das liegt daran, dass die Nettomieten und Nettomieten pro qm als Zielgrößen teilweise sehr unterschiedliche Kovariableneffekte liefern, z.B. mit positivem Vorzeichen für die Wohnfläche mit der Nettomiete als Zielgröße und mit negativem Vorzeichen mit der Nettomiete pro qm als Zielgröße.

Ein ähnliches Bild zeigen paarweise Streudiagramme der Prognosen (nicht abgebildet, aber mit dem `R` Skript erzeugbar).

Analoge Analysen mit den Prognosen basierend auf Modellen ohne die 20 teuersten Wohnungen liefern nahezu identische Ergebnisse.

Lösung 12.5

(a) In Ergänzung zu Aufgabe 3.16 kann $Var(\epsilon_i) = \sigma^2$ erwartungstreu geschätzt werden durch

$$\sigma^2 = \frac{1}{n-2} \sum (Y_i - \hat{Y}_i)^2 = \frac{1}{n-2} SQR,$$

wobei

$$\sum(Y_i - \bar{Y})^2 = \sum(\hat{Y}_i - \bar{Y})^2 + \sum(Y_i - \hat{Y}_i)^2,$$
$$SQT = SQE + SQR,$$
$$\text{d.h.} \quad SQR = SQT - SQE.$$

Zur Berechnung kann man ausnutzen, dass folgende Resultate bereits vorliegen:

- $SQT = \sum y_i^2 - n\bar{y}^2 = 12.90821$,
- $R^2 = 0.997 = \dfrac{SQE}{SQT} \Longrightarrow SQE = SQT \cdot 0.997 = 12.87.$

Damit berechnet man:

$$SQR = 12.90821 - 12.87 = 0.03821,$$

woraus folgt:

$$\hat{\sigma}^2 = \frac{1}{8} \cdot 0.03821 = 0.0047.$$

(b) Das Testproblem lautet hier:

$$H_0 : \beta = 0 \quad \text{gegen} \quad H_1 : \beta \neq 0.$$

Die Prüfgröße ist gegeben als (s. Abschn. 12.1.2 in Fahrmeir et al., 2024):

$$F = \frac{SQE/1}{SQR/(n-2)} \quad \text{oder} \quad F = \frac{R^2}{1 - R^2} \cdot (n-2).$$

Die Prüfgröße berechnet sich als:

(b1) $F \overset{(c)}{=} \dfrac{12.87}{0.0047} = 2738.3.$

(b2) $F = \dfrac{0.997}{1 - 0.997} \cdot 8 = 2658.67.$

Die verschiedenen Werte für die Prüfgröße lassen sich auf Rundungsfehler zurückführen.

Da $F = 2738.3 > 5.318 = F_{0.95}(1, 8)$, kann H_0 zum Niveau $\alpha = 0.05$ verworfen werden, d. h. es kann aus den vorliegenden Werten geschlossen werden, dass der Grad der Drehung zur linearen Vorhersage der Reaktionszeit geeignet ist.

Bemerkung: Es ist sinnvoll, zur Prüfung der Modellanpassung auch Residualplots zu zeichnen.

Lösung 12.6

(a) Die KQ-Schätzer lassen sich berechnen als

$$\hat{\beta} = \frac{\sum x_i y_i - n\bar{x}\,\bar{y}}{\sum x_i^2 - n\bar{x}^2}, \qquad \hat{\alpha} = \bar{y} - \hat{\beta}\bar{x}.$$

Mit den folgenden Hilfsgrößen:

$$\bar{x} = 25.5, \sum x_i^2 = 3919 \quad \Longrightarrow \sum x_i^2 - n\bar{x}^2 = 17.5$$

$$\bar{y} = 160, \ \sum x_i y_i = 24560 \Longrightarrow \sum x_i y_i - n\bar{x}\,\bar{y} = 80$$

ergeben sich diese als

$$\hat{\beta} = \frac{80}{17.5} = 4.57, \ \hat{\alpha} = 160 - 4.57 \cdot 25.5 = 43.465.$$

(b) Ein $(1-\alpha)$-KI für β ist gegeben als (s. Abschn. 12.1.2 in Fahrmeir et al., 2024):

$$[\hat{\beta} - t_{1-\alpha/2}(n-2) \cdot \hat{\sigma}_{\hat{\beta}} \ , \ \hat{\beta} + t_{1-\alpha/2}(n-2) \cdot \hat{\sigma}_{\hat{\beta}}],$$

wobei

$$\hat{\sigma}_{\hat{\beta}} = \hat{\sigma} \cdot \frac{1}{\sqrt{\sum(x_i - \bar{x})^2}} = \hat{\sigma} \cdot \frac{1}{\sqrt{\sum x_i^2 - n\bar{x}^2}}$$

mit

$$\hat{\sigma}^2 = \frac{1}{n-2}\sum \hat{\epsilon}_i^2 = \frac{1}{n-2}\sum (Y_i - \hat{Y}_i)^2 = \frac{1}{n-2}\, SQR.$$

Hier berechnet man $\hat{\sigma}^2$ direkt. Dazu erstellt man zunächst die folgende Arbeitstabelle:

i	1	2	3	4	5	6
x_i	26	23	27	28	24	25
y_i	170	150	160	175	155	150
$\hat{y}_i$	162.285	148.566	166.855	171.425	153.145	157.715
$\hat{\epsilon}_i$	7.715	1.434	−6.855	3.575	1.855	−7.715.

Daraus ergibt sich $\hat{\sigma}^2 = \frac{1}{4} \cdot 184.31 = 46.08$ und somit $\hat{\sigma} = 6.79$, woraus man insgesamt erhält:

$$\hat{\sigma}_{\hat{\beta}} = 6.79 \cdot \frac{1}{\sqrt{17.5}} = 1.623.$$

Damit berechnet sich obiges KI mit $t_{0.975}(4) = 2.776$ als

$$[4.57 - 2.776 \cdot 1.623 \ , \ 4.57 + 2.776 \cdot 1.623] = [0.06 \ , \ 9.08].$$

(c) Zu überprüfen ist: $H_0 : \beta = 0$ gegen $H_1 : \beta \neq 0$ anhand des Konfidenzintervalls aus (b).
Da $\beta_0 = 0 \notin [0.06\ ,\ 9.08]$, kann H_0 verworfen werden, d. h. man kann zum Niveau $\alpha = 5\ \%$ schließen, dass das Körpergewicht gemessen über BMI einen linearen Einfluss auf den systolischen Blutdruck hat.

Lösung 12.7

(a) Das statistische Testproblem lautet hier:

$$H_0 : \beta = 0 \quad \text{gegen} \quad H_1 : \beta \neq 0.$$

Ein geeigneter Test für dieses Testproblem ist erneut der F-Test mit der Testgröße:

$$F = \frac{SQE/1}{SQR/(n-2)} = \frac{R^2(n-2)}{1-R^2} = \frac{0.8 \cdot 8}{0.2} = \frac{6.4}{0.2} = 32.$$

Da hier $F = 32 > 5.32 = F_{0.95}(1, 8)$, kann H_0 verworfen werden. Die Dosis des Medikaments hat also einen zum Niveau $\alpha = 0.05$ signifikanten Einfluss auf die Reaktionszeit.

(b) Nach Abschn. 12.1.2 in Fahrmeir et al. (2024) ist das Prognoseintervall gegeben durch

$$\hat{Y}_0 \pm t_{1-\frac{\alpha}{2}}(n-2) \cdot \hat{\sigma} \cdot \sqrt{1 + \frac{1}{n} + \frac{(x_0 - \bar{x})^2}{\sum x_i^2 - n\bar{x}}}.$$

Einsetzen der vorliegenden Werte liefert

$$4.36 \pm 2.3060 \cdot 1.1886 \cdot \sqrt{1 + 0.1 + \frac{0.5^2}{86}}$$

und schließlich

$$KI = [1.48, 7.24].$$

Lösung 12.8

(a) Offensichtlich besteht kein positiver linearer Zusammenhang zwischen Y und X, so dass Modell 1 nicht adäquat ist. In Modell 2 wird ein quadratischer Zusammenhang zwischen Y und X modelliert, was den Daten eher gerecht wird.

(b) Man erhält

$$\hat{\beta} = \frac{\sum_{i=1}^{n} y_i x_i^2 - n\overline{y}\overline{x^2}}{\sum_{i=1}^{n} x_i^4 - n\overline{x^2}^2}$$
$$= \frac{465.63 - 20 \cdot 5.28 \cdot 3.25}{335.44 - 20 \cdot 3.25^2}$$
$$= \frac{122.43}{124.19} = 0.986,$$

$$\hat{\alpha} = \overline{y} - \hat{\beta}\,\overline{x^2} = 5.28 - 0.986 \cdot 3.25 = 2.075.$$

(c) Der Korrelationskoeffizient berechnet sich zu

$$r_{X^2Y} = +\sqrt{0.87} = +0.933.$$

(d) Da das Konfidenzintervall den Wert $\beta = 0$ nicht enthält, kann die Nullhypothese abgelehnt werden. X^2 besitzt also einen signifikanten Einfluss auf Y.

(e) Man prognostiziert $\hat{y}_0 = 2.075 + 0.986 \cdot 1.5^2 = 4.29$. Das 95 % Prognoseintervall ist gegeben durch

$$\hat{y}_0 \pm t_{0.975}(18) \cdot \hat{\sigma} \cdot \sqrt{1 + \frac{1}{20} + \frac{(1.5^2 - \overline{x^2})^2}{\sum_{i=1}^{n} x_i^4 - 20 \cdot \overline{x^2}}}$$
$$\Leftrightarrow 4.29 \pm 2.1009 \cdot 0.97 \cdot \sqrt{1 + \frac{1}{20} + \frac{(2.25 - 3.25^2)^2}{335.44 - 20.325}}$$
$$\Leftrightarrow 4.29 \pm 2.03787 \cdot \sqrt{1.05 + \frac{1}{270.44}}$$
$$\Leftrightarrow 4.29 \pm 2.03787 \cdot 1.0265.$$

Damit erhält man das Intervall

$$KI = [2.19813, 6.38187]$$

als 95 %-Prognoseintervall für y_0.

Lösung 12.9

(a) Folgende Annahmen werden getroffen:

(i) $E(\epsilon_i) = 0$.

(ii) $Var(\epsilon_i) = \sigma^2$, d. h. die Varianz der ϵ_i bleibt konstant.
(iii) $Cov(\epsilon_i, \epsilon_j) = E(\epsilon_i, \epsilon_j) = 0$, d. h. die ϵ_i sind paarweise unkorreliert.
(iv) Die ϵ_i sind normalverteilt.

(b) Der Einfluss von Y auf X könnte unter Umständen nicht linear sein. Denkbar wäre etwa

$$y_i = \alpha + \beta x_i^2 + \epsilon_i$$

oder

$$y_i = \beta_0 + \beta_1 \exp(-\beta_2 x_i) + \epsilon_i.$$

(c) Aus den Grafiken kann man entnehmen:

1. $|\epsilon_i|$ wächst mit wachsendem x, was auf eine Verletzung der Varianzhomogenität hindeutet (Annahme (ii)).
2. Die Residuen liegen auf parallelen Ebenen. Dies deutet darauf hin, dass die y_i diskret sind, d. h. die Normalverteilungsannahme wäre verletzt.
3. Hier sind keine Verletzungen der Modellannahmen erkennbar.
4. Hier sind die Residuen autokorreliert, d. h. sie weisen einen Trend in Abhängigkeit von x auf. Mögliche Gründe hierfür:

   - Der Einfluss von X ist eigentlich nicht linear.
   - Die ϵ_i sind nicht unabhängig, sondern hängen voneinander ab, sind also korreliert.

   Beide Fälle kann man anhand der Residualplots nicht unterscheiden.
5. Siehe 4.

Lösung 12.10
Im linearen Regressionsmodell werden folgende Annahmen getroffen:

(i) $E(\epsilon_i) = 0$.
(ii) $Var(\epsilon_i) = \sigma^2$, d. h. die Varianz der ϵ_i bleibt konstant.
(iii) $Cov(\epsilon_i, \epsilon_j) = 0$, d. h. die ϵ_i sind paarweise unkorreliert .
(iv) Die ϵ_i sind normalverteilt und damit auch die Y_i.

Folgende Annahmen scheinen in den abgedruckten Grafiken verletzt:

(a) Die Y-Beobachtungen sind offenbar ganzzahlig, so dass Annahme (iv) verletzt ist.
(b) Hier scheint Annahme (ii) verletzt, da die Streuung von Y mit wachsendem X zunimmt.

(c) , (d) Hier scheinen eher nichtlineare Beziehungen zwischen Y und X gegeben zu sein.

Lösung 12.11
Im multiplen Regressionsmodell gilt

$$\hat{\beta} = (\mathbf{X}'\mathbf{X})^{-1}\mathbf{X}'\mathbf{Y}.$$

Speziell für die lineare Einfachregression gilt

$$\mathbf{X}'\mathbf{X} = \begin{pmatrix} n & \sum_{i=1}^{n} x_i \\ \sum_{i=1}^{n} x_i & \sum_{i=1}^{n} x_i^2 \end{pmatrix}$$

und somit

$$(\mathbf{X}'\mathbf{X})^{-1} = \frac{1}{n\sum_{i=1}^{n} x_i^2 - (\sum_{i=1}^{n} x_i)^2} \begin{pmatrix} \sum_{i=1}^{n} x_i^2 & -\sum_{i=1}^{n} x_i \\ -\sum_{i=1}^{n} x_i & n \end{pmatrix}.$$

Ferner ist

$$\mathbf{X}'\mathbf{Y} = \begin{pmatrix} \sum_{i=1}^{n} Y_i \\ \sum_{i=1}^{n} x_i Y_i \end{pmatrix}.$$

Insgesamt erhält man also

$$\hat{\beta} = \frac{1}{n\sum x_i^2 - \left(\sum x_i\right)^2} \begin{pmatrix} \sum x_i^2 \sum Y_i & -\sum x_i \sum x_i Y_i \\ -\sum x_i \sum x_i Y_i & n \sum Y_i \end{pmatrix}.$$

Die zweite Komponente von $\hat{\beta}$ ist wie gefordert äquivalent zu $\hat{\beta}$ aus dem Einfachregressionsmodell.

Die erste Komponente ergibt

$$
\begin{aligned}
\hat{\alpha} &= \frac{\sum x_i^2 \sum Y_i - \sum x_i \sum x_i Y_i}{n \sum x_i^2 - (\sum x_i)^2} - \bar{Y} + \bar{Y} \\
&= \bar{Y} + \frac{\sum x_i^2 \sum Y_i - \sum x_i \sum x_i Y_i - \sum x_i^2 \sum Y_i + \sum Y_i \left(\sum x_i\right)^2 / n}{n \sum x_i^2 - \left(\sum x_i\right)^2} \\
&= \bar{Y} + \frac{\sum Y_i \left(\sum x_i\right)^2 / n - \sum x_i \sum x_i Y_i}{n \sum x_i^2 - \left(\sum x_i\right)^2} \\
&= \bar{Y} - \frac{-\sum Y_i \sum x_i + n \sum x_i Y_i}{n \sum x_i^2 - \left(\sum x_i\right)^2} \cdot \frac{1}{n} \sum x_i \\
&= \bar{Y} - \hat{\beta} \bar{x}.
\end{aligned}
$$

Die Teststatistik des F-Tests lautet

$$
\begin{aligned}
F &= \frac{n-p-1}{p} \cdot \frac{SQE}{SQR} \\
&= (n-2) \cdot \frac{\sum \left(\hat{Y}_i - \bar{Y}\right)^2}{\sum (\hat{Y}_i - Y_i)^2} \\
&= (n-2) \cdot \frac{\sum \left(\hat{\alpha} + \hat{\beta} x_i - \bar{Y}\right)^2}{\sum \epsilon_i^2} \\
&= (n-2) \cdot \frac{\sum \left(\bar{Y} - \hat{\beta} \bar{x} + \hat{\beta} x_i - \bar{Y}\right)^2}{\hat{\sigma}^2} \\
&= (n-2) \cdot \frac{\hat{\beta}^2 \sum (x_i - \bar{x})^2}{\hat{\sigma}^2}.
\end{aligned}
$$

Diese ist $F(1, n-2)$-verteilt, d. h. ihre Wurzel, die mit der Teststatistik T aus der linearen Einfachregression identisch ist, ist $t(n-2)$ verteilt.

Lösung 12.12

(a) Wir erhalten folgende Interpretation:
Alter: Wahrscheinlich besteht ein negativer annähernd linearer Zusammenhang; je älter das Auto desto niedriger der Preis des Autos.
Kilometerstand: Wahrscheinlich besteht ein negativer schwach nichtlinearer

linearer Zusammenhang; je höher der Kilometerstand, desto geringer ist der Preis des Autos.
Monate bis TÜV: Hier ist kein Zusammenhang erkennbar.
ABS: Bei nicht-vorhandenem ABS ist der Median der Verkaufspreise geringer als bei vorhandenem ABS, wobei die Preise eine hohe Streuung aufweisen und nicht symmetrisch um den Median verteilt sind. Bei vorhandenem ABS ist der Median höher als bei Autos ohne ABS. Die Streuung um den Median ist geringer und erscheint annähernd symmetrisch.
Schiebedach: Hier ergibt sich eine ähnliche Interpretation wie beim ABS. Der Unterschied der Mediane ist nicht ganz so deutlich wie beim ABS.

(b) Folgende Aussagen können getroffen werden:
Alter: Der Korrelationskoeffizient ist negativ und dürfte betragsmäßig relativ hoch sein.
Kilometerstand: Der Korrelationskoeffizient ist wieder negativ. Allerdings sollte der Korrelationskoeffizient betragsmäßig kleiner sein als beim Alter.
TÜV: Anhand des Streudiagramms lässt sich ein Korrelationskoeffizient von nahe Null vermuten.
(Anmerkung die exakten Korrelationskoeffizienten sind −0.71, −0.58 und −0.03.)

(c) Die Prognoseformeln sind gegeben durch

$$\widehat{preis} = 5.597714 - 0.0162792 \cdot kilstand$$

für Modell $M1$ und

$$\widehat{preis} = 1.296881 + 254.5488 \cdot 1/kilstand$$

für Modell $M2$.
Zur Interpretation: Im ersten Modell $M1$ wird ein linearer Zusammenhang geschätzt. Hierbei ist der geschätzte Zusammenhang negativ. Je höher der Kilometerstand, desto niedriger ist der Preis. Erhöht sich der Kilometerstand um 1000 Km verringert sich der Wert des Autos durchschnittlich um $0.0162792 \cdot 1000 = 16.28$ EUR. Im zweiten Modell $M2$ ist der Zusammenhang bezüglich des invertierten Kilometerstands positiv. Je höher der invertierte Kilometerstand, desto höher ist der Preis, d. h. mit steigendem Kilometerstand sinkt der Preis nichtlinear. Zum Vergleich der beiden Modelle bietet sich das Bestimmtheitsmaß R^2 an. Da das Bestimmtheitsmaß des zweiten Modells $M2$ höher ist, ist das zweite Modell zu bevorzugen.

(d) Die Modellgleichung lautet:

$$preis = \beta_0 + \beta_1 \cdot kilstandinv + \beta_2 \cdot alter + \beta_3 \cdot sonderaus1 + \varepsilon$$

Die Prognosegleichung ist gegeben durch

$$\widehat{preis} = 6.259881 + 161.0861 \cdot kilstandinv - 0.0356507 \cdot alter - 0.2331171 \cdot sonderaus1.$$

Zur Interpretation:

- Es besteht ein positiver Zusammenhang zwischen *kilstandinv* und *preis*, je höher der inverse Kilometerstand desto höher der Preis. Oder umgekehrt, je höher der Kilometerstand, desto geringer ist der Preis.
- Es wird ein negativer linearer Zusammenhang zwischen *alter* und *preis* geschätzt. Je älter das Auto, desto billiger ist es.
- Autos mit ABS sind durchschnittlich um 233.18 EUR billiger als Autos ohne ABS. (Es ist zu beachten, dass der *preis* in Tsd. Euro gemessen wurde.)
- Das Bestimmtheitsmaß R^2 ist mit 0.6320 relativ hoch.

Zur Signifikanz der Koeffizienten der Variablen *alter* und *sonderaus*1: Berechne zunächst das Quantil der Standardnormalverteilung mit $\alpha = 0.05$:

$$z_{1-\frac{\alpha}{2}} = z_{0.975} = 1.96$$

Als Testgrößen erhalten wir

$$\begin{aligned} z_{alter} &= \frac{\hat{\beta}_3}{\hat{\sigma}_{alter}} = \frac{-0.0356507}{0.0033467} = -10.6525, \\ z_{sonderaus1} &= \frac{\hat{\beta}_2}{\hat{\sigma}_{sonderaus1}} = \frac{0.2331171}{0.1240331} = -1.8795 \end{aligned}$$

Wegen

$$\begin{aligned} 1.96 = z_{0.975} &> |z_{alter}| = 1.8795 \\ 1.96 = z_{0.975} &< |z_{sonderaus_1}| = 10.6525 \end{aligned}$$

besitzt die Variable *alter* im Modell einen statistisch signifikanten Einfluss, während das Vorhandensein einer ABS Bremsung den Preis statistisch nicht signifikant erhöht.

Varianzanalyse 13

Dieses Kapitel beinhaltet Übungsaufgaben zu den Grundlagen der Varianzanalyse. Konkret geht es um die praktische Durchführung von ein- und zweifaktoriellen Varianzanalysen und die Interpretation der Ergebnisse.

Bei den Aufgaben 13.1–13.3 handelt es sich um die Aufgaben aus Kap. 13 des Lehrbuchs Fahrmeir et al. (2024). Zusätzlich findet man in diesem Kapitel eine weitere Aufgabe 13.4.

Aufgaben

Aufgabe 13.1 (Aufgabe 13.1 Lehrbuch)
In einem Beratungszentrum einer bayerischen Kleinstadt soll eine weitere Stelle für telefonische Seelsorge eingerichtet werden. Aus Erfahrung weiß man, dass hauptsächlich Anrufe von Personen eingehen, die einen bayerischen Dialekt sprechen. Es wird vorgeschlagen, die Stelle mit einem Berater zu besetzen, der ebenfalls bayerisch spricht, da vermutet wird, dass der Dialekt eine wesentliche Rolle beim Beratungsgespräch spielt und zwar insofern, als die Anrufer mehr Vertrauen zu einem Dialekt sprechenden Berater aufbauen, was sich in längeren Beratungsgesprächen äußert.

Nehmen wir nun an, zur Klärung dieser Frage wurde eine Studie mit drei Beratern durchgeführt: Berater Nr. 1 sprach reines Hochdeutsch, Berater Nr. 2 hochdeutsch mit mundartlicher Färbung und der letzte bayerisch. Die ankommenden Anrufe von bayerisch sprechenden Personen wurden zufällig auf die drei Berater aufgeteilt. Für jedes geführte Beratungsgespräch wurde dessen Dauer in Minuten notiert. Es ergaben sich folgende Daten:

S. Lang et al., *Arbeitsbuch Statistik*, https://doi.org/10.1007/978-3-662-73272-4_13

	Berater 1 Hochdeutsch	Berater 2 Hochdeutsch mit mundartlicher Färbung	Berater 3 Bayerisch
Dauer der Gespräche in Minuten	8	10	15
	6	12	11
	15	16	18
	4	14	14
	7	18	20
	6		12
	10		

(a) Schätzen Sie den Effekt, den die Sprache des jeweiligen Beraters auf die Dauer des Beratungsgesprächs hat. Interpretieren Sie die Unterschiede.

(b) Prüfen Sie zum Niveau $\alpha = 0.05$, ob die Sprache des jeweiligen Beraters Einfluss auf die Dauer des Beratungsgesprächs hat (Normalverteilung kann vorausgesetzt werden). Stellen Sie zur Durchführung des statistischen Tests die entsprechende Varianzanalysetabelle auf. Interpretieren Sie Ihr Ergebnis.

Hinweis:

$$\bar{y}_{1.} = 8, \quad \bar{y}_{2.} = 14, \quad \bar{y}_{3.} = 15, \quad s_1^2 = 13, \quad s_2^2 = 10, \quad s_3^2 = 12.$$

Aufgabe 13.2 (Aufgabe 13.2 Lehrbuch)
Bei einem häufig benutzten Werkstoff, der auf drei verschiedene Weisen hergestellt werden kann, vermutet man einen unterschiedlichen Gehalt an einer krebserregenden Substanz. Von dem Werkstoff wurden für jede der drei Herstellungsmethoden vier Proben je 100 g entnommen und folgende fiktive Werte für den Gehalt an dieser speziellen krebserregenden Substanz in mg pro Methode gemessen:

	Herstellungsmethode 1	2	3
Gehalt	61	62	65
	58	59	62
	60	61	63
	60	61	62

(a) Schätzen Sie den Effekt der Herstellungsmethode auf den Gehalt an der krebserregenden Substanz, und interpretieren Sie die Unterschiede.

(b) Gehen Sie davon aus, dass der Gehalt an der krebserregenden Substanz approximativ normalverteilt ist. Prüfen Sie zum Signifikanzniveau $\alpha = 0.05$, ob sich die drei Herstellungsmethoden hinsichtlich des Gehalts an der krebserregenden Substanz unterscheiden.

Aufgabe 13.3 (Aufgabe 13.3 Lehrbuch)
Eine Firma betreibt ihre Produkte in verschiedenen Ländern. Für die Firmenleitung ist insbesondere hinsichtlich gewisser Marketing-Strategien von Interesse, ob sich bestimmte Produkte vergleichbaren Typs in manchen Ländern besser umsetzen las-

sen als in anderen. Dazu wurden für einen zufällig herausgegriffenen Monat die Umsätze sowohl produkt- als auch länderbezogen notiert.

Die folgende Tabelle zeigt Ihnen die Umsätze in 1000 EUR für drei Länder und zwei Produkte:

	Produkt I	Produkt II
A	42 45 42 41 42	38 39 37 41 39
Land B	36 36 36 35 35	39 40 36 36 36
C	33 32 32 33 32	36 34 36 33 34

(a) Berechnen Sie die mittleren Umsätze und die zugehörigen Standardabweichungen für jede Land-Produkt-Kombination. Stellen Sie die Mittelwerte graphisch dar, und beschreiben Sie die beobachteten Zusammenhänge der Tendenz nach. Bestimmen Sie zudem die Mittelwerte für jedes Land und für jedes Produkt, also unabhängig von der jeweils anderen Variable, und insgesamt.

(b) Schätzen Sie unter Verwendung der Ergebnisse aus (a) die Haupteffekte und die Wechselwirkungsterme. Inwieweit stützen diese Werte die von Ihnen geäußerte Vermutung hinsichtlich der beobachteten Zusammenhänge?

(c) Stellen Sie eine Varianzanalysetabelle auf, und prüfen Sie unter Annahme von approximativ normalverteilten Umsätzen die Hypothesen auf Vorliegen von Wechselwirkungen und Haupteffekten jeweils zum Signifikanzniveau $\alpha = 0.05$. Interpretieren Sie Ihr Ergebnis.

Aufgabe 13.4

Im Rahmen einer Studie über Behandlungsverfahren bei Patienten mit chronischen Schmerzen wird u. a. mit Hilfe eines Fragebogens ein normalverteilter Score erhoben, der ein Maß für die allgemeine Befindlichkeit des Patienten darstellt. Dabei nimmt der Score umso höhere Werte an, je besser die Befindlichkeit des Patienten ist. In den Score gehen unterschiedliche Faktoren wie die Häufigkeit und Intensität des Auftretens der Schmerzen, der psychische Zustand des Patienten usw. ein.

Es soll nun getestet werden, ob sich der Befindlichkeitsscore bei Patienten, die mit verschiedenen Therapien behandelt werden, unterscheidet. Dazu werden Patienten aus drei Gruppen befragt:

Die Patienten der ersten Gruppe erhalten neben einer medikamentösen eine psychotherapeutische Behandlung. Die der zweiten Gruppe werden sowohl medikamentös als auch mit Akupunktur therapiert, während die Patienten der dritten Gruppe rein medikamentös behandelt werden. Die Ergebnisse der Befragung entnehmen Sie der nachstehenden Tabelle:

	Gruppe 1	Gruppe 2	Gruppe 3
	20	13	9
Befindlich-	12	12	10
keits-	18	15	15
score	14	17	8
	16	16	8
	21	17	11
	17		13
	13		14
	18		
	21		

(a) Schätzen Sie die Effekte der jeweiligen Therapie auf den Befindlichkeitsscore der Patienten. Interpretieren Sie die Ergebnisse.

(b) Testen Sie zum Niveau $\alpha = 0.05$, ob die Therapie einen signifikanten Einfluss auf den Befindlichkeitsscore der Patienten hat. Formulieren Sie dazu die Frage als statistisches Testproblem, und stellen Sie die zugehörige Varianzanalysetabelle auf. Führen Sie den Test durch, und interpretieren Sie das Ergebnis.

Hinweis:

$$\bar{y}_{1.} = 17, \quad \bar{y}_{2.} = 15, \quad \bar{y}_{3.} = 11, \quad s_1^2 = 10.4, \quad s_2^2 = 4.4, \quad s_3^2 = 7.4.$$

Lösungen

Lösung 13.1

Man betrachte das Modell

$$Y_{ij} = \mu + \alpha_i + \epsilon_{ij} \text{ mit } \epsilon_{ij} \sim N(0, \sigma^2) \text{ unabhängig und } \sum_{i=1}^{I} n_i\alpha_i = 0.$$

(a) Da hier $n = n_1 + n_2 + n_3 = 7 + 5 + 6 = 18$ ist, ergibt sich das Gesamtmittel zu

$$\bar{y}_{..} = \frac{1}{n}(n_1\bar{y}_{1.} + n_2\bar{y}_{2.} + n_3\bar{y}_{3.}) = \frac{1}{18}(7 \cdot 8 + 5 \cdot 14 + 6 \cdot 15) = \frac{216}{18} = 12.$$

Damit erhält man gemäß $\hat{\alpha}_i = \bar{y}_{i.} - \bar{y}_{..}$ die Schätzungen der Effekte als:

$$\hat{\alpha}_1 = 8 - 12 = -4, \quad \hat{\alpha}_2 = 14 - 12 = 2, \quad \hat{\alpha}_3 = 15 - 12 = 3.$$

Es zeigt sich, dass bei dem hochdeutsch sprechenden Berater ein deutlicher, negativer Effekt zu verzeichnen ist. Mundartlich gefärbtes Hochdeutsch und bayerischer Dialekt beim Berater haben einen positiven Effekt auf die Dauer des Telefonats in ähnlicher Größenordnung.

(b) Das statistische Testproblem lautet hier

$$H_0 : \alpha_1 = \alpha_2 = \alpha_3 = 0 \quad \text{gegen} \quad H_1 : \text{ mindestens ein } \alpha_i \neq 0.$$

Man erhält folgende ANOVA-Tabelle (vgl. Abschn. 13.1 in Fahrmeir et al., 2024):

Streuungs-ursache	Streuung	Freiheits-grade	mittl. quadr. Fehler	Prüfgröße
Gruppen	$SQE = 186$	$I - 1 = 2$	$186/2 = 93$	$\frac{93}{5.2} = 7.82$
Residuen	$SQR = 178$	$n - I = 15$	$178/15 = 11.9$	

mit

$$\begin{aligned} SQE &= \sum_{i=1}^{I} n_i(\bar{y}_{i.} - \bar{y}_{..})^2 = \sum_{i=1}^{3} n_i\hat{\alpha}_i^2 \\ &= 7 \cdot (-4)^2 + 5 \cdot 2^2 + 6 \cdot 3^2 = 186, \\ SQR &= \sum_{i=1}^{I}\sum_{j=1}^{n_i}(y_{ij} - \bar{y}_{i.})^2 \\ &= \sum_{i=1}^{3}(n_i - 1)s_i^2 = 6 \cdot 13 + 4 \cdot 10 + 5 \cdot 12 = 178. \end{aligned}$$

Die Nullhypothese wird verworfen, falls der Wert der Prüfgröße das $(1 - \alpha)$-Quantil der entsprechenden F-Verteilung überschreitet. Da hier $F = 7.82 >$

$3.6823 = F_{0.95}(2, 15)$, kann H_0 verworfen werden. Es kann also signifikant zum Niveau $\alpha = 0.05$ geschlossen werden, dass die Sprache des Beraters einen Einfluss auf die Dauer des Gesprächs hat.

Lösung 13.2

(a) Die Schätzer für α_i sind gegeben als (vgl. Abschn. 13.1 in Fahrmeir et al., 2024)

$$\hat{\alpha}_i = \bar{y}_{i.} - \bar{y}_{..}, \text{ wobei } \quad \bar{y}_{i.} = \frac{1}{n_i}\sum_{j=1}^{n_i} y_{ij} \quad \text{ und } \quad \bar{y}_{..} = \frac{1}{n}\sum_{i=1}^{I} n_i\bar{y}_{i.}$$

Hier ergibt sich mit $n_1 = n_2 = n_3 = 4$:

$$\bar{y}_{1.} = 59.75 \ (s_1^2 = 1.58\bar{3}), \ \bar{y}_{2.} = 60.75 \ (s_2^2 = 1.58\bar{3}), \ \bar{y}_{3.} = 63 \ (s_3^2 = 2),$$

woraus man als Gesamtmittel $\bar{y}_{..} = \frac{1}{12}(4 \cdot 59.75 + 4 \cdot 60.75 + 4 \cdot 63) = 61.17$ berechnet. Damit erhält man als Schätzer für die Effekte

$$\hat{\alpha}_1 = 59.75 - 61.17 = -1.42, \quad \hat{\alpha}_2 = 60.75 - 61.17 = -0.42,$$
$$\hat{\alpha}_3 = 63.00 - 61.17 = 1.83.$$

Das erste Herstellungsverfahren führt zu einem Gehalt der krebserregenden Substanz, der unterhalb des allgemeinen Durchschnitts liegt. Das zweite Verfahren bewirkt eine leichte Reduktion, während das dritte Verfahren zu einer starken Erhöhung des Gehalts führt.

(b) Die Fragestellung lässt sich über die Effekte wie folgt als statistisches Testproblem formulieren:

$$H_0 : \alpha_1 = \alpha_2 = \alpha_3 = 0 \quad \text{gegen} \quad H_1 : \text{mindestens ein } \alpha_i \neq 0.$$

Zur Berechnung der Prüfgröße ermittelt man die folgenden Quadratsummen:

$$SQE = \sum_{i=1}^{3} n_i\hat{\alpha}_i^2 = 4 \cdot [(-1.42)^2 + (-0.42)^2 + 1.83^2] = 22.17,$$
$$SQR = \sum_{i=1}^{3}(n_i - 1) \cdot s_i^2 = 3 \cdot [1.58\bar{3} + 1.58\bar{3} + 2] = 15.5.$$

Wie in der Varianzanalyse üblich, werden die einzelnen Teilergebnisse in einer ANOVA-Tabelle (vgl. Abschn. 13.1 in Fahrmeir et al., 2024) zusammengefasst:

Streuungs-ursache	Streuung	Freiheits-grade	mittl. quadr. Fehler	Prüfgröße
Gruppen	22.17	$I-1=2$	$22.17/2=11.08$	$\frac{11.08}{1.72}=6.44$
Residuen	15.5	$n-I=9$	$15.5/9=1.72$	

Dabei ist H_0 zum Niveau $\alpha = 0.05$ abzulehnen, falls $F > F_{1-\alpha}(I-1, n-I) = F_{0.95}(2,9) = 4.256$. Da $F = 6.44 > 4.256$, kann H_0 zum Niveau $\alpha = 0.05$ verworfen werden. Damit wirkt sich das Herstellungsverfahren statistisch signifikant auf den Gehalt der krebserregenden Substanz aus.

Lösung 13.3

(a) Für die mittleren Umsätze μ_{ij} und die Standardabweichungen erhält man folgende Schätzungen:

	Produkt I		Produkt II	
	$\bar{y}_{ij.}$	$\sqrt{s_{ij}^2}$	$\bar{y}_{ij.}$	$\sqrt{s_{ij}^2}$
A	42.4	1.517	38.8	1.483
Land B	35.6	0.548	37.4	1.949
C	32.4	0.548	34.6	1.342

Die Skizzen in Abb. 13.1 zeigen die graphische Darstellung obiger Mittelwerte: Für beide Produkte sind die Umsätze in Land A größer als in den beiden anderen Ländern. Allerdings ist dieser Effekt bei Produkt I wesentlich stärker zu erkennen als bei Produkt II. In den Ländern B und C erzielt dagegen Produkt II jeweils den höheren Umsatz, wobei die Umsätze für beide Produkte in Land B besser sind als in Land C.
Die Mittelwerte für die Länder $\bar{y}_{i..}$ ergeben sich als:

$$\bar{y}_{1..} = \bar{y}_A = 40.6, \quad \bar{y}_{2..} = \bar{y}_B = 36.5, \quad \bar{y}_{3..} = \bar{y}_C = 33.5.$$

Entsprechend berechnet man die Mittelwerte für die Produkte $\bar{y}_{.j.}$ als:

$$\bar{y}_{.1.} = \bar{y}_I = 36.8, \quad \bar{y}_{.2.} = \bar{y}_{II} = 36.93\bar{3}$$

und den Mittelwert $\bar{y}_{...}$ insgesamt als:

$$\bar{y}_{...} = 36.86\bar{6}.$$

(b) Mit $\hat{\mu} = \bar{y}_{...} = 36.86\bar{6}$ erhält man als Schätzer für die Haupteffekte von Faktor A, hier das Land, und Faktor B, hier das Produkt (vgl. Abschn. 13.2 in Fahrmeir et al., 2024):

$$\begin{aligned}
\hat{\alpha}_1 = \hat{\alpha}_A &= \bar{y}_{1..} - \bar{y}_{...} = \bar{y}_A - \bar{y}_{...} = 40.6 - 36.86\bar{6} \\
&= 3.73\bar{3}, \\
\hat{\alpha}_2 = \hat{\alpha}_B &= \bar{y}_{2..} - \bar{y}_{...} = \bar{y}_B - \bar{y}_{...} = 36.5 - 36.86\bar{6} \\
&= -0.36\bar{6}, \\
\hat{\alpha}_3 = \hat{\alpha}_C &= \bar{y}_{3..} - \bar{y}_{...} = \bar{y}_C - \bar{y}_{...} = 33.5 - 36.86\bar{6} \\
&= -3.36\bar{6}, \\
\hat{\beta}_1 = \hat{\beta}_I &= \bar{y}_{.1.} - \bar{y}_{...} = \bar{y}_I - \bar{y}_{...} = 36.8 - 36.86\bar{6} \\
&= -0.06\bar{6}, \\
\hat{\beta}_2 = \hat{\beta}_{II} &= \bar{y}_{.2.} - \bar{y}_{...} = \bar{y}_{II} - \bar{y}_{...} = 36.93\bar{3} - 36.86\bar{6} \\
&= 0.06\bar{6}.
\end{aligned}$$

Die Wechselwirkungen werden allgemein geschätzt als:

$$\widehat{(\alpha\beta)}_{ij} = \bar{y}_{ij.} - \bar{y}_{i..} - \bar{y}_{.j.} + \bar{y}_{...}.$$

Damit berechnet man hier:

$$\begin{aligned}
\widehat{(\alpha\beta)}_{11} = \widehat{(\alpha\beta)}_{AI} &= \bar{y}_{11.} - \bar{y}_{1..} - \bar{y}_{.1.} + \bar{y}_{...} \\
&= 42.4 - 40.6 - 36.8 + 36.86\bar{6} \\
&= 1.86\bar{6}, \\
\widehat{(\alpha\beta)}_{12} = \widehat{(\alpha\beta)}_{AII} &= 38.8 - 40.6 - 36.93\bar{3} + 36.86\bar{6} \\
&= -1.86\bar{6}, \\
\widehat{(\alpha\beta)}_{21} = \widehat{(\alpha\beta)}_{BI} &= 35.6 - 36.5 - 36.8 + 36.86\bar{6} \\
&= -0.83\bar{3}, \\
\widehat{(\alpha\beta)}_{22} = \widehat{(\alpha\beta)}_{BII} &= 37.4 - 36.5 - 36.93\bar{3} + 36.86\bar{6} \\
&= 0.83\bar{3}, \\
\widehat{(\alpha\beta)}_{31} = \widehat{(\alpha\beta)}_{CI} &= 32.4 - 33.5 - 36.8 + 36.86\bar{6} \\
&= -1.03\bar{3}, \\
\widehat{(\alpha\beta)}_{32} = \widehat{(\alpha\beta)}_{CII} &= 34.6 - 33.5 - 36.93\bar{3} + 36.86\bar{6} \\
&= 1.03\bar{3}.
\end{aligned}$$

Land A hat einen relativ großen positiven Einfluss auf den Umsatz ($\hat{\alpha}_A = 3.73\bar{3}$). Land B und Land C haben negative Effekte, wobei Land C mit $\hat{\alpha}_C = -3.36\bar{6}$ am schlechtesten abschneidet. Damit bestätigen die geschätzten Haupteffekte die in (a) formulierten Aussagen. Auch die geschätzten Wechselwirkungsterme untermauern die Interpretationen aus (a). Während bei Land A Produkt I einen positiven Effekt auf den Umsatz hat, ist dieser bei den anderen beiden Ländern negativ.

(c) Die Prüfgrößen lassen sich wie üblich in einer Varianzanalysetabelle zusammenfassen:

Streuungs- ursache	Streuung	FG	mittl. quadr. Fehler	Prüfgröße
Faktor A	254.06	2	127.029	$F_A = 71.232$
Faktor B	$0.13\bar{3}$	1	$0.13\bar{3}$	$F_B = 0.075$
$A \times B$	$52.46\bar{6}$	2	$26.23\bar{3}$	$F_{A\times B} = 14.710$
Residuen	42.8	24	$1.78\bar{3}$	

Dabei sind hier mit $K = 5$, $I = 3$ und $J = 2$:

$$\begin{aligned}
SQA &= K \cdot J \cdot \sum_{i=1}^{I} (\bar{y}_{i..} - \bar{y}_{...})^2 = K \cdot J \cdot \sum_{i=1}^{I} \hat{\alpha}_i^2 \\
&= 5 \cdot 2 \cdot \left(3.73\bar{3}^2 + (-0.36\bar{6})^2 + (-3.36\bar{6})^2\right) \\
&= 10 \cdot (13.938 + 0.134 + 11.334) \\
&= 254.06,
\end{aligned}$$

$$\begin{aligned}
SQB &= K \cdot I \cdot \sum_{j=1}^{J} (\bar{y}_{.j.} - \bar{y}_{...})^2 = K \cdot I \cdot \sum_{j=1}^{J} \hat{\beta}_j^2 \\
&= 5 \cdot 3 \cdot \left((-0.06\bar{6})^2 + 0.06\bar{6}^2\right) \\
&= 15 \cdot (0.004\bar{4} + 0.004\bar{4}) \\
&= 0.13\bar{3},
\end{aligned}$$

$$\begin{aligned}
SQ(A \times B) &= K \cdot \sum_{i=1}^{I} \sum_{j=1}^{J} (\bar{y}_{ij.} - \bar{y}_{i..} - \bar{y}_{.j.} + \bar{y}_{...})^2 \\
&= K \cdot \sum_{i=1}^{I} \sum_{j=1}^{J} (\widehat{\alpha\beta})_{ij}^2 \\
&= 5 \cdot \Big(1.86\bar{6}^2 + (1.86\bar{6})^2 + (-0.83\bar{3})^2 \\
&\quad + 0.83\bar{3}^2 + (-1.03\bar{3})^2 + 1.03\bar{3}^2\Big) \\
&= 5 \cdot (3.484 + 3.484 + 0.694 + 0.694 + 1.06\bar{7} + 1.06\bar{7}) \\
&= 52.46\bar{6},
\end{aligned}$$

$$\begin{aligned}
SQR &= \sum_{i=1}^{I} \sum_{j=1}^{J} \sum_{k=1}^{K} (y_{ijk} - \bar{y}_{ij.})^2 = (K-1) \cdot \sum_{i=1}^{I} \sum_{j=1}^{J} s_{ij}^2 \\
&= 4 \cdot (2.3 + 2.2 + 0.3 + 3.8 + 0.3 + 1.8) \\
&= 42.8.
\end{aligned}$$

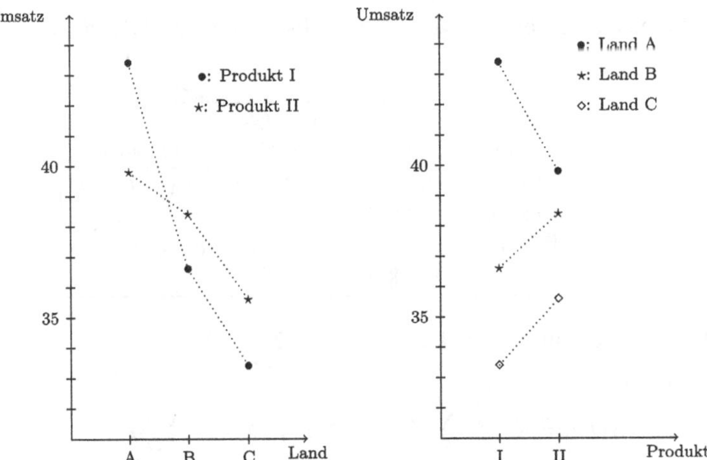

Abb. 13.1 Graphische Darstellung der Mittelwerte

Da $F_{A\times B} = 14.710 > 3.4028 = F_{0.95}(2, 24)$, kann davon ausgegangen werden, dass zum Niveau $\alpha = 0.05$ signifikante Wechselwirkungen zwischen den Faktoren Land und Produkt vorliegen. Der Prüfgrößenwert zum Faktor A, das Land, $F_A = 71.232$ ist ebenfalls größer als der zugehörige Quantilswert $F_{0.95}(2, 24)$. Damit ist dieser Haupteffekt zum obigen Niveau signifikant. Dagegen ist $F_B = 0.075 < 2.9271 = F_{0.95}(1, 24)$. Das Produkt hat also zum Niveau $\alpha = 0.05$ keinen signifikanten Einfluss auf den Umsatz.

Lösung 13.4

(a) Die Schätzung der Effekte erfolgt allgemein gemäß

$$\hat{\alpha}_i = \bar{y}_{i.} - \bar{y}_{..}.$$

Mit $n = 10 + 6 + 8 = 24$ ergibt sich zunächst

$$\bar{y}_{..} = \frac{1}{24}(10 \cdot 17 + 6 \cdot 15 + 8 \cdot 11) = \frac{348}{24} = 14.5.$$

Damit ergeben sich die geschätzten Effekte als

$$\hat{\alpha}_1 = 17 - 14.5 = 2.5, \quad \hat{\alpha}_2 = 15 - 14.5 = 0.5, \quad \hat{\alpha}_3 = 11 - 14.5 = -3.5.$$

Es sind also deutliche Effekte der Behandlung auf den Befindlichkeitsscore zu erkennen: Während der Score bei den Patienten, die zusätzlich zu den Medikamenten noch mit Akupunktur behandelt werden, etwa dem Durchschnitt entspricht, ist dieser bei den Patienten mit zusätzlicher psychotherapeutischer Behandlung deutlich erhöht. Die Befindlichkeit dieser Patientengruppe ist also besser als durchschnittlich. Dagegen zeigen Patienten, die ausschließlich medikamentös therapiert werden, deutlich niedrigere Scores als der Durchschnitt, d.h. ihre Befindlichkeit ist tendenziell schlechter.

(b) Die Fragestellung lässt sich wie folgt als statistisches Testproblem formulieren:

$$H_0 : \alpha_1 = \alpha_2 = \alpha_3 = 0 \quad \text{gegen} \quad H_1 : \text{mindestens ein } \alpha_i \neq 0.$$

Zur Berechnung der Prüfgröße wird eine ANOVA-Tabelle erstellt:

Streuungs- ursache	Streuung	Freiheits- grade	mittl. quadr. Fehler	Prüfgröße
Gruppen	162	$I-1=2$	$162/2=81$	$\frac{81}{7.97}=10.16$
Residuen	167.4	$n-I=21$	$167.4/21=7.97$	

$$\begin{aligned}\text{mit } SQE &= \sum n_i \hat{\alpha}_i^2 = 10 \cdot 2.5^2 + 6 \cdot 0.5^2 + 8 \cdot (-3.5)^2 \\ &= 62.5 + 1.5 + 98 = 162 \\ \text{und } SQR &= \sum (n_i - 1) s_i^2 = 9 \cdot 10.4 + 5 \cdot 4.4 + 7 \cdot 7.4 \\ &= 93.6 + 22 + 51.8 = 167.4.\end{aligned}$$

Da hier $F = 10.16 > F_{0.95}(2, 21) = 3.4668$, kann H_0 verworfen werden. Man kann also zum Niveau $\alpha = 0.05$ davon ausgehen, dass die Behandlungsmethode einen signifikanten Einfluss auf den Befindlichkeitsscore hat.

Zeitreihen

14

Dieses Kapitel beinhaltet grundlegende Übungsaufgaben zur Zeitreihenanalyse, insbesondere zur Glättung bzw. zur Trend- und Saisonbereinigung.

Bei den Aufgaben 14.1–14.7 handelt es sich um die Aufgaben aus Kap. 14 des Lehrbuchs Fahrmeir et al. (2024). Bei den Aufgaben 14.5–14.7 handelt es sich um „R Aufgaben“, die mit dem Statistikprogramm R gelöst werden sollen.

Aufgaben

Aufgabe 14.1 (Aufgabe 14.1 Lehrbuch)
Betrachten Sie den folgenden Ausschnitt aus der Zeitreihe der Zinsen deutscher festverzinslicher Wertpapiere

7.51	7.42	6.76	5.89	5.95	5.35	5.51	6.13	6.45	6.51	6.92
6.95	6.77	6.86	6.95	6.66	6.26	6.18	6.07	6.52	6.52	6.71

und bestimmen Sie den gleitenden 3er- und 11er-Durchschnitt. Anstelle gleitender Durchschnitte können zur Glättung einer Zeitreihe auch gleitende Mediane verwendet werden, die analog definiert sind. Berechnen Sie die entsprechenden gleitenden Mediane. Zeichnen Sie die Zeitreihe zusammen mit Ihren Resultaten.

Aufgabe 14.2 (Aufgabe 14.2 Lehrbuch)
Abb. 14.1 zeigt zur Zeitreihe der Zinsen deutscher festverzinslicher Wertpapiere gleitende Durchschnitte und Mediane. Bei den Abbildungen (a) und (c) handelt es sich um gleitende 5er bzw. 21er Durchschnitte und bei den Abbildungen (b) und (d) um die entsprechenden 5er und 21er Mediane.

Vergleichen Sie die geglätteten Zeitreihen, und kommentieren Sie Unterschiede und Ähnlichkeiten.

S. Lang et al., *Arbeitsbuch Statistik*, https://doi.org/10.1007/978-3-662-73272-4_14

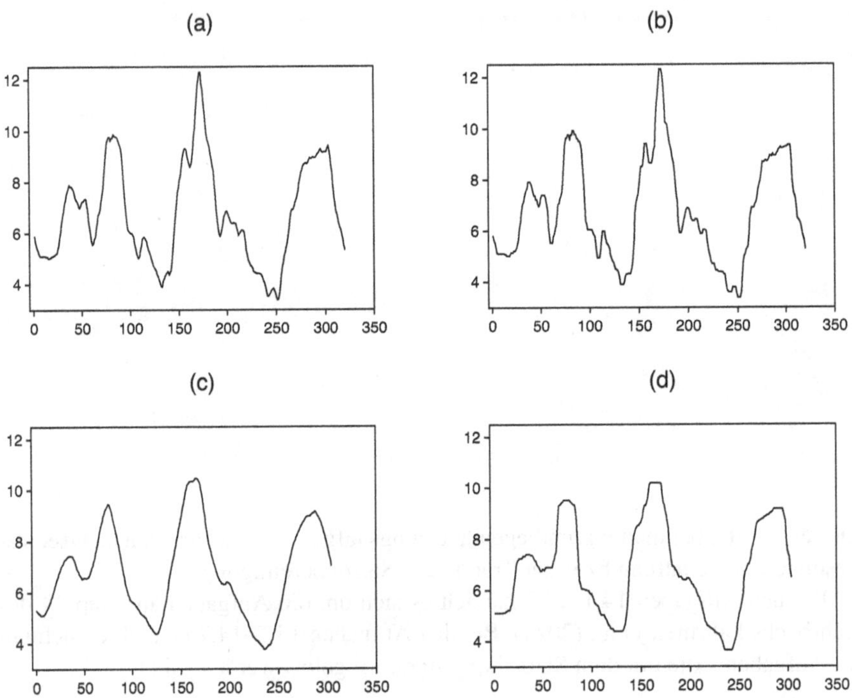

Abb. 14.1 Gleitende Durchschnitte und Mediane zur Zeitreihe der Zinsen deutscher festverzinslicher Wertpapiere

Aufgabe 14.3 (Aufgabe 14.3 Lehrbuch)
Einer Zeitreihe $\{y_t, t = 1, \ldots, n\}$ wird oft ein linearer Trend

$$y_t = \alpha + \beta \cdot t + \epsilon_t\,, \quad t = 1, \ldots, n,$$

unterstellt.

(a) Vereinfachen Sie die gewöhnlichen KQ-Schätzer.
(b) Von 1982 bis 1987 wird im Folgenden die Anzahl der gemeldeten AIDS-Infektionen in den USA vierteljährlich angegeben:

185	200	293	374	554	713	763	857
1147	1369	1563	1726	2142	2525	2951	3160
3819	4321	4863	5192	6155	6816	7491	7726

Bestimmen Sie die Regressionskoeffizienten.
(c) Die Annahme eines linearen Trends ist hier unter Umständen fragwürdig. Exponentielles Wachstum $y_t = \alpha \cdot \exp(\beta \cdot t) \cdot \epsilon_t$ kann durch Logarithmieren wieder in ein klassisches Regressionsmodell transformiert werden. Berechnen Sie für dieses transformierte Modell die Regressionskoeffizienten.

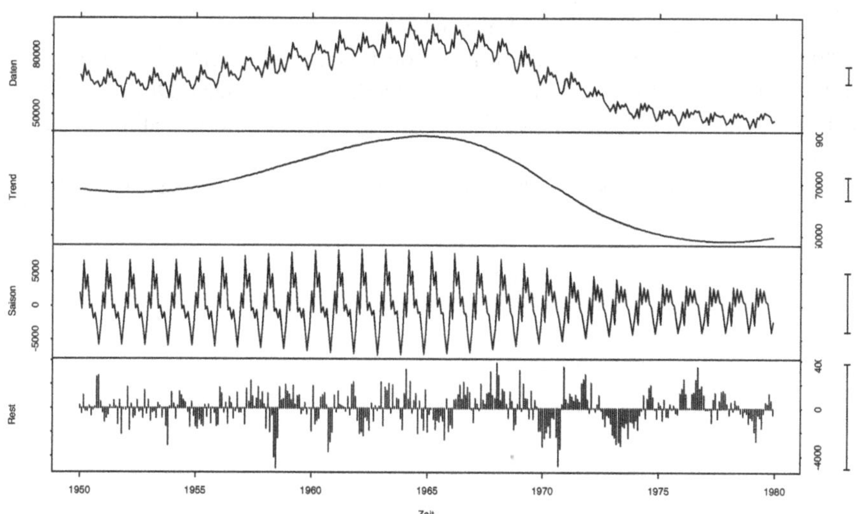

Abb. 14.2 Monatlichen Geburten in der BRD von 1950 bis 1980

Aufgabe 14.4 (Aufgabe 14.4 Lehrbuch)
Abb. 14.2 zeigt die monatlichen Geburten in der BRD von 1950 bis 1980. Kommentieren Sie den Verlauf der Zeitreihe sowie Trend und Saison, die mittels STL geschätzt wurden.

Aufgabe 14.5 (R Aufgabe 14.5 Lehrbuch)
Analysieren Sie im Datensatz `luftschad.txt` die Stickoxid-Daten (Variable `Stickoxide`) mit Hilfe der `stl()`-Funktion in `R`. Die Daten sind online verfügbar unter

https://github.com/sn-code-inside/Statistik-AB-CFHKLW/blob/main/daten/luftschad.txt

Zum Datensatz vergleiche auch Kap. 1 in Fahrmeir et al. (2024) und Aufgabe 3.7.

Erstellen Sie ein `ts()`-Objekt aus den Daten von März 1996 bis Februar 2016, die keine fehlenden Werte enthalten und zehn komplette Jahre umfassen, was für die Verwendung dieser `R`-Funktion vorausgesetzt wird. Wählen Sie starre und flexible Saisonfiguren, sowie lineare und nichtlineare Trendkomponenten und vergleichen Sie Ihre Ergebnisse. Welcher Saisonfigur würden Sie den Vorzug geben?

Aufgabe 14.6 (R Aufgabe 14.6 Lehrbuch)
Analysieren Sie den IFO-Geschäftsklimaindex hinsichtlich Trend und Saison. Die Daten finden sich in der Datei `ifo_zeitreihen.txt` und sind online verfügbar unter

https://github.com/sn-code-inside/Statistik-AB-CFHKLW/blob/main/daten/ifo_zeitreihen.txt

Der Datensatz enthält die beiden Variablen `Bau` (Kapazitätsauslastung im Bauhauptgewerbe) und `Gki` (Geschäftsklimaindex gewerbliche Wirtschaft), die beide hinsichtlich Trend und Saison analysiert werden sollen.

Aufgabe 14.7 (R Aufgabe 14.7 Lehrbuch)
Glätten Sie unter Verwendung der `R` Funktion `filter` den Verlauf der Munich Re Aktie mittels gleitender Durchschnitte verschiedener Ordnungen. Die Daten finden sich in der Datei `munichre.txt` (Variable `AdjClose`) und sind online verfügbar unter:

https://github.com/sn-code-inside/Statistik-AB-CFHKLW/blob/main/daten/munichre.txt

Lösungen

Lösung 14.1
Die geglätteten Zeitreihen entnimmt man folgender Tabelle:

	Zeit-reihe	3er-Durchschnitt	3er-Median	11er-Durchschnitt	11er-Median
1	7.51	NA	NA	NA	NA
2	7.42	7.23	7.42	NA	NA
3	6.76	6.69	6.76	NA	NA
4	5.89	6.20	5.95	NA	NA
5	5.95	5.73	5.89	NA	NA
6	5.35	5.60	5.51	6.40	6.45
7	5.51	5.66	5.51	6.35	6.45
8	6.13	6.03	6.13	6.29	6.45
9	6.45	6.36	6.45	6.30	6.45
10	6.51	6.63	6.51	6.40	6.51
11	6.92	6.79	6.92	6.46	6.66
12	6.95	6.88	6.92	6.54	6.66
13	6.77	6.86	6.86	6.60	6.66
14	6.86	6.86	6.86	6.60	6.66
15	6.95	6.82	6.86	6.60	6.66
16	6.66	6.62	6.66	6.61	6.66
17	6.26	6.37	6.26	6.59	6.66
18	6.18	6.17	6.18	NA	NA
19	6.07	6.26	6.18	NA	NA
20	6.52	6.37	6.52	NA	NA
21	6.52	6.58	6.52	NA	NA
22	6.71	NA	NA	NA	NA

Mit Hilfe obiger Tabelle erhält man die Grafiken in Abb. 14.3, in denen jeweils die Original-Zeitreihe (mit Punkten versehen) und die geglätteten Zeitreihen (ohne Punkte) abgedruckt sind.

Lösung 14.2
Alle Abbildungen zeigen eine Glättung im Vergleich zum Verlauf der Zeitreihe der Daten. Insbesondere bei den gleitenden 21er-Durchschnitten und Medianen ist im Wesentlichen nur noch der langfristige Trend der Zinsen zu erkennen. Gleitende Durchschnitte und Mediane der gleichen Ordnung sind sich sehr ähnlich, wobei gleitende Mediane noch mehr über Spitzen der Zeitreihe hinwegglätten.

Lösung 14.3

(a) Unter der Annahme eines linearen Trends, d. h.

$$y_t = \alpha + \beta t + \epsilon_t, \quad t = 1, \ldots, n,$$

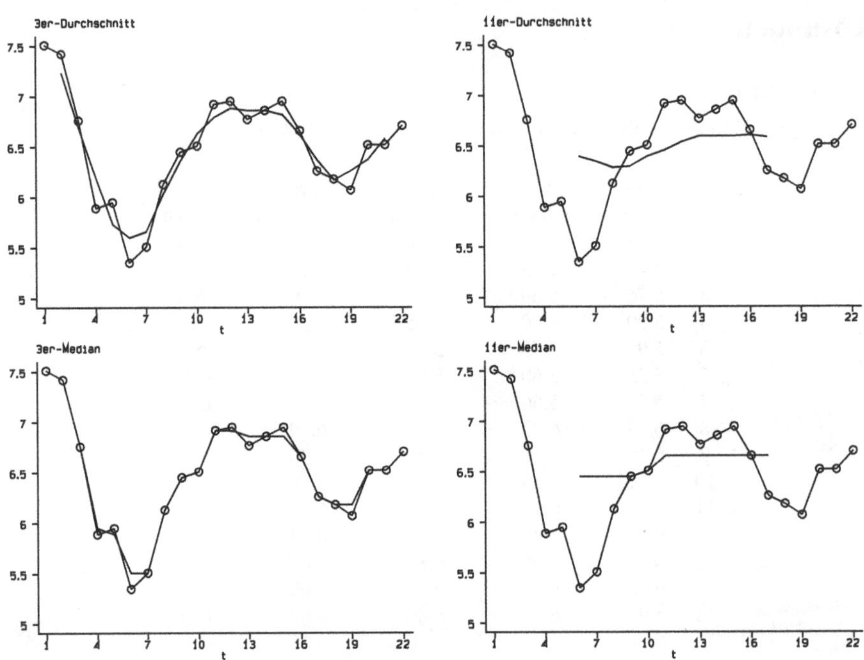

Abb. 14.3 Gleitende Durchschnitte und Mediane der Zeitreihe der Zinsen deutscher festverzinslicher Wertpapiere

ergeben sich

$$\hat{\beta} = \frac{\sum x_t y_t - n\bar{x}\bar{y}}{\sum x_t^2 - n\bar{x}^2} = \frac{\sum t y_t - n\bar{t}\bar{y}}{\sum t^2 - n\bar{t}^2}$$

$$\text{mit } \bar{t} = \frac{n+1}{2} \text{ und}$$

$$\hat{\alpha} = \bar{y} - \hat{\beta}\bar{x} = \bar{y} - \frac{n+1}{2}\hat{\beta}.$$

(b) Man berechnet zunächst folgende Hilfsgrößen:

$$\sum t y_t = 1 \cdot 185 + 2 \cdot 200 + \cdots = 1218006$$

$$n\bar{t}\bar{y} = n \cdot \frac{n+1}{2} \cdot \bar{y} = 24 \cdot 12.5 \cdot 2787.708 =$$

$$= 836312.5$$

$$\sum t^2 = 4900$$

$$n\bar{t}^2 = 24 \cdot 12.5^2 = 3750.$$

Einsetzen ergibt

$$\begin{aligned}\hat{\beta} &= 331.9074 \quad \text{und} \\ \hat{\alpha} &= -1361.134.\end{aligned}$$

(c) Sei

$$y_t = \alpha \cdot \exp(\beta t) \cdot \epsilon_t.$$

Dann erhält man durch Logarithmieren:

$$\log y_t = \log \alpha + \beta t + \epsilon_t$$

mit $\alpha_0 = \log(\alpha)$ ein lineares Regressionsmodell, und es gilt

$$\begin{aligned}\hat{\beta} &= \frac{\sum t \log(y_t) - n\bar{t}(\overline{\log y_t})}{\sum t^2 - n\bar{t}^2}, \\ \hat{\alpha}_0 &= \overline{\log y_t} - \frac{n+1}{2}\hat{\beta}.\end{aligned}$$

Hier gelten

$$\begin{aligned}\sum t \log(y_t) &= 2412.93, \\ n\bar{t}(\overline{\log y_t}) &= 24 \cdot 12.5 \cdot 7.42 = 2226.449.\end{aligned}$$

Einsetzen ergibt

$$\begin{aligned}\hat{\beta} &= 0.1621 \quad \text{und} \\ \hat{\alpha} &= \overline{\log y_t} - \frac{n+1}{2}\hat{\beta} = 5.395.\end{aligned}$$

Lösung 14.4

Die monatlichen Geburten steigen im Trend nach dem Krieg flach an, bis nach den geburtenstarken Jahrgängen in den 60er Jahren ein steiler Abfall ersichtlich wird („Pillenknick"). Die Saisonfigur zeigt, dass im Frühjahr mehr Geburten zu verzeichnen sind als im Herbst. Lediglich die Amplitude dieser saisonalen Schwankung ist nach einem maximalen Ausschlag in den 60er Jahren kleiner geworden.

Lösung 14.5

Den vollständigen und dokumentierten `R` Code der Lösung findet man als Datei `loes14_5.R` unter:

https://github.com/sn-code-inside/Statistik-AB-CFHKLW/blob/main/code/loes14_5.R

Zunächst muss der Datensatz `luftschad.txt` in `R` importiert werden. Generelle Hinweise zum Import von Datensätzen finden sich zu Beginn der Lösung von Aufgabe 2.8.

Wir verwenden zur Lösung die Funktion `stl()`, die sowohl starre als auch flexible Saisonfiguren erlaubt. Wichtig ist, dass die Daten vorher mittels der `ts` Funktion in ein Zeitreihenobjekt umgewandelt werden, vergleiche das `R` Skript.

Die Abb. 14.4 und 14.5 zeigen die mit Hilfe der `stl` Funktion erzeugten vier unterschiedlichen Fälle: flexibler Trend, starre Saisonfigur; flexibler Trend, flexible Saisonfigur; glatter Trend, starre Saisonfigur und glatter Trend, flexible Saisonfigur. Bei den jeweiligen vier Teilgrafiken handelt es sich von oben nach unten um die Original-Zeitreihe, die geschätzte Saisonfigur, den geschätzten Trend sowie die Restkomponente nachdem von den Original-Daten Saison und Trend abgezogen wurden. Beispielsweise kann die rechte Grafik von Abb. 14.4 mit flexibler Saisonfigur und flexiblem Trend mit Hilfe der folgenden `R` Befehle erzeugt werden:

```
flexibel_flexibel<-stl(nox, s.window=5, t.window=5)
plot(flexibel_flexibel)
```

Bei `nox` handelt es sich um das vorher mit `ts` erzeugte Zeitreihenobjekt der um fehlende Werte bereinigten Stickoxid Daten im Zeitraum März 1996 bis Februar 2016. Option `s.window` definiert die Saisonkomponente und `t.window` die Trendkomponente. Eine starre Saisonfigur wie etwa in der linken Grafik von Abb. 14.4 erhält man mit `s.window="periodic"`. Eine flexible Saison ergibt sich durch Spezifikation einer Zahl, im obigen Beispiel `s.window =5`. Je kleiner die Zahl, desto flexibler ist die Saisonkomponente. Ähnlich bewirken kleine Zahlen bei `t.window` einen stark variierenden Trend. Je größer die spezifizierte Zahl, desto glatter ist der Trend. Beispielsweise wurde in den Grafiken der Abb. 14.5 mit `t.window=101` eine ziemlich große Zahl und damit ein sehr glatter Trend spezifiziert.

Bei der vorliegenden Zeitreihe scheint eine flexible Saisonfigur besser geeignet als eine starre Saisonfigur. Jedenfalls verringern sich die Varianzen der Restkomponenten stark, wenn statt einer starren eine flexible Saisonfigur gewählt wird: 61.8 versus 21.1 bei jeweils flexiblem Trend bzw. 68 versus 41.33 bei jeweils glattem Trend. Die `R` Befehle zur Berechnung der Varianzen findet man im verlinkten Skript.

Lösung 14.6

Den vollständigen und dokumentierten `R` Code der Lösung findet man als Datei `loes14_6.R` unter:

https://github.com/sn-code-inside/Statistik-AB-CFHKLW/blob/main/code/loes14_6.R

Zunächst muss der Datensatz `ifo_zeitreihen.txt` in `R` importiert werden. Generelle Hinweise zum Import von Datensätzen finden sich zu Beginn der Lösung von Aufgabe 2.8.

Zur Lösung können wir ähnlich zu Aufgabe 14.5 vorgehen und wieder die `stl` Funktion verwenden. Wir verwenden sowohl eine starre als auch flexible Saisonfigur, vergleiche Abb. 14.6 für das Bauhauptgewerbe und Abb. 14.7 für den Geschäftsklimaindex. Zusätzlich zeigt Abb. 14.8 einen Vergleich der Trendkomponenten für die

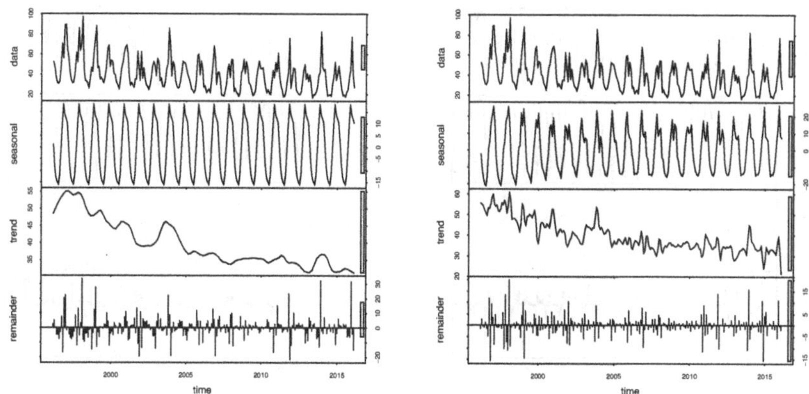

Abb. 14.4 Flexibler Trend und starre (links) bzw. flexible (rechts) Saisonfigur

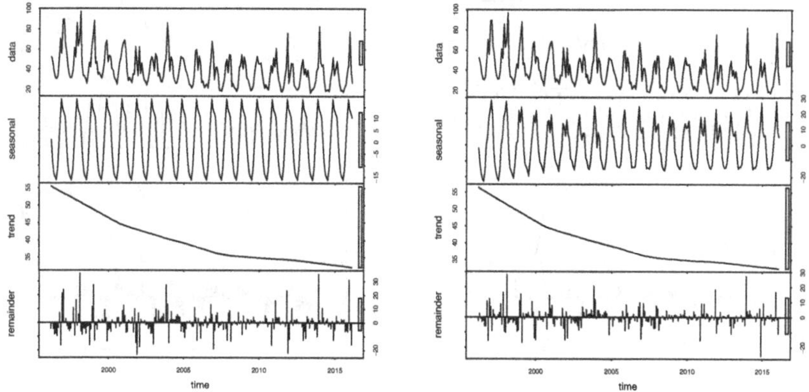

Abb. 14.5 Glatter Trend und starre (links) bzw. flexible (rechts) Saisonfigur

starre und die flexible Saisonfigur. Die Trendkomponenten sind sehr ähnlich bzw. kaum unterscheidbar bei Verwendung starrer und flexibler Saisonkomponenten. Die jeweiligen flexiblen Saisonkomponenten sind hingegen deutlich unterscheidbar von den starren Saisonkomponenten, so dass hier eher die Verwendung einer flexiblen Saisonkomponente angebracht erscheint.

Lösung 14.7

Den vollständigen und dokumentierten `R` Code der Lösung findet man als Datei `loes14_7.R` unter:

https://github.com/sn-code-inside/Statistik-AB-CFHKLW/blob/main/code/loes14_7.R

Zunächst muss der Datensatz `munichre.txt` in `R` importiert werden. Generelle Hinweise zum Import von Datensätzen finden sich zu Beginn der Lösung von Aufgabe 2.8. Nach dem Datenimport müssen die Kurse (gespeichert in der Variable `AdjClose`) als Zeitreihenobjekt `kurs.mr` unter Verwendung der `ts` Funktion spezifiziert werden:

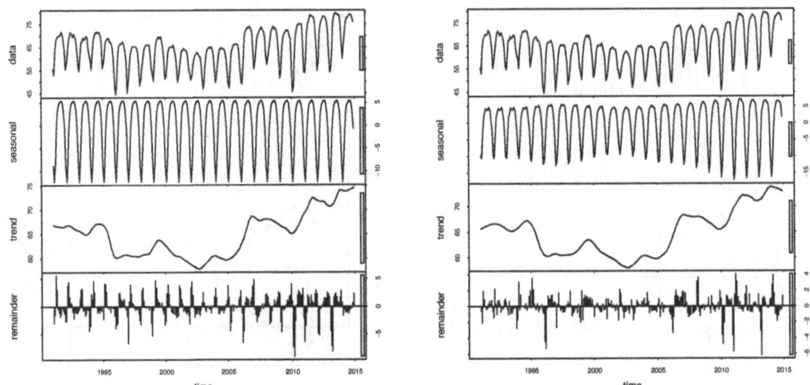

Abb. 14.6 IFO Kapazitätsauslastung Bauhauptgewerbe, links starre Saison, rechts flexibel

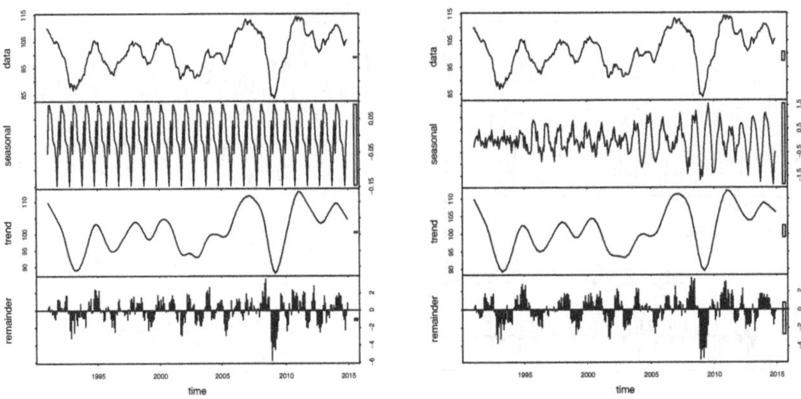

Abb. 14.7 IFO Geschäftsklimaindex gewerbliche Wirtschaft, links starre Saison, rechts flexibel

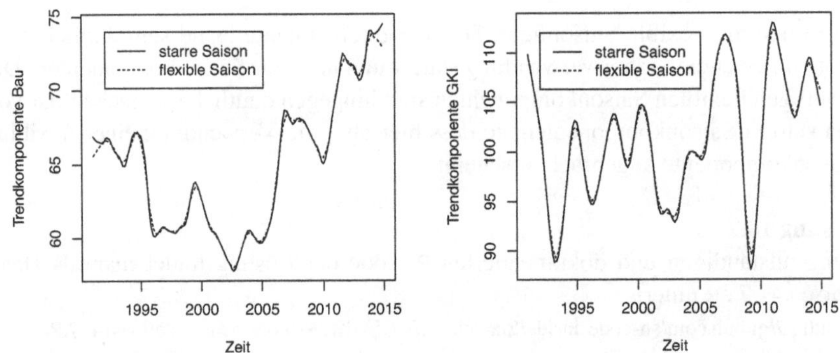

Abb. 14.8 Trendkomponenten der Kapazitätsauslastung Bauhauptgewerbe (links) und IFO Geschäftsklimaindex gewerbliche Wirtschaft (rechts)

```
kurs.mr <- ts(daten$AdjClose)
```

Wir verwenden hier einfache gleitende Mittelwerte der Form

$$g_t = \frac{1}{2q+1}(y_{t-q} + \cdots + y_t + \cdots + y_{t+q}), \qquad t = q+1, \ldots, n-q,$$

wobei $2q + 1$ die sogenannte Ordnung des Durchschnitts ist, vergleiche Abschn. 14.5.1 in Fahrmeir et al. (2024). Im vorliegenden Fall entspricht y_t den Kurswerten der Munich Re und g_t der geglätteten Zeitreihe. Die Kursreihe umfasst 15 Jahre mit insgesamt $n = 3953$ Beobachtungen. Wir verwenden hier beispielhaft $q = 31$ und $q = 91$, d. h. es werden $2 \cdot 31 + 1 = 63$ bzw. $2 \cdot 91 + 1 = 183$ Werte jeweils gemittelt. Folgender Aufruf der R Funktion `filter` erzeugt im Fall $q = 31$ aus der Original-Zeitreihe `kurs.mr` die geglättete Zeitreihe `g_q31`:

```
q <- 31
g_q31 <- filter(kurs.mr, filter=rep(1/(2*q+1), (2*q+1)),
                method="convolution", sides=2)
```

Die option `method="convolution"` spezifiziert gleitende Mittelwerte als Glättungsmethode. Weitere (komplexere) Glättungsmethoden sind prinzipiell möglich, sollen hier aber nicht weiter verfolgt werden. Die Option `sides=2` bewirkt eine symmetrische Glättung, d. h. links und rechts von einer ungeglätteten Beobachtung werden gleich viele Werte, nämlich $q = 31$, zur Mittelwertbildung herangezogen. Der Ausdruck `rep(1/(2*q+1), (2*q+1))` erzeugt einen Vektor der Länge $2 \cdot q + 1 = 63$ mit gleichen Werten $1/(2 \cdot q + 1) = 1/(2 \cdot 31 + 1) = 0.01587302$, so dass obige Spezifikation `filter=rep(1/(2*q+1), (2*q+1))` bedeutet, dass jeder Wert bei der (gleitenden) Durchschnittsbildung das gleiche Gewicht 0.01587302 erhält.

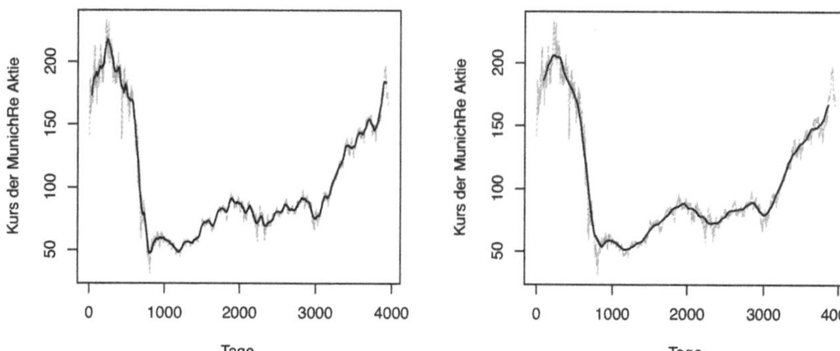

Abb. 14.9 Original-Zeitreihe der MunichRe Aktie mit den Reihen der gleitenden Durchschnitte: links mit $q = 31$, rechts mit $q = 91$

Die Original-Kursdaten und die geglättete Zeitreihe lassen sich dann problemlos unter Verwendung des `plot` und `lines` Befehls visualisieren, vergleiche das oben verlinkte `R` Skript. Abb. 14.9 zeigt die Original-Zeitreihe mit den Reihen der gleitenden Durchschnitte: links mit $q = 31$, rechts mit $q = 91$. Man erkennt gut die stärkere Glättung für größeres q.